全国高等教育自学考试指定教材

工程力学（土建）

［含：工程力学（土建）自学考试大纲］

（2023年版）

全国高等教育自学考试指导委员会　组编

主　编　周广春　王秋生

图书在版编目（CIP）数据

工程力学：土建 / 周广春，王秋生主编 . —北京：北京大学出版社，2023.10
全国高等教育自学考试指定教材
ISBN 978-7-301-34493-4

Ⅰ . ①工… Ⅱ . ①周… ②王… Ⅲ . ①工程力学 – 高等学校 – 自学考试 – 教材 Ⅳ . ① TB12

中国国家版本馆 CIP 数据核字（2023）第 175563 号

书　　名　工程力学（土建）
　　　　　　GONGCHENG LIXUE（TUJIAN）
著作责任者　周广春　王秋生　主编
策 划 编 辑　赵思儒　吴　迪
责 任 编 辑　王莉贤　刘健军
数 字 编 辑　蒙俞材
标 准 书 号　ISBN 978-7-301-34493-4
出 版 发 行　北京大学出版社
地　　址　北京市海淀区成府路 205 号　100871
网　　址　http://www.pup.cn　新浪微博：@ 北京大学出版社
电 子 邮 箱　编辑部 pup6@pup.cn　总编室 zpup@pup.cn
电　　话　邮购部 010-62752015　发行部 010-62750672　编辑部 010-62750667
印 刷 者　北京鑫海金澳胶印有限公司
经 销 者　新华书店
　　　　　　787 毫米 ×1092 毫米　16 开本　20.5 印张　488 千字
　　　　　　2023 年 10 月第 1 版　2023 年 10 月第 1 次印刷
定　　价　58.00 元

组编前言

21 世纪是一个变幻难测的世纪，是一个催人奋进的时代。科学技术飞速发展，知识更替日新月异。希望、困惑、机遇、挑战，随时随地都有可能出现在每一个社会成员的生活之中。抓住机遇、寻求发展、迎接挑战、适应变化的制胜法宝就是学习——依靠自己学习、终身学习。

作为我国高等教育组成部分的自学考试，其职责就是在高等教育这个水平上倡导自学、鼓励自学、帮助自学、推动自学，为每一个自学者铺就成才之路。组织编写供读者学习的教材就是履行这个职责的重要环节。毫无疑问，这种教材应当适合自学，应当有利于学习者掌握和了解新知识、新信息，有利于学习者增强创新意识，培养实践能力，形成自学能力，也有利于学习者学以致用，解决实际工作中所遇到的问题。具有如此特点的书，我们虽然沿用了“教材”这个概念，但它与那种仅供教师讲、学生听，教师不讲、学生不懂，以“教”为中心的教科书相比，已经在内容安排、编写体例、行文风格等方面都大不相同了。希望读者对此有所了解，以便从一开始就树立起依靠自己学习的坚定信念，不断探索适合自己的学习方法，充分利用自己已有的知识基础和实际工作经验，最大限度地发挥自己的潜能，达到学习的目标。

欢迎读者提出意见和建议。

祝每一位读者自学成功。

全国高等教育自学考试指导委员会

2022 年 8 月

目　录

工程力学（土建）自学考试大纲

工程力学（土建）

全国高等教育自学考试

工程力学（土建）
自学考试大纲

全国高等教育自学考试指导委员会　制定

大纲前言

为了适应社会主义现代化建设事业的需要，鼓励自学成才，我国在20世纪80年代初建立了高等教育自学考试制度。高等教育自学考试是个人自学、社会助学和国家考试相结合的一种高等教育形式。应考者通过规定的专业课程考试并经思想品德鉴定达到毕业要求的，可获得毕业证书；国家承认学历并按照规定享有与普通高等学校毕业生同等的有关待遇。经过40多年的发展，高等教育自学考试为国家培养造就了大批专门人才。

课程自学考试大纲是国家规范自学者学习范围、要求和考试标准的文件。它是按照专业考试计划的要求，具体指导个人自学、社会助学、国家考试及编写教材的依据。

为更新教育观念，深化教学内容和方式、考试制度、质量评价制度改革，更好地提高自学考试人才培养的质量，全国考委各专业委员会按照专业考试计划的要求，组织编写了课程自学考试大纲。

新编写的大纲，在层次上，本科参照一般普通高校本科水平，专科参照一般普通高校专科或高职院校的水平；在内容上，及时反映学科的发展变化以及自然科学和社会科学近年来研究的成果，以更好地指导应考者学习使用。

全国高等教育自学考试指导委员会

2023年5月

I　课程性质、意义、要求

一、课程性质和特点

工程力学是建筑工程技术（专科)、建设工程管理（专科）等专业的专业基础课，与结构力学一样，也是该专业中最重要的专业基础课之一。工程力学的研究对象是刚体、变形体，所要解决的基本问题是刚体的平衡问题与变形体的变形问题，这两个问题是解决工程实践中一定范围力学问题的必备知识。此课程包括基本概念、基本原理、基本方法的 113 个知识点，涵盖了工程力学的基本内容，环环相扣，构成了系统的工程力学知识体系。

二、课程目标

设置本课程的意义是使自学者系统地掌握结构及构件的平衡问题计算，杆件内力和应力计算，杆件变形计算，为杆件强度、刚度、稳定计算提供基本理论和基本方法，为从事中小型土建工程的结构设计及施工提供必要的力学知识，为后续专业课程的学习奠定必要的力学基础。

通过本课程的学习，应达到以下要求：

（1）能熟练地做简单结构的受力分析，并求解平衡问题，能根据结构构造与受力情况选择适当的计算方法；

（2）掌握杆件内力的概念，熟练地利用平衡方程计算杆件内力，绘制内力图；

（3）熟练地利用公式计算杆件基本变形状态下的应力、应变、变形。

其中重点是静定结构的约束力计算、构件的内力和应力计算、构件的强度计算和构件的变形计算。

三、与相关课程的联系与区别

本课程的先修课程是高等数学。

高等数学为工程力学提供计算分析工具，如微积分等。

工程力学课程一方面为结构力学提供计算原理，如平衡方程等；另一方面研究单个杆件的内力、应力和变形，为结构力学研究杆件体系的内力和位移提供必要的基础。

工程力学将在结构力学、混凝土及砌体结构等后续专业课中得到应用。

四、课程的重点和难点

工程力学课程的重点可以概括为：物体与物体系的受力分析、力系的简化、各种力系的平衡方程、求解物体与物体系的平衡问题、梁的内力图的绘制、杆件四种基本变形计算与强度条件、应力状态与强度理论、压杆的稳定。

工程力学课程的难点可以概括为：平面任意力系、空间任意力系、物体系的平衡问题、梁的弯曲变形、组合变形、应力状态与强度理论。

Ⅱ　考核目标

本大纲在考核目标中，按照识记、领会、简单应用和综合应用四个层次规定应达到的能力层次要求。四个能力层次是递升的关系，后者建立在前者的基础上。各能力层次的含义如下。

识记（Ⅰ）：要求考生能够识别和记忆本课程中有关概念及规律的主要内容（如定义、表达式、公式、定理、结论、方法的步骤、特点、性质、应用范围等)，并能够根据考核的不同要求，做出正确的表述、选择和判断。

领会（Ⅱ）：要求考生能够领悟和理解本课程中的概念及规律的内涵及外延，理解它们的确切含义，能够鉴别关于它们的似是而非的说法；理解它们与相关知识的区别和联系，并能根据考核的不同要求，做出正确的判断、解释和说明。

简单应用（Ⅲ)：要求考生能够根据已知的条件，运用本课程中的少量知识点，分析和解决简单应用问题，如绘图分析、简单计算等。

综合应用（Ⅳ)：要求考生能够运用本课程中的较多知识点，分析和解决一般应用问题，如绘图分析、综合计算等。

Ⅲ　课程内容与考核要求

绪　　论

一、课程内容

（1）工程力学的定义、基本内容和背景。
（2）如何学好工程力学。

二、学习意义与要求

通过本章的学习，了解工程力学的研究对象、任务及与其他相关课程的关系。

第1章　静力学基本概念和物体的受力分析

一、课程内容

（1）静力学引言。
（2）静力学基本概念。
（3）约束和约束力。
（4）物体的受力分析。

二、学习意义与要求

意义：在理解静力学基本概念、基本约束类型的性质及表达方法的基础上，掌握对研究对象进行受力分析的方法，这是从事建筑工程领域设计、施工，甚至管理工作的必要知识和技能，是解决有关建筑工程问题的首要一步。

要求：
（1）了解静力学的研究对象，理解力、刚体、等效力系、平衡等基本概念；
（2）理解常见约束类型的表示方法、约束性质、约束力；
（3）理解物体分离体的概念和画物体受力图的原则；
（4）能熟练应用静力学基本概念和约束知识画物体的受力图。

三、考核知识点与考核层次

考核知识点	考核层次
力	简单应用
刚体	识　记
平衡	简单应用
等效力系	简单应用
约束，约束力	领　会
柔索、光滑接触面、光滑圆柱铰链、固定铰支座、可动铰支座、链杆等常见约束类型及其约束力	简单应用
物体的受力分析、受力图	综合应用

四、本章重点与难点

力、平衡和约束力的概念，以及物体的受力分析。

第 2 章　平面汇交力系

一、课程内容

（1）平面汇交力系合成与平衡的几何法。
（2）三力平衡汇交定理。
（3）力的分解与力的投影。
（4）平面汇交力系合成与平衡的解析法。

二、学习意义与要求

意义：平面汇交力系是建筑工程上常见的力系，本章既学习解决平面汇交力系问题的知识与方法，又为解决复杂力系问题奠定基础。

要求：
（1）掌握求平面汇交力系合力的几何法与解析法；
（2）掌握求平面汇交力系平衡的几何条件与平衡方程；
（3）能熟练应用平面汇交力系平衡方程求解物体和简单物体系的平衡问题。

三、考核内容与考核要求

考核知识点	考核层次
力多边形，求合力的几何法	识　记
平面汇交力系平衡的几何条件	领　会
三力平衡汇交定理	简单应用
力在轴上的投影	简单应用
合力投影定理	简单应用
求平面汇交力系合力的解析法	简单应用
平面汇交力系的平衡方程	综合应用

四、本章重点与难点

用平面汇交力系平衡方程求解平衡问题。

第 3 章　力对点的矩与平面力偶系

一、课程内容

（1）力对点的矩。
（2）力偶与力偶矩。
（3）平面力偶系的合成和平衡条件。

二、学习意义与要求

意义：平面力偶系虽然不是建筑工程上常见的力系，但其力偶矩的概念却是解决建筑工程两个基本位移（平移和转动）之一“转动问题”的基础知识，所以与平面汇交力系的学习意义一样，或者说与平面汇交力系的知识一起，为解决复杂力系问题奠定基础。

要求：
（1）理解力对点的矩的概念，能熟练地计算力对作用面内任意点的矩；
（2）理解力偶、力偶矩的概念，掌握力偶的性质和平面力偶的等效条件；
（3）了解平面力偶系的简化结果，掌握平面力偶系的平衡条件。

三、考核内容与考核要求

考核知识点	考核层次
力对点的矩	简单应用
力偶	领　　会
力偶矩	领　　会
力偶的等效条件	简单应用
平面力偶系的合成，合力偶矩	简单应用
平面力偶系的平衡方程	简单应用

四、本章重点与难点

力偶的性质，力偶的等效条件。

第 4 章　平面任意力系

一、课程内容

（1）工程中的平面任意力系问题。
（2）平面任意力系向一点的简化。
（3）平面任意力系简化结果的讨论与合力矩定理。
（4）平面任意力系的平衡条件与平衡方程。
（5）平面平行力系的平衡方程。
（6）物体系的平衡问题。
（7）静定与超静定问题的概念。

二、学习意义与要求

意义：平面任意力系是建筑工程上最常见的力系，并起着“承上启下”的作用。掌握了求解平面任意力系合成与平衡问题的知识与技能，就具备了从事建筑工程专业有关工作的初步知识和技能。所以，本章的知识是重要的基础知识，必须予以掌握。

要求：
（1）掌握平面任意力系向一点简化的方法和结果，会计算主矢和主矩；
（2）能熟练地应用三种形式的平衡方程求解单个物体的平衡问题；
（3）能熟练地求解简单物体系的平衡问题。

三、考核内容与考核要求

考核知识点	考核层次
力的等效平移	简单应用
平面任意力系向一点的简化	简单应用
主矢，解析法求主矢	简单应用
主矩的概念	简单应用
固定端支座及其约束力	识　　记
平面任意力系简化结果讨论	识　　记
合力矩定理	简单应用
平面任意力系的平衡方程	简单应用
平面任意力系平衡方程的二矩式和三矩式	简单应用
平面平行力系的平衡方程	简单应用
物体系平衡问题	综合应用
静定与超静定问题	识　　记

四、本章重点与难点

物体系平衡问题。

第 5 章　考虑摩擦的平衡问题

一、课程内容

（1）引言。
（2）滑动摩擦力的性质与滑动摩擦定律。
（3）自锁现象和摩擦角。
（4）考虑摩擦的平衡问题。
（5）滚动摩阻的概念。

二、学习意义与要求

意义：滑动摩擦是建筑工程上无处不在的现象，许多建筑工程问题不能忽略摩擦的作用。所以，本章的知识也是建筑工程专业的基础知识，应予以掌握。

要求：

（1）掌握滑动摩擦的概念，掌握平衡、临界平衡、滑动三种状态下滑动摩擦力的特征；

（2）会求解考虑摩擦时单个物体的平衡问题。

三、考核内容与考核要求

考核知识点	考核层次
静滑动摩擦力	识　记
最大静滑动摩擦力，静滑动摩擦定律	简单应用
动滑动摩擦力，动滑动摩擦定律	简单应用
全约束力，摩擦角	领　会
自锁现象	领　会
考虑摩擦的平衡问题	简单应用
滚动摩阻力偶，滚动摩阻定律	识　记

四、本章重点与难点

静滑动摩擦定律，考虑摩擦的平衡问题。

第6章　空间力系

一、课程内容

（1）空间力在直角坐标轴上的投影和沿直角坐标轴的分解。
（2）空间汇交力系的合成与平衡方程。
（3）力对轴的矩。
（4）空间任意力系与空间平行力系的平衡方程。
（5）空间约束、约束力及空间力系的平衡问题。
（6）物体的重心与形心。

二、学习意义与要求

意义：空间任意力系是建筑工程上最一般的力系，其他类型力系均可以视为空间任意力系的特殊情况。掌握了求解空间任意力系合成与平衡问题的知识与技能，就具备了对物体或物体系进行分析的知识和技能，也就具备了从事建筑工程专业工作最主要的一部分知识和技能。

要求：
（1）掌握空间力的投影计算以及力对轴之矩的计算；
（2）会应用空间汇交力系的平衡方程求解平衡问题；
（3）会应用空间任意力系的平衡方程求解简单的单个物体的平衡问题；
（4）会通过查表和计算，求简单形体和简单组合形体的形心或重心。

三、考核内容与考核要求

考核知识点	考核层次
空间力在坐标轴上的投影，两次投影法	简单应用
空间汇交力系的合成与平衡方程	简单应用
力对轴的矩	简单应用
空间任意力系的平衡方程	简单应用
空间平行力系的平衡方程	简单应用
常见空间约束类型及其约束力	识　　记
重心与形心	简单应用

四、本章重点与难点

两次投影法，力对轴的矩，空间任意力系平衡方程的应用。

第 7 章　轴向拉伸和压缩强度与变形计算

一、课程内容

（1）构件安全工作及变形固体的基本假设。
（2）轴向拉伸与压缩杆件的内力。
（3）轴向拉压杆横截面上的应力。
（4）轴向拉压杆的强度条件。
（5）轴向拉压杆的变形及胡克定律。
（6）材料在拉伸与压缩时的力学性质。
（7）拉压超静定问题。

二、学习意义与要求

意义：轴向拉伸和压缩是构件的一种基本变形形式。本章讨论的内容虽然比较简单，但却是工程力学中的重点内容之一。本章涉及的一些基本概念和基本方法，在工程力学中具有普遍意义。

要求：
（1）掌握求杆件轴力的截面法，熟练画出轴向拉压杆的轴力图；
（2）会应用强度条件对轴向拉压杆进行强度计算；
（3）会计算轴向拉压杆的变形，掌握胡克定律及其应用；
（4）了解超静定的概念，会判定超静定的次数和解简单的一次拉压超静定问题；
（5）了解低碳钢和铸铁在拉伸、压缩时的基本力学性质。

三、考核内容与考核要求

考核知识点	考核层次
轴向拉压杆的内力、截面法	简单应用
轴向拉压杆的轴力图	简单应用
轴向拉压杆横截面上的应力	简单应用
许用应力、安全因数	识　记
轴向拉压杆的强度条件及应用	简单应用
轴向拉压杆的轴向变形、胡克定律	简单应用
弹性模量、抗拉（压）刚度	识　记
轴向拉压杆的横向变形、泊松比	简单应用
材料在拉伸、压缩时的力学性质	识　记
拉压超静定问题的求解	综合应用

四、本章重点与难点

轴向拉压杆的应力及强度条件，轴向拉压杆的变形计算，简单超静定问题的求解。

第 8 章　剪切和扭转

一、课程内容

（1）剪切与挤压的实用计算。
（2）剪切胡克定律和切应力互等定理。
（3）扭转、扭矩和扭矩图。
（4）圆杆扭转时的应力及强度条件。
（5）圆杆扭转时的变形及刚度条件。

二、学习意义与要求

意义：剪切和扭转都是杆件的基本变形形式。本章介绍的剪切胡克定律、切应力互等定理及圆轴扭转时的强度和刚度计算等内容在工程力学应用中都具有重要意义。

要求：
（1）会对铆钉等连接件进行受力分析和进行剪切与挤压的强度计算；
（2）了解剪切胡克定律和切应力互等定理；
（3）会求杆件横截面上的扭矩，熟练画出杆件的扭矩图；
（4）会计算圆杆扭转时横截面上的切应力和对杆件进行强度计算；
（5）会计算圆杆扭转时横截面的扭转角和对杆件进行刚度计算。

三、考核内容与考核要求

考核知识点	考核层次
剪切的概念和剪切强度的实用计算	简单应用
铆接接头中铆钉和板的受力分析	领　　会
挤压应力和挤压强度的实用计算	简单应用
剪切胡克定律、剪切弹性模量	识　　记
切应力互等定理	领　　会
扭矩和扭矩图	领　　会
圆杆扭转时的应力、强度条件及应用	简单应用
实心圆截面与空心圆截面的极惯性矩和抗扭截面模量	识　　记
圆杆扭转时的变形及刚度条件的应用	简单应用

四、本章重点与难点

剪切面与挤压面面积的确定，剪切胡克定律，切应力互等定理，圆杆扭转时的应力与强度条件。

第 9 章　梁的内力

一、课程内容

（1）梁的平面弯曲。
（2）梁的内力计算。
（3）剪力图和弯矩图。
（4）荷载集度、剪力和弯矩之间的微分关系及其应用。

二、学习意义与要求

意义：梁的内力是工程力学中的重要内容之一，本章研究的内容在后面许多章节中都将用到。梁的剪力图和弯矩图也是学习后续课程结构力学的基础。

要求：

（1）会用截面法和直接计算法求梁任意横截面上的剪力和弯矩；
（2）会列出梁的剪力方程和弯矩方程，并画出剪力图和弯矩图；
（3）掌握弯矩、剪力和荷载集度之间的微分关系及由此得出的剪力图和弯矩图的一些规律；

（4）掌握画剪力图和弯矩图的简便方法。

三、考核内容与考核要求

考核知识点	考核层次
梁的平面弯曲的概念	识　记
梁的内力（剪力和弯矩）及其求法	领　会
梁的剪力方程和弯矩方程、剪力图和弯矩图	简单应用
荷载集度、剪力和弯矩之间的微分关系	领　会
画剪力图和弯矩图的简便方法	简单应用

四、本章重点与难点

直接计算法求梁任意横截面的剪力和弯矩，列出梁的剪力方程和弯矩方程，利用微分关系画出梁的剪力图和弯矩图。

第 10 章　梁的应力

一、课程内容

（1）梁横截面上的正应力。
（2）截面的几何性质。
（3）梁的正应力强度条件。
（4）梁的合理截面形状及变截面梁。
（5）梁横截面上的切应力及切应力强度条件。

二、学习意义与要求

意义：受弯构件在工程中大量应用，因此受弯构件的应力即弯曲应力在工程力学中占有主要地位，是重点内容之一。

要求：
（1）正确使用弯曲正应力公式，能熟练计算梁横截面上的正应力；
（2）正确使用弯曲切应力公式，会计算梁横截面上的切应力；
（3）掌握梁的正应力强度条件及其应用；
（4）会应用切应力强度条件对梁进行强度校核；
（5）会计算简单图形对轴的面积矩和惯性矩。

三、考核内容与考核要求

考核知识点	考核层次
梁横截面上的正应力	简单应用
纯弯曲梁中性层曲率半径与弯矩间的关系	识　记
静矩（面积矩）、惯性矩、平行移轴公式、形心主轴位置	识　记
梁的正应力强度条件及其应用	综合应用
梁的切应力强度条件	简单应用
梁的合理截面	识　记
切应力计算	简单应用

四、本章重点与难点

梁的正应力强度条件的应用，简单图形面积矩和惯性矩的计算，梁的合理截面形状，矩形截面梁的切应力计算。

第 11 章　梁的变形

一、课程内容

（1）挠度与转角。
（2）挠曲线的近似微分方程。
（3）用积分法计算梁的位移。
（4）用叠加法计算梁的位移。
（5）梁的刚度。
（6）超静定梁。

二、学习意义与要求

意义：弯曲变形是构件基本变形形式之一，也是工程中最常见的一种变形形式。本章中弯曲变形的计算对后续课程结构力学的变形的学习是大有帮助的。

要求：
（1）了解挠度与转角间的关系和梁的挠曲线近似微分方程；
（2）会用积分法求梁任意截面的转角和挠度；
（3）会用叠加法求梁的某些特定截面的转角和挠度；
（4）了解梁的刚度条件；
（5）会求解简单的一次超静定梁。

三、考核内容与考核要求

考核知识点	考核层次
梁的挠度和转角及其关系	识　记
梁的挠曲线近似微分方程	识　记
计算梁的挠度和转角的积分法	简单应用
梁的边界条件和变形连续条件	领　会
计算梁的挠度和转角的叠加法（注：图表中各类简单荷载作用下的挠度和转角公式不需要记忆，考试时给出）	简单应用
叠加法计算位移的适用条件	识　记
梁的刚度条件	领　会
简单超静定梁及其解法	简单应用

四、本章重点与难点

梁的挠曲线的近似微分方程，积分法和叠加法计算梁的挠度和转角，简单超静定梁的解法。

第 12 章　应力状态与强度理论

一、课程内容

（1）应力状态的概念。

（2）平面应力状态下任意斜截面上的应力。

（3）主应力、主平面和最大切应力。

（4）广义胡克定律。

（5）强度理论。

二、学习意义与要求

意义：本章在工程力学中属难点章，其特点是概念较抽象，理论上概括性较强，应用时联系的内容较广，解题的灵活性较大。因此，学好本章的内容既可对前面基本变形内容加以巩固和提高，又可为后面组合变形的计算及强度计算打下良好基础。

要求：

（1）了解应力状态的概念及其研究方法；

（2）会从具体受力杆件中截取单元体并标明单元体的应力情况；

（3）会计算平面应力状态下斜截面上的应力及主应力和最大切应力；

（4）了解空间应力状态的概念和三个主应力 σ_1、σ_2、σ_3 的排列；
（5）掌握广义胡克定律，会计算复杂应力状态下的主应力和线应变；
（6）了解强度理论的概念，会应用强度理论对杆件进行强度校核。

三、考核内容与考核要求

考核知识点	考核层次
空间应力状态的概念	识　记
平面应力状态下任意斜截面上的应力	简单应用
主平面与主应力的概念	识　记
主应力计算	简单应用
最大切应力计算	简单应用
平面应力状态的几种特殊情况	简单应用
空间应力状态下的主应力和最大切应力	领　会
平面应力状态下的广义胡克定律	综合应用
空间应力状态下的广义胡克定律	简单应用
强度理论的概念	领　会
最大拉应力理论及其强度条件	简单应用
最大切应力理论及其强度条件	简单应用
最大形状改变比能理论及其强度条件	简单应用
相当应力	识　记
各强度理论的适用范围	识　记

四、本章重点与难点

平面应力状态下任意斜截面上的应力计算，主应力及最大切应力的计算，广义胡克定律的应用，强度理论的应用。

第 13 章　组合变形

一、课程内容

（1）组合变形的概念。
（2）斜弯曲。
（3）拉伸（压缩）与弯曲的组合变形。

（4）偏心压缩（拉伸）。
（5）弯曲与扭转的组合变形。

二、学习意义与要求

意义：前面几章讨论了各种基本变形的强度和刚度计算。工程中，同一构件在外力的作用下常常同时发生几种基本变形，即组合变形。本章对工程中常见的组合变形的概念、计算方法和理论进行讨论。

要求：

（1）了解组合变形的概念，会将组合变形问题分解为基本变形的组合；
（2）会分析斜弯曲、拉（压）弯、偏心压缩（拉伸）等组合变形杆件的内力、应力，会对杆件进行强度计算；
（3）会应用强度理论对弯扭等组合变形杆件进行强度校核。

三、考核内容与考核要求

考核知识点	考核层次
组合变形的概念	识　记
斜弯曲时的正应力及强度条件	简单应用
拉伸（压缩）与弯曲组合变形时的正应力及强度条件	简单应用
偏心压缩（拉伸）时的正应力	领　会
弯扭组合变形杆件的强度校核	综合应用

四、本章重点与难点

斜弯曲时的正应力及强度条件，拉伸（压缩）与弯曲组合变形时的正应力及强度条件，力在一条对称轴上的偏心压缩（拉伸）时的正应力计算，弯扭组合变形杆件的强度校核。

第 14 章　压杆稳定

一、课程内容

（1）压杆稳定的概念。
（2）两端铰支细长压杆的临界力。
（3）其他支承情况下细长压杆的临界力。
（4）临界应力及欧拉公式的适用范围。
（5）压杆的稳定计算。

二、学习意义与要求

意义：构件安全工作要满足强度、刚度和稳定性三个方面的要求，可见压杆的稳定在工程中占有重要地位。本章对两端铰支细长压杆进行了详细讨论，并对杆端约束不同时的细长压杆的临界力公式加以介绍。

要求：

（1）了解压杆稳定、临界力和临界应力的概念；

（2）掌握欧拉公式，会计算细长压杆的临界力和临界应力；

（3）了解欧拉公式的适用范围；

（4）会应用稳定条件对压杆进行稳定计算。

三、考核内容与考核要求

考核知识点	考核层次
压杆稳定的概念	识　记
计算细长压杆临界力的欧拉公式	简单应用
杆端约束对临界力的影响、长度系数	识　记
临界应力	领　会
欧拉公式的适用范围	识　记
压杆的稳定条件及其应用	简单应用
提高压杆稳定性的措施	识　记

四、本章重点与难点

细长压杆的临界力计算，杆端约束对临界力的影响，长度系数，欧拉公式的适用范围。

Ⅳ　关于大纲的说明与考核实施要求

一、自学考试大纲的目的和作用

本课程自学考试大纲是根据全国高等教育自学考试建筑工程技术（专科）、建设工程管理（专科）等专业自学考试计划的要求，结合自学考试的特点而确定的。其目的是对个人自学、社会助学和课程考试命题进行指导和规定。

本课程自学考试大纲明确了课程学习的内容以及深度和广度，规定了课程自学考试的范围和标准。因此，它是编写自学考试教材和辅导书的依据，是社会助学组织进行自学辅导的依据，是自学者学习教材、掌握课程内容知识范围和程度的依据，也是进行自学考试命题的依据。

二、自学考试大纲与教材的关系

课程自学考试大纲是进行学习和考核的依据，教材是学习掌握课程知识的基本内容与范围，教材的内容是大纲所规定的课程知识和内容的扩展与发挥。课程内容在教材中可以体现一定的深度或难度，但在大纲中对考核的要求一定要适当。

大纲与教材所体现的课程内容应基本一致；大纲里面的课程内容和考核知识点，教材里一般也要有。反过来教材里有的内容，大纲里就不一定体现。（注：如果教材是推荐选用的，其中有的内容与大纲要求不一致的，应以大纲规定为准。）

三、关于自学教材

《工程力学（土建）》，全国高等教育自学考试指导委员会组编，周广春、王秋生主编，北京大学出版社出版，2023 年版。

四、关于自学要求和自学方法的指导

工程力学（土建）是一门理论性很强的应用基础学科，其主要内容是物体在各种荷载作用下的平衡问题，在不同荷载作用下的杆件内力、应力、位移的计算方法。掌握该课程的内容主要从两个方面着眼：一是充分理解计算方法的实质和过程；二是使用这些方法来解题，在解题过程中提高对方法的掌握程度并加深对方法的理解。在学习时请注意下面一些问题。

（1）在开始学习某一章时，应先阅读考试大纲的相关章节，了解该章各知识点的考核要求，做到心中有数。

（2）学完一章后，应对照大纲检查是否达到了大纲所规定的要求。

（3）由于工程力学各部分内容的关系紧密，前面知识是学习后面知识的基础，只有掌握了一个章节内容后才能进行下一个章节的学习。特别是静力学物体约束力计算部分是后续部分的基础，非常重要，不熟练掌握不要进行后续内容的学习。

（4）不做一定量的习题不可能掌握工程力学，但也不要盲目多做题，要善于在做题中发现问题，找出规律，提高分析和解决问题的能力。各章参考习题数见表 1。

表 1　各章参考习题数

章次	内容	习题数
	绪论	
1	静力学基本概念和物体的受力分析	6
2	平面汇交力系	15
3	力对点的矩与平面力偶系	15
4	平面任意力系	20
5	考虑摩擦的平衡问题	15
6	空间力系	15
7	轴向拉伸和压缩强度与变形计算	21
8	剪切和扭转	17
9	梁的内力	13
10	梁的应力	17
11	梁的变形	20
12	应力状态与强度理论	20
13	组合变形	12
14	压杆稳定	17
合计		223

（5）保证并合理安排学习时间是很重要的。由于自学者情况的差异，表 2 是各章参考学习时间（包括做习题时间），仅供参考。

表 2　各章参考学习时间

章次	内容	学时
	绪论	1
1	静力学基本概念和物体的受力分析	15
2	平面汇交力系	10
3	力对点的矩与平面力偶系	5
4	平面任意力系	30

续表

章次	内容	学时
5	考虑摩擦的平衡问题	5
6	空间力系	10
7	轴向拉伸和压缩强度与变形计算	10
8	剪切和扭转	5
9	梁的内力	10
10	梁的应力	10
11	梁的变形	10
12	应力状态与强度理论	15
13	组合变形	15
14	压杆稳定	15
合计		166

五、应考指导

1. 有计划的学习是考试成功的必要条件

很好的计划和组织是考试成功的法宝。如果考生正在接受培训学习，一定要跟紧课程并完成作业。若有不理解的内容或不会做的习题，要及时请教教师。若有缺课需及时补上。对于考生，要做切实可行的学习计划，定出学习计划表，并按计划学习。遇到不理解的问题可向学过的人请教或利用网络等工具解决。

2. 如何考试

卷面整洁非常重要。书写工整、段落与间距合理，卷面整洁有助于教师评分。对于选择题，可先把明显错误的或不合理的选项排除，再考虑余下的选项。做题时，一般是先做容易的题。做题时要看清题目要求，理清解题思路再做题。注意不要漏题。

3. 如何处理紧张情绪

正确对待考试成败，克服“患得患失”心理。如果可能，请教已经通过该科目考试的考生，吸取经验。考试前合理安排膳食和适当调整，尽可能以最佳状态应试。在考试中，若感觉紧张，不要忙于动笔，先设法使自己冷静下来，做深呼吸放松，有助于缓解紧张情绪。

4. 如何克服心理障碍

如果你在考试中出现心理障碍，尝试考试之前，根据考试大纲的要求将课程内容总结为“记忆线索”，当你阅读考卷时，一旦有了思路就快速记下。按自己的步调进行答卷。同时，为每个考题或部分分配合理时间，并按此时间安排进行答卷。

六、对社会助学的要求

（1）要熟知考试大纲对本课程总的要求和各章的知识点，准确理解对各知识点要求达到的认知层次和考核要求，并在辅导过程中帮助考生掌握这些要求，不要随意增删内容和提高或降低要求。

（2）要结合典型例题，讲清楚基本概念、定理、公式和方法步骤，重点和难点更要讲透，引导考生注意基本理论的学习；更要十分重视基本计算方法和计算技巧的讲解，帮助考生真正达到考核要求，并培养良好的学风，提高自学能力。不要猜题、押题。

（3）要使考生认识到辅导课只能起到“领进门”的作用，听懂不等于真懂，关键还在于自已练，应要求考生课后抓紧复习，认真做题。

（4）助学单位在安排本课程辅导时，授课时间建议不少于 60 小时。

七、对考核内容的说明

（1）课程中各章的内容均由若干知识点组成，在自学考试命题中知识点就是考核点。因此，课程自学考试大纲中所规定的考核内容是以分解为考核知识点的形式给出的。因各知识点在课程中的地位、作用以及知识自身的特点不同，自学考试将对各知识点分别按四个认知（或能力）层次确定其考核要求（认知层次的具体描述请参看Ⅱ考核目标）。

（2）按照重要性程度不同，考核内容分为重点内容和一般内容。为有效地指导个人自学和社会助学，本大纲已指明了课程的重点和难点，在各章的“课程内容与考核要求”中一般也指明了本章内容的重点和难点。在本课程试卷中重点内容所占分值一般不少于 60%。

（3）课程分为 14 部分，分别为：静力学基本概念和物体的受力分析、平面汇交力系、力对点的矩与平面力偶系、平面任意力系、考虑摩擦的平衡问题、空间力系、轴向拉伸和压缩强度与变形计算、剪切和扭转、梁的内力、梁的应力、梁的变形、应力状态与强度理论、组合变形、压杆稳定。每次考试中，试卷考核内容覆盖面均在 80% 以上。

本课程共 6 学分，其中包括 1 学分实践环节。

八、关于考试命题的若干规定

（1）考试时间为 150 分钟，闭卷考试，允许携带没有编译功能的普通计算器。

（2）本大纲各章所规定的基本要求、知识点及知识点下的知识细目，都属于考核的内容。考试命题既要覆盖到各章，又要避免面面俱到。要注意突出课程的重点，加大重点内容的覆盖度。

（3）不应命制超出大纲中考核知识点范围的题目，考核目标不得高于大纲中所规定的相应的最高能力层次要求。命题应着重考核考生对基本概念、基本知识和基本理论是否了解或掌握，对基本方法是否会用或熟练。不应命制与基本要求不符的偏题或怪题。

（4）本课程在试卷中对不同能力层次要求的分数比例大致为：识记占 15%，领会占

15%，简单应用占 60%，综合应用占 10%。

（5）要合理安排试题的难易程度，试题的难度可分为：易、较易、较难三个等级。每份试卷中不同难度试题的分数比例一般为 3∶6∶1，即易的占 30%，较易的占 60%，较难的占 10%。

必须注意试题的难易程度与能力层次有一定的联系，但二者不是等同的概念，在各个能力层次都有不同难度的试题。

（6）本课程考试命题的主要题型一般有单项选择题、填空题、计算题、综合题等题型。

在命题工作中必须按照本课程大纲中所规定的题型命制。考试试卷使用的题型可以略少，但不能超出本课程对题型的规定。

九、几点说明

1. 新旧考试大纲的对比

新大纲对旧大纲内容的删减和简化，顾及了自考内容的系统性、连续性，保留了以往考试证明合适的命题方法和考试形式。

2. 命题指令词（供参考）

指令词是考查知识点与认知层次联结的桥梁。考试大纲中通过指令词能明确试题考查的认知层次；试题中通过指令词引导考生做什么和怎么做，因此指令词能够清晰地对试卷中的试题的认知层次进行分类，明确各个层次的比例，从而控制试题的质量。表 3 所示为部分指令词及举例。

表 3　部分指令词及举例

类型	含义	指令词	举例
Ⅰ 识　记	再认或再忆事实或专门的知识	选择、定义、指出、给出、回忆、陈述、命名、列表	“刚体”“安全因数”等定义
Ⅱ 领　会	解释、转换、概括或释义信息	分类、转换、描述、区分、解释、阐明、运用	“约束、约束力”“剪切”等概念
Ⅲ 简单应用	在与初始学习背景不同的简单情境中使用信息	应用、计算、分类、证明、估计、组织、解决、运用	“三力平衡汇交定理”“轴向拉压杆的轴力图”
Ⅳ 综合应用	会运用多个知识点进行分析、计算或推导，解决复杂的问题	分析、设计、归类、讨论、预测、比较、确切地表达	“物体的受力分析、受力图”“梁的正应力强度条件及其应用”

V 题型举例

一、单项选择题

1. 题 1 图所示的平面汇交力系中，F_1=4kN，F_2= $2\sqrt{2}$ kN，F_3=5kN，则该力系在两个坐标轴上的投影为（　　）。

A. $X=\frac{1}{2}$，$Y=\frac{5\sqrt{3}-4}{2}$　　B. $X=\frac{1}{2}$，$Y=0$

C. $X=0$，$Y=\frac{4-5\sqrt{3}}{2}$　　D. $X=-\frac{1}{2}$，$Y=\frac{5\sqrt{3}-4}{2}$

2. 如题 2 图所示，刚架在 *C* 点受水平力 ***P*** 作用，则支座 *A* 的约束力 $\boldsymbol{N}_A$ 的方向应（　　）。

A. 沿水平方向　　B. 沿铅垂方向

C. 沿 *AD* 连线　　D. 沿 *BC* 连线

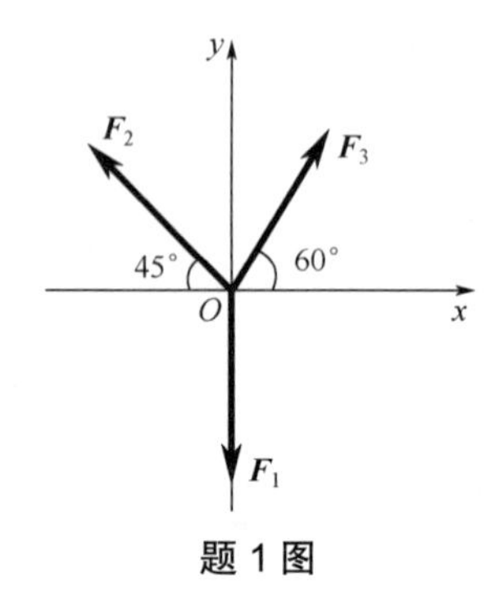

题 1 图

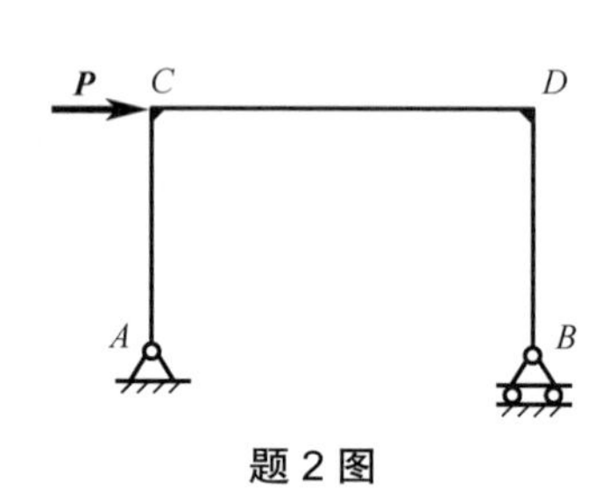

题 2 图

二、填空题

3. 力是物体间的相互机械作用，故总是成对出现，这对力方向相反、大小________。

4. 三铰刚架如题 4 图所示，在力偶矩为 *m* 的力偶作用下，支座 *A* 的反力 N_A=________。

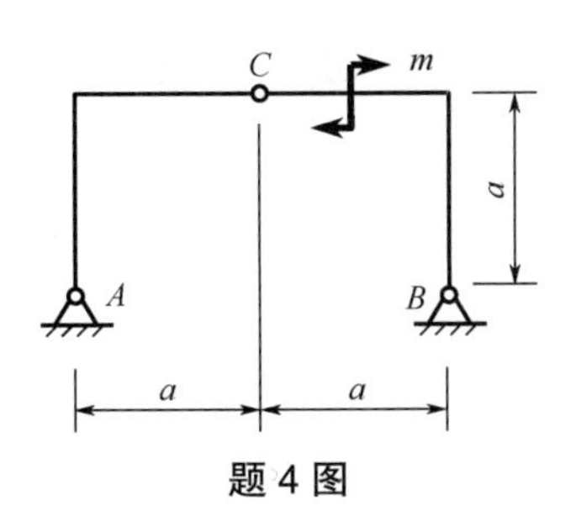

题 4 图

三、计算题

5. 如题 5 图所示，已知均布荷载 q 及尺寸 a，求 A 处的支座约束力。

6. 安装在墙壁上的吊架由三根两端铰接的直杆构成，如题 6 图所示，AB 和 AC 两杆在同一水平面内，已知 α =45°，β =60°，P=10kN，求 AD 杆所受力的大小。

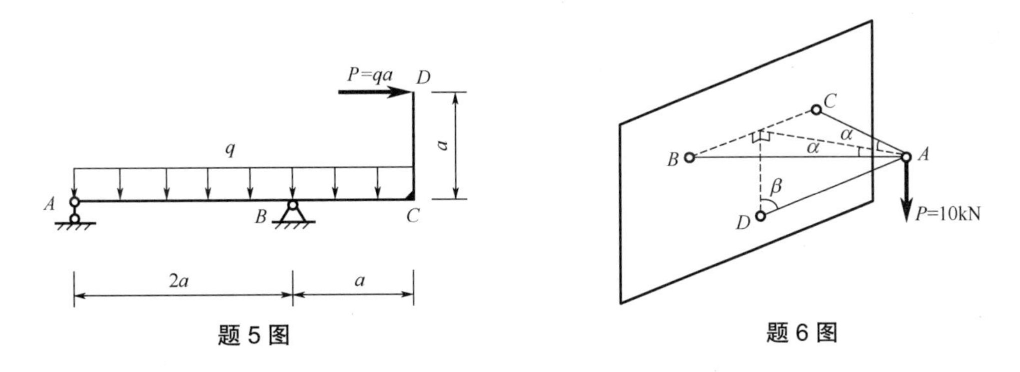

题 5 图

题 6 图

四、综合题

7. 结构的尺寸和荷载如题 7 图所示，求支座 C 和 D 的支座约束力。

8. 承受集中荷载作用的矩形截面简支木梁如题 8 图所示，已知 P=5kN，a=0.7m，b=62mm，h=186mm，木材的容许正应力 [σ]=10MPa。试校核该梁的强度。

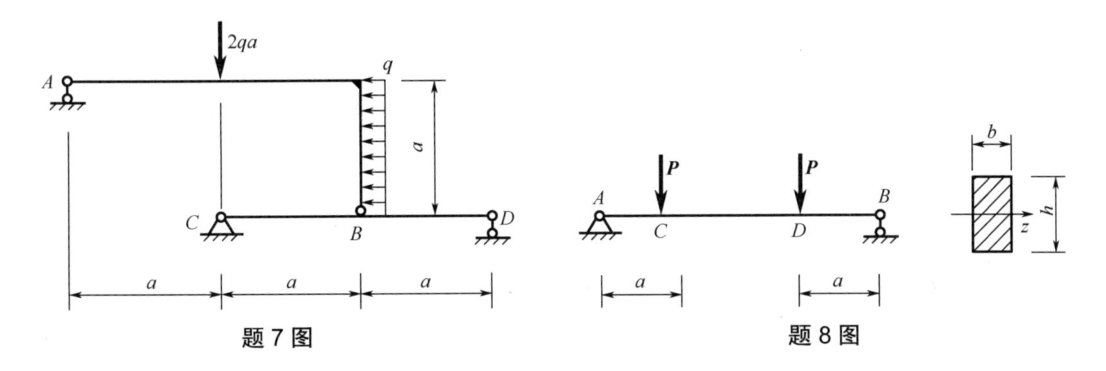

题 7 图

题 8 图

参考答案

一、单项选择题

1. A　　2. C

二、填空题

3. 相等　　4. $\frac{\sqrt{2}m}{2a}$

三、计算题

5. $\frac{1}{4}qa$　　6. 20kN

四、综合题

7. $X_C=qa$，$Y_C=\frac{3}{8}qa$，$N_D=\frac{3}{8}qa$。

8. $\sigma_{\mathrm{m}}=9.790\mathrm{MPa}<[\sigma]$，满足强度要求。

大纲后记

《工程力学（土建）自学考试大纲》是根据《高等教育自学考试专业基本规范（2021 年)》的要求，由全国高等教育自学考试指导委员会土木水利矿业环境类专业委员会组织制定的。

全国高等教育自学考试指导委员会土木水利矿业环境类专业委员会对本大纲组织审稿，根据审稿会意见由编者做了修改，最后由土木水利矿业环境类专业委员会定稿。

本大纲由哈尔滨工业大学周广春教授和王秋生教授担任主编，刘昭教授与张瑀博士参编；参加审稿并提出修改意见的有哈尔滨工业大学张莉教授、北京交通大学蒋永莉副教授、祝瑛副教授，以及河海大学张子明教授。

对参与本大纲编写和审稿的各位专家表示感谢。

全国高等教育自学考试指导委员会
土木水利矿业环境类专业委员会
2023 年 5 月

全国高等教育自学考试指定教材

工程力学（土建）

全国高等教育自学考试指导委员会　组编

编者的话

这本《工程力学（土建)》自学考试教材，是根据全国高等教育自学考试指导委员会最新制定的《工程力学（土建）自学考试大纲》，并在原教材实证成功做法的基础上编写的。本教材旨在向自学人员介绍工程力学的基本概念、基本原理和基本方法，使自学人员获得工程力学知识在工程实践中应用的基本技能，重点在于使课程内容适合自学并能够帮助自学人员通过自学考试。

本教材第 1 章～第 6 章介绍了静力学基本知识，第 7 章～第 14 章介绍了材料力学基本知识。教材编写严格遵循《工程力学（土建）自学考试大纲》的要求，均是工程中所需的基本知识，力求教材基本内容、讲解方法更适合自学，且例题、习题的内容和形式与自学考试一致，利于学生通过课程的自学考试。同时，为方便自学，本教材配套编写了电子资源习题，为自学与自学考试进一步提供支持。

本教材由哈尔滨工业大学周广春教授、王秋生教授担任主编，刘昭教授与张瑀博士参编。哈尔滨工业大学张莉教授、北京交通大学蒋永莉副教授、祝瑛副教授，以及河海大学张子明教授提出宝贵的改进意见，在此深表谢意。

由于编者水平有限，教材中难免存在各种问题，敬请读者见谅，同时诚请反馈问题和建议，为进一步提高教材水平与实用性提供参考。

编　者

2023 年 5 月

绪　论

1. 工程力学定义、基本内容和工程应用

工程力学顾名思义是工程中应用的力学知识的总称，涵盖理论力学、材料力学、弹性力学、固体力学等经典力学。本教材面向土木工程，介绍了从事土木工程所需要的刚体静力学与材料力学的基本知识。

刚体静力学研究处于静止或匀速直线运动状态的物体的平衡规律，是学习材料力学等后续课程的基础。静力学基本概念很早就出现在人类历史上，古希腊科学家阿基米德（公元前287—公元前212）就解释了杠杆的平衡，古代建筑工程最早应用了滑轮、斜面、扳手等。英国科学家牛顿（1642—1727）的运动三定律：惯性定律，力、质量、加速度关系定律以及作用与反作用定律，奠定了经典力学的基础。静力学实际上就是牛顿第二定律应用的一个特殊情况。本教材介绍的刚体静力学内容包括：力系、等效力系、平衡、约束与约束力等概念，物体的受力分析与受力图，平面与空间汇交力系、平面力偶系、平面与空间平行力系、平面与空间任意力系的合成与平衡方程以及它们的应用，考虑摩擦的平衡问题。

材料力学是研究杆件或构件在各种外力作用下产生的应变、应力、强度、刚度、稳定和导致各种杆件或构件破坏的极限，是学习结构力学与其他后续课程的基础。意大利科学家伽利略（1564—1642）关于力学和局部运动的论述被认为是材料力学开始形成一门独立学科的标志。这位科学巨匠用科学的解析方法讨论直杆轴向拉伸问题，得到承载能力与横截面积成正比而与长度无关的正确结论。以英国科学家胡克（1635—1703）命名的胡克定律描述了：在弹性限度内，物体的形变跟引起形变的外力成正比。实际上早于他1500年前，东汉的经学家和教育家郑玄（127—200）为《考工记·马人》一文的"量其力，有三钧"一句所作注解中写道："假设弓力胜三石，引之中三尺，驰其弦，以绳缓擐之，每加物一石，则张一尺"，已正确地提示了力与形变成正比的关系。郑玄的发现要比胡克早1500年，因此胡克定律应称为"郑玄－虎克定律"。本教材介绍的材料力学内容包括：应力与应变概念，胡克定律，内力图，拉压、剪切、扭转、弯曲杆件变形与组合变形，应力状态与强度理论，压杆的稳定。

这些工程力学知识是土木工程设计、施工、试验、监测中自始至终、处处都在应用的知识，具备应用这些知识的基本技能才具有从事土木工程工作的资格。

2. 如何自学工程力学

首先，制定一个自学工程力学计划是必要的。自学计划一要量身而做，其次，要努力执行。自学计划中最重要、效果最好的一环就是按自学内容难易程度、定时段高质量

地完成一定数量的习题。没有这项保障，自学效果通常不够理想，自考是难以通过的。本教材中的习题是精选的、已经在教学中证明很有效的习题，对自学而言，只要通过自身努力完成这些习题，就会超过考核的要求。此外，建议做习题尽量不要事先去看答案，或者做题过程中一遇到困难就去看答案寻求解题线索，这极大影响自学效果，通常这样做题是经不起正式的自学考试考验的。

自学工程力学知识并掌握基本应用技能是一个艰难的过程，找到适合自己的学习方法固然重要，但有的学习方法和历程是要遵循的。一般而言，掌握工程力学基本知识的最有效方法是高质量地做习题，并结合工程实际与生活经验来理解基本概念、基本原理与基本方法。解题时一定要有思路、有条理，通常的解题过程是：（1）准确理解题意，明确研究对象、已知条件与待求的未知量；（2）找到适合的解题途径，包括研究对象的选择、公式 / 方程的应用、计算方法的选取；（3）求解列出的方程，或得到计算公式的答案，并检验结果。

自学时要努力对所学知识进行归纳总结，形成适合自身特点的理解模式。

（1）对所涉及物理量的理解，就可以归纳为四点：物理量的物理意义、类型（是矢量，或是标量，或是代数量）、单位、表达方式。

（2）对构件和结构建立计算模型，在静力学中包含四点：材料性质（弹性模量等）、几何性质（尺寸，截面参数等）、约束条件、所受荷载（力）。

（3）检验答案：量纲一致性、工程与生活经验判断、其他方法对比。

（4）对一个梁构件的分析过程，可以概括为：荷载类型→约束力→内力（内力图）→应力→应变→变形。

这样，才能真正掌握学习内容，达到学习的目的。

此外，自学工程力学最好联系一位教师，因为可能遇见一时不能自行解决的问题，必要时请教一下，可以提高学习效率和学习效果。目前，电子资源也为自学提供了更为有利的条件，充分利用电子资源是自学必要的选择。

第1章 静力学基本概念和物体的受力分析

知识结构图

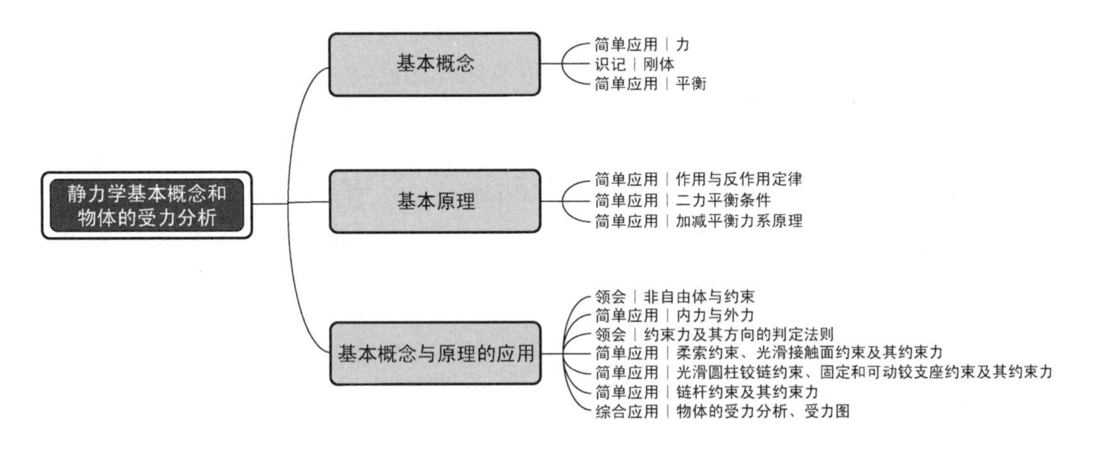

1.1 静力学引言

静力学可以更直接地描述为：研究物体在力系作用下平衡规律及其在工程中应用的学科。力系是指作用在物体上的一组力。平衡是指物体相对于惯性参考系保持静止或做匀速直线平动的运动状态。显然，静力学研究的是机械运动的一种特殊情况。在工程上，常把固定在地球上的坐标系作为惯性参考系，所以平衡通常是指物体相对于地面保持静止或匀速直线平动。静力学主要研究下面三个具体问题：

（1）物体的受力分析；

（2）力系的等效；

（3）力系的平衡条件及其应用。

1.2 静力学基本概念

1.2.1 力与力系的概念

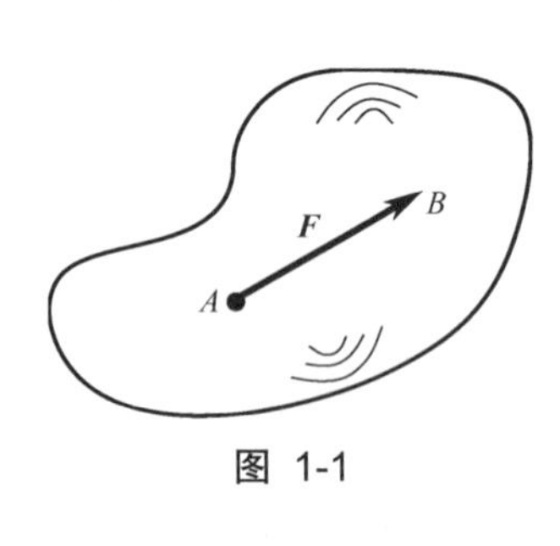

图 1-1

力是物体间相互的机械作用，这种作用使物体的机械运动状态发生改变。物体的变形是物体机械运动状态改变的一种形式。所以，力的作用效果包括使物体发生变形。实践证明，力对物体的作用效果取决于力的大小、方向和作用点。力的大小、方向和作用点称为力的三要素。作用在物体上的力需要用矢量 $\boldsymbol{F}$ 表示，如图 1-1 所示。矢量的起点 A 表示力的作用点；矢量的长度 AB 按选定的比例表示力的大小；矢量的方向表示力作用的方向，其包括力作用线的方位与力的指向两点含义。

在国际单位制中，力的单位是牛（N）或千牛（kN），且 $1\text{kN}=10^3\text{N}$。

理解和应用力的概念时应明确：

（1）力是两个物体的相互作用，每一个力必有承受此力作用的物体，称为受力物体，而施加这一作用力的物体，称为施力物体；

（2）两个物体相互作用，同时产生两个力，力总是成对出现的，分别作用在受力物体与施力物体上。而哪个物体是受力物体，哪个物体是施力物体是相对的，取决于你取哪个物体为研究对象。

力系是作用在物体上的一组力。在静力学中，通常将力系按照力的空间位置分布划分为：汇交力系、力偶系、平行力系、任意力系，上述力系都有平面与空间两种类型。

1.2.2 刚体的概念

在物体受力时，体积与形状保持不变的物体称为刚体。刚体内任意两点之间的距离是恒定不变的。刚体是一个理想化的力学模型。实际上，物体在力的作用下总会产生程度不同的变形，但是很多情况下，物体受力作用产生的变形很小，对所研究的问题影响甚微，或者物体虽有明显变形，但变形已经结束，而且已产生的变形与所研究的问题无关。在上述情况下，为了使研究的问题得到简化，可以略去物体变形这一次要因素，把所研究的物体视为不变形的物体——刚体。

绝对刚硬的物体在客观世界中并不存在，一个物体是否视为刚体，取决于所研究问题的性质。在图 1-2 中的钢杆 *AB* 受三个力 $\boldsymbol{F}_1$、$\boldsymbol{F}_2$、$\boldsymbol{F}_3$ 作用，若研究钢杆平衡时三个力满足的条件，可不考虑钢杆的变形，将其视为刚体。若研究钢杆在力的作用下长度的改变，或者钢杆是否可能被拉断，钢杆的变形则是决定性的因素，需将其视为变形体。

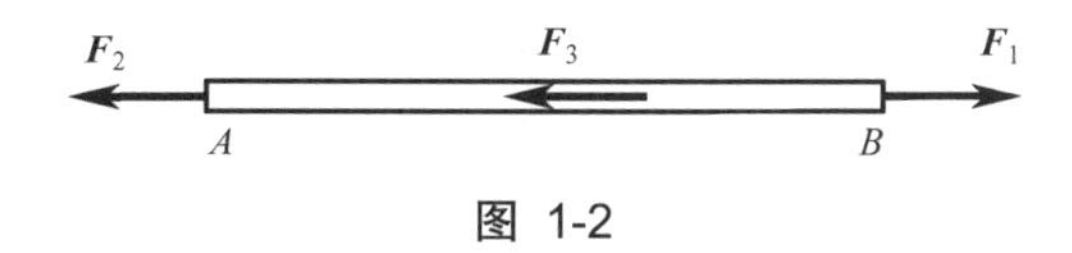

图 1-2

需要指出的是，上例中当需考虑钢杆 *AB* 的变形时，刚体的概念仍然是解决变形体力学问题所需考虑的一个方面，由刚体概念所建立的平衡条件，在研究后面弹性杆件时，都将有条件地得以应用。

1.2.3 平衡力系的概念

作用在物体上，能使物体处于平衡状态的力系称为平衡力系。平衡力系所满足的条件称为平衡条件。静力学中研究刚体的平衡条件。

最简单的平衡力系是由两个力所组成的平衡力系。显然，作用在物体上的两个力，使物体处于平衡状态必须满足的条件是：这两个力大小相等，方向相反，且在同一直线上。这个物体上最简单的平衡力系所满足的平衡条件称为二力平衡条件。

通常，把只受两个力作用并处于平衡状态的物体称为二力构件，或者二力杆。二力构件上的两个力一定作用在两力作用点的连线上，且大小相等、方向相反，这一规律与二力构件的形状无关，如图 1-3 所示。

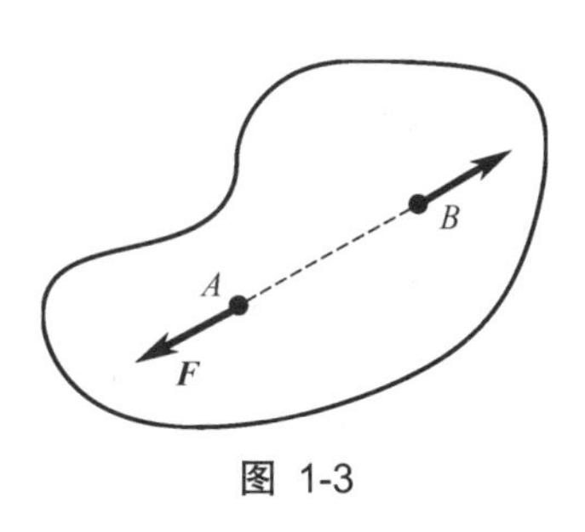

图 1-3

1.2.4 等效力系的概念

如果两个不同力系对物体的作用效果相同，则这两个力系是等效力系。这时，可以用其中一个力系来代替另一个力系。这种代换称为力系的等效代换。用简单的力系等效代换复杂力系的过程，称为力系的简化。例如，各力作用在同一点上的力系可以用一个力来等效代换。力系的简化是建立力系平衡条件的基础。

基于等效力系和平衡力系的概念，可以得出一个推论：在物体上加上或者减去一个平衡力系，不影响原来力系的作用效果。

1.3 约束和约束力

在对物体进行受力分析时，需要考虑支座处和物体之间接触点（或连接点）产生的各种类型的反力。限制一物体某些位移的其他物体称为该物体的约束。例如，悬挂吊灯的吊绳是吊灯的约束，地面是建筑物的约束，铁轨是火车的约束，等等。约束对物体某些位移的限制，是通过约束对物体的作用力来实现的。约束对物体的作用力称为约束反力，又称为约束力，以下采用约束力称谓。由于约束对物体的作用是阻碍物体的位移，所以约束力的方向总是与约束所阻碍的位移的方向相反，这是确定约束力方向的一般原则。约束力的大小不能预先确定，在静力学的范围，约束力的大小由平衡方程确定。约束力的作用点则是在物体与约束相接触的点。下面介绍几种常见的约束类型。

1.3.1 柔索

柔索约束是由软绳、链条、带等构成的约束。柔索只能承受拉力，即只能限制物体在柔索受拉方向的位移，这就是柔索约束的约束性质。因为被约束的物体所受的约束力与约束所限制的位移方向相反，所以柔索的约束力在连接点处，方向沿着柔索背离物体。

图 1-4 给出一受软绳约束的物体。软绳限制物体向下的位移，它作用给物体的约束力 $\boldsymbol{T}$ 通过连接点指向上，即通过连接点背离物体。软绳所受的力 $\boldsymbol{T}'$ 是使软绳受拉。

图 1-5 为典型的带传动系统。研究带对两轮的约束作用时，通常把轮子相接触的两段带（AC 段和 BD 段）与其接触的轮子视为一体，带恰与轮子相接触的点 A、B、C、D 视为连接点，带的 AB 段和 CD 段视为柔索约束。根据柔索约束的性质，带对两轮的约束力 $\boldsymbol{T}_A$、$\boldsymbol{T}_B$、$\boldsymbol{T}_C$、$\boldsymbol{T}_D$ 沿带中心线背离轮子呈现为拉力，而视为约束的带 AB、CD 段所受的力 $\boldsymbol{T}_A'$ 与 $\boldsymbol{T}_B'$、$\boldsymbol{T}_C'$ 与 $\boldsymbol{T}_D'$ 是使这两段带受拉。根据作用与反作用定律和二力平衡的概念可知：$T_A=T_B$，$T_C=T_D$。

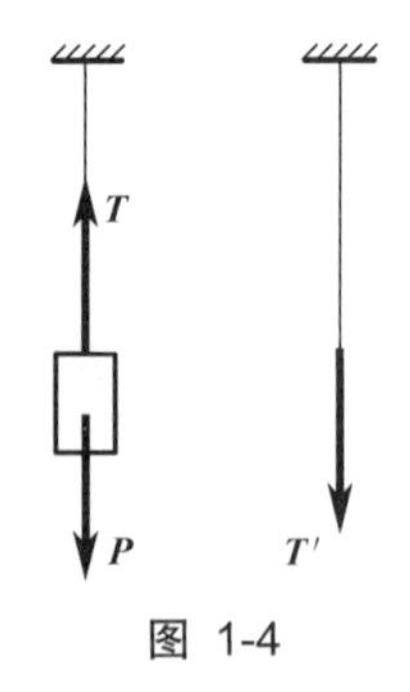

图 1-4

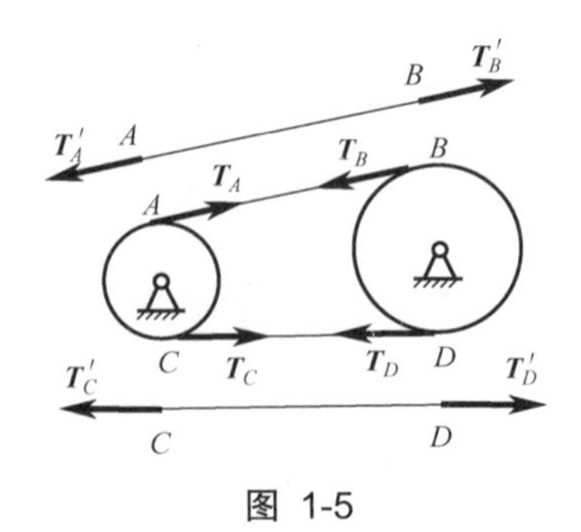

图 1-5

1.3.2 光滑接触面

光滑接触面约束由两物体接触所构成。如果接触面的摩擦很小，在所研究的问题中可以忽略不计，就可以将这接触面视为光滑接触面。两光滑接触的物体可以脱离开，也可以沿光滑接触面相对移动，但物体沿接触面的法线且指向接触面的位移受到限制，这就是光滑接触面约束的性质。光滑接触面对物体的约束力作用于接触点，沿接触面的法线且指向物体。

图 1-6（a）中 $\boldsymbol{N}_A$ 表示受光滑接触面约束的物体的约束力。图 1-6（b）中的圆盘，在 A、B 两点各有一光滑接触面，约束力 $\boldsymbol{N}_A$ 沿两个接触面的公法线，约束力 $\boldsymbol{N}_B$ 沿圆盘表面的法线，两个约束力都指向圆盘的中心 O。

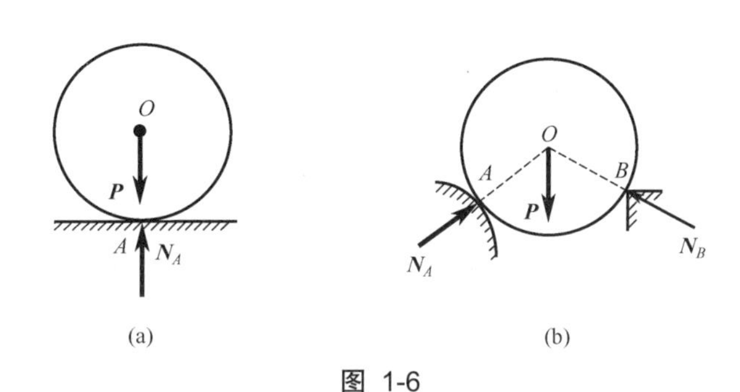

图 1-6

1.3.3 光滑圆柱铰链

光滑圆柱铰链约束是连接两个物体（或构件）的常见的约束方式。光滑圆柱铰链约束是这样构成的：在 A、B 两个物体上各做一个大小相同的光滑圆孔，用光滑圆柱铰链（又称光滑圆柱销钉）C，插入两物体的圆孔中，如图 1-7（a）所示。图 1-7（b）中给出了两杆在杆端铰链连接、两杆在一杆端部和另一杆中部铰链连接，以及在两杆中部用铰链连接三种情况下的计算简图。光滑圆柱铰链与圆孔接触，实质上与光滑接触面约束相同，所以约束力作用在铰链与圆孔的接触点上，并通过铰链中心，如图 1-8（a）所示。但是，铰链与圆孔接触点的位置因物体受力不同而改变，致使约束力的方向无法预先确定。这样一个方向不能预先确定的约束力，通常采用的表示方法是：将它分解为两个相互垂直的分力，如图 1-8（b）所示。这两个相互垂直分力的大小和指向均为未知（图中的指向是假定的）。

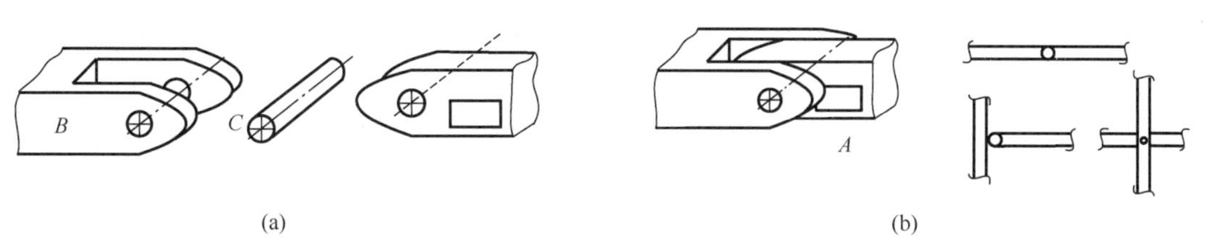

图 1-7

还可以按照下列方法分析光滑圆柱铰链约束及其约束力。根据铰链连接的构造情况，得知它的约束性质是：在两个物体的连接处，允许有相对转动（相对角位移）发生，但不允许有相对移动（相对线位移）发生。光滑圆柱铰链约束所限制的相对线位移可分解为相互垂直的两个位移，与之对应的则有两个相互垂直的约束力。

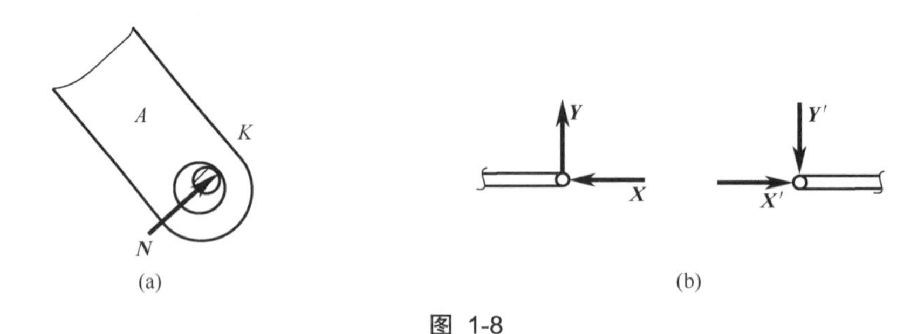

图 1-8

1.3.4 固定铰支座

如果利用铰链将构件与另一固定基础相连接，则构成了固定铰支座，如图 1-9（a）所示。图 1-9（b）所示为固定铰支座的三种计算简图。显然，固定铰支座的约束性质及其约束力与光滑圆柱铰链相同，即把约束力用两个正交分力表示，如图 1-9（c）所示。

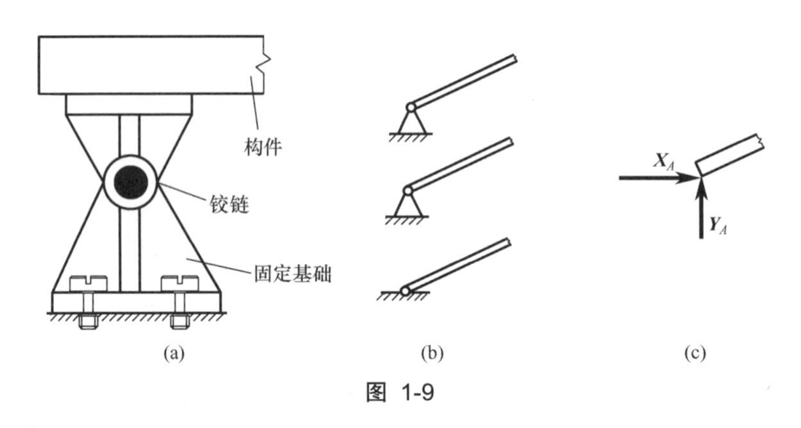

图 1-9

1.3.5 可动铰支座

如果将构件用铰链连接在支座上，支座又用辊轴支持在光滑面上，这样构成的约束称为可动铰支座约束，又称滚动铰支座约束，如图 1-10（a）所示。这种约束的性质是：只能限制垂直于光滑面的位移，而对沿光滑面的位移则无任何限制。可见，可动铰支座约束相当于光滑接触面约束，其约束力必垂直于支承面，通过铰链传给构件。图 1-10（b）所示为可动铰支座的计算简图，其约束力如图 1-10（c）所示。

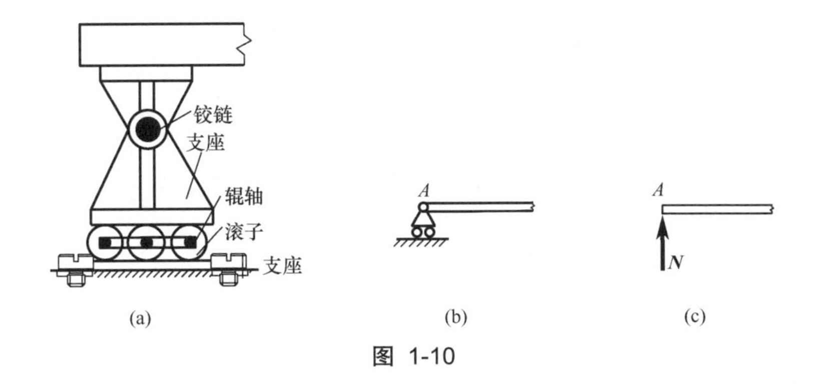

图 1-10

1.3.6 链杆

不计自重，借助于两个光滑铰链与其他物体连接的杆件称为链杆，由链杆构成的约束称为链杆约束，如图 1-11（a）所示。链杆中间不受其他力作用，即链杆是二力杆。因此，链杆约束对其所连接物体的位移的限制在于：不允许物体沿着两铰链中心的连线具有相对位移。由此可知，链杆对它所约束物体的约束力也必定作用在链杆两铰链中心的连线上，反力的大小和指向待定。不计尺寸但保留其约束性质的链杆称为链杆支座，其简图如图 1-11（b）所示，图 1-11（c）所示为其约束力，反力指向是假定的。

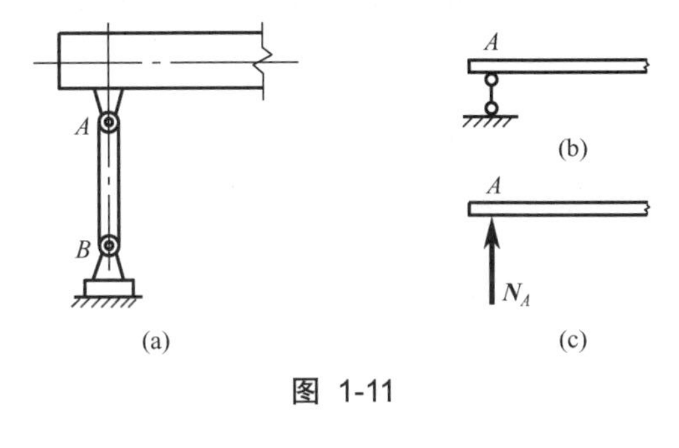

图 1-11

对于图 1-12（a）所示结构，当不计构件自重时，结构的构件 BC 即为二力杆，或称链杆。它的一端 B 用铰链与地面相接，另一端 C 用铰链与构件 AD 相接，中间无力作用，所以只在铰 B、C 处两个力 $\boldsymbol{N}_B$、$\boldsymbol{N}_C$ 的作用下处于平衡状态。由二力平衡条件可知，此二力在 B、C 两铰中心的连线上，如图 1-12（b）所示。铰链对 AD 构件的约束力 $\boldsymbol{N}_C'$ 是 $\boldsymbol{N}_C$ 的反作用力，所以 $\boldsymbol{N}_C'$ 也作用在 B、C 两铰中心的连线上，如图 1-12（c）所示。约束力的指向在图中是假定的。

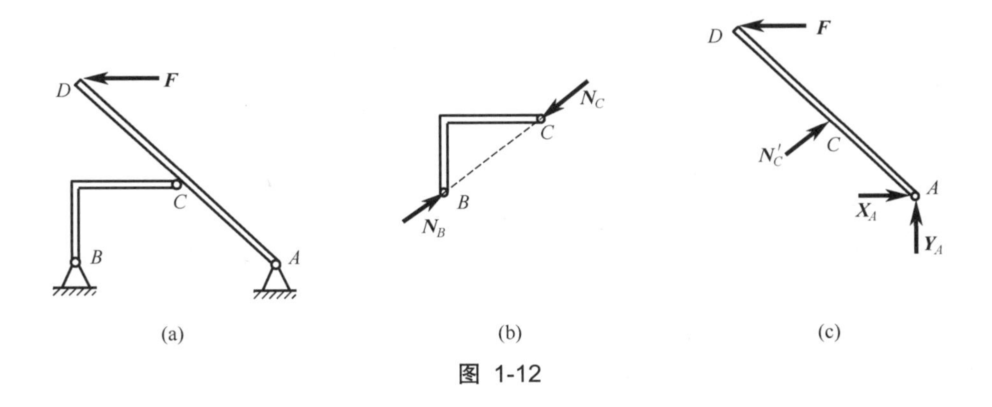

图 1-12

1.4　物体的受力分析

在求解力学问题时，要首先确定研究对象，并了解研究对象的受力情况，这个过程称为物体的受力分析。正确地进行物体的受力分析，是解决工程问题必备的基本技能。对物体受力分析的失误，必然导致错误的计算结果。

物体的受力分析包含两个步骤：一是将所要研究的物体（构件）单独分离出来，画出其简图，这一步称为取研究对象或者说取分离体；二是在分离体上画出它所受的全部力，即约束力和其他主动力，这一步称为画受力图。

下面举例说明进行物体受力分析的方法。

例 1-1　由杆件 AB 与 CD 组成的起吊架起吊重量为 Q 的重物，如图 1-13（a）所示。不计杆件自重，试作杆件 AB 的受力图。

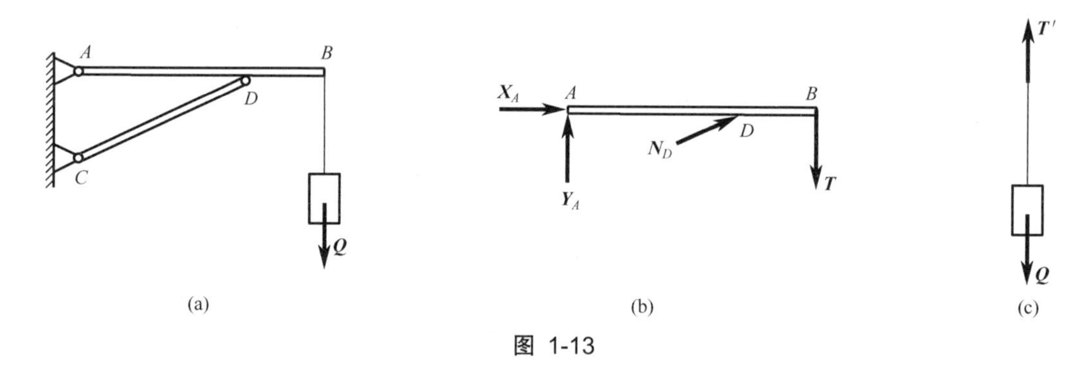

图 1-13

解： 取杆件 AB 为分离体，如图 1-13（b）所示，杆件 AB 上没有主动力。

A 点为固定铰支座，约束力用两个垂直分力 $\boldsymbol{X}_A$、$\boldsymbol{Y}_A$ 表示，二力的指向是假定的。

D 点为铰链连接，C 点为固定铰支座，这样杆 CD 只有两端的两个力作用且平衡，因此杆 CD 为二力杆，因此可以确定 D 点约束力 $\boldsymbol{N}_D$ 的作用线沿 C、D 的连线，指向可以假定。

B 点为柔索约束，约束力为绳索的拉力 $\boldsymbol{T}$。拉力的指向是确定的［图 1-13（c）］，一定沿绳索背离分离体。

这样，就可以画出杆 AB 的受力图了。需要指出的是，受力图上 $\boldsymbol{X}_A$、$\boldsymbol{Y}_A$、$\boldsymbol{N}_D$ 三个约束力指向是否符合实际，以后通过平衡方程可以得知。

例 1-2　图 1-14（a）所示结构中，杆件 AB 所受重力为 $\boldsymbol{W}_1$，杆件 BC 所受重力为 $\boldsymbol{W}_2$，杆件 BC 上有荷载 $\boldsymbol{F}$ 作用。试作杆件 AB、BC 及整体结构的受力图。

解： 先取杆件 AB 为分离体。所受主动力是重力 $\boldsymbol{W}_1$。约束力有固定铰支座 A 的反力 $\boldsymbol{X}_A$ 和 $\boldsymbol{Y}_A$，链杆支座 D 的反力 $\boldsymbol{N}_D$，杆件 BC 通过铰 B 施加的反力 $\boldsymbol{X}_B$ 和 $\boldsymbol{Y}_B$。受力图如图 1-14（b）所示，图中各约束力的指向是假定的。

再取杆件 BC 为分离体。所受主动力是重力 $\boldsymbol{W}_2$ 和荷载 $\boldsymbol{F}$。约束力有可动铰支座 C 的反力 $\boldsymbol{R}_C$，按照约束性质，该力指向上；杆件 AB 通过铰 B 施加的反力为 $\boldsymbol{X}_B'$ 和 $\boldsymbol{Y}_B'$，

它们分别是 X_B 和 Y_B 的反作用力，其指向分别与 X_B 和 Y_B 相反，不能再随意假定。受力图如图 1-14（c）所示。

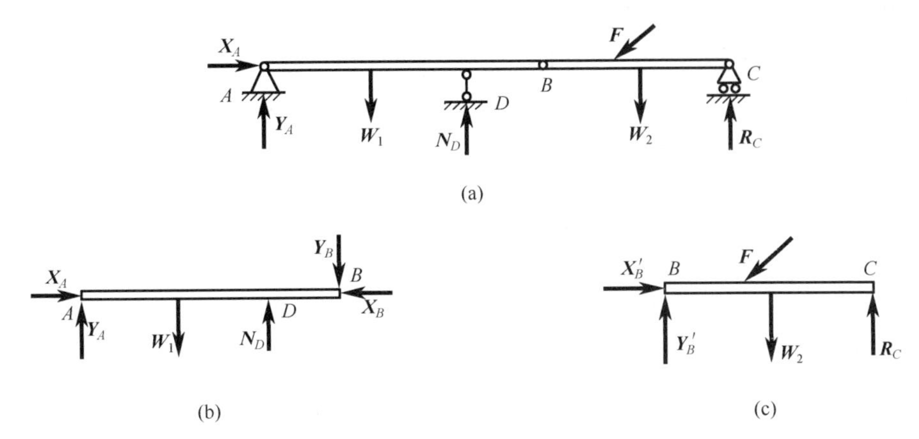

图 1-14

最后取结构整体为分离体，受力图如图 1-14（a）所示。与图 1-14（b）、（c）相比，整体受力图中没有画出铰 B 处的约束力。铰 B 处的约束力是结构两部分（杆件 AB 与 BC）之间的相互作用力。对杆件 AB 与 BC 而言，所受的约束力分别是作用力与反作用力；对结构整体而言，这里的约束力是成对出现的平衡力，所以受力图上不必画出。

分离体内各部分之间的相互作用力，称为内力。分离体外的其他物体对分离体的作用力，称为外力。受力图上只画外力，不画内力。显然，内力与外力的区分是相对的，将依研究对象选择的不同而改变。

例 1-3　图 1-15（a）所示系统中，重物 E 所受重力为 W，其他构件不计自重。

（1）取系统的一部分：杆件 AB、绳 DE、滑轮 O 及重物 E，作为分离体，画出受力图。

（2）作杆件 BC 的受力图。

（3）画出系统整体的受力图。

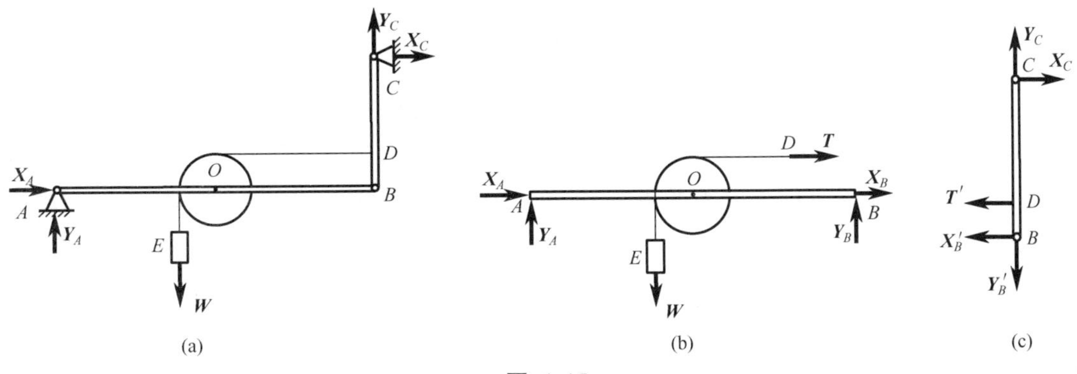

图 1-15

解：（1）取杆件 AB、绳 DE、滑轮 O 及重物 E 组成的系统部分作为分离体，如图 1-15（b）所示。

分离体所受主动力为重物 E 的重力 $\boldsymbol{W}$。约束力有固定铰支座 A 的反力 $\boldsymbol{X}_A$ 和 $\boldsymbol{Y}_A$，铰 B 的反力 $\boldsymbol{X}_B$ 和 $\boldsymbol{Y}_B$，以上四个力的指向均可假定。还有杆件 BC 对绳的拉力 $\boldsymbol{T}$。滑轮 O 与杆件 AB 的相互作用力、绳与重物 E 的相互作用力均为内力，不应画出。受力图如图 1-15（b）所示。

（2）杆件 BC 不计自重，约束力有固定铰支座 C 的反力 $\boldsymbol{X}_C$ 和 $\boldsymbol{Y}_C$，铰 B 的反力 $\boldsymbol{X}_B'$ 和 $\boldsymbol{Y}_B'$，以及作用在 D 点的绳的拉力 $\boldsymbol{T}'$，如图 1-15（c）所示。图中 $\boldsymbol{X}_B'$ 和 $\boldsymbol{Y}_B'$ 是 $\boldsymbol{X}_B$ 和 $\boldsymbol{Y}_B$ 的反作用力，$\boldsymbol{T}'$ 是 $\boldsymbol{T}$ 的反作用力。

（3）取系统整体为分离体，如图 1-15（a）所示。

分离体所受主动力为重物 E 的重力 $\boldsymbol{W}$。约束力有固定铰支座 A 和 C 的反力，以上四个力的指向均可假定。还有，铰 B 的反力 $\boldsymbol{X}_B$ 和 $\boldsymbol{Y}_B$，BC 杆对绳的拉力 $\boldsymbol{T}$、滑轮 O 与杆件 AB 的相互作用力、绳与重物 E 的相互作用力均为内力，不应画出。受力图如图 1-15（a）所示。

综合以上三个例子，物体的受力分析应注意以下事项。

（1）做系统中某一部分的受力分析时，一定要单独画出其分离体图，而不要在系统图上画某一部分的受力图。例如，不能在图 1-15（a）所示系统整体上画图 1-15（b）所示系统部分的受力图。

（2）画受力图时，应先分析研究对象与哪些相邻物体有相互作用，并由此确定研究对象所受的力。研究对象上的每一个力都有确定的施力物体，且施力物体一定是研究对象以外的其他物体。内力的施力物体是研究对象本身，所以内力在受力图上不应画出。

（3）要按照约束的性质分析约束力，切不可由主动力的情况来臆测约束力。约束力与主动力的关系是以后要解决的问题。

（4）要注意识别二力杆约束，并正确地画出约束力。

（5）对两个相互作用的物体进行受力分析时，作用力与反作用力的方向只能假定一个，另一个应按照作用与反作用定律来确定。

小　结

（1）力系和刚体的概念是最基本的力学概念，一个力可以沿其作用线在刚体上滑移。研究作用在刚体上的力系的作用效应时，不考虑物体的材料特性。

（2）平衡的概念，即力系对物体的作用效应为零，物体处于静止或匀速平动状态。最简单的平衡力系是二力平衡力系。平衡概念推出的平衡条件，以及派生的平衡方程，是解决工程力学问题的基础。

（3）等效力系的概念，主要用途在于力系的简化，就是用最简单的力系等效代替复杂力系的作用，从而推导出力系的平衡条件。

（4）约束是对物体间相互作用的模型化表示，尽管约束类型很多，但约束的模型化过程可以归结为：约束概念→约束构造→约束性质→约束力。

（5）物体的受力分析结果体现在物体的受力图上，正确地画出物体的受力图是解决物体受力问题的首要步骤，其中重点是正确画出约束力。

习 题

一、单项选择题

1-1 力的三要素是（ ）。

A. 大小、方位、作用点　　B. 大小、方向、作用点

C. 大小、指向、作用点　　D. 大小、角度、作用点

1-2 刚体就是（ ）。

A. 可以画出受力图的物体

B. 可以在其上加减平衡力系的物体

C. 二力作用平衡的物体

D. 受任何力系作用不变形的物体

1-3 下面说法不正确的为（ ）。

A. 力系的等效须在刚体上才能完全成立

B. 两个力的等效与其作用线位置无关

C. 平衡的力系都是等效力系

D. 力系的等效与力系的组成无关

1-4 题 1-4 图所示物体的受力图，正确的为（ ）。

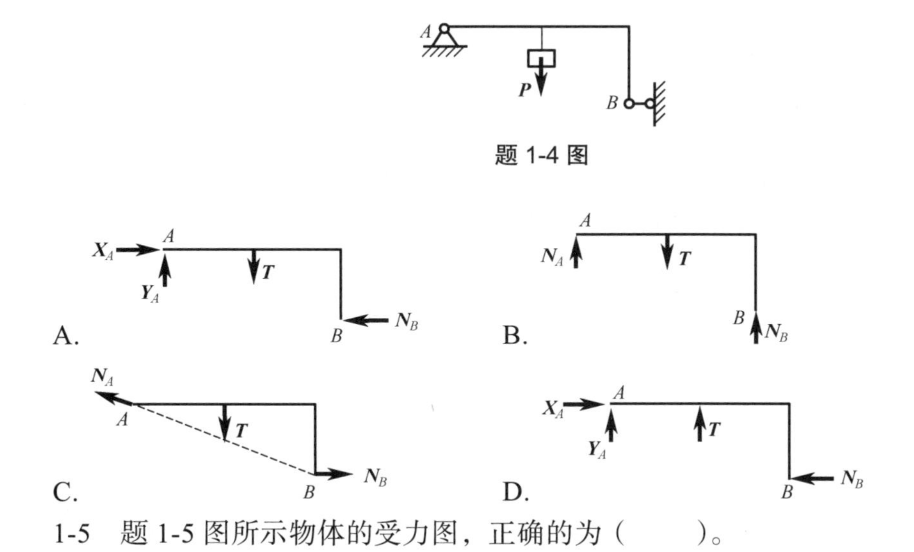

1-5 题 1-5 图所示物体的受力图，正确的为（ ）。

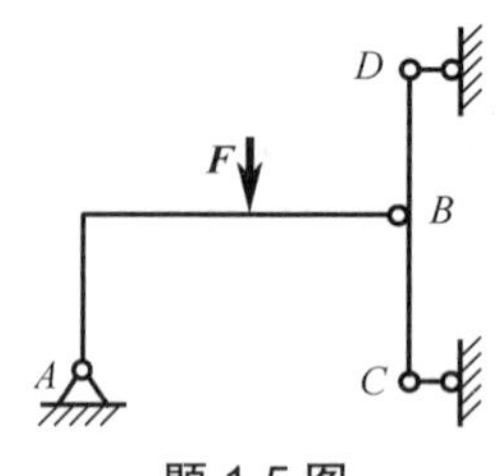

题 1-5 图

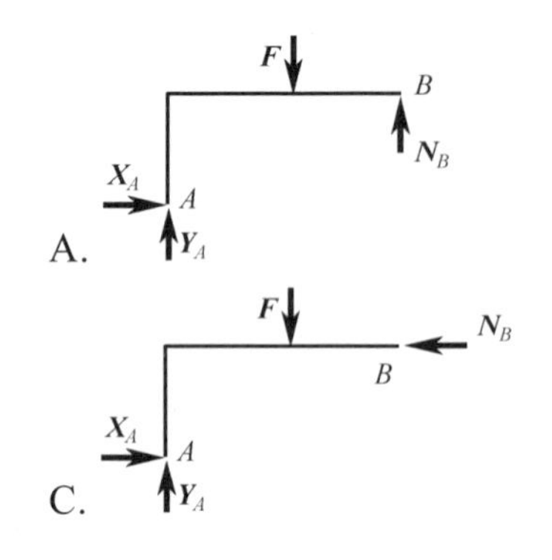

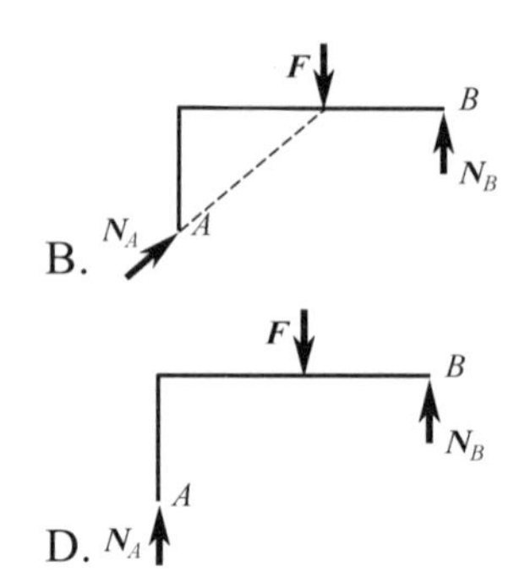

二、填空题

1-6　力是________相互的机械作用，这种作用使物体的________状态发生改变。

1-7　作用在物体上，能使物体处于________状态的力系称为平衡力系，最简单的平衡力系是________平衡力系。

1-8　等效力系就是两个不同力系对物体的________相同，这时可以用其中一个力系来________另一个力系。

1-9　限制一物体某些位移的________称为物体的约束，对________的作用力称为约束力。

1-10　物体所受的力包括________力和________力。

三、作图题

1-11　画出题 1-11 图所示杆件 *AB* 的受力图，图中的各接触面均为光滑面。

1-12　画出题 1-12 图所示杆件 *AB* 的受力图。

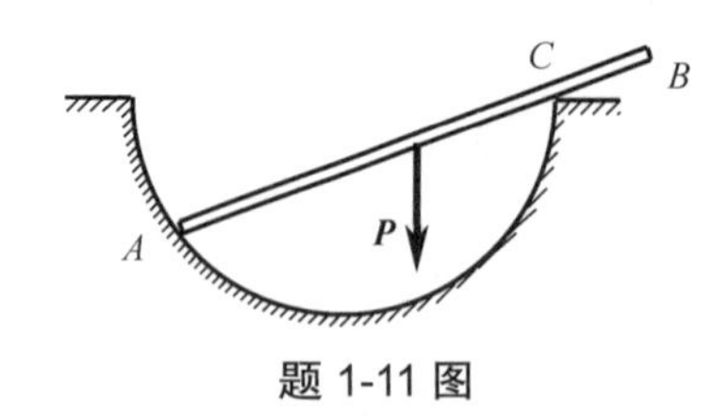

题 1-11 图

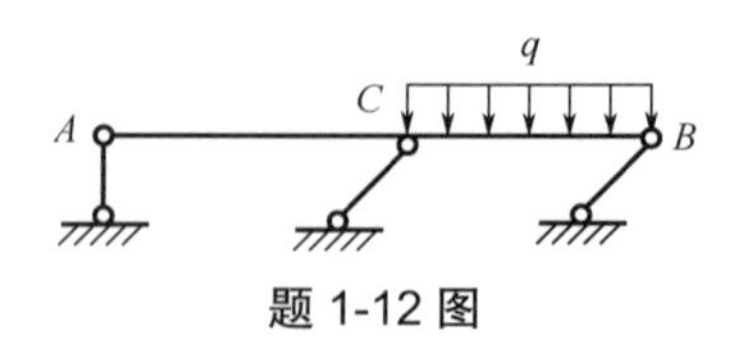

题 1-12 图

1-13　画出题 1-13 图所示杆件 *ABC* 的受力图。

1-14　画出题 1-14 图所示杆件 *AB* 的受力图。

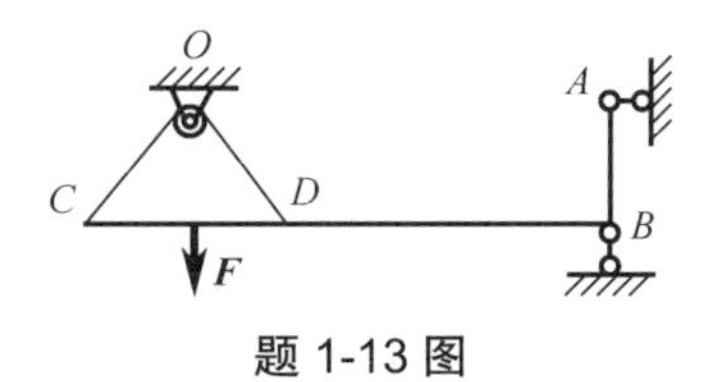

题 1-13 图

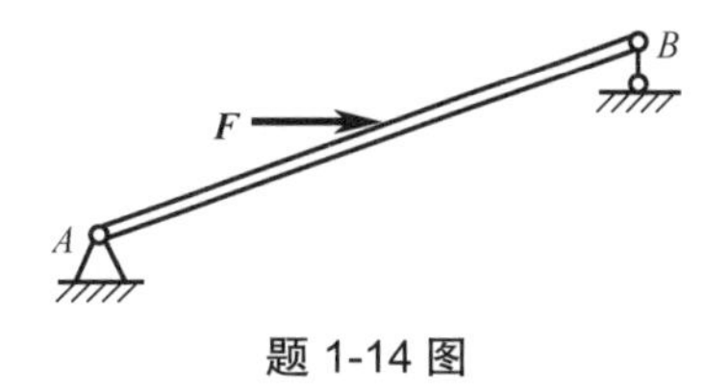

题 1-14 图

1-15　画出题 1-15 图所示圆柱体 A、B 的受力图。

1-16　画出题 1-16 图所示结构的整体、杆件 AB、杆件 CD 的受力图。

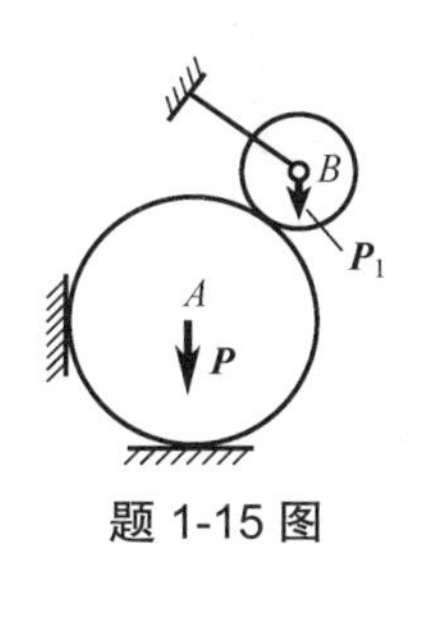

题 1-15 图

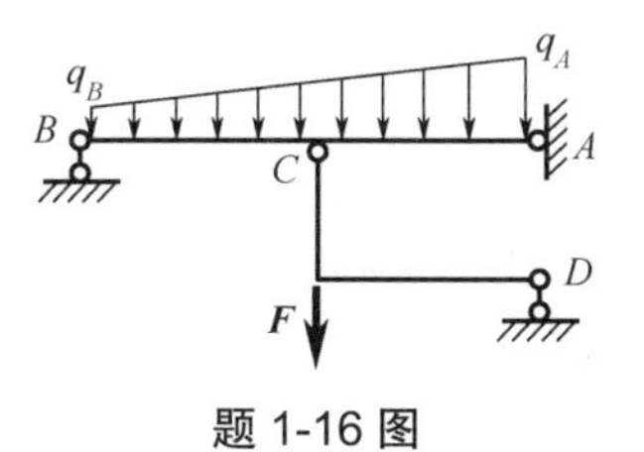

题 1-16 图

习题 1-3

第 2 章 平面汇交力系

知识结构图

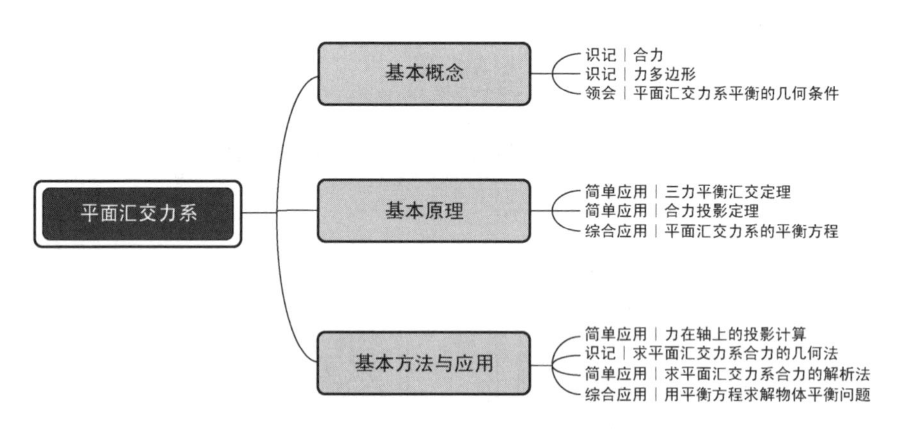

2.1 平面汇交力系合成与平衡的几何法

力系中各力的作用线都在同一平面内且汇交于一点，这样的力系称为平面汇交力系。平面汇交力系在工程中是常见的。例如土建施工中用起重机吊装横梁［图 2-1（a）］时，起重机吊钩所受的各力就组成一平面汇交力系，如图 2-1（b）所示。

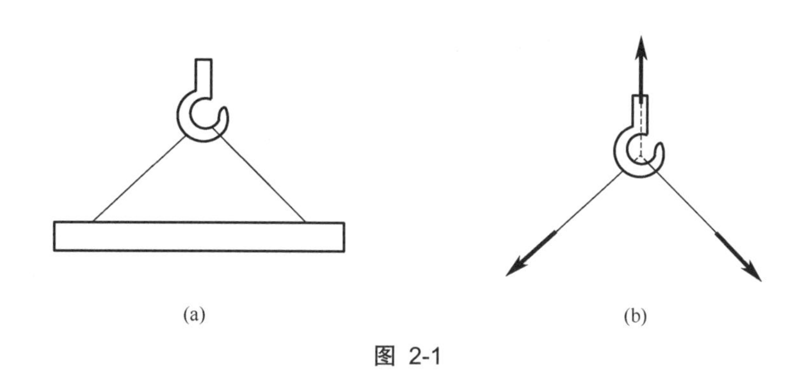

图 2-1

根据刚体上力的可传性，可将力系中各力沿其作用线移至汇交点，使平面汇交力系转化为平面共点力系，且不改变力系对刚体的作用效果。这样，本章中只针对平面共点力系来研究平面汇交力系的合成与平衡条件。

2.1.1 平面汇交力系合成的几何法

如图 2-2（a）所示，在物体的 O 点作用一平面汇交力系（$\boldsymbol{F}_1$，$\boldsymbol{F}_2$，$\boldsymbol{F}_3$，$\boldsymbol{F}_4$），现将力系中的两个力按力的平行四边形法则合成，所得合力再与第三个力合成。如此连续地应用力的平行四边形法则，可求得平面汇交力系的合力，且合力作用在汇交点 O。具体作法如下。

如图 2-2（b）所示，任取一点 a，作矢量 $\overline{ab}=\boldsymbol{F}_1$，过点 b 作矢量 $\overline{bc}=\boldsymbol{F}_2$，连接 a、c 两点的矢量 $\overline{ac}=\boldsymbol{R}_1$ 就是力 $\boldsymbol{F}_1$ 与 $\boldsymbol{F}_2$ 的合力矢量，即 $\boldsymbol{R}_1=\boldsymbol{F}_1+\boldsymbol{F}_2$。再过点 c 作矢量 $\overline{cd}=\boldsymbol{F}_3$，连接 a、d 两点的矢量 $\overline{ad}=\boldsymbol{R}_2$ 就是力 $\boldsymbol{R}_1$ 与 $\boldsymbol{F}_3$ 的合力矢量，即 $\boldsymbol{R}_2=\boldsymbol{R}_1+\boldsymbol{F}_3=\boldsymbol{F}_1+\boldsymbol{F}_2+\boldsymbol{F}_3$。最后，过点 d 作矢量 $\overline{de}=\boldsymbol{F}_4$，连接 a、e 两点的矢量 $\overline{ae}=\boldsymbol{R}$ 就是力 $\boldsymbol{R}_2$ 与 $\boldsymbol{F}_4$ 的合力矢量，即力系的合力矢量，且 $\boldsymbol{R}=\boldsymbol{R}_2+\boldsymbol{F}_4=\boldsymbol{F}_1+\boldsymbol{F}_2+\boldsymbol{F}_3+\boldsymbol{F}_4$。可见，力系的合力矢量等于力系中各力矢量的矢量和。

观察图 2-2（b），可得到求合力矢量的力多边形法如下：将力系中各矢量首尾相连，构成开口的力多边形 $abcde$，由第一个矢量的起端向最后一个矢量的末端，引矢量 $\boldsymbol{R}$ 将力多边形封闭。力多边形的封闭矢量 $\boldsymbol{R}$ 即等于力系的合力矢量。

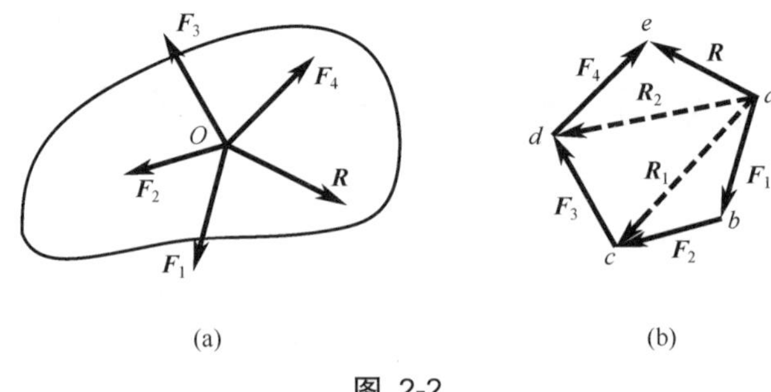

图 2-2

在一般情况下，平面汇交力系的合力矢量等于力系中各力的矢量和，即

$$\boldsymbol{R}=\boldsymbol{F}_1+\boldsymbol{F}_2+\cdots+\boldsymbol{F}_n=\sum_{i=1}^{n}\boldsymbol{F}_i \tag{2-1}$$

合力的作用线通过各力的汇交点。

2.1.2 平面汇交力系平衡的几何条件

平面汇交力系可以用它的合力等效代换。于是，平面汇交力系平衡的必要与充分条件是：该力系的合力等于零，即力系中各力的矢量和等于零。

$$\sum_{i=1}^{n}\boldsymbol{F}_i=0 \tag{2-2}$$

合力 R=0 这一条件在力多边形上表现为，第一个矢量的起端与最后一个矢量的末端重合为一点，使力多边形自身封闭。从而得到平面汇交力系平衡的几何条件是：该力系的力多边形自身封闭。

下面举例说明如何应用平面汇交力系平衡的几何条件，求解平面汇交力系的平衡问题。

例 2-1 三角支架用两个不计自重的杆铰接组成，悬挂重力为 $\boldsymbol{W}$ 的重物［图 2-3（a）］，求杆 AC 和 BC 所受的力。

解：（1）取分离体，画受力图。

取铰 C 为分离体（也可取整个三角支架为分离体）。

分离体上所受的已知力为绳索拉力 $\boldsymbol{T}$，其值为 T=W。未知力是杆 AC 和杆 BC 的约束力 $\boldsymbol{N}_{CA}$ 和 $\boldsymbol{N}_{CB}$。因杆 AC 和 BC 都是二力杆，以上两约束力分别在铰 A、C 及铰 B、C 中心的连线上［图 2-3（b）、（c）］。用平衡的几何条件解题时，对受力图上未知力的指向不做假定，只需先画出其作用线。

（2）作封闭力多边形，定未知力指向，并求其值。

按平衡的几何条件，受力图上的三个力所组成的力三角形应该是自身封闭的。作出封闭力三角形 abc，并按各力首尾相连的条件，定出未知力 $\boldsymbol{N}_{CA}$、$\boldsymbol{N}_{CB}$ 的指向，如图 2-3（d）所示。

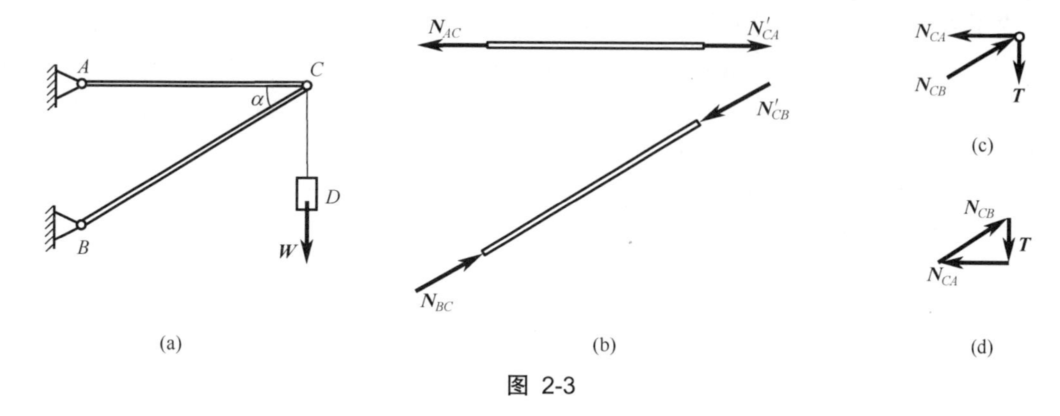

图 2-3

从力三角形 abc 中解得

$$N_{CB} = \frac{T}{\sin\alpha} = \frac{W}{\sin\alpha}$$

$$N_{CA} = T\cot\alpha = W\cot\alpha$$

杆 AC 为二力杆，杆两端所受的力为 $\boldsymbol{N}_{AC}$、$\boldsymbol{N}'_{CA}$。按二力平衡条件，此二力共线、等值、反向。力 $\boldsymbol{N}'_{CA}$ 是力 $\boldsymbol{N}_{CA}$ 的反作用力。按作用与反作用定律，$\boldsymbol{N}'_{CA}$ 与 $\boldsymbol{N}_{CA}$ 共线、等值、反向。由此确定杆 AC 所受力的值为

$$N_{AC} = N'_{CA} = N_{CA} = W\cot\alpha$$

同理，杆 BC 所受力的值为

$$N_{BC} = N'_{CB} = N_{CB} = \frac{W}{\sin\alpha}$$

二杆所受力的指向如图 2-3（b）所示。杆 AC 受拉，杆 BC 受压。

2.2 三力平衡汇交定理

三力平衡汇交定理：刚体在三个力作用下处于平衡状态，其中两个力的作用线汇交于一点，则第三个力的作用线必通过该点，三力组成一平面汇交力系。

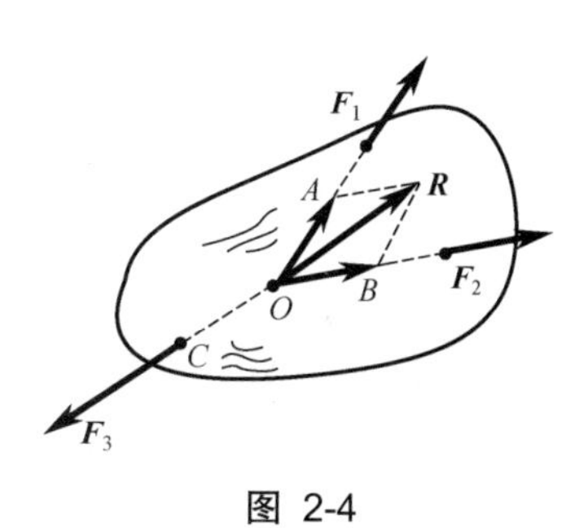

图 2-4

证明 刚体的 A、B、C 三点分别作用着力 $\boldsymbol{F}_1$、$\boldsymbol{F}_2$、$\boldsymbol{F}_3$，刚体处于平衡状态，其中力 $\boldsymbol{F}_1$ 和 $\boldsymbol{F}_2$ 的作用线已知，且汇交于 O 点。由力的可传性和力的平行四边形法则，求出力 $\boldsymbol{F}_1$ 和 $\boldsymbol{F}_2$ 的合力 $\boldsymbol{R}$，如图 2-4 所示。平衡力系（$\boldsymbol{F}_1$，$\boldsymbol{F}_2$，$\boldsymbol{F}_3$）由力系（$\boldsymbol{R}$，$\boldsymbol{F}_3$）等效代换。按二力平衡条件知，

$\boldsymbol{F}_3$ 和 $\boldsymbol{R}$ 共线，即 $\boldsymbol{F}_3$ 通过 O 点且与 $\boldsymbol{F}_1$、$\boldsymbol{F}_2$ 在同一平面内，三者组成平面汇交力系。

在某些工程结构的力学分析中，需要研究受三个力作用，且其中两个力汇交于一点的平衡物体。这时，可应用三力平衡汇交定理确定第三个力（通常是约束力）的作用线位置，然后用平面汇交力系的平衡条件求解未知力。

例 2-2 曲杆如图 2-5（a）所示，按图示尺寸和荷载求支座 A 和 B 的约束力。

解：（1）取分离体，画受力图。

取曲杆为分离体。

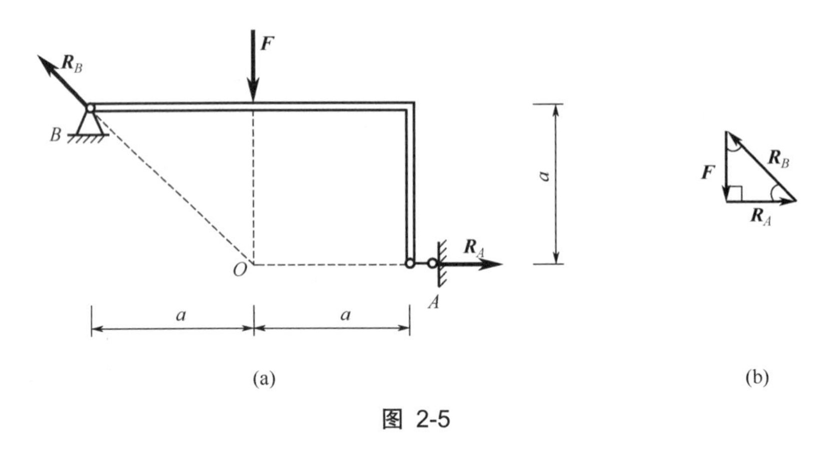

图 2-5

分离体上的主动力为力 $\boldsymbol{F}$。链杆支座 A 的约束力 $\boldsymbol{R}_A$，其作用线沿链杆支座，指向待定。固定铰支座 B 的约束力，可用两个垂直分力表示，记为 $\boldsymbol{X}_B$ 和 $\boldsymbol{Y}_B$。这时，力系 $(\boldsymbol{X}_B, \boldsymbol{Y}_B, \boldsymbol{F}, \boldsymbol{R}_A)$ 不是平面汇交力系。为应用平面汇交力系的平衡条件求解，作受力图时，可用三力平衡汇交定理确定固定铰支座 B 的约束力 $\boldsymbol{R}_B$ 的作用线。约束力 $\boldsymbol{R}_B$ 是 $\boldsymbol{X}_B$ 和 $\boldsymbol{Y}_B$ 的合力，其作用线通过力 $\boldsymbol{F}$ 和力 $\boldsymbol{R}_A$ 的汇交点 O［图 2-5（a）］，指向待定。

（2）作封闭力三角形，定未知力指向，求未知力的值。

作力 $\boldsymbol{F}$、$\boldsymbol{R}_A$、$\boldsymbol{R}_B$ 的封闭力三角形，如图 2-5（b）所示。按各力首尾相连的原则，定出力 $\boldsymbol{R}_A$ 和 $\boldsymbol{R}_B$ 的指向。

从力三角形中解得

$$R_A = F；\quad R_B = \sqrt{2}F$$

2.3 力的分解与力的投影

2.3.1 力的分解

给定两个作用于一点的力，可以用力的平行四边形法则求解二力的合力，且此合力是唯一确定的。如给定一个力，也可以用力的平行四边形法则将其分解为两个分力，为得到唯一确定的结果，则需要对分力的大小、方向等附加一定的限制条件。工程中经常用到的情况是给定两个分力的作用线方位，求分力。

已知力矢量 $\boldsymbol{R}=\overline{AB}$，给定它的两个分力作用线与矢量 $\boldsymbol{R}$ 的夹角分别为 α 和 β。这时，以 $\boldsymbol{R}=\overline{AB}$ 为对角线，以与 $\boldsymbol{R}$ 夹角分别为 α 和 β 的线段 AM 和 AN 为边，作平行四边形 $ABCD$，得到两个分力 $\boldsymbol{F}_1=\overline{AC}$，$\boldsymbol{F}_2=\overline{AD}$，分力的大小可从三角形 ABC 中解出［图 2-6（a）］。

当力 $\boldsymbol{R}$ 沿两个互相垂直的方向分解时，平行四边形 $ABCD$ 为一矩形［图 2-6（b）］。两个垂直的分力大小分别为

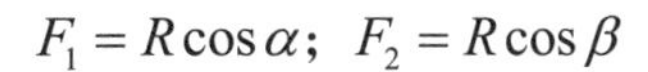

$$F_1=R\cos\alpha;\ F_2=R\cos\beta$$

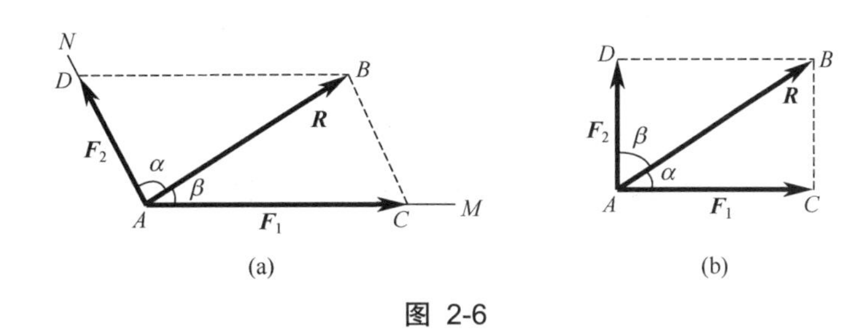

图 2-6

2.3.2 力的投影

力 $\boldsymbol{F}$ 在某轴 x 上的投影，等于力 $\boldsymbol{F}$ 的大小乘以力与该轴正向夹角 α 的余弦，记为 X，即

$$X=F\cos\alpha \tag{2-3}$$

力在轴上的投影是代数量。当力与轴的正向夹角 α 为锐角时［图 2-7（a）］，X 取正值；反之，取负值［图 2-7（b）］。在图 2-7 中，过力矢量的起端 A 和末端 B 分别作轴线的垂线，所得垂足 a 和 b 之间的线段长度就是力在轴上的投影的绝对值。当从垂足 a 到 b 的指向与轴的正向一致时，力的投影为正，即 $X=ab$；反之，力的投影为负，即 $X=-ab$。

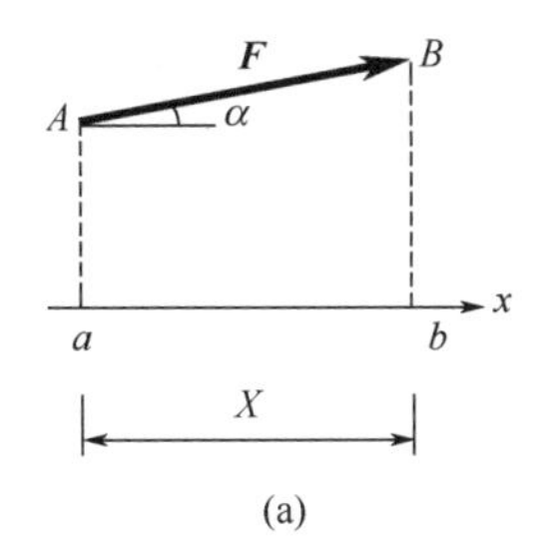

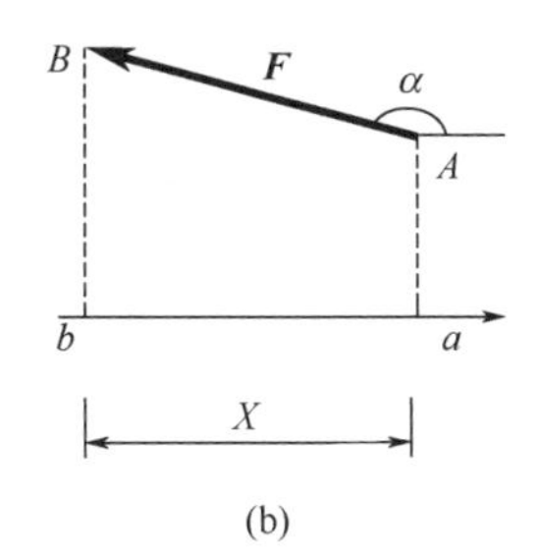

图 2-7

已知力 $\boldsymbol{F}$ 在两个正交轴上的投影 X 和 Y [图 2-8（a）]，很容易确定力 $\boldsymbol{F}$ 的大小和方向

$$\left.\begin{aligned} &F=\sqrt{X^2+Y^2} \\ &\cos\alpha=\frac{X}{F}，\cos\beta=\frac{Y}{F} \end{aligned}\right\} \tag{2-4}$$

式中　α 和 β——力 $\boldsymbol{F}$ 与 x 和 y 轴的正向夹角。

从图 2-8（a）可知，将力 $\boldsymbol{F}$ 沿正交的方向分解为两个分力 $\boldsymbol{F}_x$ 和 $\boldsymbol{F}_y$，它们的大小分别等于力 $\boldsymbol{F}$ 在此二轴上的投影 X 和 Y 的绝对值。这一关系只在正交轴系中才会出现，对图 2-8（b）所示的非正交轴系，力沿轴的分力与力在轴上的投影二者在数值上是不相等的。

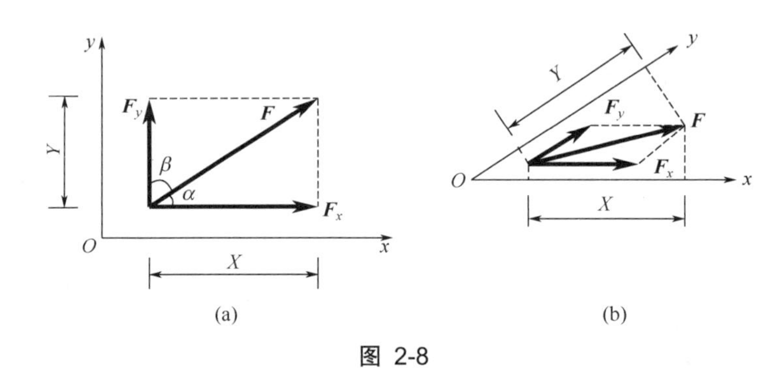

图 2-8

2.3.3 合力投影定理

合力投影定理建立了平面汇交力系合力在轴上的投影与各分力在同轴上投影的关系。

设作用于 O 点的平面汇交力系（$\boldsymbol{F}_1$，$\boldsymbol{F}_2$，$\boldsymbol{F}_3$，$\boldsymbol{F}_4$），如图 2-9（a）所示。其力多边形 $ABCDE$ 与合力矢量 $\boldsymbol{R}$ 如图 2-9（b）所示。在图 2-9（b）上选定 x 轴，力多边形中各矢量在 x 轴上的投影依次为

$$X_1=ab,\ X_2=bc,\ X_3=-cd,\ X_4=de,\ R_x=ae$$

因为 $ae=ab+bc-cd+de$，所以得

$$R_x=X_1+X_2+X_3+X_4$$

在一般情况下，平面汇交力系由 n 个力组成，则有

$$R_x=\sum_{i=1}^{n}X_i \tag{2-5}$$

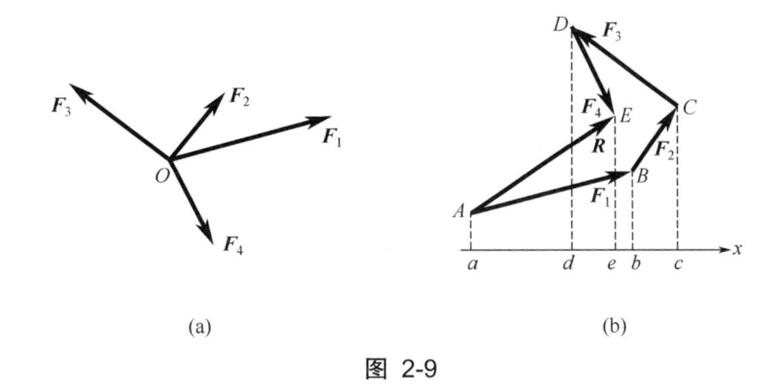

(a) (b)

图 2-9

因此，得到合力投影定理：力系合力在任一轴上的投影，等于力系中各力在同一轴上的投影的代数和。

2.4 平面汇交力系合成与平衡的解析法

2.4.1 平面汇交力系合成的解析法

对于作用于 O 点的平面汇交力系（$\boldsymbol{F}_1$，$\boldsymbol{F}_2$，…，$\boldsymbol{F}_n$），求其合力矢量。

以汇交点 O 为原点建立直角坐标系 xOy（图 2-10）。按合力投影定理求合力在 x 轴和 y 轴上的投影

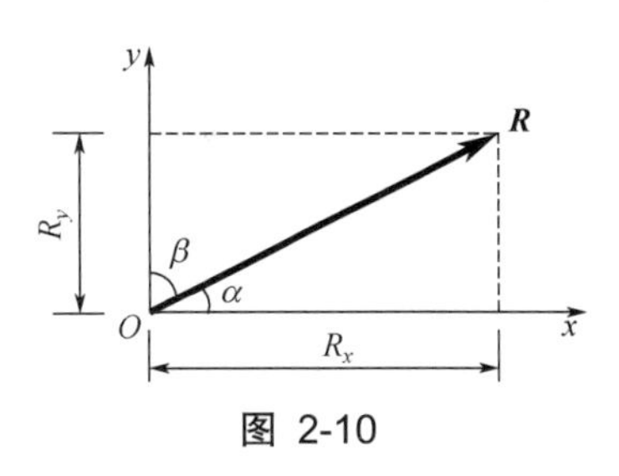

图 2-10

$$R_x = \sum_{i=1}^{n} X_i$$

$$R_y = \sum_{i=1}^{n} Y_i$$

然后，即可按式（2-4）确定合力的大小和方向

$$\left.\begin{aligned} R &= \sqrt{\left(\sum_{i=1}^{n} X_i\right)^2 + \left(\sum_{i=1}^{n} Y_i\right)^2} \\ \cos\alpha &= \frac{R_x}{R} \\ \cos\beta &= \frac{R_y}{R} \end{aligned}\right\} \tag{2-6}$$

式中　α 和 β——合力矢量 $\boldsymbol{R}$ 与 x 和 y 轴的正向夹角。

这种使用式（2-6）计算合力的大小和方向的方法，称为平面汇交力系合成的解析法。

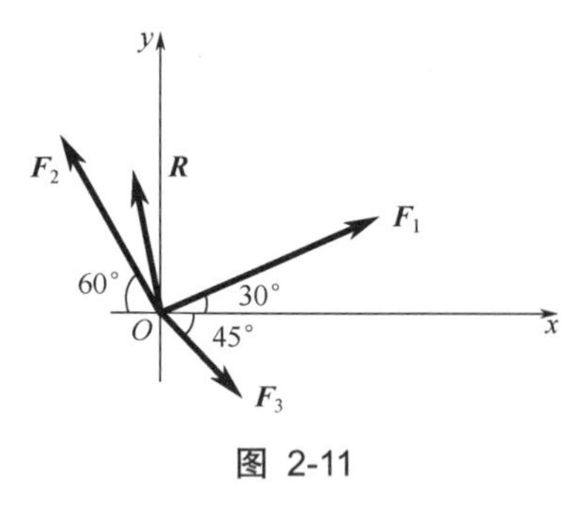

图 2-11

例 2-3 在图 2-11 所示的平面汇交力系中，F_1=30N、F_2=100N、F_3=20N。O 点为力系的汇交点，求该力系的合力。

解： 取力系汇交点 O 为坐标原点，建立坐标系，如图 2-11 所示。合力在轴上的投影分别为

$$R_x = F_1\cos 30° - F_2\cos 60° + F_3\cos 45° = -9.87\text{N}$$
$$R_y = F_1\sin 30° + F_2\sin 60° - F_3\sin 45° = 87.64\text{N}$$

按式（2-6）求合力的大小和方向

$$R = \sqrt{R_x^2 + R_y^2} = 88.19\text{N}$$
$$\cos\alpha = \frac{R_x}{R} = -0.112$$
$$\cos\beta = \frac{R_y}{R} = 0.994$$

解得 $\alpha = 96.5°$，$\beta = 6.5°$。合力作用线通过 O 点，位于第二象限内。

2.4.2 平面汇交力系的平衡方程

平面汇交力系平衡的必要与充分条件是力系的合力 $\boldsymbol{R}$ 等于零。由式（2-6）的第一式可知，合力 $\boldsymbol{R}$ 为零等价于

$$\left.\begin{aligned}\sum_{i=1}^{n} X_i = 0\\ \sum_{i=1}^{n} Y_i = 0\end{aligned}\right\} \tag{2-7}$$

于是，平面汇交力系平衡的必要与充分条件可表达为：力系中各力在两个坐标轴上投影的代数和分别为零。式（2-7）称为平面汇交力系的平衡方程。

平面汇交力系有两个独立的平衡方程，可用于求解两个未知量。

例 2-4 滑轮 C 连接在铰接三角架 ABC 上。绳索绕过绞车 D，另一端悬挂 P=100kN 的重物［图 2-12（a）］。不计各构件的自重和滑轮 C 的尺寸。求杆 AC 和 BC 所受的力。

解：（1）取分离体，画受力图。

取滑轮 C 和绕在它上面的一小段绳索为分离体。

绳索两端的拉力分别为 $\boldsymbol{T}$ 和 $\boldsymbol{T}'$，滑轮 C 平衡时有 $T = T'$，且拉力 $\boldsymbol{T}$ 的大小等于重物的重量 P。杆 AC 和 BC 都是二力杆，它们对轮 C 的约束力 $\boldsymbol{S}_{CA}$ 和 $\boldsymbol{S}_{CB}$ 的作用线分别沿直线 AC 和 BC，指向未知。

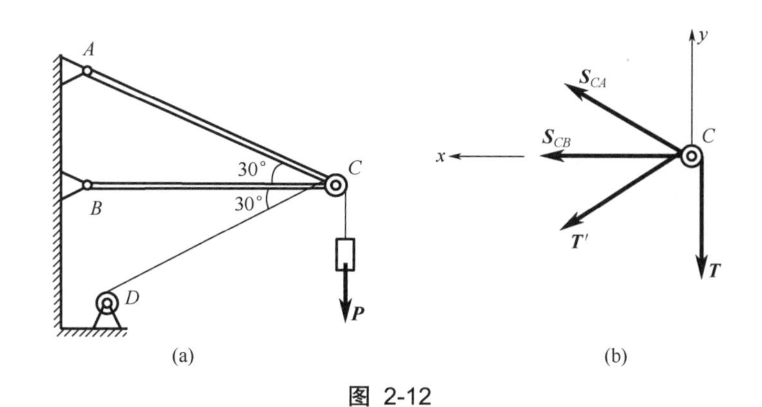

图 2-12

在应用平衡方程求解平衡问题时，需计算力在轴上的投影，这样，受力分析时必须事先假设未知力的指向。对于二力杆的约束力，一般按杆件受拉来假定约束力的指向。

受力图如图 2-12（b）所示。

（2）列平衡方程，求解未知量。

选力系汇交点 C 为坐标原点，坐标轴如图 2-12（b）所示。列平衡方程

$$\sum X = 0 \qquad S_{CB} + S_{CA}\cos 30° + T'\cos 30° = 0 \tag{1}$$

$$\sum Y = 0 \qquad S_{CA}\sin 30° - T'\sin 30° - T = 0 \tag{2}$$

由式（2）解得 S_{CA}=150N，将此值代入式（1），解得 S_{CB}=−216.5N。

S_{CA} 为正值，表明受力图中力 $\boldsymbol{S}_{CA}$ 的指向与实际指向相同。S_{CB} 为负值，表明受力图中力 $\boldsymbol{S}_{CB}$ 的指向与实际指向相反，即杆 BC 受压。

例 2-5 连杆机构由三个不计自重的杆铰接组成［图 2-13（a）］。铰 B 处受水平力 $\boldsymbol{P}$ 作用，当机构处于平衡状态时，铰 C 处的水平力 $\boldsymbol{F}$ 的值为多大？

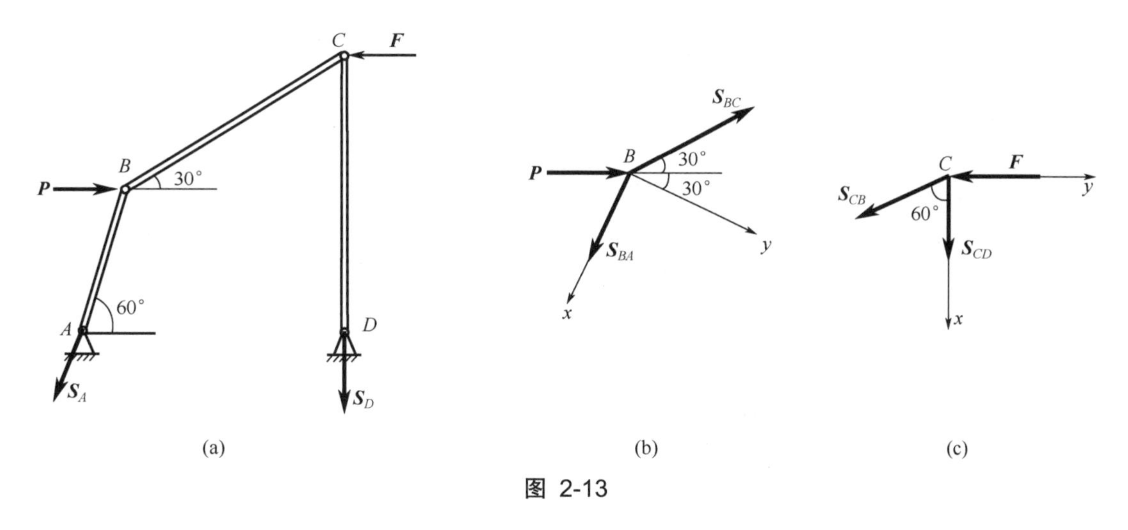

图 2-13

解：解题思路分析。

因为机构整体所受的力系（$\boldsymbol{P}$，$\boldsymbol{F}$，$\boldsymbol{S}_A$，$\boldsymbol{S}_D$）不是平面汇交力系［图 2-13（a）］，所以不能取机构整体作为研究对象来求解。

待求力 $\boldsymbol{F}$ 作用在铰 C 上，铰 C 受平面汇交力系（$\boldsymbol{F}$，$\boldsymbol{S}_{CB}$，$\boldsymbol{S}_{CD}$）作用。但力系中三个力均为未知，只有事先求得 $\boldsymbol{S}_{CB}$ 和 $\boldsymbol{S}_{CD}$，才能求力 $\boldsymbol{F}$。铰 C 的受力情况如图 2-13（c）所示。

铰 B 受平面汇交力系（$\boldsymbol{P}$，$\boldsymbol{S}_{BC}$，$\boldsymbol{S}_{BA}$）作用［图 2-13（b）］。以铰 B 为研究对象，可求 $\boldsymbol{S}_{BC}$。杆 BC 为二力杆，可知 $S_{BC}=S_{CB}$，且二力指向相反。

综上分析，求解过程如下。

（1）取铰 B 为分离体，受力图如图 2-13（b）所示。选 y 轴与力 $\boldsymbol{S}_{BA}$ 垂直，由平衡方程

$$\sum Y=0 \qquad P\cos 30°+S_{BC}\cos 60°=0$$

解得 $S_{BC}=-\sqrt{3}P$。

（2）取铰 C 为分离体，受力图如图 2-13（c）所示。选 y 轴与力 $\boldsymbol{S}_{CD}$ 垂直，由平衡方程

$$\sum Y=0 \qquad -F-S_{CB}\sin 60°=0$$

代入 $S_{CB}=S_{BC}=-\sqrt{3}P$，解得 $F=1.5P$。

以上分析和求解的过程中，着重强调以下两个问题。

一是要在了解研究对象的受力情况的基础上，恰当地选取分离体，以最简捷的思路给出求解未知量的过程。

二是要恰当地选取坐标轴和平衡方程，提高计算工作的效率。

求解较复杂的平面问题时，首先构思解题方案，形成解题思路，这不但是正确、顺利地解题的指导和保证，更是培养分析、解决问题能力的必不可缺的训练。

例 2-6 结构由 AB、BC、EF 三个杆组成，尺寸和荷载如图 2-14（a）所示。不计杆自重，求铰 B 处杆 AB 与 BC 的相互作用力。

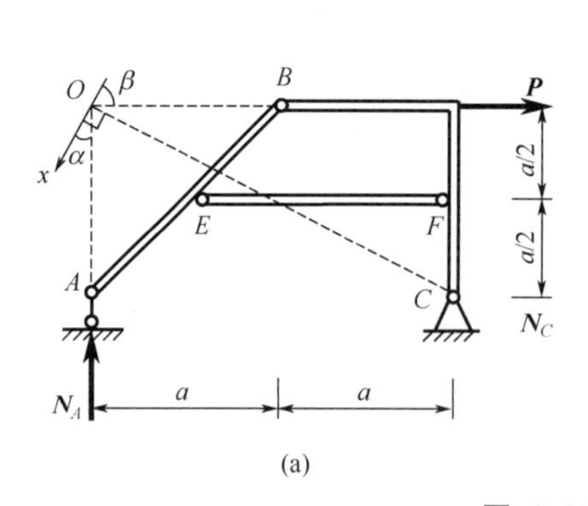

(a)

(b)

图 2-14

解：解题思路分析。

铰 B 的约束力是整体结构的内力，不能在整体结构上求得。可取杆 AB 或 BC 为研究对象，求铰 B 的约束力。

杆 AB 在 A、E、B 三点受约束力作用，其中 A、E 两点的约束力作用线已知，可用三力平衡汇交定理确定 B 点约束力的作用线［图 2-14（b）］，并用平面汇交力系平衡方程求解。

杆 AB 上 A、E、B 三点所受力均为未知，但 A 点约束力可从整体结构的受力图［图 2-14（a）］上求得。

综上分析，求解过程如下。

（1）取整体结构为分离体。所受的外力为主动力 $\boldsymbol{P}$，链杆支座 A 的约束力 $\boldsymbol{N}_A$，固定铰支座 C 的约束力 $\boldsymbol{N}_C$。约束力 $\boldsymbol{N}_C$ 的作用线用三力平衡汇交定理确定。受力图如图 2-14（a）所示，其中反力 $\boldsymbol{N}_A$ 和 $\boldsymbol{N}_C$ 的指向是假定的。

选坐标轴 x 与约束力 $\boldsymbol{N}_C$ 垂直，列平衡方程

$$\sum X=0 \quad N_A\cos\alpha+P\cos\beta=0$$

其中，$\cos\alpha=AC/OC$，$\cos\beta=OA/OC$，代入方程，解得

$$N_A=-P\cos\beta/\cos\alpha=-P\,(OA/AC)=-0.5P$$

（2）取杆 AB 为分离体。所受的约束力为链杆支座 A 的约束力 $\boldsymbol{N}_A$，铰链 B、E 的约束力 $\boldsymbol{N}_B$、$\boldsymbol{N}_E$，三个约束力汇交在 O_1 点，如图 2-14（b）所示，其中约束力 $\boldsymbol{N}_B$ 和 $\boldsymbol{N}_E$ 的指向是假定的。

选坐标轴 y 与约束力 $\boldsymbol{N}_E$ 垂直，列平衡方程

$$\sum Y=0 \quad N_A-N_B\sin\theta=0$$

其中，$\sin\theta=\dfrac{1}{\sqrt{5}}$，代入方程，解得

$$N_B=\sqrt{5}N_A=-\frac{\sqrt{5}}{2}P$$

小　结

（1）平面汇交力系合成的结果是一合力，合力作用于力系的汇交点，合力的大小和方向用以下两种方法得到。

① 几何法：作力多边形，由力多边形的封闭边决定合力的大小和方向。

② 解析法：用合力投影定理求合力在直角坐标系两个轴上的投影，按式（2-6）决定合力的大小和方向。

（2）平面汇交力系的平衡条件是力系的合力为零。平衡条件有以下两种不同的表达

形式。

① 平衡的几何条件：力多边形自身封闭。

② 平衡的解析条件：合力在两个坐标轴上的投影 $R_x=\sum X$ 和 $R_y=\sum Y$ 分别为零。

（3）两种平衡条件的应用方法。

① 应用平衡的几何条件解题。进行受力分析时，对未知力只定出作用线方位。通过作封闭力多边形，确定未知力的指向，并求解未知力的值。

② 应用平衡方程解题。进行受力分析时，需假定未知力的指向。通过平衡方程求解未知力值，并由所求值的正负号判定所假定未知力的指向是否符合实际。

③ 当研究对象只受三个力作用，且其中两个力的作用线相交，第三个力的作用线未知时，则无论是用几何条件求解还是用平衡方程求解，都需先用三力平衡汇交定理确定第三力的作用线方位，然后再应用平衡条件（方程）求解未知量。

一、单项选择题

2-1　平面汇交力系的合力大小等于（　　）。

A. 力系中各力大小的平均值　　B. 力系中各力大小的和值

C. 各力在合力方向分力的和值　　D. 各力在合力方向投影代数和

2-2　作用在刚体上三个力平衡时，若其中两个力的作用线汇交于一点，则下面说法不正确的是（　　）。

A. 第三个力一定与另两个力共面　　B. 第三个力的作用线一定通过该点

C. 第三个力与另两个力的合力同向　　D. 第三个力与另两个力的合力共线

2-3　题 2-3 图所示平面汇交力系中的四个力之间的关系式是（　　）。

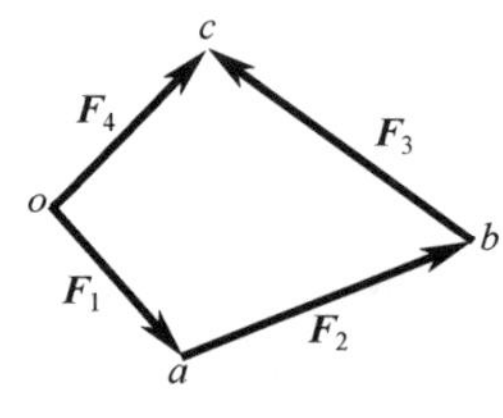

题 2-3 图

A. $\boldsymbol{F}_1+\boldsymbol{F}_2+\boldsymbol{F}_3=\boldsymbol{F}_4$　　B. $\boldsymbol{F}_1+\boldsymbol{F}_2+\boldsymbol{F}_3+\boldsymbol{F}_4=0$

C. $\boldsymbol{F}_1+\boldsymbol{F}_2=\boldsymbol{F}_3+\boldsymbol{F}_4$　　D. $\boldsymbol{F}_1=\boldsymbol{F}_2+\boldsymbol{F}_3+\boldsymbol{F}_4$

2-4　如题 2-4 图所示，力 $\boldsymbol{F}$ 的一个分力为 $\boldsymbol{F}_1$，则力 $\boldsymbol{F}$ 沿 x 轴的分力大小和在 x 轴上投影分别是（　　）。

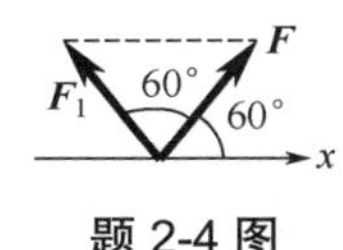

题 2-4 图

A. 0.5F，0.5F　　B. 0.5F，−0.5F　　C. F，0.5F　　D. F，−0.5F

2-5　题 2-5 图所示三铰刚架，A 支座处约束力方向一定（　　）。

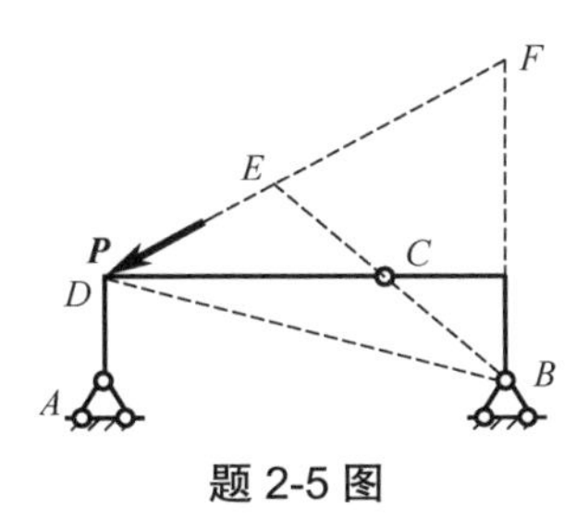

题 2-5 图

A. 通过 B 点　　B. 通过 C 点　　C. 通过 E 点　　D. 通过 F 点

二、填空题

2-6　平面汇交力系中各力作用线都在________内，且________。

2-7　合力在 x 轴的投影等于________力在 x 轴上投影的________和。

2-8　三个力汇交于一点平衡时，三个力构成的力三角形必然________，三个力的合力等于________。

2-9　两个力用平行四边形法则合成，得到的是二力的________力，二力的作用效应与该力的作用效应________。

2-10　作用在刚体上的三个力________且________，则力三角形一定自行封闭。

三、计算题

2-11　题 2-11 图展示了平面汇交力系 $\boldsymbol{F}_1$、$\boldsymbol{F}_2$、$\boldsymbol{F}_3$ 及其合力 $\boldsymbol{R}$ 方向，已知 F_1=20N，R=50N，求力 $\boldsymbol{F}_2$、$\boldsymbol{F}_3$ 的大小。

2-12　力 $\boldsymbol{F}_1$、$\boldsymbol{F}_2$ 方向如题 2-12 图所示，已知 F_1=20N，F_2=60N，求二力在 x、y 轴上的投影。

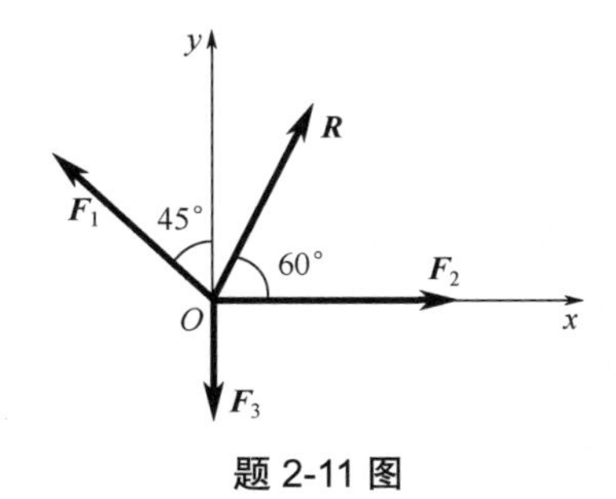

题 2-11 图

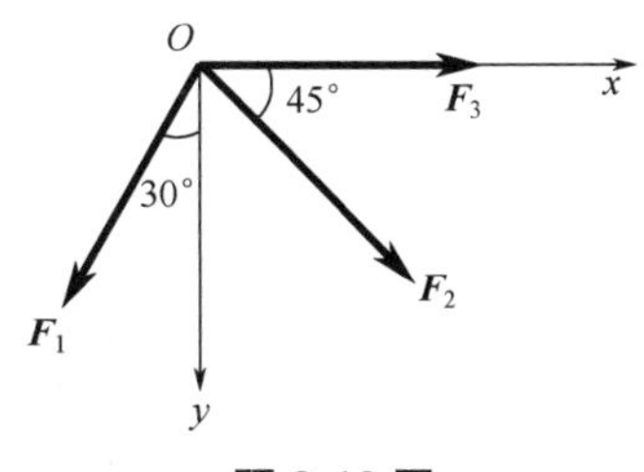

题 2-12 图

2-13　如题 2-13 图所示，杆件 AB 重 W=600N，求绳索在 A、B 两点的拉力。

2-14　如题 2-14 图所示，铰接三角架悬挂物重 P=10kN。已知 AB=AC=2m，BC=1m，求杆 AC 和 BC 所受的力。

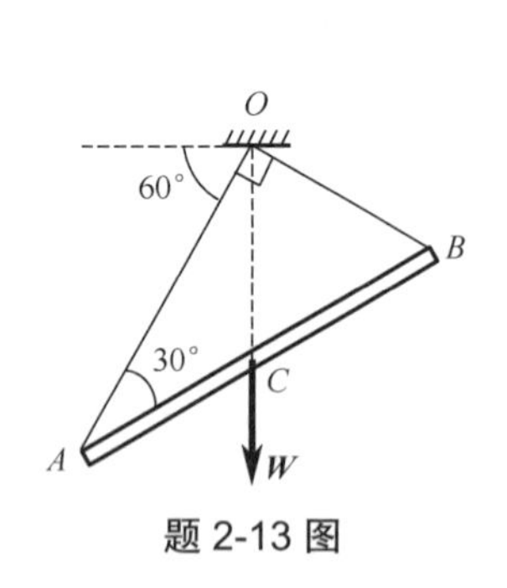

题 2-13 图

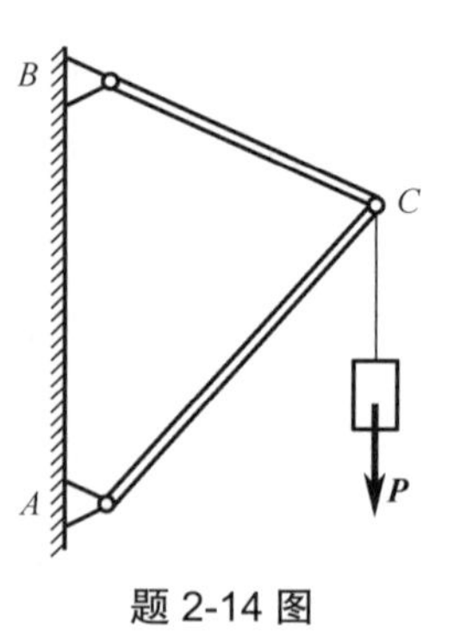

题 2-14 图

2-15　如题 2-15 图所示，压路机的碾子重 20kN，半径 r=40cm。（1）要用通过中心 O 的水平力 $\boldsymbol{F}$ 将碾子拉过高 h=8cm 的石块，求力 $\boldsymbol{F}$ 的大小；（2）要想用最小的力拉动碾子，试确定力作用的方向及力的大小。

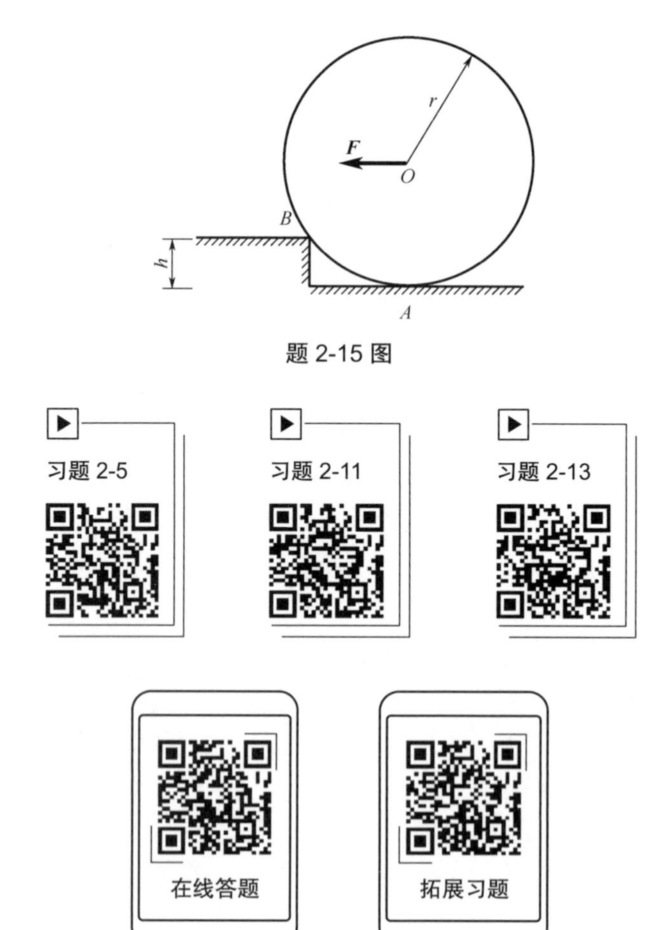

题 2-15 图

第3章 力对点的矩与平面力偶系

知识结构图

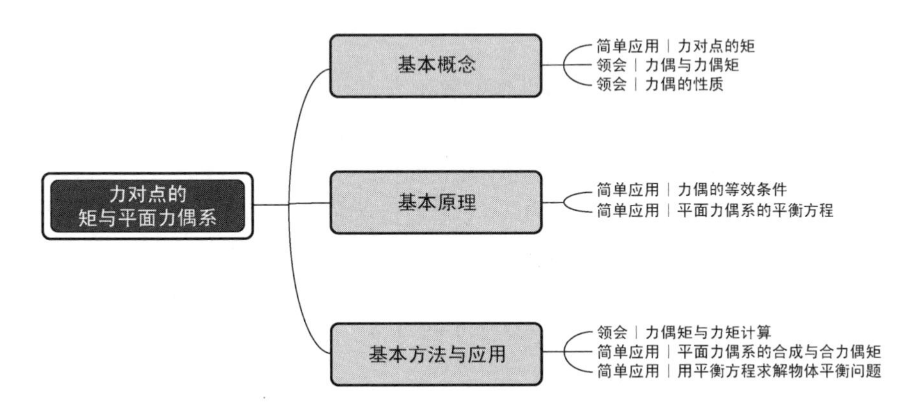

3.1 力对点的矩

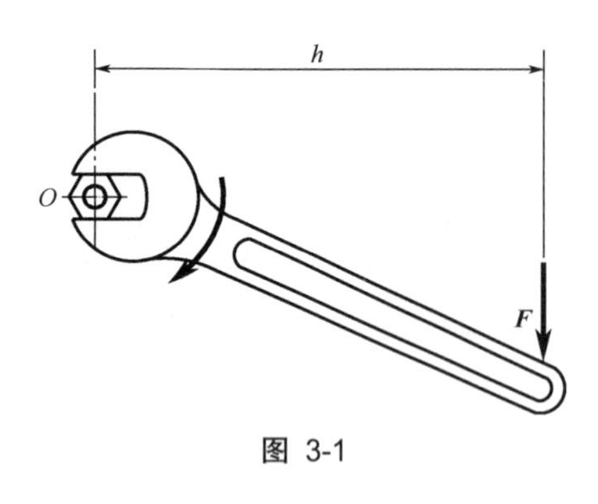

图 3-1

以一个常见的例子观察力对物体的作用效果：扳手拧螺母时，在扳手上加一力 $\boldsymbol{F}$，扳手绕螺母的中心 O 旋转（图 3-1）。经验证明，力 $\boldsymbol{F}$ 使扳手产生的转动效果与四个因素有关：力 $\boldsymbol{F}$ 的大小，力 $\boldsymbol{F}$ 的作用点，力 $\boldsymbol{F}$ 作用线的方位，力 $\boldsymbol{F}$ 的指向（使扳手转动的方向）。因此，度量力所产生的转动效果要包括这四个因素。

综上所述，力 $\boldsymbol{F}$ 使扳手绕 O 点转动的效果可以用代数量 $\pm Fh$ 来度量，这个代数量称为力 $\boldsymbol{F}$ 对 O 点的矩，并用符号 $m_O(\boldsymbol{F})$ 表示，即力 $\boldsymbol{F}$ 对 O 点的矩为

$$m_O(\boldsymbol{F}) = \pm Fh \tag{3-1}$$

其中，O 点称为矩心；矩心 O 到力 $\boldsymbol{F}$ 作用线的距离 h 称为力臂；正、负号分别用来表示 $\boldsymbol{F}$ 使物体转动的两个不同方向，一般约定力使物体绕矩心逆时针方向转动时，力对点的矩取正号，反之取负号。

式（3-1）这个代数量唯一地确定（度量）力 $\boldsymbol{F}$ 使物体绕 O 点转动的效果。显然，其中 F 体现了力 $\boldsymbol{F}$ 的大小因素，正、负号体现了力 $\boldsymbol{F}$ 的指向（使扳手转动的方向）因素，力臂体现了力 $\boldsymbol{F}$ 作用点与作用线方位两个因素。

力对点的矩也可以用以矩心为顶点，以力矢量为底边所构成的三角形的面积的二倍来表示（图 3-2），即

$$m_O(\boldsymbol{F}) = \pm 2S_{\Delta OAB} \tag{3-2}$$

力矩的单位是牛米（N · m）。

例 3-1 矩形板不计自重，边长 a=0.3m，b=0.2m，板铅垂放置于水平面上，长边的倾角 α=30°（图 3-3）。给定力 F_1=40N，F_2=50N，方向如图 3-3 所示。试确定板在此二力作用下相对 A 点转动的方向。

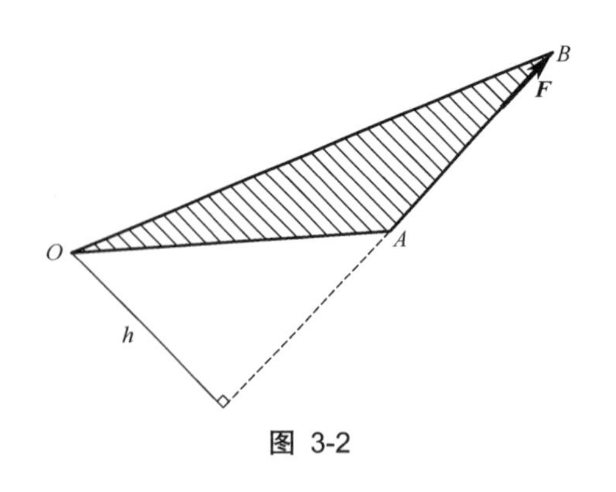

图 3-2

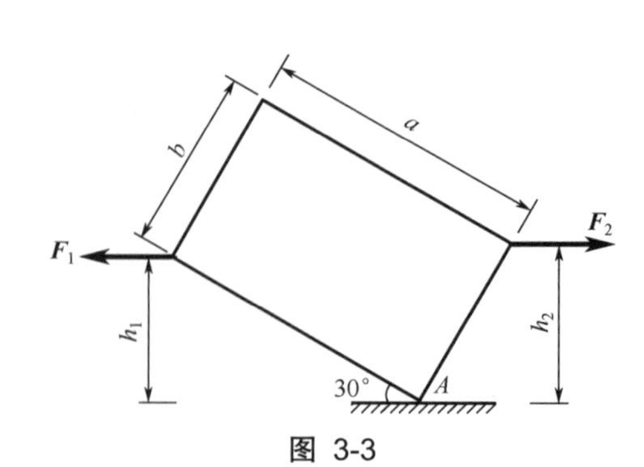

图 3-3

解：按式（3-1）分别计算两个力使矩形板绕 A 点转动的效果。

$$m_A(\boldsymbol{F}_1)=F_1h_1$$
$$m_A(\boldsymbol{F}_2)=-F_2h_2$$

其中，$h_1=0.3\sin30°=0.15(\mathrm{m})$，$h_2=0.2\sin60°=0.17(\mathrm{m})$。得 $m_A(\boldsymbol{F}_1)=6\mathrm{N\cdot m}$，$m_A(\boldsymbol{F}_2)=-8.5\mathrm{N\cdot m}$。由上，可判定板将相对 A 点顺时针方向转动。

3.2 力偶与力偶矩

3.2.1 力偶与力偶的第一性质

大小相等、方向相反且不共线的两个平行力称为力偶。虽然力偶由两个力组成，但是其作用效应须视为一个整体，即力偶为描述力转动效应的一个物理量。

图 3-4 中的两个力 $\boldsymbol{F}$ 和 $\boldsymbol{F}'$ 组成一力偶，并用符号（$\boldsymbol{F},\boldsymbol{F}'$）表示。力偶中两个矢量满足条件：

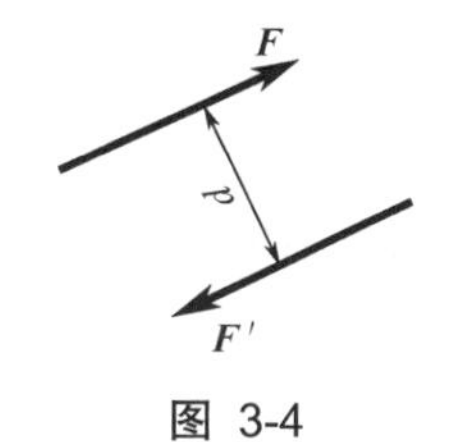

图 3-4

$$\boldsymbol{F}=-\boldsymbol{F}'$$

两个作用线间的距离 d 称为力偶臂，两力所在的平面称为力偶作用面。

力偶的作用效果表现在改变物体的转动状态。汽车司机转动驾驶盘时，对驾驶盘所施加的力偶；用手指旋开水龙头时，对水龙头所施加的力偶，都是用于改变物体的转动状态。

力偶中的两个力不共线，不满足二力平衡条件，所以力偶不是平衡力系。换句话说，只受一个力偶作用的物体，不可能处于平衡状态，其转动状态一定发生改变。合力是能够等效代替一个力系的一个力，对力偶而言，没有合力，也就是说，一个力不能与力偶等效。因此，力偶的第一性质概括为：力偶没有合力，不能用一力等效代换，不能用一力与之平衡。上述性质表明，力与力偶是两个独立的力学作用量。

3.2.2 力偶矩与力偶的第二性质

观察力偶的作用效果，可以得知力偶的作用效果取决于下列三个因素。

（1）构成力偶的力的大小。

（2）力偶臂的大小。

（3）力偶的转向。

因此，可以用代数量 $\pm Fd$ 确定或度量力偶使物体转动的效果，并称此代数量为力偶矩。用符号 m 表示力偶矩，则

$$m=\pm Fd \tag{3-3}$$

于是，可给力偶矩做如下定义：力偶矩是力偶使物体转动的效果的度量。它是一个代数量，其绝对值等于力偶中力的大小与力偶臂之积，其正负号代表力偶的转向。一般约定力偶逆时针转动取正号，反之取负号。

力偶矩的单位与力对点的矩的单位一样，也是牛米（N·m）。

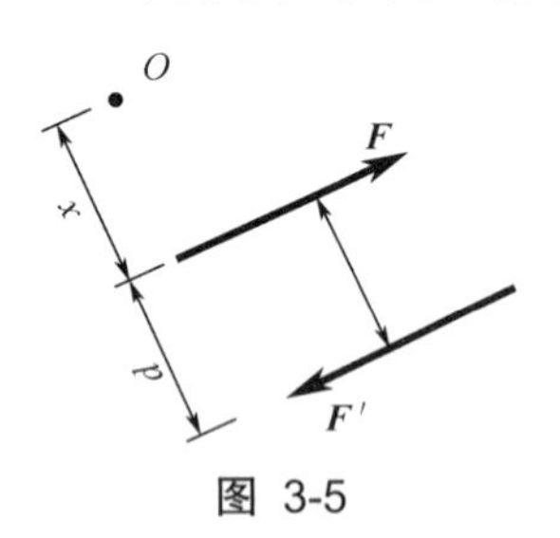

图 3-5

由式（3-1）知，力使物体转动的效果——力矩，与转动中心——矩心的位置有关。力偶则不同，力偶使物体绕不同矩心转动的效果是相同的。为验证这一论点，给定力偶（$\boldsymbol{F}$，$\boldsymbol{F}'$），其力偶臂为 d，任选一点 O（图 3-5），来确定力偶使物体绕 O 点转动的效果。设 O 点到力 $\boldsymbol{F}$ 的距离为 x，力 $\boldsymbol{F}$ 和 $\boldsymbol{F}'$ 使物体绕 O 点转动的效果分别为

$$m_O(\boldsymbol{F}) = Fx$$
$$m_O(\boldsymbol{F}') = -F'(x+d)$$

力偶使物体绕 O 点转动的效果为二者的和，即

$$\begin{aligned} m_O(\boldsymbol{F}) + m_O(\boldsymbol{F}') &= Fx - F'(x+d) \\ &= -Fd \\ &= m \end{aligned}$$

计算结果表明，力偶使物体绕 O 点转动的效果，与 O 点的位置无关，只由力偶的力偶矩 m 确定。

因此，力偶的第二性质可以概括为：力偶使物体转动的效果只由力偶矩 m 确定，与矩心的位置无关。力偶第二性质不但阐明了力偶使物体转动的效果与力使物体转动的效果的不同，而且还揭示了力偶等效的条件。

3.2.3 力偶等效条件

根据力偶的第二性质，作用在刚体上的两个力偶的等效条件是：此二力偶的力偶矩彼此相等。上述力偶等效条件，又称为同平面内力偶等效定理。

由力偶等效条件可知：

（1）力偶可以在其作用面内随意移转，不会改变它对刚体的作用效果，即力偶对刚体的作用效果与它在作用面内的位置无关；

（2）在保持力偶矩不变的条件下，可以随意同时改变力偶中力的大小和力偶臂的长短，这不会影响力偶对刚体的作用效果。

以上两种同平面内力偶等效变换的情况，在图 3-6 中给出了形象的说明。

力偶的等效变换说明，在给定一个力偶的时候，力偶中的力的大小和方向如何，以及力偶臂的长短如何，这些都是无关紧要的。只需要给出力偶的力偶矩就足够了。于是，以后用一个带箭头的弧线表示力偶，以箭头的指向代表力偶的转向，在弧线旁标出力偶矩的值即可，如图 3-6 所示。

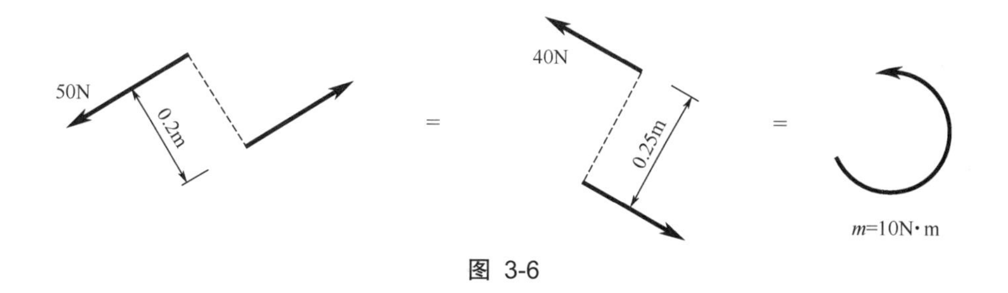

图 3-6

3.3 平面力偶系的合成和平衡条件

3.3.1 平面力偶系的合成

设刚体的同一平面内作用 n 个力偶（$\boldsymbol{F}_1$，$\boldsymbol{F}_1'$），（$\boldsymbol{F}_2$，$\boldsymbol{F}_2'$），…，（$\boldsymbol{F}_i$，$\boldsymbol{F}_i'$），…，（$\boldsymbol{F}_n$，$\boldsymbol{F}_n'$），其力偶矩分别为 m_1，m_2，…，m_i，…，m_n。应用力偶的等效条件，可将 n 个力偶合成为一合力偶，合力偶矩记为 M。合力偶的作用效果等于力偶系中各力偶的作用效果之和，由此得合力偶矩为

$$M=\sum_{i=1}^{n}m_i \tag{3-4}$$

综上所述可知：平面力偶系可以合成为一个合力偶，此合力偶的力偶矩等于力偶系中各分力偶的力偶矩的代数和。

3.3.2 平面力偶系的平衡条件

平面力偶系可以用它的合力偶来等效代换，由此可知，如合力偶的力偶矩为零，则力偶系是一个平衡的力偶系。因此，可以推出平面力偶系平衡的必要与充分条件：力偶系中所有力偶的力偶矩的代数和等于零，即

$$\sum_{i=1}^{n}m_i=0 \tag{3-5}$$

平面力偶系有一个平衡方程，可以用于求解一个未知量。

例 3-2 三铰刚架如图 3-7（a）所示。求在力偶矩为 m 的力偶的作用下，支座 A 和 B 的约束力。

解：（1）取分离体，画受力图。

取三铰刚架为分离体。其上受给定力偶的作用，还有固定铰支座 A 和 B 的约束力的作用。由于杆 BC 是二力杆，支座 B 的约束力 $\boldsymbol{N}_B$ 的作用线应在铰 B 和铰 C 的连线上，其指向可随意假定，如图 3-7（a）所示。支座 A 的约束力作用线是未知的，考虑到力偶只能用力偶与之平衡，断定支座 A 的约束力 $\boldsymbol{N}_A$ 与约束力 $\boldsymbol{N}_B$ 必组成一力偶，即 $\boldsymbol{N}_A$ 与 $\boldsymbol{N}_B$ 平行，且大小相等，指向相反。

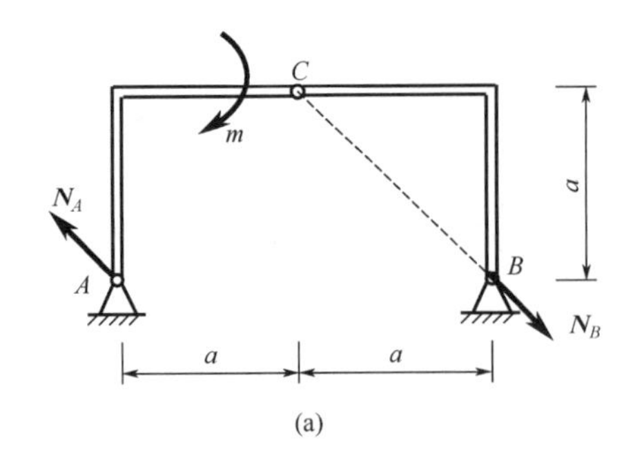

(a)

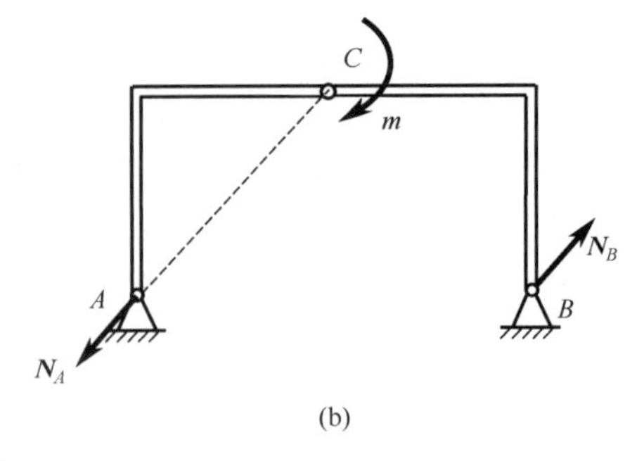

(b)

图 3-7

（2）列平衡方程，求解未知量。

分离体受两个力偶所组成的力偶系作用，由力偶系的平衡方程式（3-5），有

$$\sum_{i=1}^{n} m_i = 0 \qquad -m - \sqrt{2}aN_B = 0$$

解得

$$N_A = N_B = \frac{-m}{\sqrt{2}a}$$

式中，负号表明所假定的约束力的指向与实际指向相反。

（3）讨论。

① 改变给定力偶在杆 AC 上的位置，按 3.2 节中所述，这属力偶的等效变换。不会改变研究对象的受力情况和所得计算结果。

② 将给定力偶从杆 AC 上移到杆 BC 上，这不属于力偶的等效变换。等效变换只能在一个刚体上进行。如将力偶从杆 AC 上移到杆 BC 上，改变了研究对象的受力情况，受力图如图 3-7（b）所示，这属原则性的错误。

例 3-3 在图 3-8（a）所示的结构中，A 点为光滑接触面。求在力偶矩为 m 的力偶作用下，支座 D 的约束力。

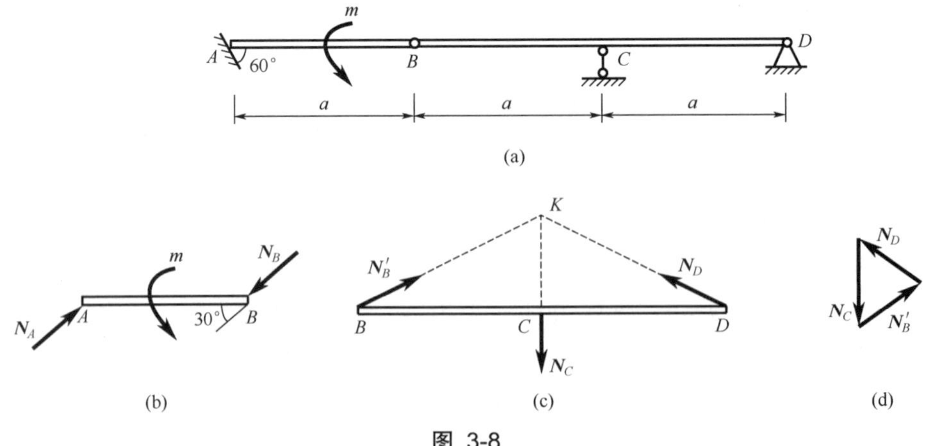

图 3-8

解：解题思路分析。

整体结构上所受的力系既不是平面汇交力系，也不是平面力偶系，不宜取整体结构作为研究对象进行求解。

杆件 AB 上所受的约束力 $\boldsymbol{N}_A$ 和 $\boldsymbol{N}_B$ 一定组成一力偶，与给定的力偶相平衡［图 3-8（b）］。此二约束力可由力偶系的平衡条件求解。

杆件 BD 受 $\boldsymbol{N}_B'$、$\boldsymbol{N}_C$、$\boldsymbol{N}_D$ 三力作用处于平衡状态，按三力平衡汇交定理，约束力 $\boldsymbol{N}_D$ 的作用线通过力 $\boldsymbol{N}_B'$ 和 $\boldsymbol{N}_C$ 的交点 K［图 3-8（c）］。求得 $\boldsymbol{N}_B'$ 后，可按平面汇交力系的平衡条件求约束力 $\boldsymbol{N}_D$。

综上分析，本题的求解过程如下。

（1）取杆 AB 为分离体，受力图如图 3-8（b）所示，其中 $\boldsymbol{N}_A=-\boldsymbol{N}_B$。

由力偶系的平衡条件式（3-5），有

$$\sum_{i=1}^{n} m_i = 0 \qquad m - N_B a\sin 30° = 0$$

解得 $N_B=\dfrac{2m}{a}$。

（2）取杆 BD 为分离体，受力图如图 3-8（c）所示，其中 $\boldsymbol{N}_B'$ 为 $\boldsymbol{N}_B$ 的反作用力。

用平面汇交力系平衡的几何条件求解。作封闭力三角形，确定未知力 $\boldsymbol{N}_C$ 和 $\boldsymbol{N}_D$ 的指向，如图 3-8（d）所示，并解得 $N_D=N_B=\dfrac{2m}{a}$。

小　结

（1）力偶与力都是物体相互间的机械作用，力偶能改变物体的转动状态，力偶没有合力。一个力与一个力偶不能相互等效代换，一个力与一个力偶不能相互平衡。

力和力偶是力学中两个独立的作用量。

力偶的第一性质，阐明了力与力偶之间的共性和特性。

（2）力偶矩和力对点的矩都是机械作用效果的度量。力偶矩度量力偶的转动效果，力对点的矩度量力的转动效果，二者的表达式式（3-3）与式（3-1）也相似。力的转动效果不仅取决于力，还取决于力臂，即与矩心的位置有关。力偶的转动效果则由力偶矩唯一确定。

力偶的第二性质，阐明了力对点的矩与力偶矩之间的共性和特性。

（3）力偶的第二性质揭示了刚体上同一平面内两个力偶等效的条件。在保持力偶矩不变的条件下，力偶可在作用面内做等效变换。

力偶的等效变换只能在同一刚体上进行。

（4）平面力偶系可以合成为一合力偶，合力偶矩等于各分力偶矩的代数和。

合力偶矩

$$M = \sum_{i=1}^{n} m_i = 0$$

是平面力偶系的平衡条件（平衡方程）。

习　题

一、单项选择题

3-1　下面关于力偶的说法不正确的是（　　）。

A. 力偶没有合力　　B. 力偶矩的单位与力矩的单位相同

C. 力偶可以与一个力平衡　　D. 力偶不能与一个力平衡

3-2　对于两个力偶的合力偶，其（　　）。

A. 转向与力偶矩较大力偶的转向相同

B. 转向与力偶矩较大力偶的转向不一定相同

C. 转向与两个力偶的力偶矩无关

D. 转向与两个力偶所在位置有关

3-3　如题 3-3 图所示，轮子在 O 点由轴承支撑，受力 $\boldsymbol{P}$ 和力偶矩为 m 的力偶作用而平衡，下列说法正确的是（　　）。

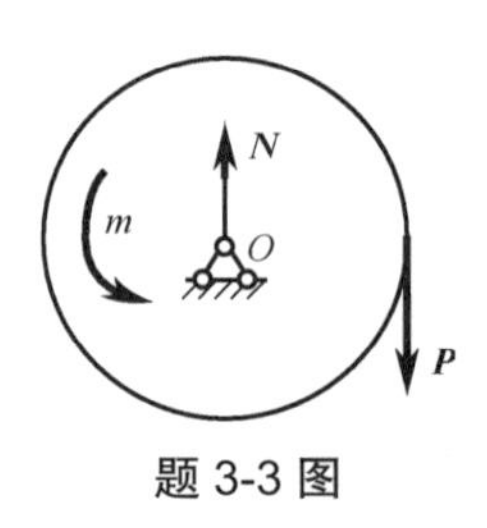

题 3-3 图

A. 力 $\boldsymbol{P}$ 和力偶矩 m 相平衡

B. 力 $\boldsymbol{P}$ 和轴承 O 的约束力组成的力偶与轮子上的力偶相平衡

C. 力 $\boldsymbol{P}$ 对 O 点之矩与力偶完全等效

D. 力 $\boldsymbol{P}$ 和力偶虽然不等效，但它们可以使轮子平衡

3-4　如题 3-4 图所示，两正方形板组成的结构受荷载作用，则 A、B 两点约束力 $\boldsymbol{N}_A$、$\boldsymbol{N}_B$ 的关系为（　　）。

A. 等值、反向、共线　　B. $N_A>N_B$

C. $N_A<N_B$　　D. $N_A=N_B=0$

3-5　题 3-5 图中简支梁 A、B 的支座约束力为（　　）。

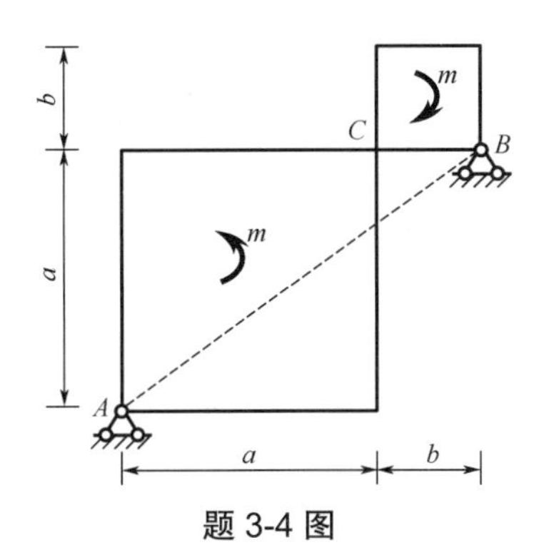

题 3-4 图

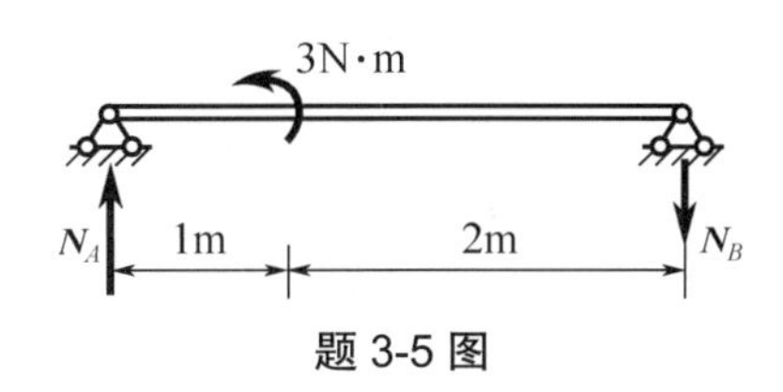

题 3-5 图

A. N_A= 2N，N_B= 1N　　　　B. N_A= N_B= 1N

C. N_A= 1N，N_B= 2N　　　　D. N_A= N_B= 3N

二、填空题

3-6　力对点的矩涉及力的大小、________、力 $\boldsymbol{F}$ 作用线的方位、________。

3-7　力偶矩是________量，单位是________。

3-8　合力偶矩等于各个分力偶矩的________和，与其在刚体上的位置________。

3-9　力偶只能与________平衡，二力偶平衡的条件是它们的________等于零。

3-10　平面内两个力偶在________下对同一刚体作用效果相同。

三、计算题

3-11　如题 3-11 图所示，结构处于平衡状态，已知力 $\boldsymbol{P}$ 作用于 O_2B 杆的中点，求固定铰支座 O_1 的约束力。

3-12　题 3-12 图所示 T 形板上受三个力偶的作用，已知 F_1=50N，F_2=40N，F_3=30N，求该力偶系的合力偶矩。

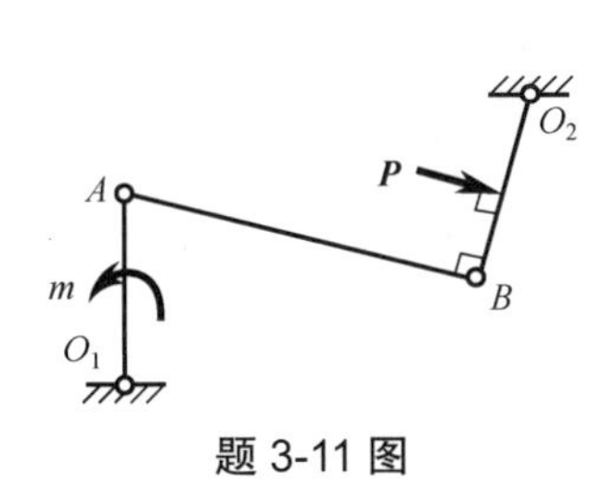

题 3-11 图

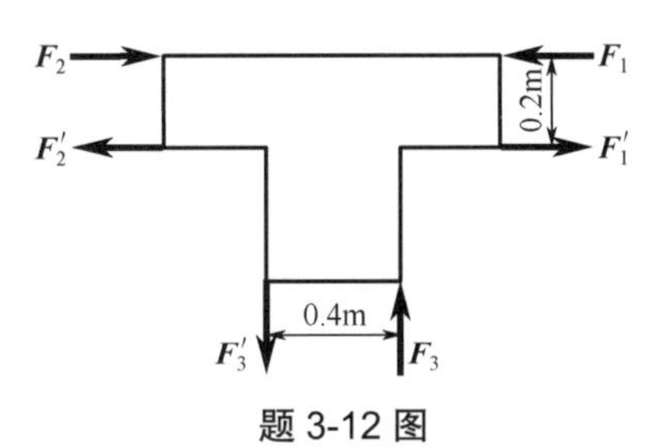

题 3-12 图

3-13　题 3-13 图所示结构受力偶矩为 m 的力偶的作用，求支座 A 的约束力。

3-14　题 3-14 图所示刚架 AB 受一力偶的作用，其力偶矩为 m，求支座 A 和 B 的约束力。

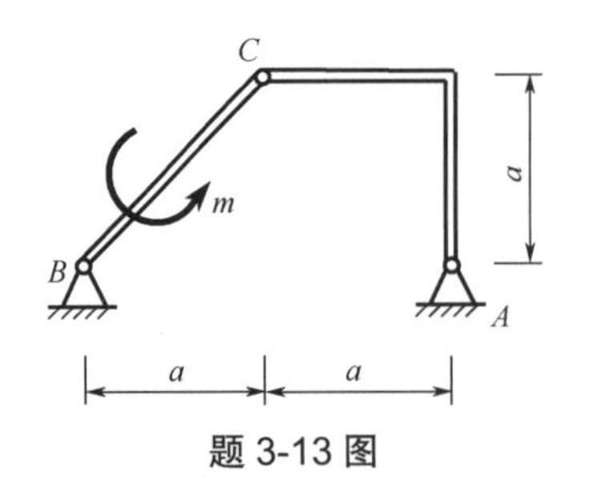

题 3-13 图

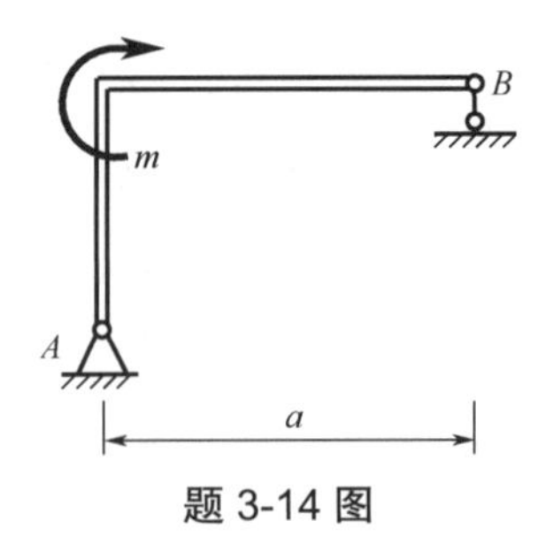

题 3-14 图

3-15　题 3-15 图所示结构受给定力偶的作用，求支座 A 的约束力。

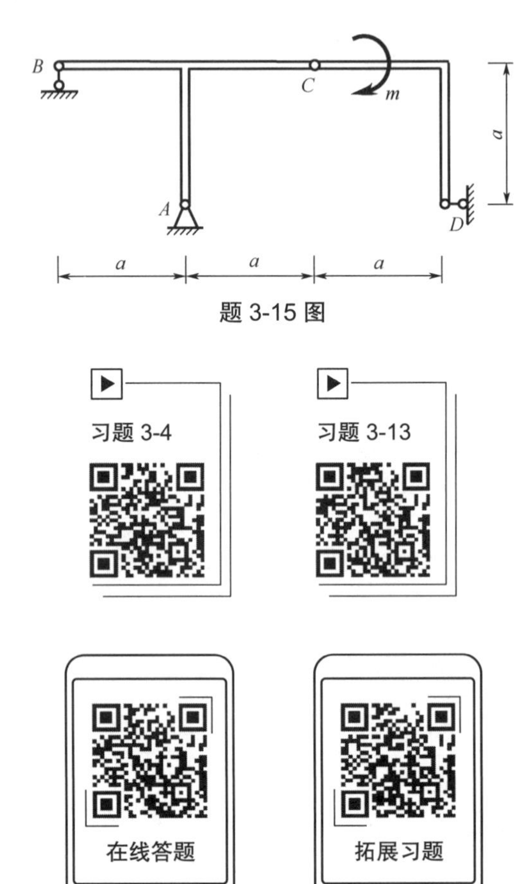

题 3-15 图

第 4 章 平面任意力系

知识结构图

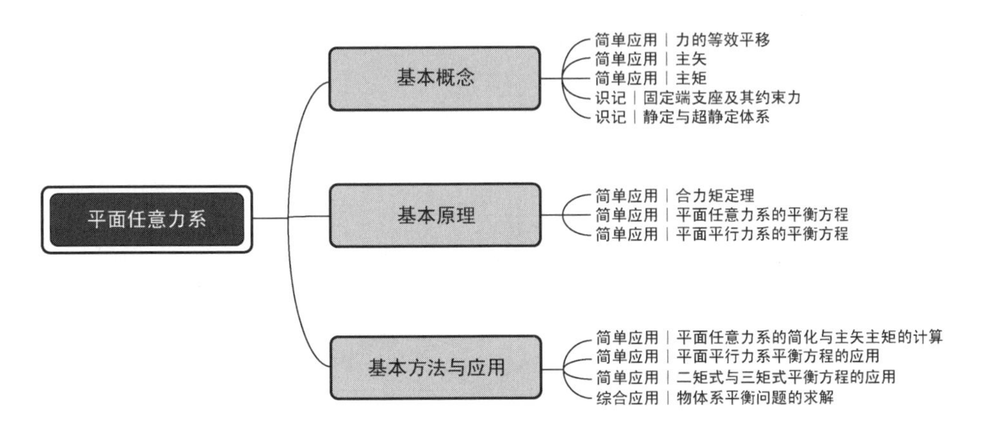

4.1 工程中的平面任意力系问题

力系中各力的作用线在同一平面内，且任意地分布，这样的力系称为平面任意力系。

严格来说，受平面任意力系作用的物体并不多见。只是在求解许多工程问题时，可以把所研究的问题加以简化，按物体受平面任意力系作用来处理，并且，这种简化处理能与实际情况足够地接近。例如，房屋是空间结构，它所受的力是在空间分布的空间力系。在分析屋架上各构件的受力情况时，可以忽略各屋架间沿房屋纵向的联系，单独取出一榀屋架［图 4-1（a)］，不考虑其厚度，把它视为平面结构。屋架上所受的力，如支座约束力 $\boldsymbol{X}_A$、$\boldsymbol{Y}_A$、$\boldsymbol{Y}_B$ 和通过檩条传到屋架上的荷载 $\boldsymbol{P}$ 和 $\boldsymbol{Q}$ 等，都看成作用在屋架的自身平面内。于是，得到图 4-1（b）所示的平面任意力系。

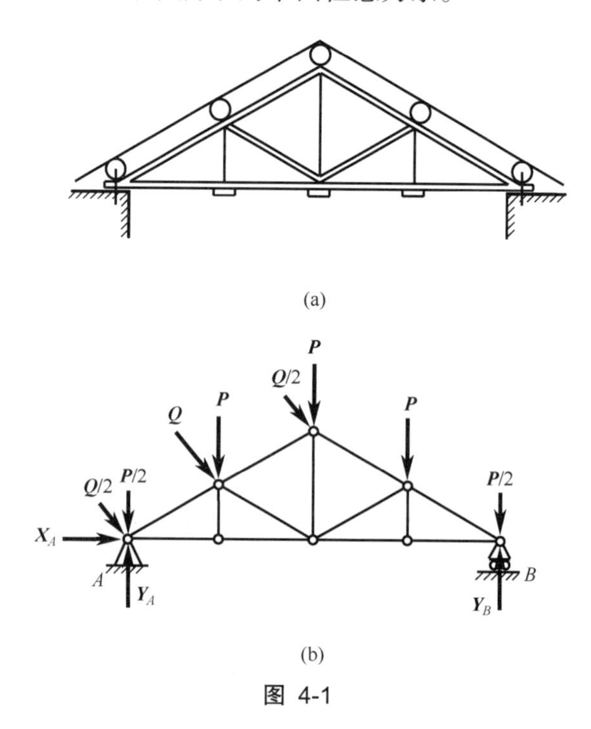

图 4-1

4.2 平面任意力系向一点的简化

平面任意力系的简化不宜用力的平行四边形法则来将各力逐次地合成。因为对平面任意力系来说，这样做不但烦琐，且简化结果不便于表达，致使推导平衡方程发生困难。这里介绍的平面任意力系向作用面内一点简化的方法，是一个普遍的、有效的方法，不仅物理意义明确，而且数字表达简单，易于导出平面任意力系的平衡方程。

力系向一点简化，需要将力系中各力都等效地平移到任意选定的一点上。

4.2.1 力的等效平移

已知力 $\boldsymbol{F}$ 作用在刚体某平面的 A 点上，在该平面上任选一点 B［图 4-2（a）］，要求将力 $\boldsymbol{F}$ 等效地平移到 B 点。

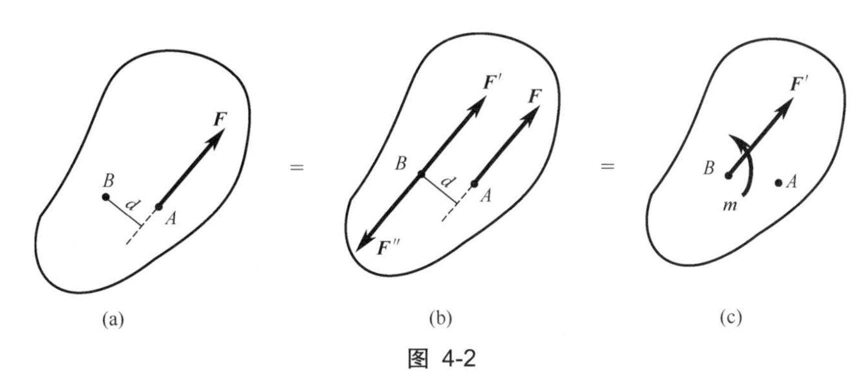

图 4-2

为此，在 B 点加两个等值反向的平衡力 $\boldsymbol{F}'$ 和 $\boldsymbol{F}''$，并使 $-\boldsymbol{F}''=\boldsymbol{F}'=\boldsymbol{F}$，如图 4-2（b）所示。根据等效力系概念，由 $\boldsymbol{F}$、$\boldsymbol{F}'$ 和 $\boldsymbol{F}''$ 三个力所组成的力系与力 $\boldsymbol{F}$ 等效。由于力 $\boldsymbol{F}$ 和 $\boldsymbol{F}''$ 组成一个力偶臂为 d 的力偶，于是，这三个力所组成的力系可以看成作用在 B 点的一个力 $\boldsymbol{F}'$ 和一个力偶（$\boldsymbol{F}$，$\boldsymbol{F}''$），如图 4-2（c）所示，此力偶称为附加力偶，附加力偶的力偶矩为

$$m=\pm Fd$$

其中，力偶臂 d 是 B 点到力 $\boldsymbol{F}$ 作用线的距离。这样，附加力偶矩也就等于力 $\boldsymbol{F}$ 对 B 点的矩，即

$$m=m_B(\boldsymbol{F})=\pm Fd \tag{4-1}$$

综上所述，得结论如下：作用在刚体某平面内 A 点的力 $\boldsymbol{F}$ 可以等效地平移到该平面内的任意点 B，但必须附加一力偶，此附加力偶的力偶矩等于原力 $\boldsymbol{F}$ 对 B 点的矩。此结论称作力的平移定理。

力的平移定理是力系向一点简化的依据。用它来解释构件的变形情况也是很方便的。图 4-3 所示的厂房立柱，在柱的突出部分（牛腿）承受吊车梁施加的压力 $\boldsymbol{P}$。按力的平移原理，可将力 $\boldsymbol{P}$ 等效地平移到立柱的轴线上，同时附加一力偶，其力偶矩为 $m=-Pe$。移动后的力 $\boldsymbol{P}'$ 使立柱产生压缩变形。以上表明力 $\boldsymbol{P}$ 所引起的立柱的变形是压缩和弯曲两种变形的组合。

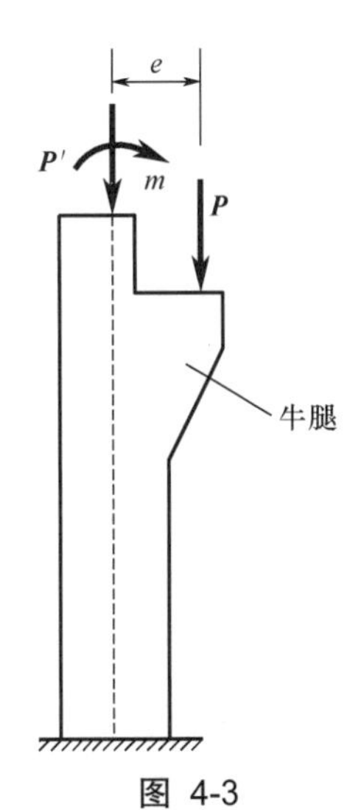

图 4-3

4.2.2 平面任意力系向一点的简化计算及主矢和主矩

设刚体受平面任意力系的作用，该力系由 $\boldsymbol{F}_1$，$\boldsymbol{F}_2$，…，$\boldsymbol{F}_i$，…，$\boldsymbol{F}_n$ n 个力所组成，如图 4-4（a）所示。在力系作用面内任选一点 O，将力系向 O 点简化，并称 O 点为简化中心。

如图 4-4（b）所示，按力的平移定理，将各力等效地平移到简化中心 O，得到汇交于 O 点的力 $\boldsymbol{F}_1'$，$\boldsymbol{F}_2'$,…，$\boldsymbol{F}_i'$,…，$\boldsymbol{F}_n'$，其中

$$\boldsymbol{F}_i' = \boldsymbol{F}_i \quad (i = 1, 2, \cdots, n)$$

此外，还应附加相应的附加力偶，各附加力偶的力偶矩以 m_1，m_2,…，m_i,…，m_n 表示，它们分别等于原力系中各力对简化中心 O 之矩。

$$m_i = m_O(\boldsymbol{F}_i) \quad (i = 1, 2, \cdots, n)$$

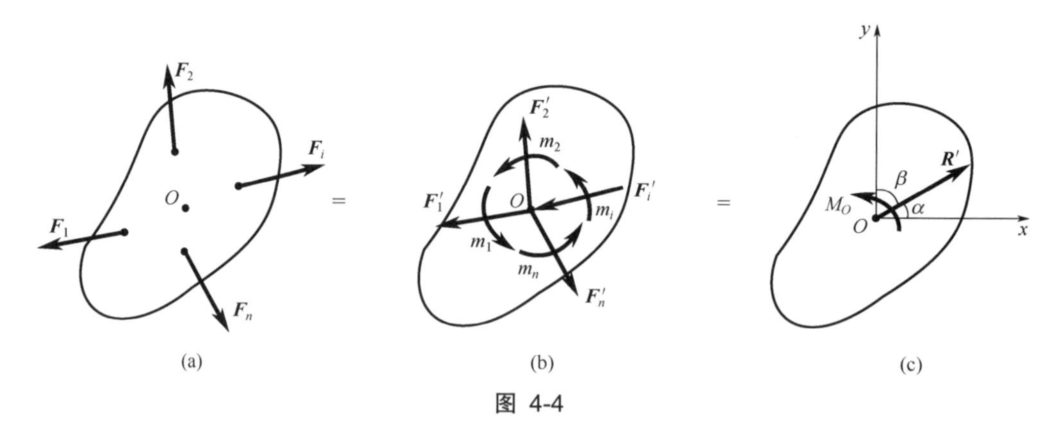

图 4-4

这样，对给定的平面任意力系，通过力的等效平移转化为一平面汇交力系和一平面力偶系，如图 4-5（b）所示。平面任意力系简化的问题也就转化为平面汇交力系和平面力偶系的简化问题。

由力 $\boldsymbol{F}_1'$，$\boldsymbol{F}_2'$,…，$\boldsymbol{F}_n'$ 所组成的平面汇交力系，可简化为作用于简化中心 O 的一个力 $\boldsymbol{R}'$，该力矢量

$$\boldsymbol{R}' = \boldsymbol{F}_1' + \boldsymbol{F}_2' + \cdots + \boldsymbol{F}_n' = \boldsymbol{F}_1 + \boldsymbol{F}_2 + \cdots + \boldsymbol{F}_n$$

即

$$\boldsymbol{R}' = \sum_{i=1}^{n} \boldsymbol{F}_i \tag{4-2}$$

称作平面任意力系的主矢。平面任意力系的主矢等于力系中各力的矢量和。

由附加力偶所组成的平面力偶系，可简化为一力偶，此力偶的力偶矩以 M_O 表示，则有

$$M_O = m_1 + m_2 + \cdots + m_n = m_O(\boldsymbol{F}_1) + m_O(\boldsymbol{F}_2) + \cdots + m_O(\boldsymbol{F}_n)$$

即
$$M_O = \sum_{i=1}^{n} m_O(\boldsymbol{F}_i) \tag{4-3}$$

该力偶矩称作平面任意力系相对于简化中心 O 的主矩。平面任意力系对简化中心 O 的主矩等于力系中各力对简化中心 O 之矩的代数和。

平面任意力系向一点简化的结果可以总结如下。

平面任意力系向作用面内任选的简化中心简化，一般可得到一个力和一个力偶。此力作用于简化中心，它的矢量等于力系中各力的矢量和，该力矢量称作平面任意力系的主矢。此力偶的矩等于力系中各力对简化中心之矩的代数和，称作平面任意力系相对于简化中心的主矩。

力系的主矢可以用解析法求得。按图 4-4（c）中所选定的坐标系，有

$$\left.\begin{aligned} R_x' &= \sum_{i=1}^{n} X_i \\ R_y' &= \sum_{i=1}^{n} Y_i \end{aligned}\right\} \tag{4-4}$$

$$R' = \sqrt{R_x'^2 + R_y'^2} = \sqrt{\left(\sum_{i=1}^{n} X_i\right)^2 + \left(\sum_{i=1}^{n} Y_i\right)^2} \tag{4-5}$$

$$\left.\begin{aligned} \cos\alpha &= \frac{R_x'}{R'} \\ \cos\beta &= \frac{R_y'}{R'} \end{aligned}\right\} \tag{4-6}$$

式中 X_i 和 Y_i——力 $\boldsymbol{F}_i$ 在 x 轴和 y 轴上的投影；

α 和 β——主矢 $\boldsymbol{R}'$ 与 x 轴和 y 轴的正向夹角。

力系的主矩可直接由式（4-3）求得。

需要强调以下两点。

（1）由式（4-2）可知，力系的主矢与简化中心的位置无关。对于给定的平面任意力系，不论向哪点简化，所得到的主矢都相同。

（2）当简化中心的位置不同时，各力对简化中心的矩一般将有所变化。由式（4-3）可知，在一般情况下主矩与简化中心的位置有关。因此，提到主矩时必须指明简化中心的位置。书写中用下角标加以注明，例如相对于简化中心 O 的主矩应记为 M_O。

例 4-1 在边长 a=1m 的正方形的四个顶点上，作用有 $\boldsymbol{F}_1$、$\boldsymbol{F}_2$、$\boldsymbol{F}_3$、$\boldsymbol{F}_4$ 四个力（图 4-5）。已知 F_1=40N，F_2=60N，F_3=80N，F_4=100N。求该力系向 A 点简化的结果。

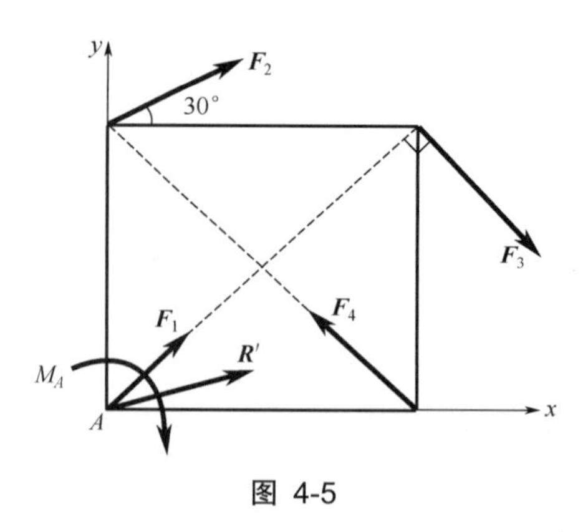

图 4-5

解：选坐标系如图 4-5 所示。按式（4-4）～式（4-6）求力系的主矢。

$$
\begin{aligned}
R_x{}' &= X_1 + X_2 + X_3 + X_4 \\
&= F_1\cos 45° + F_2\cos 30° + F_3\sin 45° - F_4\cos 45° \\
&= 66.10\text{N}
\end{aligned}
$$

$$
\begin{aligned}
R_y{}' &= Y_1 + Y_2 + Y_3 + Y_4 \\
&= F_1\sin 45° + F_2\sin 30° - F_3\cos 45° + F_4\sin 45° \\
&= 72.42\text{N}
\end{aligned}
$$

$$R' = \sqrt{R_x'^2 + R_y'^2} = 98.05\text{N}$$

$$\cos\alpha = \frac{R_x{}'}{R'} = 0.67$$

$$\cos\beta = \frac{R_y{}'}{R'} = 0.74$$

解得主矢 $\boldsymbol{R'}$ 与 x 轴和 y 轴的正向夹角分别为

$$\alpha = 47.21°;\ \beta = 42.39°$$

力系相对简化中心 A 的主矩按式（4-3）为

$$
\begin{aligned}
M_A &= \sum_{i=1}^{4} m_A(\boldsymbol{F}_i) \\
&= -F_2 a\cos 30° - \frac{F_3 a}{\cos 45°} + F_4 a\sin 45° \\
&= -94.39\text{N}\cdot\text{m}
\end{aligned}
$$

负号表明主矩 M_A 为顺时针转向。

4.2.3 定向支座及固定端支座的约束力

1. 定向支座及其约束力

在图 4-6 (a) 中，杆件 AB 的 A 端即为定向支座。它是由两个相邻的等长、平行链杆所组成的。支座的约束力就是两个链杆的约束力，如图 4-6（b）所示。其中两个力的作用线分别沿两个链杆，大小均为未知，图中的指向是假定的。由于通常并不给出两个链杆的距离，所以，用这种方法表示定向支座的约束力，在计算中不便求出。现将这两个力视为平面任意力系，并将其向杆件的 A 端简化，得到一个力和一个力偶，如图 4-6（c）所示。这样，定向支座的约束力就用一个平行于链杆的力和一个力偶来表示。二者的大小和方向都是未知的。

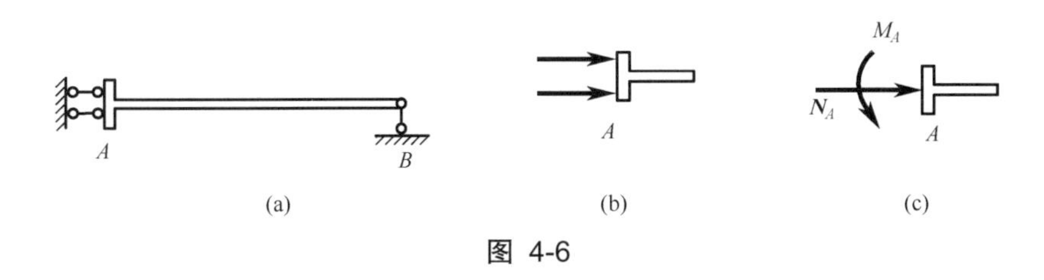

图 4-6

从约束性质来分析，定向支座允许杆件的 A 端发生与链杆垂直的位移，限制沿链杆方向的位移以及在平面内的转动角位移。定向支座的约束力与其所限制的位移相对应。

2. 固定端支座及其约束力

固定端支座是一种常见的约束形式。这里通过悬臂梁（图 4-7）来说明固定端支座的构造，并分析其约束力。

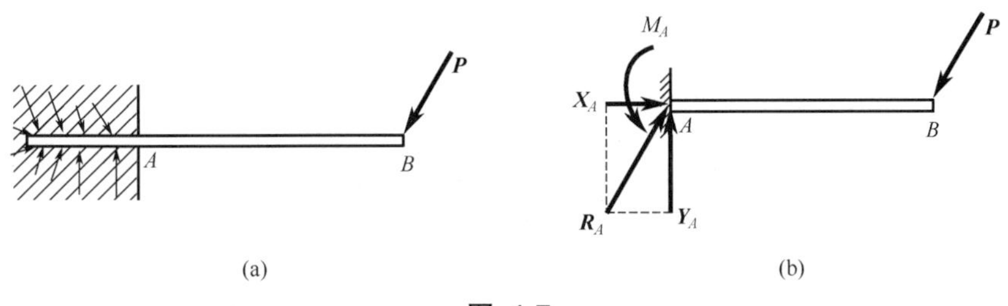

图 4-7

将梁的一端牢固地固定在墙体（或其他物体）内，使梁既不能移动又不能转动，这就构成了固定端支座，如图 4-7（a）所示。图 4-7（b）是固定端支座的简化图形。梁端插入墙体的部分，表面上各点都受到墙的作用力，当研究平面力系问题时，这些力是分布的平面任意力系。将该力系向杆端的 A 点简化，得到一个力 $\boldsymbol{R}_A$ 和一个力偶矩为 M_A 的力偶，分别称为固定端支座的约束力和约束力偶，二者的大小和方向都是未知的。通称将力 $\boldsymbol{R}_A$ 分解为两个垂直的分力 $\boldsymbol{X}_A$ 和 $\boldsymbol{Y}_A$，这样，固定端支座的约束力就用两个垂直的力和一个约束力偶表示 [图 4-7 (b)]。

显然，约束力 $\boldsymbol{X}_A$、$\boldsymbol{Y}_A$ 分别限制物体左右、上下的移动，而约束力偶则限制物体的转动。

4.3 平面任意力系简化结果的讨论与合力矩定理

4.3.1 平面任意力系简化结果的讨论

平面任意力系向简化中心 O 简化，一般得到一个力和一个力偶。由于所研究的力系不同，也由于一个力和一个力偶不是最简单的力系，故可进一步简化。平面任意力系简化的最终结果可能有以下三种情况。

1. 平衡力系

当力系向 O 点简化，主矢 $\boldsymbol{R}'=0$，主矩 $M_O=0$ 时，力系向其他点简化，主矢、主矩也为零。这时力系对刚体的作用效果为零，力系为平衡力系。

2. 合力偶

当力系向 O 点简化，主矢 $\boldsymbol{R}'=0$，主矩 $M_O\neq 0$ 时，表明力系向简化中心 O 等效平移后，所得到的汇交力系是平衡力系，即原力系与附加力偶系等效。所以原力系可简化为一个力偶，此力偶称为原力系的合力偶，合力偶的矩就是原力系相对简化中心 O 的主矩 M_O。

这时，力系等效于合力偶，所以，力系向任何点简化的主矩都等于合力偶矩。即当主矢 $\boldsymbol{R}'=0$ 时，主矩与简化中心的位置无关。

3. 合力

当力系向 O 点简化，主矢 $\boldsymbol{R}'\neq 0$，主矩 $M_O=0$ 时，表明力系向简化中心 O 等效平移后，所得到的附加力偶系是平衡力系，即原力系与汇交点为 O 点的汇交力系等效，该汇交力系的合力 $\boldsymbol{R}'$ 也就是平面任意力系的合力 $\boldsymbol{R}$。所以原力系可简化为一合力 $\boldsymbol{R}$，合力作用线通过简化中心 O，合力矢量即等于主矢：$\boldsymbol{R}=\boldsymbol{R}'$。

当力系向 O 点简化，主矢 $\boldsymbol{R}'\neq 0$，主矩 $M_O\neq 0$ 时，可将主矢 $\boldsymbol{R}'$ 与力偶进一步合成，得到合力 $\boldsymbol{R}$，且合力矢量即等于主矢：$\boldsymbol{R}=\boldsymbol{R}'$。所不同的是，此情况下合力 $\boldsymbol{R}$ 的作用线不通过简化中心 O。由力的平移定理知，一个力可以等效地平移，但需附加一个力偶，按这一变换的逆过程，也可将一个力和一个力偶等效地变化为一个力。

4.3.2 平面任意力系的合力矩定理

当力系有合力 $\boldsymbol{R}$ 时，合力 $\boldsymbol{R}$ 与原力系等效。所以，原力系向任意点 O 简化的主矩 $\sum_{i=1}^{n} m_O(\boldsymbol{F}_i)$ 与合力 $\boldsymbol{R}$ 向 O 点简化的主矩 m_O（$\boldsymbol{R}$）相等，即

$$m_O(\boldsymbol{R})=\sum_{i=1}^{n} m_O(\boldsymbol{F}_i) \tag{4-7}$$

得平面任意力系的合力矩定理如下：当平面任意力系有合力时，合力对作用面内任意点的矩，等于力系中各力对同一点的矩的代数和。

上述合力矩定理，在研究空间力系的问题时，也适用于力对轴取矩的情况。

例 4-2 求例 4-1 中所给定的平面任意力系的合力作用线。

解：在例 4-1 中已经求出给定力系向 A 点简化的结果，且主矢和主矩均不为零。由此判定力系可简化为一合力 $\boldsymbol{R}$，且

$$\boldsymbol{R}=\boldsymbol{R}'$$

所以，力系合力的大小和方向已在例 4-1 中求出。本题中需再求出合力 $\boldsymbol{R}$ 的作用线与 x 轴的交点 K，则合力作用线的位置就完全确定，它就在通过 K 点且与主矢平行的直线上。于是，问题归结为求合力作用线与 x 轴的交点 K 的坐标 x_K。

设想将合力 $\boldsymbol{R}$ 沿其作用线移至 K 点，并分解为两个分力 $\boldsymbol{R}_x$ 和 $\boldsymbol{R}_y$，如图 4-8 所示。按合力矩定理式（4-7），有

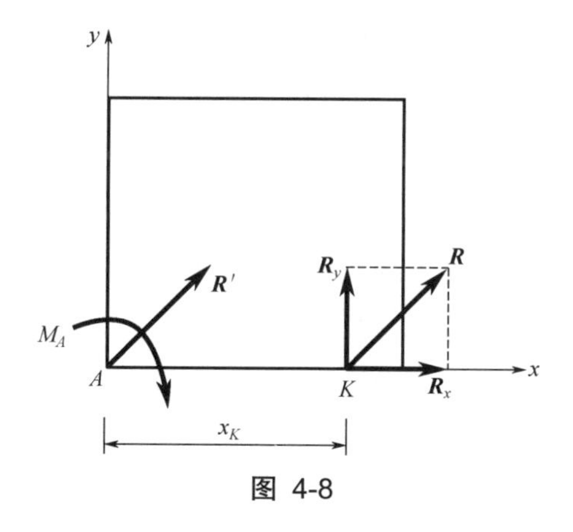

图 4-8

$$m_A(\boldsymbol{R})=\sum_{i=1}^{4}m_A(\boldsymbol{F}_i)$$

式中

$$\sum_{i=1}^{4}m_A(\boldsymbol{F}_i)=M_A=-94.39\text{N}\cdot\text{m}$$

$$m_A(\boldsymbol{R})=m_A(\boldsymbol{R}_x)+m_A(\boldsymbol{R}_y)=R_y\cdot x_K$$

解得

$$x_K=\frac{M_A}{R_y}=\frac{-94.39}{72.42}\text{m}\approx-1.30\text{m}$$

负号表明 K 点应在坐标原点 A 的左侧。

4.4 平面任意力系的平衡条件与平衡方程

4.4.1 平面任意力系的平衡条件

当平面任意力系的主矢 $\boldsymbol{R}'=0$ 和主矩 $M_O=0$ 时，平面任意力系为平衡力系；反之，如果平面任意力系为平衡力系，必有主矢 $\boldsymbol{R}'=0$ 和主矩 $M_O=0$。于是得知，平面任意力系的主矢和主矩同时为零，即

$$\left.\begin{aligned}\boldsymbol{R}'&=0\\M_O&=0\end{aligned}\right\}\tag{4-8}$$

是平面任意力系平衡的必要与充分条件。

主矢 $\boldsymbol{R}'=0$ 等价于 $R'_x=0$ 和 $R'_y=0$；主矩 $M_O=0$ 等价于 $\sum_{i=1}^{n}m_O(\boldsymbol{F}_i)=0$。于是平面任意力系平衡的必要与充分条件式（4-8）可解析地表达为

$$\left.\begin{aligned}\sum_{i=1}^{n}X_i&=0\\\sum_{i=1}^{n}Y_i&=0\\\sum_{i=1}^{n}m_O(\boldsymbol{F}_i)&=0\end{aligned}\right\}\tag{4-9}$$

因此，平面任意力系平衡的必要与充分条件可解析地表达为：力系中各力在两个任选的坐标轴中每一轴上的投影的代数和分别等于零，同时各力对任意点之矩的代数和等于零。

式（4-9）称作平面任意力系的平衡方程。该方程组是由两个投影方程和一个取矩方程所组成的，称为平面任意力系的一矩式平衡方程。平衡方程式（4-9）中包含三个独立的平衡方程，应用它能求解三个未知量。

例 4-3 图 4-9（a）所示刚架 AB，受均匀分布的风荷载作用，荷载集度（单位长度上所受的力）为 q（N/m）。已知 q 和刚架尺寸，求支座 A 和 B 的约束力。

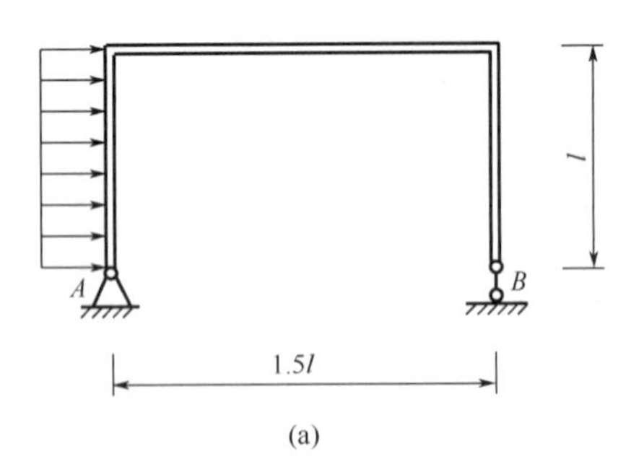

(a)

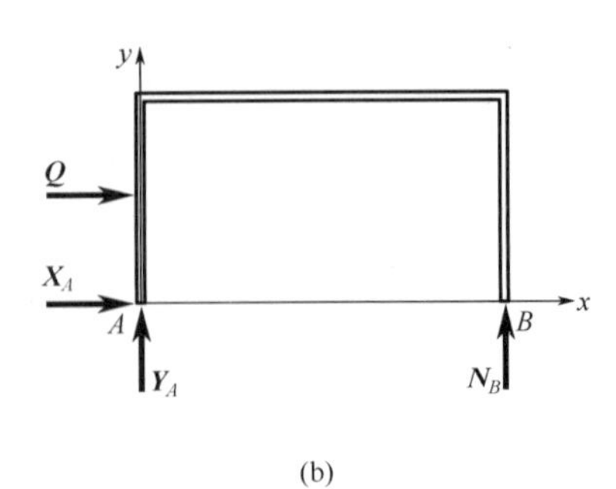

(b)

图 4-9

解：（1）取分离体，画受力图。

取刚架 AB 为分离体。它所受的分布荷载用其合力 $\boldsymbol{Q}$ 代替。合力 $\boldsymbol{Q}$ 的大小等于荷载集度 q 与荷载作用长度之积，即

$$Q = ql$$

合力 $\boldsymbol{Q}$ 作用在均布荷载分布线的中点。分离体上还受约束力 $\boldsymbol{X}_A$、$\boldsymbol{Y}_A$ 以及 $\boldsymbol{N}_B$ 的作用［图 4-9（b）］。

（2）列平衡方程，求解未知力。

刚架受平面任意力系作用，三个支座约束力是未知量，可用平衡方程式（4-9）求解。坐标轴如图 4-9（b）所示，选 A 点为矩心，列平衡方程

$$\sum X = 0 \qquad Q + X_A = 0 \tag{1}$$

$$\sum Y = 0 \qquad N_B + Y_A = 0 \tag{2}$$

$$\sum m_A(\boldsymbol{F}) = 0 \qquad 1.5lN_B - 0.5lQ = 0 \tag{3}$$

由式（1）和式（3）分别解得 $X_A = -Q = -ql$，$N_B = \frac{1}{3}ql$。将 $\boldsymbol{N}_B$ 的值代入式（2），得 $Y_A = -N_B = -\frac{1}{3}ql$。负号表明约束力的实际指向与受力图中所假定的指向相反。

例 4-4 图 4-10（a）所示的 T 形刚架用链杆支座和定向支座固定，受力 $\boldsymbol{P}$ 和力偶矩 m=2Pa 的力偶作用。求链杆支座 A 和定向支座 B 的约束力。

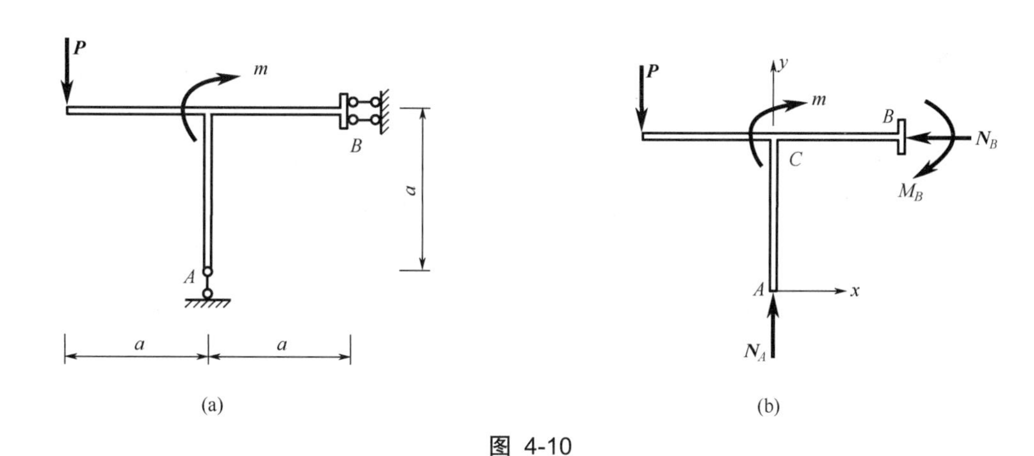

图 4-10

解：（1）取分离体，画受力图。

取 T 形刚架为分离体。其上受主动力 $\boldsymbol{P}$ 和力偶矩为 m 的力偶作用。链杆支座 A 的约束力为 $\boldsymbol{N}_A$，定向支座 B 的约束力和约束力偶分别为 $\boldsymbol{N}_B$ 和 M_B。受力图如图 4-10(b) 所示。

（2）列平衡方程，求解未知量。

取坐标轴，如图 4-10（b）所示，选约束力 $\boldsymbol{N}_A$ 和 $\boldsymbol{N}_B$ 的交点 C 为矩心，列出平衡方程

$$\sum X = 0 \qquad N_B = 0 \tag{1}$$

$$\sum Y = 0 \qquad N_A - P = 0 \tag{2}$$

$$\sum m_C(\boldsymbol{F}) = 0 \qquad -m - M_B + Pa = 0 \tag{3}$$

解得

$$N_B = 0;\quad N_A = P;\quad M_B = -Pa$$

列矩平衡方程时，将矩心选在未知力的交点上，可避免求解联立方程。

4.4.2 平面任意力系平衡方程的多矩式形式

平面任意力系的平衡方程还可以写成二矩式和三矩式的形式。

二矩式平衡方程的形式是

$$\left.\begin{aligned} \sum_{i=1}^{n} m_A(\boldsymbol{F}_i) = 0 \\ \sum_{i=1}^{n} m_B(\boldsymbol{F}_i) = 0 \\ \sum_{i=1}^{n} X_i = 0 \end{aligned}\right\} \tag{4-10}$$

其中，矩心 A 和 B 两点的连线不能与 x 轴垂直。

方程组式（4-10）是平面任意力系平衡的必要与充分条件。作为平衡的必要条件，这是十分明显的，因为对于平衡力系，式（4-10）一定被满足。下面说明它是力系平衡的充分条件。力系满足 $\sum_{i=1}^{n} m_A(\boldsymbol{F}_i) = 0$，表明力系或者平衡，或者可简化为通过 A 点的一合力。力系满足 $\sum_{i=1}^{n} m_B(\boldsymbol{F}_i) = 0$，表明力系或者平衡，或者可简化为通过 B 点的一合力。

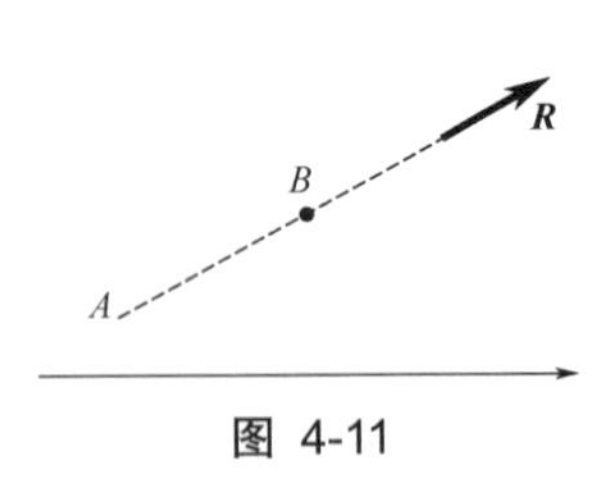

图 4-11

当两个方程同时被满足时，则表明力系或者平衡，或者可简化为在 A、B 两点的连线上的一合力，如图 4-11 所示。这时，如选取 x 轴不垂直 A、B 两点的连线，力系满足 $\sum_{i=1}^{n} X_i = 0$，就排除了力系有合力的可能性，即力系必为平衡力系。

三矩式平衡方程的形式是

$$\left.\begin{aligned}\sum_{i=1}^{n} m_A(\boldsymbol{F}_i)=0\\ \sum_{i=1}^{n} m_B(\boldsymbol{F}_i)=0\\ \sum_{i=1}^{n} m_C(\boldsymbol{F}_i)=0\end{aligned}\right\} \tag{4-11}$$

其中，矩心 A、B、C 三点不能在同一条直线上。方程组式（4-11）是平面任意力系平衡的必要与充分条件，可做与式（4-10）类似的论证。

下面举例说明多矩式的平面任意力系平衡方程的应用。

例 4-5 十字梁用三个链杆支座固定，如图 4-12(a) 所示。求在水平力 $\boldsymbol{P}$ 的作用下，各支座的约束力。

解：（1）取分离体，画受力图。

取十字梁为分离体，其上所受主动力为 $\boldsymbol{P}$，约束力为各链杆支座的约束力 $\boldsymbol{R}_A$、$\boldsymbol{R}_B$ 和 $\boldsymbol{R}_C$。受力图如图 4-12（b）所示。

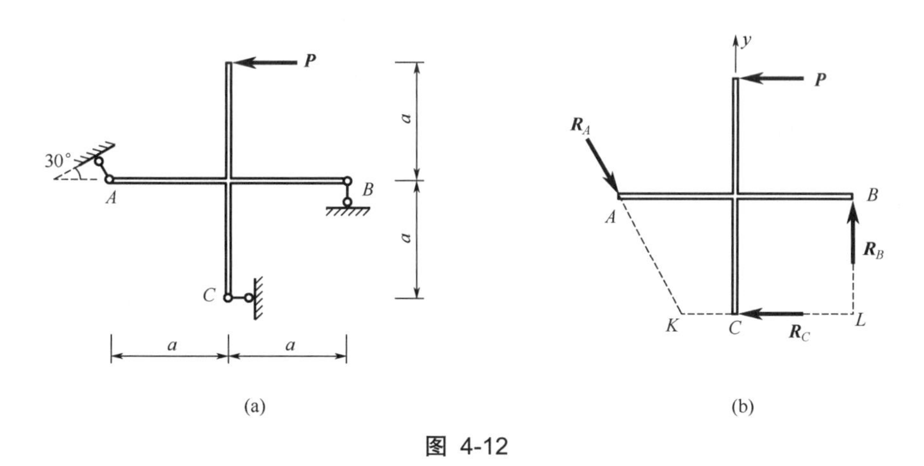

图 4-12

（2）列平衡方程，求解未知量。

用二矩式平衡方程求解。分别取约束力 $\boldsymbol{R}_B$ 和 $\boldsymbol{R}_C$ 的交点 L 及 B 点为矩心，并选坐标轴如图 4-12（b）所示。列平衡方程

$$\sum m_L(\boldsymbol{F})=0 \qquad 2aP+2aR_A\cos 30°-aR_A\sin 30°=0 \tag{1}$$

$$\sum m_B(\boldsymbol{F})=0 \qquad aP-aR_C+2aR_A\cos 30°=0 \tag{2}$$

$$\sum Y=0 \qquad R_B-R_A\cos 30°=0 \tag{3}$$

式中计算力 $\boldsymbol{R}_A$ 的矩时，是用它沿 x 轴和 y 轴的分力来计算的。由式（1）解得

$$R_A=-1.62P$$

将其值代入式（2）、式（3），解得

$$R_B = -1.40P;\ R_C = -1.81P$$

（3）讨论：本题也可用三矩式平衡方程求解。应用式（1）求约束力 $\boldsymbol{R}_A$，应用式（2）求约束力 $\boldsymbol{R}_C$。求约束力 $\boldsymbol{R}_B$ 时，以约束力 $\boldsymbol{R}_A$ 和约束力 $\boldsymbol{R}_C$ 的交点 K[图 4-12(b)]为矩心，用矩方程 $\sum m_K(\boldsymbol{F})=0$ 求解。也可选 A 点为矩心，用矩方程 $\sum m_A(\boldsymbol{F})=0$ 求解。

4.5　平面平行力系的平衡方程

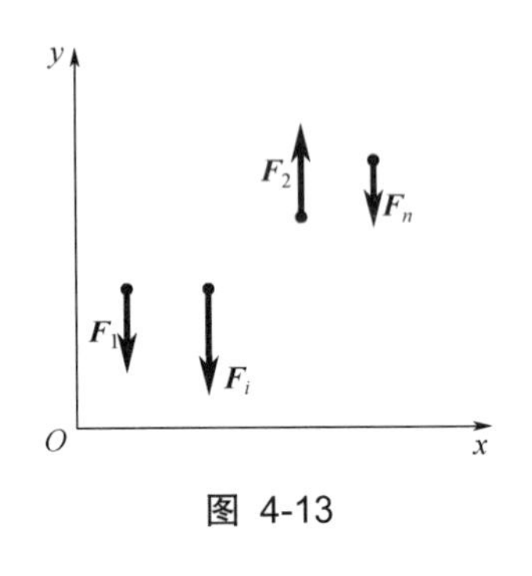

图 4-13

力系中各力的作用线在同一平面内且相互平行，这样的力系称作平面平行力系。平面汇交力系、平面力偶系、平面平行力系都是平面任意力系的特殊情况。这三种力系的平衡方程都可作为平面任意力系平衡方程的特例而导出。下面导出平面平行力系的平衡方程。

在图 4-13 中给出一由 n 个力组成的平面平行力系。在力系作用面内选取坐标轴 x 与力作用线垂直，坐标轴 y 与力作用线平行。这时，无论力系是否平衡，平衡方程

$$\sum_{i=1}^{n} X_i = 0$$

都自然得到满足，它不再具有判断平衡与否的功能。平面任意力系的平衡方程式（4-9）中的后两个方程

$$\left.\begin{aligned} \sum_{i=1}^{n} Y_i &= 0 \\ \sum_{i=1}^{n} m_O(\boldsymbol{F}_i) &= 0 \end{aligned}\right\} \tag{4-12}$$

即为平面平行力系的平衡方程。

平面平行力系的平衡方程也可以写成两个矩方程的形式

$$\left.\begin{aligned} \sum_{i=1}^{n} m_A(\boldsymbol{F}_i) &= 0 \\ \sum_{i=1}^{n} m_B(\boldsymbol{F}_i) &= 0 \end{aligned}\right\} \tag{4-13}$$

其中，矩心 A 和 B 的连线不能与力的作用线平行，否则，式（4-13）不是平面平行力系平衡的充分条件。

平面平行力系有两个独立的平衡方程，可用于求解两个未知量。

例 4-6 塔式起重机如图 4-14 所示，塔架重 P=700kN，作用线通过塔架轴线。最大起重量 W=200kN，最大悬臂长为 12m，轨道 A 和 B 的间距为 4m。平衡块重量为 Q，它到塔架轴线的距离为 6m。为保证塔式起重机在满载和空载时都不翻倒，试求平衡块的重量。

解：（1）取分离体，画受力图。

取塔式起重机为分离体。分离体上的主动力有塔架、重物、平衡块的重力，分别为 $\boldsymbol{P}$、$\boldsymbol{W}$、$\boldsymbol{Q}$。约束力为两个光滑轨道的约束力 $\boldsymbol{N}_A$ 和 $\boldsymbol{N}_B$。分离体受平面平行力系作用。

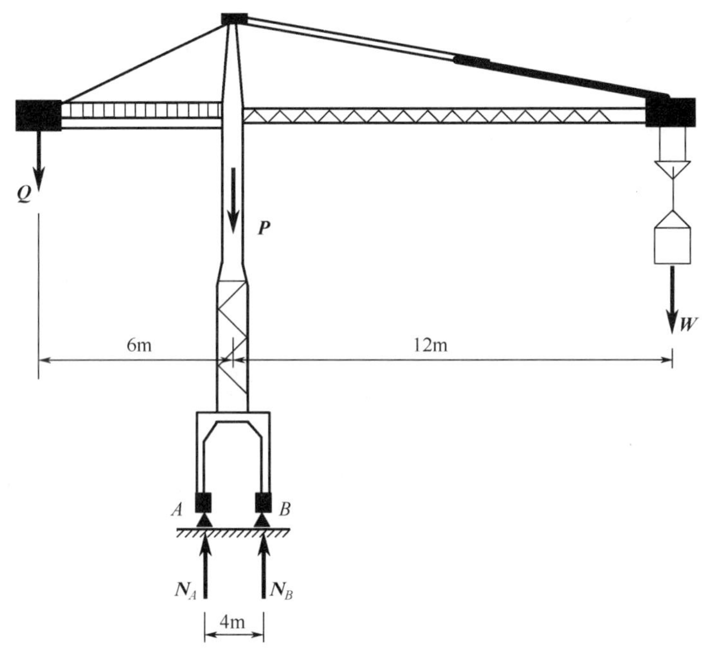

图 4-14

（2）列平衡方程，求解未知量。

在受力图上，力 $\boldsymbol{N}_A$、$\boldsymbol{N}_B$ 和 $\boldsymbol{Q}$ 是三个未知力，独立的平衡方程只有两个，求解时需要利用塔架翻倒条件建立补充方程。

当塔式起重机满载时，悬臂的端部起吊最大重量 W=200kN。这时，平衡块的作用是保证塔架不绕 B 轮翻倒。研究塔架即将翻倒的临界平衡状态，在这一状态下，有补充方程 N_A=0，且塔架在图示位置处于平衡。在这个平衡状态下求得的 Q 值，是满载时使塔架不翻倒的最小 Q 值，用 $Q_{\min}$ 表示。当平衡块重小于 $Q_{\min}$ 时，塔架将绕 B 轮翻倒。

由平衡方程

$$\sum m_B(\boldsymbol{F})=0 \qquad (6+2)Q_{\min}+2P-(12-2)W=0$$

解得

$$Q_{\min}=75\text{kN}$$

再研究塔式起重机空载（W=0）的情况。这时要求平衡块不使塔架绕 A 轮翻倒。研

究塔架即将绕 A 轮翻倒的临界平衡状态，在这一平衡状态下，有补充方程 $N_B=0$，且塔架在图示位置处于平衡。在这个平衡状态下求得的 Q 值，是空载时使塔架不翻倒的最大 Q 值，用 $Q_{\max}$ 来表示。当平衡块重大于 $Q_{\max}$ 时，塔架将绕 A 轮翻倒。

由平衡方程

$$\sum m_A(\boldsymbol{F})=0 \qquad (6-2)Q_{\max}-2P=0$$

解得

$$Q_{\max}=350\text{kN}$$

从对满载和空载两种临界平衡状态的研究结果可知，为使塔式起重机在正常工作状态下不翻倒，平衡块重量的取值范围是

$$75\text{kN}\leqslant Q\leqslant 350\text{kN}$$

工程实践中，意外因素的影响是难免的，为保障安全工作，应用中需要把理论计算的取值范围适当缩小。

4.6 物体系的平衡问题

在工程中常常用若干构件通过某种连接方式组成机构或结构，用以传递运动或承受荷载，这些机构或结构统称为物体系。图 4-15（a）是机器中常用的曲柄连杆机构，它是由曲柄 OA、连杆 AB 和滑块 B 三个构件铰接组成的。图 4-15（b）是一拱桥的简图，它由两个曲杆铰接组成。这些都是物体系的实例。

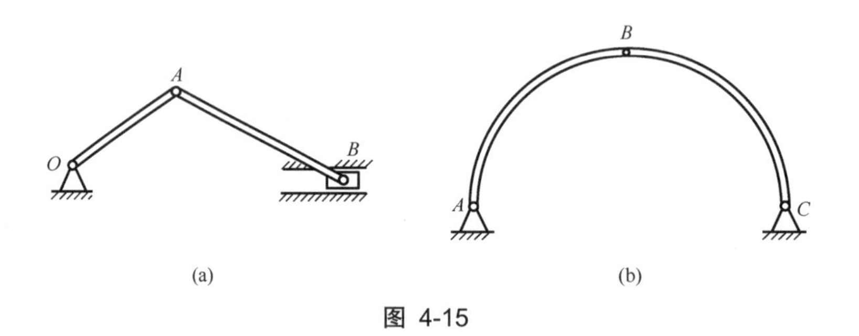

图 4-15

求解物体系的平衡问题具有重要的实际意义。

当物体系处于平衡状态时，系统中的每一个物体也必定处于平衡状态。如果每一物体都受平面任意力系的作用，则对每一物体都有三个独立的平衡方程。物体系由 n 个物体组成，则可写出 $3n$ 个独立的平衡方程，求解 $3n$ 个未知量。假如有物体受平面汇交力系或平面平行力系的作用，独立的平衡方程数目相应地减少。按上述方法求解物体系的平衡问题，在理论上没有困难。但在许多实际问题中，并不需要求解全部未知量。如何针对具体问题，选择简捷有效的解题途径，是本节中要通过实例重点解决的问题。

例 4-7 由构件 AC 和 BC 铰接组成的结构如图 4-16（a）所示，按图示尺寸和荷载求固定铰支座 B 的约束力。

解：解题思路分析。

结构由构件 AC 和 BC 组成，共有六个独立的平衡方程，可用于求解固定铰支座 A 和 B 及铰 C 三处的六个未知力，其中包括了待求的支座 B 的约束力。但是，这种作法显然是笨拙的。为有效、简捷地求解物体系的平衡问题，必须在求解之前探索科学的解题思路。寻求和建立解题思路的依据是了解物体系整体及其各局部的受力情况。

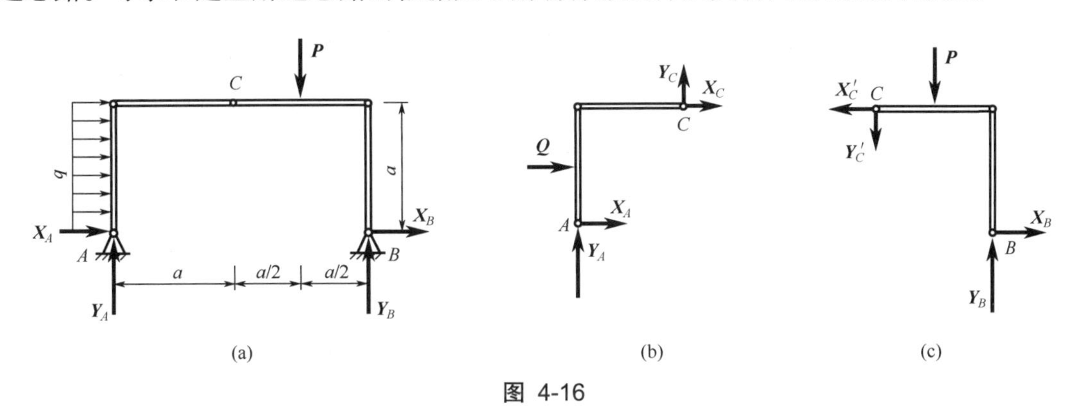

图 4-16

图 4-16（a）、（b）、（c）分别给出了结构整体、构件 AC、构件 BC 的受力情况。待求约束力 $\boldsymbol{X}_B$ 和 $\boldsymbol{Y}_B$ 作用在整体受力图［图 4-16（a）］上，也作用在构件 BC 的受力图［图 4-16（c）］上。

在图 4-16（a）上，有 $\boldsymbol{X}_A$、$\boldsymbol{Y}_A$、$\boldsymbol{X}_B$、$\boldsymbol{Y}_B$ 四个未知力，但独立的平衡方程仅有三个，不能求解四个未知力。由于 $\boldsymbol{X}_A$、$\boldsymbol{Y}_A$、$\boldsymbol{X}_B$ 三力作用线交于 A 点，所以可由方程 $\sum m_A(\boldsymbol{F})=0$ 求出约束力 $\boldsymbol{Y}_B$，约束力 $\boldsymbol{X}_B$ 则不能从整体受力图上求出。

在图 4-16（c）上，有 $\boldsymbol{X}_B$、$\boldsymbol{Y}_B$、$\boldsymbol{X}'_C$、$\boldsymbol{Y}'_C$ 四个未知力，独立的平衡方程仅有三个，不能求解四个未知力。但只要能从其他物体（或整体，或 AC）上求出四个未知力中的某一个，则可对图 4-16（c）写出三个平衡方程，求解另三个未知力。

综上分析，本题的解题思路可总结如下。

第一步：取整体为分离体，用平衡方程 $\sum m_A(\boldsymbol{F})=0$ 求支座 B 的约束力 $\boldsymbol{Y}_B$。

第二步：取构件 BC 为分离体，用平衡方程 $\sum m_C(\boldsymbol{F})=0$ 求支座 B 约束力 $\boldsymbol{X}_B$。

具体求解过程如下。

（1）取结构整体为分离体，受力图如图 4-16（a）所示。由平衡方程

$$\sum m_A(\boldsymbol{F})=0 \qquad -\frac{1}{2}qa^2-\frac{3}{2}Pa+2aY_B=0$$

解得

$$Y_B=\frac{1}{4}(qa+3P)$$

（2）取构件 BC 为分离体，受力图如图 4-16（c）所示。由平衡方程

$$\sum m_C(\boldsymbol{F})=0 \qquad -\frac{1}{2}Pa+X_B a+Y_B a=0$$

解得

$$X_B=-\frac{1}{4}(qa+P)$$

最后需要说明，本题中对图 4-16（a）、（b）、（c）可各写出三个平衡方程，可能写出的平衡方程总共有九个。这九个方程中独立的平衡方程只有六个，其余三个方程可由这六个方程导出，即是不独立的。例如，对图 4-16（a）写出的平衡方程 $\sum X=0$ 记为方程（1）；对图 4-16（b）写出的平衡方程 $\sum X=0$ 记为方程（2）；对图 4-16（c）写出的平衡方程 $\sum X=0$ 记为方程（3）。不难看出，方程（2）与方程（3）相加，即为方程（1）。说明这三个方程只有两个是独立的，另一个是不独立的，或说是可导出的。对上述的三个方程，在解题时应用其中任意的两个方程之后，第三个方程不能用来求解出新的未知量。

在按选定的解题思路解题时，如果选用的每一个方程都能求解出一个未知量，那么所选用的方程便都是独立的。

例 4-8 图 4-17（a）所示的结构由杆件 AB、BC、CD，圆轮 O，软绳和重物 E 所组成。圆轮与杆件 CD 用铰链连接，圆轮半径 $r=l/2$。重物 E 所受重力为 $\boldsymbol{W}$，其他杆件不计自重。求固定端 A 的约束力。

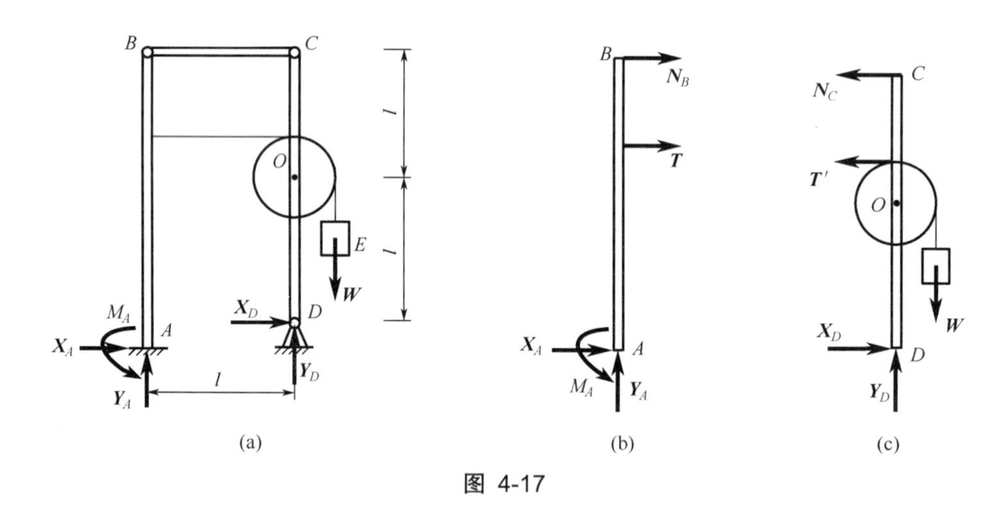

图 4-17

解：解题思路分析。

结构整体和杆件 AB 的受力图分别如图 4-17（a）、（b）所示。以杆件 CD、圆轮 O、软绳和重物 E 所组成的系统作为分离体，其受力图如图 4-17（c）所示。

待求的固定端 A 的约束力作用在受力图［图 4-17（a）、（b）］上。

在图 4-17（a）上，有 $\boldsymbol{X}_A$、$\boldsymbol{Y}_A$、M_A、$\boldsymbol{X}_D$、$\boldsymbol{Y}_D$ 五个未知量，而独立的平衡方程只有三

个，要通过研究结构整体求固定端 A 的约束力，必须先从其他物体上求出支座 D 的约束力 $\boldsymbol{X}_D$ 和 $\boldsymbol{Y}_D$。

在图 4-17（b）上，有 $\boldsymbol{X}_A$、$\boldsymbol{Y}_A$、M_A、$\boldsymbol{N}_B$ 四个未知量，而独立的平衡方程只有三个，要通过研究杆 AB 求固定端 A 的约束力，必须先从其他物体上求出二力杆 BC 的约束力 $\boldsymbol{N}_B$。

支座 D 的约束力 $\boldsymbol{X}_D$ 和 $\boldsymbol{Y}_D$ 以及二力杆 BC 的约束力都作用在图 4-17（c）上，可以对图 4-17(c) 列平面任意力系的平衡方程，求解这三个未知力。之后，便可在图 4-17(a) 或图 4-17（b）上求解固定端 A 的约束力。

这里选用从图 4-17（b）上求解固定端 A 的约束力，具体求解过程如下。

（1）取杆件 CD、圆轮 O、软绳和重物 E 所组成的系统为分离体，受力图如图 4-17（c）所示。

列平衡方程

$$\sum m_D(\boldsymbol{F})=0 \qquad 2lN_C+1.5lT'-0.5lW=0$$

其中，$T'=W$，解得

$$N_C=-0.5W$$

（2）取杆件 AB 为分离体，受力图如图 4-17（b）所示。列平衡方程

$$\sum X=0 \qquad X_A+N_B+T=0$$

$$\sum Y=0 \qquad Y_A=0$$

$$\sum m_A(\boldsymbol{F})=0 \qquad M_A-2lN_B-1.5lT=0$$

式中：$T=T'=W$，$N_B=N_C=-0.5W$，解得

$$X_A=-0.5W$$

$$Y_A=0$$

$$M_A=0.5lW$$

例 4-9 图 4-18（a）所示的结构由 AB、CD、DE、BF 四个杆件铰接组成。求支座 C 的约束力。

解： 解题思路分析。

画结构整体、杆件 AB、杆件 DE、杆件 CD 的受力图，分别如图 4-18(a)、(b)、(c)、(d) 所示。

待求的支座 C 的约束力作用在整体的受力图［图 4-18（a）］上，也作用在杆件 CD 的受力图［图 4-18（d）］上。

结构整体受力图上有 $\boldsymbol{X}_A$、$\boldsymbol{Y}_A$、$\boldsymbol{X}_C$、$\boldsymbol{Y}_C$ 四个未知力，直接从图 4-18（a）上求解支座

C 的约束力 $\boldsymbol{X}_C$ 和 $\boldsymbol{Y}_C$ 是不可能的。如能事先从其他物体上求出这四个未知力中的某一个，则另三个未知力就可从图 4-18（a）上求出。

杆件 CD 上有五个未知力，直接从图 4-18（d）上求约束力 $\boldsymbol{X}_C$ 和 $\boldsymbol{Y}_C$ 也是不可能的。但是图 4-18（d）在 y 方向只有 $\boldsymbol{Y}_D'$、$\boldsymbol{Y}_C$ 两个力，因约束力 $\boldsymbol{Y}_D$ 可从图 4-18（c）上求解，所以约束力 $\boldsymbol{Y}_D'$ 和 $\boldsymbol{Y}_C$ 随之可以求出。

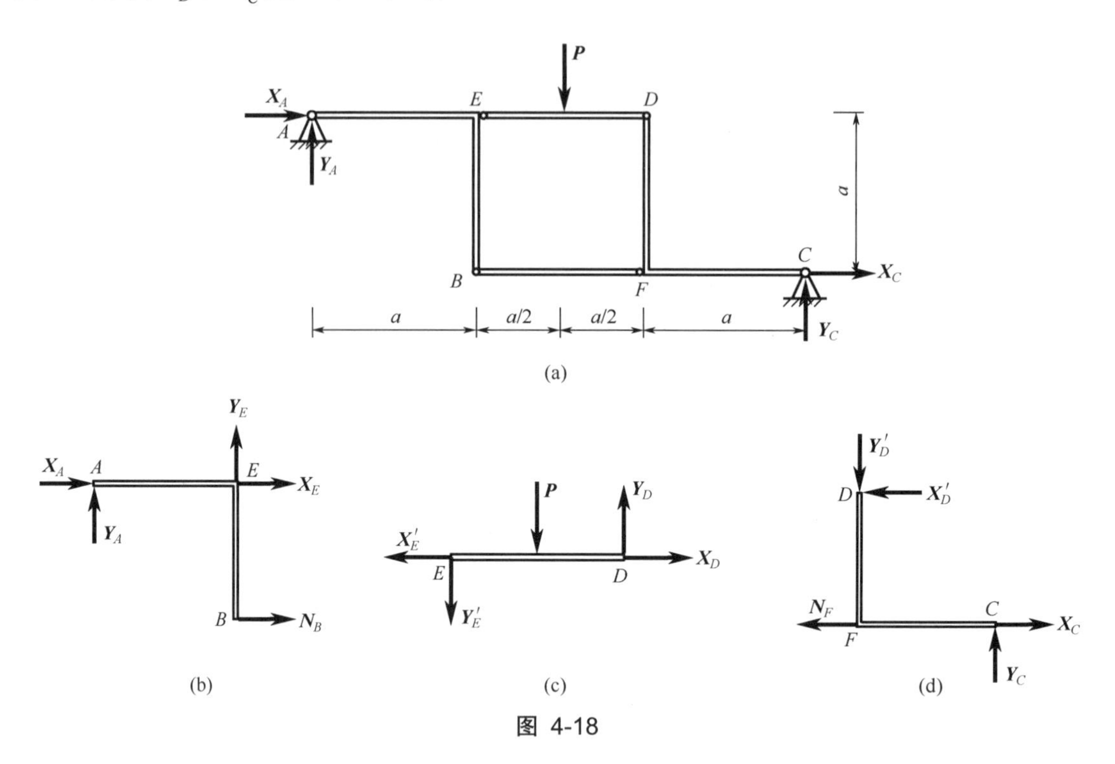

图 4-18

综上分析，求解过程如下。

（1）取杆件 DE 为分离体，受力图如图 4-18（c）所示。列平衡方程

$$\sum m_E(\boldsymbol{F})=0 \qquad -\frac{1}{2}Pa+Y_D a=0$$

解得 $Y_D=P/2$。

（2）取杆件 CD 为分离体，受力图如图 4-18（d）所示。列平衡方程

$$\sum Y=0 \qquad Y_C-Y_D'=0$$

式中：$Y_D'=Y_D=P/2$，解得 $Y_C=P/2$。

（3）取结构整体为分离体，受力图如图 4-18（a）所示。列平衡方程

$$\sum m_A(\boldsymbol{F})=0 \qquad -1.5Pa+3aY_C+aX_C=0$$

解得 $X_C=0$。

本节的最后，对以上三个例题分析和求解过程中的指导思想和需注意的问题，再进

一步强调如下。

（1）解决物体系的平衡问题时，应该针对各问题的具体条件和要求，构思正确、简捷的解题思路。这种解题思路具体地体现为：恰当地选取分离体；恰当地选取平衡方程；以最优的途径进行问题的解答。盲目地对系统中的每一物体都写出三个平衡方程，最终也能得到问题的解答，但工作量大，易于出错。更重要的是，不利于分析问题和解决问题能力的培养。

（2）系统整体和各局部的受力情况，是构思解题思路所必需的基本信息。正确地画出系统整体和各局部的受力图是本课程中必须完成的基本训练，这既是求解复杂平衡问题的需要，又是学习后续课程的需要，还是解决工程问题的需要。

（3）在画系统整体和各局部的受力图时，要注意内力与外力、作用力与反作用力的概念。还要注意正确地画出各类约束的约束力，特别是二力杆约束、定向支座、固定端支座等的约束力。

4.7 静定与超静定问题的概念

对于一个平衡的系统，可能列出的独立的平衡方程的数目是确定的。如果平衡系统的全部未知量（包括需要求出和不需要求出）的数目，等于系统的独立的平衡方程的数目，能用静力学平衡方程求解全部未知量，则所研究的平衡问题是静定的，或者说是静定问题。如果某静定系统是一结构，则该结构称为静定结构。

确定一个结构是否为静定结构，需首先确定系统的独立的平衡方程数目 n，再确定系统的未知量数目 m，当 $n=m$ 时，该结构则为静定结构。例如，例 4-9 中的结构，由 AB、CD、DE、BF 四个杆件组成。其中前三个杆件都受平面任意力系作用，各有三个独立的平衡方程，后一个杆件 BF 是二力杆，受共线力系作用，有一个独立的平衡方程。结构的独立的平衡方程数目 $n=3\times3+1=10$。结构上 A、C、D、E 四个铰链各有两个未知力，铰链 B 和 F 连接的是二力杆 BF，所以各有一个未知力。结构上未知力的数目 $m=2\times4+2=10$。对此结构有 $n=m=10$，为静定结构。

如果在杆 BF 上有荷载作用，即杆 BF 不是二力杆，这时铰 B 和铰 F 上的未知力各为两个，杆 BF 受平面任意力系的作用，有三个独立的平衡方程。结构则有 $n=m=12$，仍为静定结构。这说明，结构是不是静定的，并不因各构件所受荷载的不同而改变，它是结构自身的特性。

工程中为了减少结构或构件的变形，为了使结构各部分能充分发挥其承受荷载的能力，常常在静定结构上增加约束，从而增加了未知量的数目。未知量的数目大于独立的平衡方程的数目，仅用平衡方程不能求解全部未知量，这类问题称为超静定问题。相应的结构称为超静定结构。

图 4-19（a）中简支梁是静定结构，如在梁的跨中加一链杆支座，得到图 4-19（b）所示的两跨连续梁，是一个超静定结构，其未知量数目较独立的平衡方程数目多 1 个，就称为一次超静定结构。图 4-19（c）所示的刚架结构是静定的。如在两个固定铰支座

上施加限制转动的约束，变为固定端支座，如图 4-19（d）所示，该结构就是超静定的，其未知量的数目较独立的平衡方程数目多 2 个，就称为二次超静定结构。

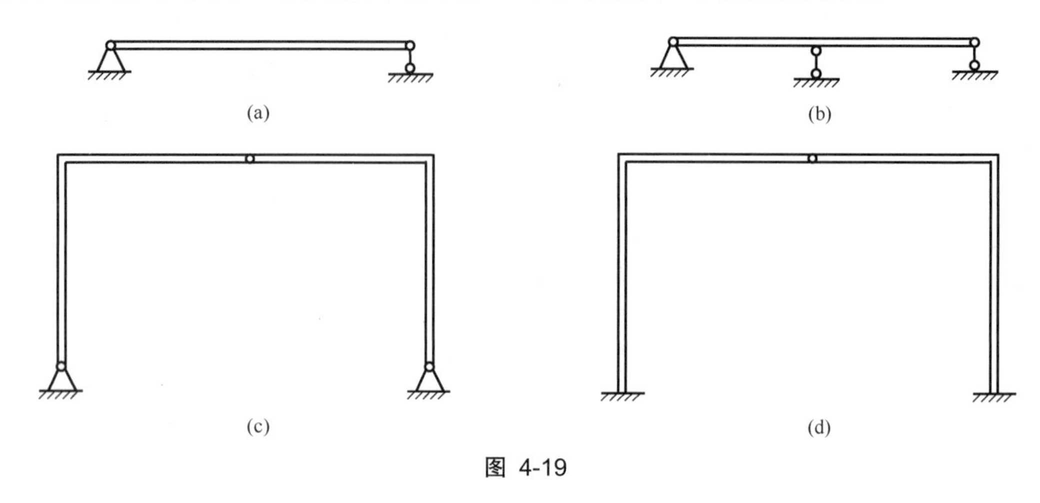

图 4-19

在本书中，超静定结构的计算，必须在刚体力学的基础上，进一步考虑物体变形的影响才能解决，这时，物体的变形成为所研究问题中的重要因素。关于超静定结构的计算，在有关的后续课程中专有论述。

小　结

（1）平面任意力系向一点简化的实质是：以力的平移定理为工具，将平面任意力系分解为平面汇交力系和平面力偶系，使得平面任意力系的简化问题转化为平面汇交力系和平面力偶系的简化问题。因此，平面任意力系向一点简化的一般结果必然是简化中心上的一个力和一个力偶，即平面任意力系一般等效于一个力和一个力偶。此力的矢量等于力系中各力的矢量和，即 $\boldsymbol{R}'=\sum_{i=1}^{n}\boldsymbol{F}_i$，称为平面任意力系的主矢；此力偶的矩等于力系中各力对简化中心的矩的代数和，即 $M_O=\sum_{i=1}^{n}m_O(\boldsymbol{F}_i)$，称为平面任意力系相对简化中心的主矩。

（2）主矢与简化中心的位置无关。一般来说，力 $\boldsymbol{R}'$ 不是原力系的合力。在主矩等于零的特殊情况下，力 $\boldsymbol{R}'$ 与原力系等效，是原力系的合力。

主矩一般与简化中心的位置有关。在主矢等于零的特殊情况下，原力系与力偶系等效，即与一力偶等效。这时，主矩与简化中心的位置无关，且主矩可以称为原力系的合力偶矩。

完成平面任意力系向一点的简化，归结为求力系的主矢和力系对简化中心的主矩，对给定的平面任意力系，主矢和主矩可按式（4-3）～式（4-6）求得。

（3）平面任意力系有三个独立的平衡方程，可用于求解三个未知量。

平面任意力系的平衡方程可写成一矩式、二矩式、三矩式三种形式，但后两种形式的平衡方程是有附加条件的。

应在掌握好一矩式平衡方程的基础上，掌握二矩式、三矩式平衡方程。

（4）物体系的平衡问题是本章中最难掌握的内容，不同的问题解法不一样，似乎无规律可循。解题时分析、思考的基本原则应是：正确地分析物体系整体和各局部的受力情况，在此基础上根据问题的条件和要求，恰当地选取分离体，恰当地选择平衡方程，恰当地选择投影轴和矩心，建立最优的解题思路。实践这一原则既是求解物体系平衡问题本身的需要，也是培养能力、提高智力的需要。

应在掌握好单个物体平衡问题的基础上，掌握物体系的平衡问题。

（5）本章中扩充了约束和荷载的类型。对固定端约束和定向支座约束，要明确约束的构造、约束的表示方法、约束的性质以及约束力的表示方法。画受力图时不要漏画这两种约束的约束力偶。

习　题

一、单项选择题

4-1　题 4-1 图所示桁架的零杆为（　　）。

A. 1、2、3 杆

B. 2、3、4 杆

C. 1、3、4 杆

D. 3、4、5 杆

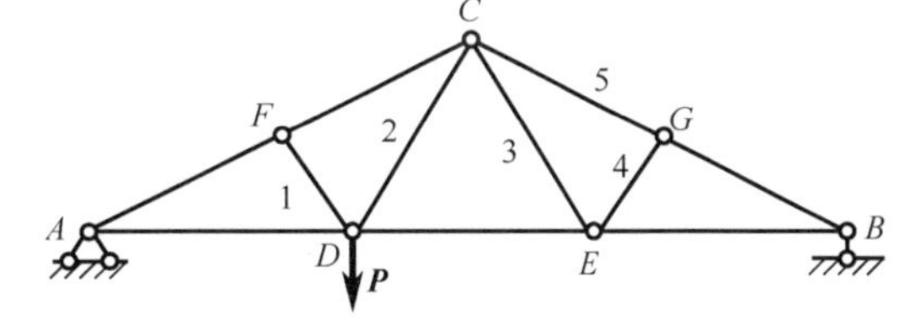

题 4-1 图

4-2　合力矩定理不适用于（　　）。

A. 平面汇交力系

B. 平面力偶系

C. 平面平行力系　　D. 平面任意力系

4-3　如题 4-3 图所示，一绞盘有三个等长的柄，长度为 L，相互夹角为 120°，每个柄端作用一垂直于柄的力 $\boldsymbol{P}$。将该力系向 BC 连线的中点 D 简化，结果为（　　）。

A. $R'=P$，$M_D=3PL$　　B. $R'=0$，$M_D=3PL$

C. $R'=2P$，$M_D=3PL$　　D. $R'=0$，$M_D=2PL$

4-4　悬臂梁的尺寸及荷载如题 4-4 图所示，它的约束力为（　　）。

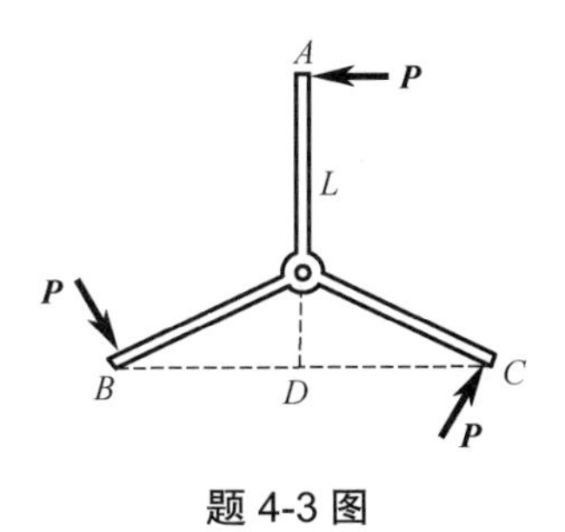

题 4-3 图

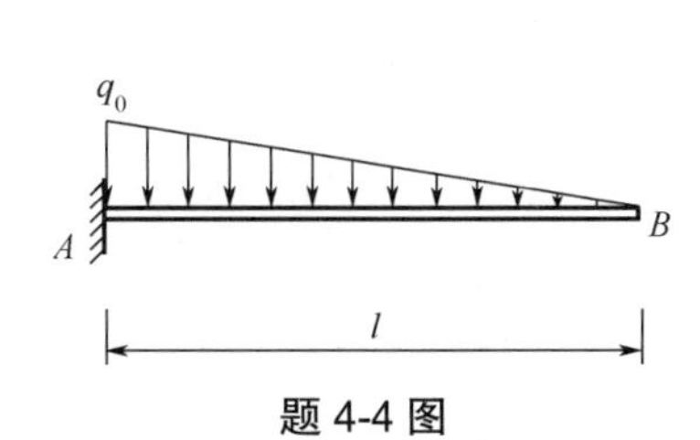

题 4-4 图

A. $Y_A=\frac{1}{2}q_0l^2(\uparrow)$

B. 力偶矩为 $m_A=\frac{1}{6}q_0l^2$ 的约束力偶（逆时针）

C. $Y_A=\frac{1}{2}q_0l^2(\uparrow)$，力偶的矩 $m_A=\frac{1}{6}q_0l^2$（顺时针）

D. $Y_A=\frac{1}{2}q_0l^2(\uparrow)$，力偶的矩 $m_A=\frac{1}{6}q_0l^2$（逆时针）

4-5　如题 4-5 图所示，当固定端约束力偶等于零时，力 **F** 大小为（　　）。

A. 0.5P　　B. P　　C. 1.5P　　D. 2P

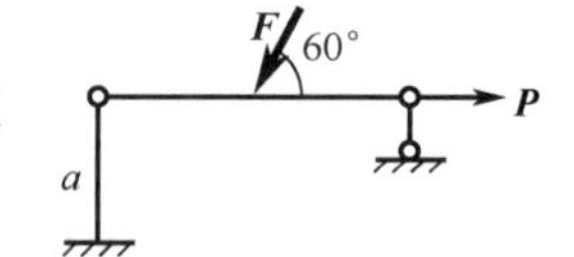

题 4-5 图

二、填空题

4-6　力只限于在________上等效平移，平移后力的大小和方向不变，但必须附加一个________。

4-7　平面任意力系的主矢与简化中心________，主矩与简化中心________。

4-8　平面任意力系简化为合力的条件是________，简化为合力偶的条件是________。

4-9　平面任意力系的平衡条件是________与________均等于零。

4-10　平面平行力系的平衡方程为________和________。

三、计算题

4-11　题 4-11 图所示挡土墙自重 W=400kN，土压力 F=320kN，水压力 H=176kN。试求该力系向底边中心简化的结果，并求合力作用线的位置。

4-12　已知题 4-12 图所示悬臂梁上均布荷载集度为 q，求固定端 A 的约束力。

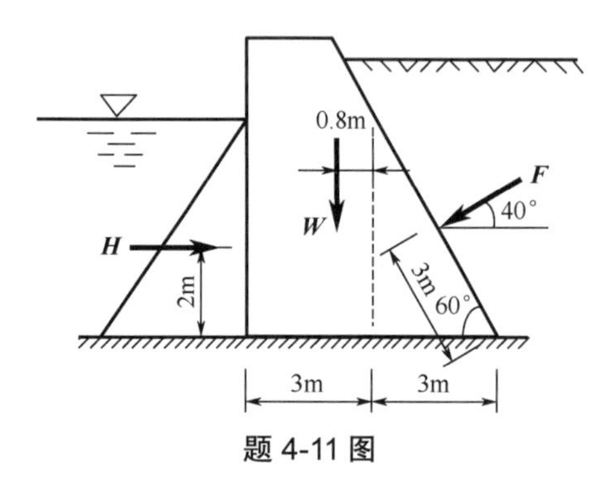

题 4-11 图

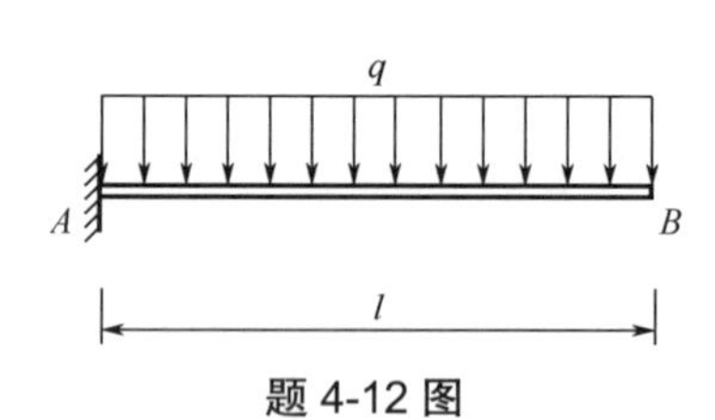

题 4-12 图

4-13　已知题 4-13 图所示外伸梁作用力 F=2kN，m=2kN・m。求支座 A 和 B 的约束力。

4-14　已知题 4-14 图所示刚架上作用力 P=5kN，q=1kN/m。求支座 A 和 B 的约束力。

4-15　已知题 4-15 图所示外伸梁上的均布荷载集度 q=50N/m，a=1m。求链杆支座约束力等于零时，作用力 **P** 的大小以及支座 A 的约束力的大小。

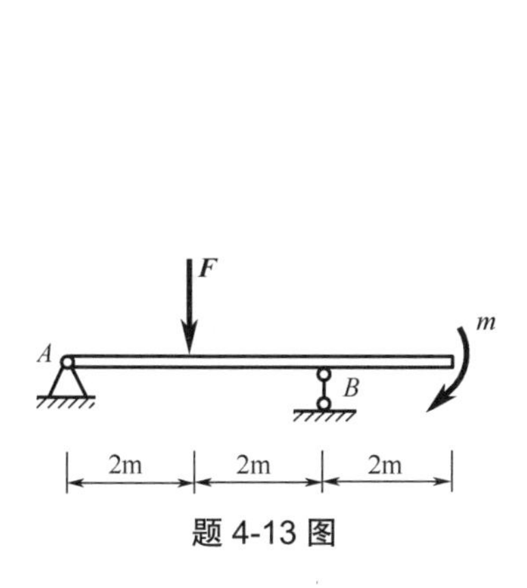

题 4-13 图

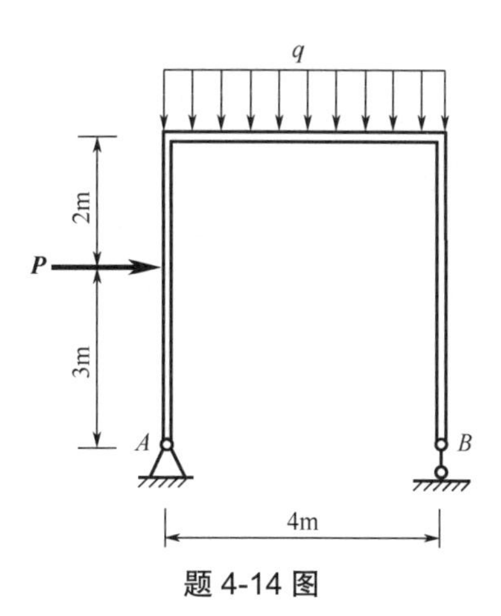

题 4-14 图

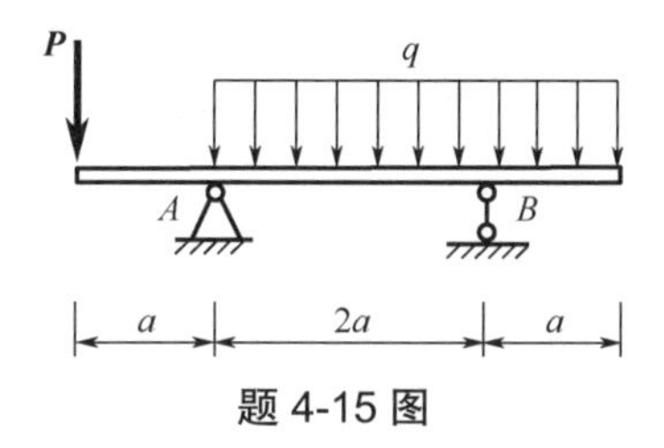

题 4-15 图

四、综合题

4-16 已知题 4-16 图所示结构上荷载 $\boldsymbol{P}$，尺寸 a。求固定铰支座 A 的约束力。

4-17 已知题 4-17 图所示结构上的均布荷载集度 q=10N/m，水平力 P=40N，尺寸 L=3m。求固定端支座 A 的约束力。

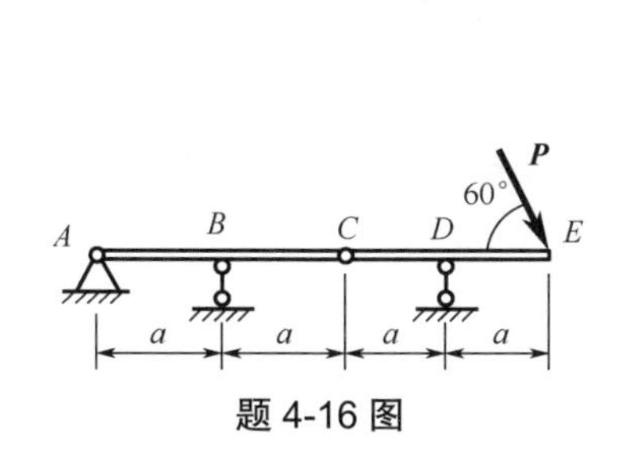

题 4-16 图

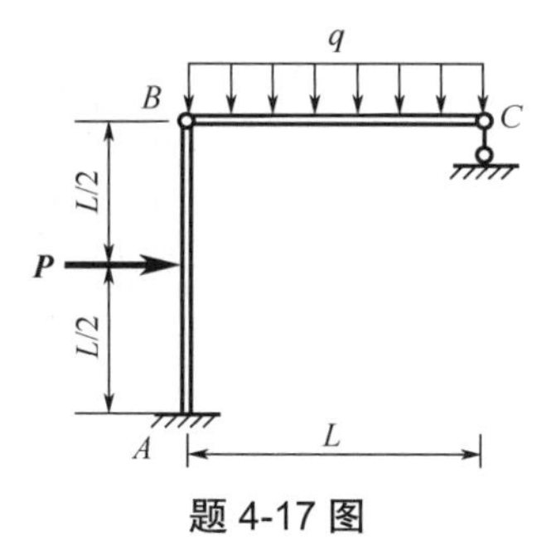

题 4-17 图

4-18 已知题 4-18 图所示结构上荷载 P=120N，求固定端支座 A 的约束力。

4-19 已知题 4-19 图所示结构上的集中力 $\boldsymbol{P}$，均布荷载集度 q，力偶的力偶矩 m，尺寸 a，AB=2a，BE=4a。求固定铰支座 A、链杆支座 C 处的约束力。

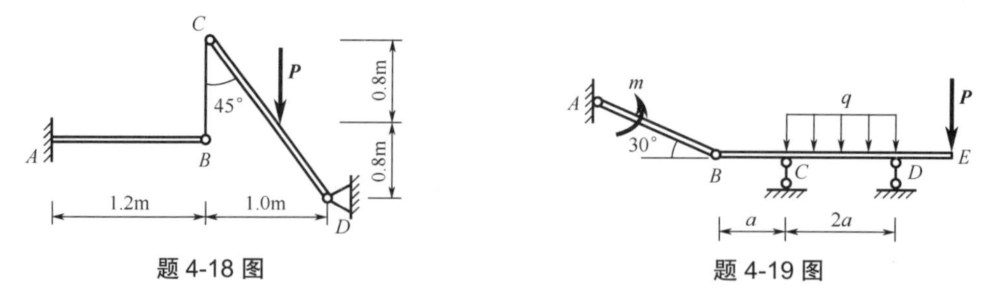

题 4-18 图

题 4-19 图

4-20　已知题 4-20 图所示结构上点 G 处作用的水平力为 $\boldsymbol{P}$，$AD=DC=a$，$CG=0.5a$。求二力杆 DE 所受的力。

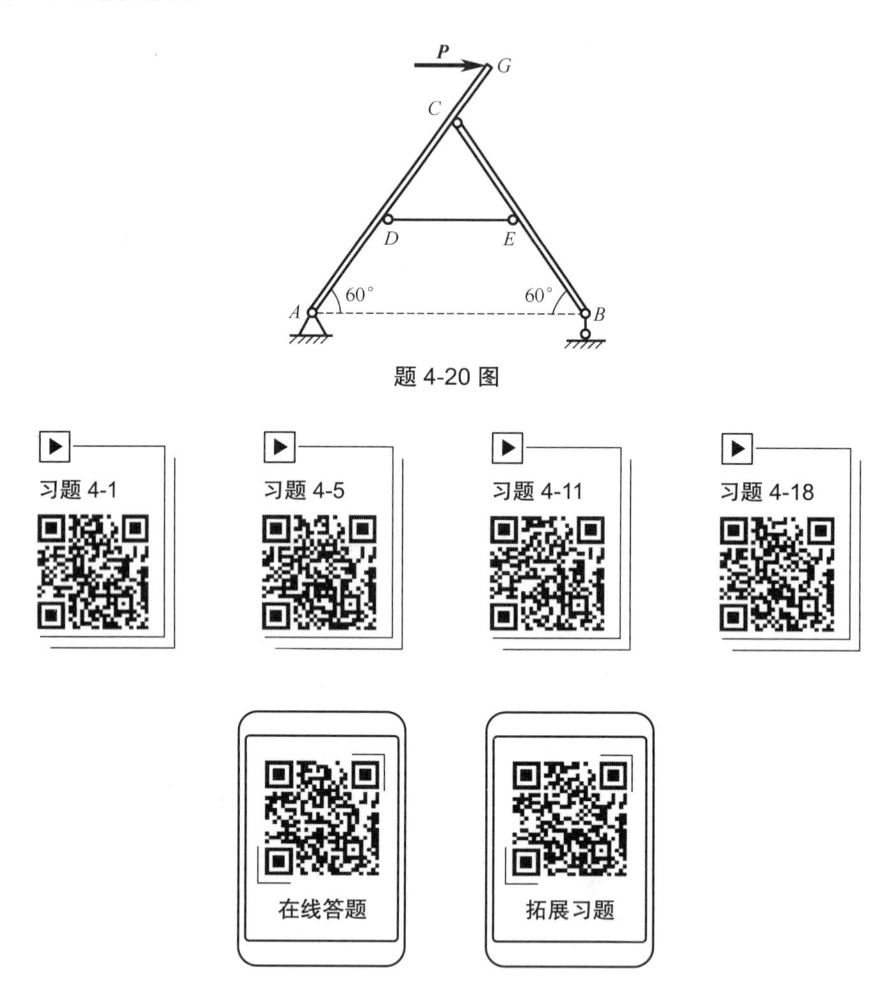

题 4-20 图

第5章 考虑摩擦的平衡问题

知识结构图

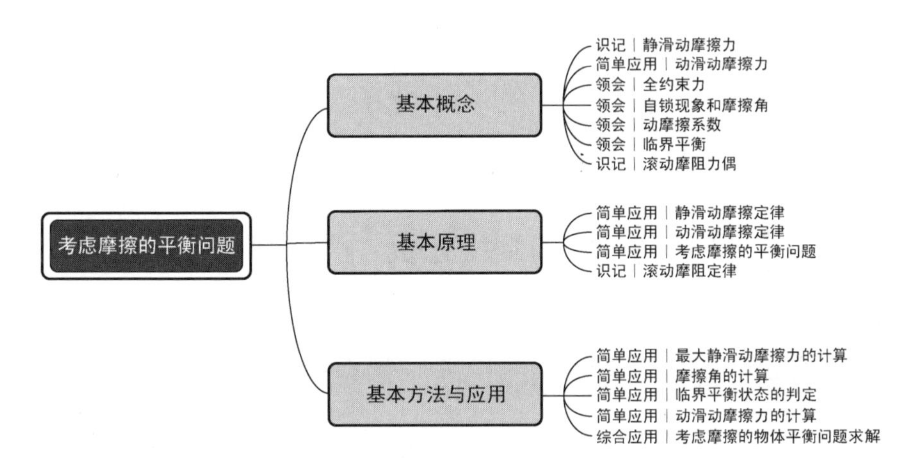

5.1 引　　言

在前面章节中，两物体之间的接触面认为是光滑的，接触面上的约束力都沿接触面的法线方向。然而，绝对光滑的接触面并不存在，接触面是否假设为光滑，取决于所研究问题的性质。如果在所研究的问题中，摩擦力足够小，并且可以忽略不计，光滑接触面的假定才是可行的。如果在所研究的问题中摩擦不容忽视，就必须考虑物体接触面的切向约束力——摩擦力。例如，人在地面上的行走问题，汽车的开动与行驶问题，摩擦力就不能忽视；又如，重力水坝依靠摩擦来阻止坝体的滑动、千斤顶因螺杆与螺母接触面的摩擦才能支持重物，等等，都要考虑摩擦力。显然，上述摩擦现象被人们用来为生活和工程服务。当然，摩擦也有不利的一面，仅就摩擦所造成的磨损和消耗的能量就已是十分惊人的。因此，研究摩擦的规律，利用其有利的一面，减少其不利的影响，无疑有着重要的实际意义。

关于各种摩擦机理的研究，所涉及的知识远远超出本门课程的范畴。这里只将摩擦力视为接触面的切向约束力，研究它的性质，并依据这些性质给出考虑摩擦时平衡问题的解法。

按照相接触物体的相对运动形式，摩擦可以分为滑动摩擦与滚动摩擦两类；按照接触面的物理性质，摩擦可以分为干摩擦和湿摩擦两种。考虑专业的需要，本章中只研究发生在干燥摩擦面上的滑动摩擦——库仑摩擦，并给出滚动摩擦的概念。

5.2 滑动摩擦力的性质与滑动摩擦定律

5.2.1 静滑动摩擦力——接触面的切向约束力

放在光滑接触面上的物体，只受到沿接触面法线方向的约束，约束力也沿着接触面的法线方向。光滑接触面同时意味着，在接触面切线方向不会产生阻碍物体运动的力。换句话说，当物体受光滑接触面切线方向主动力作用时，无论这力多么微小，都会使物体由静止而进入运动。

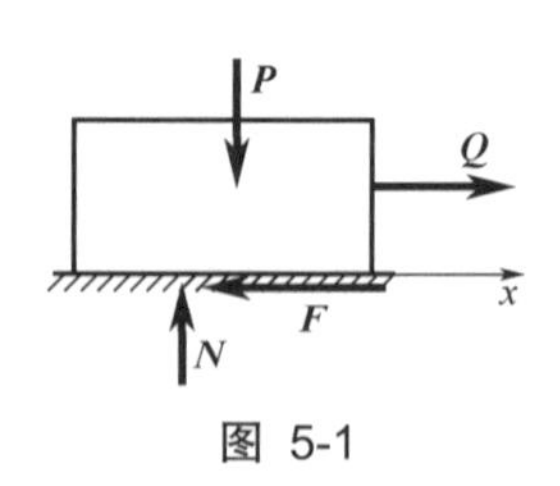

图 5-1

在图 5-1 中，重力为 $\boldsymbol{P}$ 的物体放在有摩擦的粗糙面上，在接触面的切线方向施加水平力 $\boldsymbol{Q}$。如果力 $\boldsymbol{Q}$ 的值比较小，物体仍处于平衡状态，这表明粗糙接触面对物体沿切线方向的位移也有限制作用，所以沿切线方向也产生约束力，记为 $\boldsymbol{F}$。切向约束力 $\boldsymbol{F}$ 是由于两个物体在接触面上发生摩擦而产生的，其作用是限制物体沿接触面相对滑动，所以称为静滑动摩擦力。

从图 5-1 中还看到，当切线方向的主动力 $\boldsymbol{Q}$ 指向右时，如不存在摩擦，物体将沿接触面向右滑动。如存在摩擦，接触面则产生摩擦力 $\boldsymbol{F}$ 阻碍物体滑动，所以其方向应该指向左。确切地说，静滑动摩擦力的方向与物体相对滑动的趋势相反。所谓“相对滑动的趋势”是指忽略摩擦时，物体在主动力作用下相对于接触物体滑动的方向。

受静滑动摩擦力作用的物体处于平衡状态，所以，应由静力学平衡方程求解静滑动摩擦力的大小。对图 5-1 所示的情况，由平衡方程 $\sum X=0$，求得静滑动摩擦力 $F=Q$。

综上所述，静滑动摩擦力是不光滑接触面的切向约束力，其方向与物体相对滑动的趋势相反，其大小由平衡方程确定。

5.2.2 临界平衡状态与静滑动摩擦定律

对图 5-1 所示的物体，不改变法线方向主动力 $\boldsymbol{P}$ 的大小（即不改变法向约束力 $\boldsymbol{N}$ 的大小），而逐渐增大切线方向主动力 $\boldsymbol{Q}$ 的值，则在物体处于平衡状态时，摩擦力的大小 $F=Q$ 也随之增大。当力 $\boldsymbol{Q}$ 增大到某一值时，如果再继续增大，则物体就会由静平衡状态进入相对滑动状态。将这种物体即将滑动而尚未滑动的平衡状态称为临界平衡状态。在临界平衡状态下，静滑动摩擦力达到最大值，称之为最大静滑动摩擦力，以 $\boldsymbol{F}_{max}$ 表示。

依上所述，在法线方向主动力不变的条件下，静滑动摩擦力不能随切线方向主动力的增大而无限地增大。因此，静滑动摩擦力 $\boldsymbol{F}$ 只能在零与最大静滑动摩擦力 $\boldsymbol{F}_{max}$ 之间取值

$$0 \leqslant F \leqslant F_{max} \tag{5-1}$$

可见，静滑动摩擦力的这一性质与一般的约束力是不同的。

法国物理学家库仑对于干燥接触面做了大量的实验，结果表明，最大静滑动摩擦力的大小与相接触两物体的正压力（法向约束力）成正比，即

$$F_{max}=fN \tag{5-2}$$

比例系数 f 称为静摩擦系数。这一规律称为静滑动摩擦定律，或库仑定律。

静摩擦系数 f 的大小由实验确定，它与相接触物体的材料的类型和表面状况（粗糙程度、温度和湿度等）有关。在材料类型和表面状况确定的条件下，静摩擦系数 f 可近似地看作常数，其数值可在有关的工程手册中查到。在表 5-1 中列出了几种常见材料的摩擦系数值。

表 5-1 几种常见材料的摩擦系数值

材料名称	静摩擦系数	动摩擦系数
钢 – 钢	0.15	0.15
软钢 – 铸铁	0.2	0.18
软钢 – 青铜	0.2	0.18
皮革 – 铸铁	0.3 ～ 0.5	0.28
木材 – 木材	0.4 ～ 0.6	0.2 ～ 0.5

综上所述，可归纳结论如下。

（1）静滑动摩擦力 $\boldsymbol{F}$ 为

$$0 \leqslant F \leqslant F_{max}$$

其中最大静滑动摩擦力 $\boldsymbol{F}_{max}$ 只在临界平衡状态下出现。

（2）最大静滑动摩擦力 $\boldsymbol{F}_{max}$ 的大小与法向约束力 $\boldsymbol{N}$ 的大小成正比，比例系数 f 称为静摩擦系数。

（3）临界平衡状态是平衡状态中的一个，所以，求最大静滑动摩擦力 $F_{max}=fN$ 时，式中的法向约束力 $\boldsymbol{N}$ 的值，应由临界平衡状态下的平衡方程确定。

例 5-1 重力为 $\boldsymbol{Q}$ 的物体放在水平面上，接触面的静摩擦系数为 f。在物块上加力 $\boldsymbol{P}$，该力与水平面的夹角为 α［图 5-2（a）］。求：（1）物块静止平衡时，静滑动摩擦力 $\boldsymbol{F}$ 的大小；（2）力 $\boldsymbol{P}$ 达到何值时，物块处于临界平衡状态？此时静滑动摩擦力的值为多大？

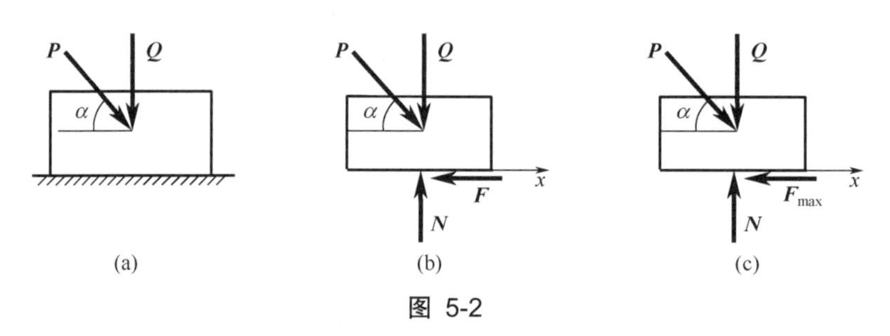

图 5-2

解：（1）求平衡时的静滑动摩擦力。

物块受主动力 $\boldsymbol{P}$ 作用有向右滑动的趋势，摩擦力的方向沿接触面指向左，受力图如图 5-2（b）所示。由平衡方程

$$\sum X=0 \qquad P\cos\alpha - F = 0$$

解得

$$F = P\cos\alpha$$

（2）求临界平衡状态下力 $\boldsymbol{P}$ 的值及静滑动摩擦力的值。

临界平衡状态下，静滑动摩擦力达到最大值，受力图如图 5-2（c）所示。受力图上有 $\boldsymbol{N}$、$\boldsymbol{P}$、$\boldsymbol{F}_{max}$ 三个未知量，对该平面汇交力系列平衡方程，有

$$\sum X=0 \qquad P\cos\alpha - F_{max} = 0$$
$$\sum Y=0 \qquad N - P\sin\alpha - Q = 0$$

由静滑动摩擦定律，有

$$F_{max} = fN$$

从以上三个方程解得

$$P = \frac{fQ}{\cos\alpha - f\sin\alpha}$$

$$F_{\max} = P\cos\alpha = \frac{fQ}{1 - f\tan\alpha}$$

5.2.3 动滑动摩擦力——动摩擦系数

对图 5-1 所示的物体，当它处于临界平衡状态时，继续增大切线方向的主动力 $\boldsymbol{Q}$，物体就会沿接触面发生滑动，此现象称为动滑动摩擦现象。这时的摩擦力是物体相对滑动时的阻力，称为动滑动摩擦力。实验表明，动滑动摩擦力 $\boldsymbol{F}'$ 的方向与物体相对滑动的方向相反，动滑动摩擦力的大小与相接触物体间的正压力成正比，即

$$F' = f'N \tag{5-3}$$

比例系数 f' 称为动摩擦系数。这一规律称为动滑动摩擦定律。

动摩擦系数 f' 不但与相接触物体的材料类型和表面情况有关，而且与相对滑动的速度有关。但是，在相对滑动的速度不大时，可以近似地取为常数。在表 5-1 中列出了几种材料的动摩擦系数值。对多数材料来说，动摩擦系数略小于静摩擦系数，即

$$f' < f$$

在法向约束力确定的情况下，静滑动摩擦力可以在某一范围内取值。动滑动摩擦力则与之不同，它是由式（5-3）所给定的常量。

本节中所介绍的静滑动摩擦定律和动滑动摩擦定律都不是精确的，并不能完美地描述摩擦这种复杂现象的真实规律。但是，它给出的计算公式简单，一般可以满足实际工程问题的有关精度要求，因而至今仍被广泛使用。

5.3 自锁现象和摩擦角

5.3.1 自锁现象

由静滑动摩擦力的性质可知，静滑动摩擦力介于零与最大值之间，即 $0 \leqslant F \leqslant F_{\max} = fN$，静滑动摩擦力不能无条件地随主动力的增大而增大。从另一个角度说，并不是什么样的主动力都可使有摩擦的物体处于平衡状态。那么，主动力满足什么条件才可以使考虑摩擦的物体处于平衡状态呢？自锁现象给出了回答。

物块放在水平面上，接触面的静摩擦系数为 f。物块所受的主动力的合力为 $\boldsymbol{R}$，合力 $\boldsymbol{R}$ 与接触面法线的夹角用 α 表示（图 5-3）。现研究欲使物块处于平衡状态，主动力合力 $\boldsymbol{R}$ 所应满足的条件。

将主动力合力 $\boldsymbol{R}$ 分解为法向分量 $\boldsymbol{R}_1$ 和切向分量 $\boldsymbol{R}_2$，其值分别为

$$R_1 = R\cos\alpha$$
$$R_2 = R\sin\alpha$$

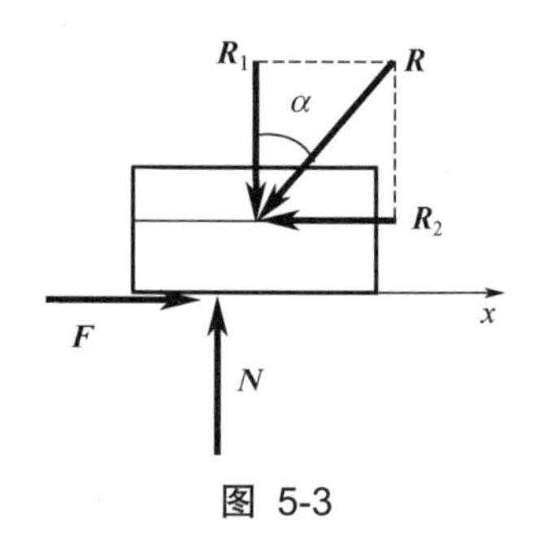

图 5-3

物块处于平衡状态时，接触面的法向约束力 **N** 和切向摩擦力 **F** 可以由平衡方程式（5-4）、式（5-5）确定。

$$\sum X = 0 \qquad F = R_2 = R\sin\alpha \tag{5-4}$$

$$\sum Y = 0 \qquad N = R_1 = R\cos\alpha \tag{5-5}$$

因为物块处于平衡状态，按静滑动摩擦力的性质必有

$$F \leqslant F_{max} = fN \tag{5-6}$$

将式（5-4）、式（5-5）代入式（5-6），得

$$R_2 \leqslant fR_1$$

或

$$R\sin\alpha \leqslant fR\cos\alpha$$

由此得

$$\tan\alpha \leqslant f \tag{5-7}$$

式（5-7）给出了物体处于平衡状态时主动力合力所应满足的条件。当物体处于临界平衡状态时，式（5-7）取等号。显然，当主动力满足式（5-7）时，物体也必处于平衡状态。

这一结果表明：主动力合力 **R** 作用线与接触面法线间夹角的正切小于或等于静摩擦系数 f，是考虑摩擦物体平衡的必要与充分条件。值得注意的是，有摩擦物体是否处于平衡状态，与主动力合力的大小无关，只取决于主动力合力作用线的方位。即只要主动力合力作用线的方位满足式（5-7），无论主动力合力多么大，物体都处于平衡状态。这种情况称为自锁现象，式（5-7）则称为自锁条件。

自锁条件式（5-7）还可以写作

$$\tan\alpha = \frac{R_2}{R_1} \leqslant f \text{或} \tan\alpha = \frac{F}{N} \leqslant f \tag{5-8}$$

这表明，物体是否处于平衡状态，取决于主动力合力的两个分量的比值，而不单独取决于某一分量的大小。或者说，物体是否处于平衡状态，取决于摩擦力与法向约束力的比值，而不单独取决于摩擦力的大小。

当然，主动力合力不满足式（5-7），物体就不能处于平衡状态。或者说，无论主动力合力如何小，只要它与接触面法线间夹角的正切大于静摩擦系数 f，即 $\tan\alpha > f$，则物体必不平衡。

5.3.2 摩擦角

物体处于平衡状态时，主动力合力 $\boldsymbol{R}$ 与接触面法线的夹角 α 由式（5-7）给定，当物体处于临界平衡状态时，此夹角取最大值，并记为 φ（图 5-4），则

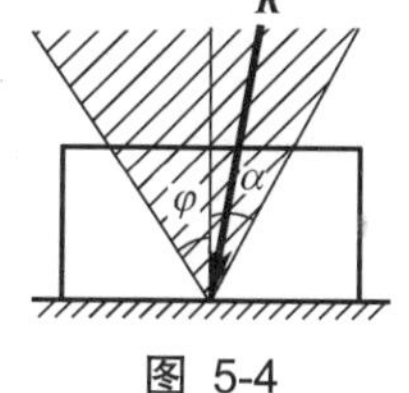

图 5-4

$$\left.\begin{aligned}\alpha_{\max} &= \varphi \\ \tan\varphi &= f\end{aligned}\right\} \tag{5-9}$$

称 φ 为摩擦角。摩擦角是物体处于平衡状态时主动力合力与接触面法线的最大夹角，摩擦角的正切等于静摩擦系数 f。

应用摩擦角的概念，可以将自锁条件式（5-7）表达为

$$\alpha \leqslant \varphi = \arctan f \tag{5-10}$$

自锁条件的这一表达式表明，只要主动力合力的作用线位于摩擦角内，无论主动力合力如何大，物体都处于平衡状态。当主动力合力作用于摩擦角边界上（$\alpha = \varphi$）时，物体处于临界平衡状态。主动力合力作用线位于摩擦角外（$\alpha > \varphi$）时，无论其值如何小，物体都不能平衡。

可以从另一角度来定义摩擦角。

不光滑接触面的约束力包含法向约束力 $\boldsymbol{N}$ 和切向摩擦力 $\boldsymbol{F}$。这两个力的合力记为 $\boldsymbol{R}_{\mathrm{c}}$。

$$\boldsymbol{R}_{\mathrm{c}}=\boldsymbol{N}+\boldsymbol{F}$$

称为全约束力。物体在主动力合力 $\boldsymbol{R}$ 和全约束力 $\boldsymbol{R}_{\mathrm{c}}$ 的作用下处于平衡状态，此二力应共线、反向、等值。主动力合力与法线的夹角等于全约束力与法线的夹角（图 5-5），全约束力 $\boldsymbol{R}_{\mathrm{c}}$ 与接触面法线的夹角为 α，有

$$\tan\alpha = \frac{F}{N}$$

物体处于临界平衡状态时，$\alpha = \alpha_{\max} = \varphi$，$F = F_{\max}$，则有

$$\tan\varphi = \frac{F_{\max}}{N} = f$$

再次得到式（5-9）的结果。于是，摩擦角又可定义为：摩擦角是全约束力与接触面法线的最大夹角，即临界平衡状态下全约束力与法线的夹角。

例 5-2　砂堆如图 5-6 所示，已知砂粒之间的静摩擦系数为 f，为使砂粒不从砂堆上滑落下来，砂堆的最大倾角应为多大。

解：以砂堆的倾斜面作为不光滑接触面。取砂粒 A 为研究对象，它所受的主动力合力即为重力 $\boldsymbol{P}$。已知接触面的静摩擦系数 f，可求摩擦角为

$$\tan\varphi = f,\quad \varphi = \arctan f$$

将主动力合力 $\boldsymbol{P}$ 与接触面法线的夹角以 α 表示，由图 5-6 知此角即等于砂堆斜面的倾角。按自锁条件式（5-10），为保证砂粒不滑下，主动力的合力 $\boldsymbol{P}$ 的作用线应在摩擦角内，即应有

$$\alpha \leqslant \varphi = \arctan f$$

所以，砂堆的最大倾角应为

$$\alpha_{\max} = \varphi = \arctan f$$

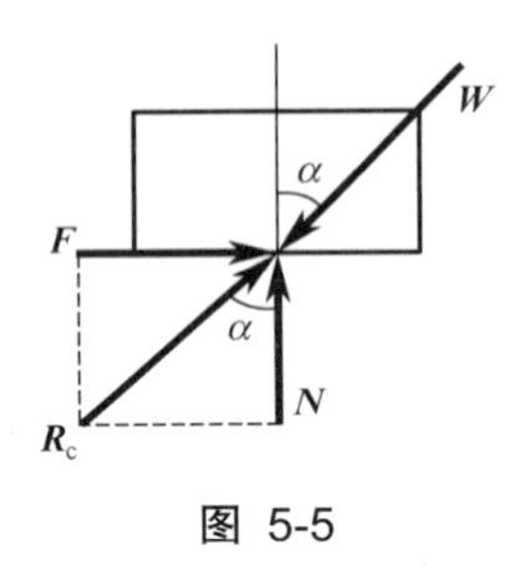

图 5-5

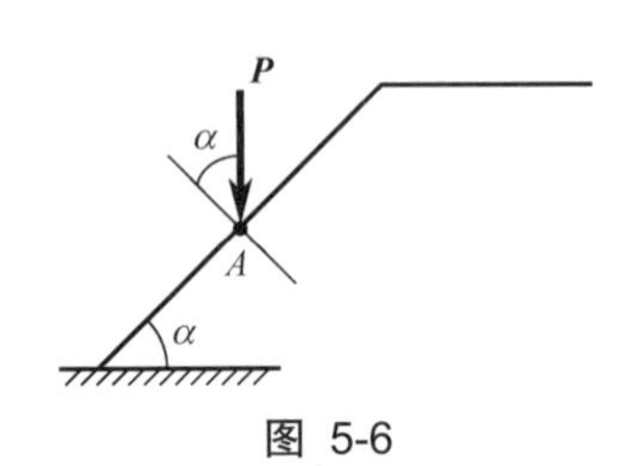

图 5-6

5.4　考虑摩擦的平衡问题

考虑摩擦的平衡问题与不考虑摩擦的平衡问题并无本质区别，都要通过受力分析，列平衡方程来求得问题的解答。考虑摩擦的平衡问题求解时的特殊之处在于以下两点。

（1）进行受力分析时，不光滑接触面上除有法向约束力外，还增加了切向约束力——摩擦力 $\boldsymbol{F}$。因此，不仅需列平衡方程，对未知的摩擦力还需列补充方程：$F \leqslant fN$。这样，不计摩擦时的静定问题，在考虑摩擦时也是静定的。

为了避免求解不等式的方程，对考虑摩擦的平衡问题只研究临界平衡状态。这时，受力图上的摩擦力为最大静滑动摩擦力 $\boldsymbol{F}_{\max}$，补充方程为

$$F_{\max} = fN$$

（2）由于平衡时滑动摩擦力介于零与最大值之间，即

$$0 \leqslant F \leqslant F_{\max}$$

这就使得有摩擦的平衡问题的解是有范围的。在求出临界平衡状态下的解之后，需分析在平衡状态下解的取值范围。

下面举例说明解题方法。

例 5-3　物块所受重力为 $\boldsymbol{P}$，放在倾角为 α 的斜面上，接触面的静摩擦系数为 f。用水平力 $\boldsymbol{Q}$ 维持物块的平衡，试求力 $\boldsymbol{Q}$ 的大小。

解：由经验可知，当水平力 $\boldsymbol{Q}$ 过大时，物块将向上滑动；当水平力 $\boldsymbol{Q}$ 过小时，物

块将向下滑动。只有力 $\boldsymbol{Q}$ 在某一适当的范围内取值时，物块才能处于平衡状态。

（1）研究物块具有向上滑动趋势的临界平衡状态。此时力 $\boldsymbol{Q}$ 是使物块平衡时的最大力 $\boldsymbol{Q}_{\max}$，摩擦力也取最大值，记为 $\boldsymbol{F}_{\max}$，其方向与物块的滑动趋势相反，沿斜面指向下。受力图如图 5-7（a）所示。在受力图上的平面汇交力系中有 $\boldsymbol{Q}_{\max}$、$\boldsymbol{F}_{\max}$、$\boldsymbol{N}$ 三个未知量，可用平面汇交力系的两个平衡方程和一个补充方程求解。

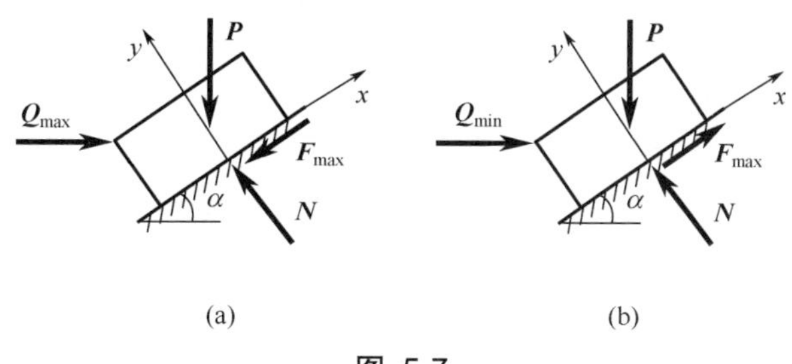

图 5-7

列平面汇交力系的平衡方程

$$\sum X=0 \qquad -P\sin\alpha+Q_{\max}\cos\alpha-F_{\max}=0 \tag{1}$$

$$\sum Y=0 \qquad -P\cos\alpha-Q_{\max}\sin\alpha+N=0 \tag{2}$$

由静滑动摩擦定律，有补充方程

$$F_{\max}=fN \tag{3}$$

将式（3）代入式（1），再从式（1）、式（2）中消去 N，即可求得

$$Q_{\max}=\frac{\tan\alpha+f}{1-f\tan\alpha}P$$

（2）研究物块具有向下滑动趋势的临界平衡状态。此时力 $\boldsymbol{Q}$ 是使物块平衡时的最小力 $\boldsymbol{Q}_{\min}$，摩擦力也取最大值，记为 $\boldsymbol{F}_{\max}$，其方向与物块的滑动趋势相反，沿斜面指向上。受力图如图 5-7（b）所示。所研究力系仍为平面汇交力系。

列平衡方程

$$\sum X=0 \qquad -P\sin\alpha+Q_{\min}\cos\alpha+F_{\max}=0 \tag{4}$$

$$\sum Y=0 \qquad -P\cos\alpha-Q_{\min}\sin\alpha+N=0 \tag{5}$$

补充方程

$$F_{\max}=fN \tag{6}$$

由方程（4）～式（6）解得

$$Q_{\min} = \frac{\tan\alpha - f}{1 + f\tan\alpha} P$$

由以上两个结果得知，为维持物块平衡，水平力 $\boldsymbol{Q}$ 的取值范围应是

$$Q_{\min} \leqslant Q \leqslant Q_{\max}$$

即
$$\frac{\tan\alpha - f}{1 + f\tan\alpha} P \leqslant Q \leqslant \frac{\tan\alpha + f}{1 - f\tan\alpha} P$$

不难看出，在所研究的两种情况中，法向约束力 $\boldsymbol{N}$ 分别取不同的值，最大静滑动摩擦力 $\boldsymbol{F}_{\max}$ 也相应地取不同的值。

例 5-4　图 5-8（a）中的推杆可在滑道内滑动，已知滑道的长度为 b，宽为 d，它与推杆间的静摩擦系数为 f。在推杆上加一力 $\boldsymbol{P}$，问力 $\boldsymbol{P}$ 与推杆轴线的距离 a 为多大时推杆才不致被卡住。推杆不计自重。

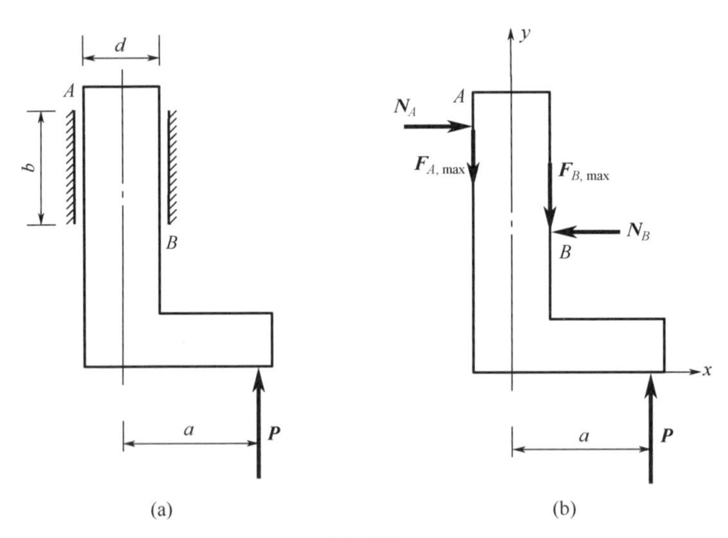

图 5-8

解：取推杆为分离体，研究它具有向上滑动趋势的临界平衡状态。此时，推杆在 A、B 两点与滑道接触，在这两点均有摩擦力，且均取最大值，其方向指向下。受力图如图 5-8（b）所示。受力图上的平面任意力系中未知量有 $\boldsymbol{N}_A$、$\boldsymbol{N}_B$、$\boldsymbol{F}_{A,\max}$、$\boldsymbol{F}_{B,\max}$ 以及距离 a。有平面任意力系的三个平衡方程及对 A、B 两点的两个补充方程，可用于求解上述五个未知量。

列平衡方程

$$\sum X = 0 \qquad N_A - N_B = 0 \tag{1}$$

$$\sum Y = 0 \qquad P - F_{A,\max} - F_{B,\max} = 0 \tag{2}$$

$$\sum m_A(\boldsymbol{F})=0 \qquad P\left(a+\frac{d}{2}\right)-N_B b-F_{B,\max}d=0 \tag{3}$$

对 A、B 两个接触点分别列补充方程

$$F_{A,\max}=fN_A \tag{4}$$

$$F_{B,\max}=fN_B \tag{5}$$

将式（4）、式（5）代入式（2），再从式（1）、式（2）中解得

$$N_B=N_A=\frac{P}{2f} \tag{6}$$

且

$$F_{B,\max}=fN_B=\frac{P}{2} \tag{7}$$

将式（6）、式（7）代入式（3），求得

$$a=\frac{b}{2f}$$

所得解是推杆具有向上滑动趋势的临界平衡状态下，距离 a 的值。将临界平衡状态下解中所含的摩擦系数减小，即得一般平衡状态下的解（证明从略）。所以，在一般平衡状态下（即推杆卡住时）应有

$$a\geqslant\frac{b}{2f}$$

要使推杆不被卡住，则 a 值应为

$$a<\frac{b}{2f}$$

本节最后需要指出，在临界平衡状态下求解考虑摩擦的平衡问题时，可以应用摩擦角的概念。这时，受力图上不需单独画出不光滑接触面的法向约束力和切向摩擦力，而只画全约束力，全约束力与接触面法线的夹角为摩擦角 φ。求解时则不必写补充方程，只需写出平衡方程即可。这种做法在许多情况下是很简便的。

应用这种做法对例 5-4 求解如下。

推杆的受力图如图 5-9 所示。A 和 B 两点的全约束力 $\boldsymbol{R}_A$ 和 $\boldsymbol{R}_B$ 与接触面法线的夹角为 φ（摩擦角），且全约束力的指向可由该点的法向约束力和切向摩擦力的指向确定。视推杆所受的力系为平面任意力系，力系中的三个未知量 $\boldsymbol{R}_A$、$\boldsymbol{R}_B$ 的值以及距离 a 可由三个平衡方程求解。

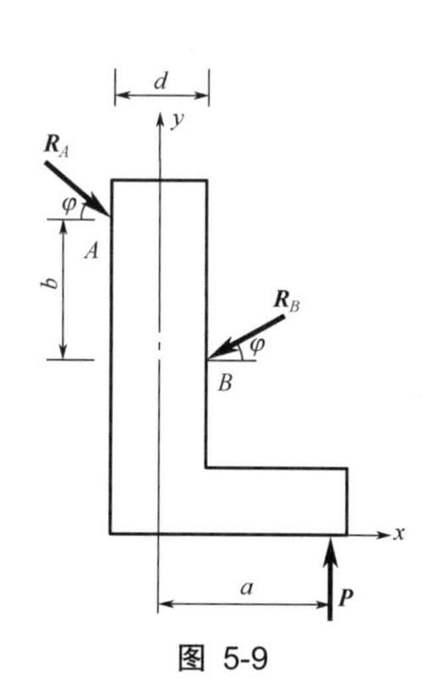

图 5-9

列平面任意力系的平衡方程

$$\sum X = 0 \qquad R_A \cos\varphi - R_B \cos\varphi = 0$$

$$\sum Y = 0 \qquad P - R_A \sin\varphi - R_B \sin\varphi = 0$$

$$\sum m_B(\boldsymbol{F}) = 0 \qquad P\left(a - \frac{d}{2}\right) - R_A \cos\varphi \cdot b + R_A \sin\varphi \cdot d = 0$$

解得

$$R_A = R_B = \frac{P}{2\sin\varphi}$$

$$a = \frac{b}{2\tan\varphi} = \frac{b}{2f}$$

也可用此法解例 5-3，但两个坐标轴以选在水平和铅垂方向为宜。

5.5　滚动摩阻的概念

当物体沿粗糙接触面有相对滑动的趋势时，沿接触面的切线方向产生静滑动摩擦力，阻碍发生相对滑动。对于图 5-10（a）所示的车轮，在受主动力 $\boldsymbol{T}$ 作用而处于平衡状态时，它不但有沿接触面滑动的趋势，还有绕接触点滚动的趋势。因而，在车轮与地面相接触之处，除产生阻碍滑动的静滑动摩擦力之外，还产生阻碍滚动的滚动摩阻。对此可简明解释如下。

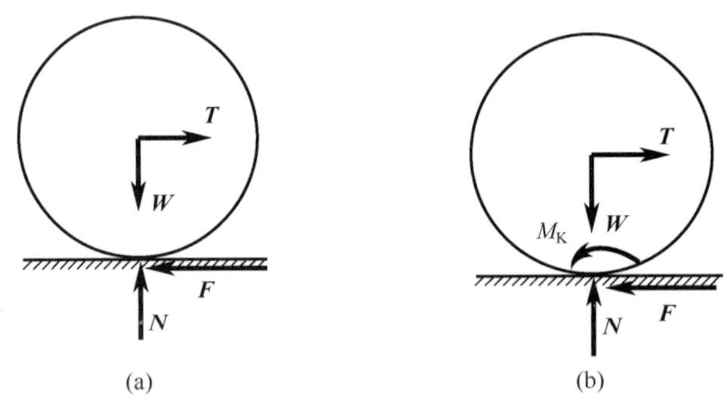

图 5-10

设车轮所受重力为 $\boldsymbol{W}$，半径为 r，在轮心作用一水平力 $\boldsymbol{T}$。当力 $\boldsymbol{T}$ 的值很小时，车轮静止不动。由平衡方程求得法向约束力和静滑动摩擦力的大小分别为 $N=W$ 和 $F=T$。显然，法向约束力 $\boldsymbol{N}$ 与重力 $\boldsymbol{W}$ 组成一平衡力系，而静滑动摩擦力 $\boldsymbol{F}$ 与主动力 $\boldsymbol{T}$ 组成一力偶，其力偶矩的大小为 $m=Tr$。在此力偶的作用下，车轮应发生滚动。车轮实际并不滚动而保持静止，其原因是：在接触点处车轮与地面都发生了一定程度的变形，形成一接触面，将接触面上的分布力向接触点简化，得到一个力和一个矩为 M_{K} 的力偶。该力分解为法向约束力 $\boldsymbol{N}$ 和切向摩擦力 $\boldsymbol{F}$，该力偶则为限制滚动的约束力偶，如图 5-10（b）所示。该约束力偶称为滚动摩阻力偶，其力偶矩可由平衡方程求出，为 $M_{K}=Tr$。

逐渐增大主动力 $\boldsymbol{T}$ 的值，滚动摩阻力偶矩 M_{K} 的值也随之增大。当主动力 $\boldsymbol{T}$ 增大到某一值时，车轮处于即将滚动而尚未滚动的临界平衡状态，滚动摩阻力偶矩达到最大值，以 $M_{K,max}$ 表示，并称为最大滚动摩阻力偶矩。此时，如继续增大主动力 $\boldsymbol{T}$，车轮就发生滚动。

实验表明，最大滚动摩阻力偶矩的值与法向约束力成正比，即

$$M_{K,max}=\delta N$$

式中　δ——长度量纲的常数，称为滚动摩阻系数。

式（5-11）称为滚动摩阻定律。

由于滚动摩阻系数 δ 的值较小，在许多问题中滚动摩阻可以略去不计。但滚动摩擦力一般是不能略去的。如果车轮在滚动，在与地接触点处无相对滑动发生，称车轮的运动为纯滚动，或说滚动无滑动。此时车轮与地面接触点的滑动摩擦力属静滑动摩擦力。

小　结

（1）滑动摩擦力性质。

滑动摩擦力是不光滑接触面的切向约束力。

物体处于静止状态时，静滑动摩擦力的方向与相对滑动的趋势相反，其大小由平衡方程决定。

物体处于临界平衡状态时，静滑动摩擦力达到最大值，其值由静滑动摩擦定律给出

$$F_{max}=fN$$

物体处于平衡状态时，静滑动摩擦力取值为

$$0\leqslant F\leqslant F_{max}=fN$$

物体处于运动状态时，接触面产生动滑动摩擦力，其方向与相对滑动的方向相反，其大小由动滑动摩擦定律给出。

$$F'=f'N$$

（2）自锁现象与摩擦角。

以 α 表示主动力合力的作用线与接触面法线的夹角，当主动力合力作用线的位置满足条件

$$\tan\alpha\leqslant f$$

时，无论主动力多大，物体都处于平衡状态。这种现象称为自锁现象。

在临界平衡状态下，主动力合力与法线的夹角 α 取最大值，记为 $\alpha_{max}=\varphi$，则 φ 称为摩擦角，其值为 $\varphi=\arctan f$。摩擦角也是平衡时全约束力性质的体现或延伸。

（3）考虑摩擦的平衡问题的解法。

摩擦平衡方程的基本解法是研究临界平衡状态，在做法上与一般平衡问题不同之处有以下三点。

① 受力图上要画出不光滑接触面的最大静滑动摩擦力 $\boldsymbol{F}_{max}$，力 $\boldsymbol{F}_{max}$ 的方向与物体相对滑动的趋势相反。

② 除列平衡方程外，还要对每一不光滑接触面写出补充方程 $\boldsymbol{F}_{max}=fN$。联立求解平衡方程和补充方程，得到临界平衡状态下问题的解答。

③ 需要分析平衡状态下解的取值范围。如解的取值范围不能直观判定，一般可用减小摩擦系数的方法来给出。

习　题

一、单项选择题

5-1　下面有关力偶的说法不正确的是（　　）。

A. 摩擦角与接触面摩擦力有关

B. 自锁现象与摩擦系数有关

C. 动摩擦系数与静摩擦系数不同

D. 物体平衡状态时满足库仑定律

5-2　库仑定律 $F_{max}=fN$ 适用于（　　）。

A. 一般平衡状态　　B. 滑动状态

C. 临界平衡状态　　D. 纯滚动状态

5-3　题 5-3 图所示机构中，滑块 A、B 的重量均为 W，杆重不计，滑块与接触面间的静摩擦系数均为 f，力 $\boldsymbol{P}$ 为零时系统静止。当力 $\boldsymbol{P}$ 由零逐渐增加时，先达到临界平衡状态的物块为（　　）。

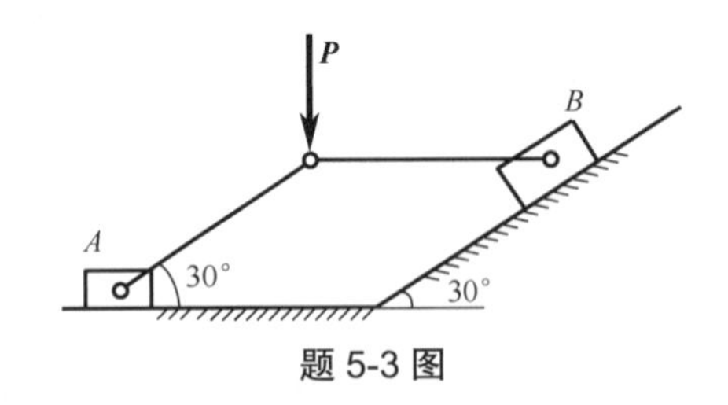

题 5-3 图

A. 同时达到　　B. A 滑块先达到　C. B 滑块先达到　D. 无法判断

5-4　如题 5-4 图所示，重量为 W 的重物放在静摩擦系数 $f=0.5$ 的水平面上，并受

到拉力 **T** 的作用。已知 W=5kN，T=2kN，则重物此时（　　）。

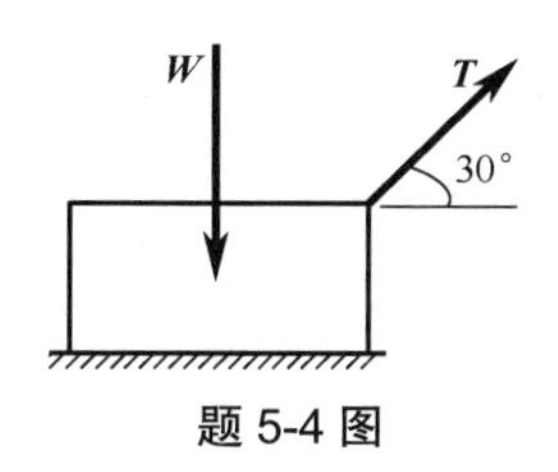

题 5-4 图

A. 静止，静滑动摩擦力大小为 $\sqrt{3}$kN

B. 静止，静滑动摩擦力大小为 2kN

C. 处于临界平衡状态，静滑动摩擦力大小为 2kN

D. 在开始运动，动滑动摩擦力大小为 $\sqrt{3}$kN

5-5　题 5-5 图所示物块在粗糙的水平面上，重量为 W，力 **P** 作用在物块上，$\alpha=30°$，P=W。物块此时处于临界平衡状态，物块与水平面之间的静摩擦系数为（　　）。

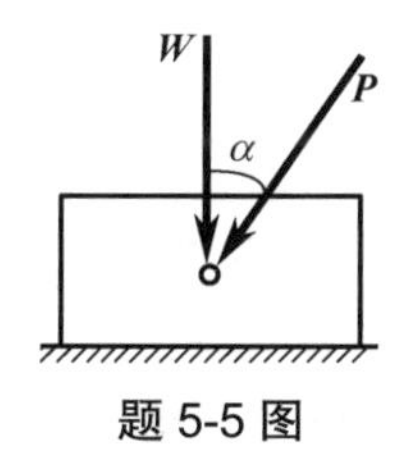

题 5-5 图

A. 0.23　　B. 0.25　　C. 0.27　　D. 0.29

二、填空题

5-6　静滑动摩擦力方向与物体相对滑动趋势________，其大小由________确定。

5-7　库仑定律 $F_{max}=fN$ 的适用条件是________。

5-8　物体处于________状态，可以由库仑定律 $F_{max}=fN$ 求________摩擦力。

5-9　静摩擦系数的大小由________确定，它与相接触物体的材料________和表面状况有关。

5-10　摩擦角与静摩擦系数的关系为________，自锁时它们的关系为________。

三、计算题

5-11　如题 5-11 图所示，重为 P=100N 的物块放在水平面上，静摩擦系数 f=0.3。物块上加水平力 **Q**，当 Q 值分别为 10N、20N、40N 时，物块是否平衡？如平衡，静滑动摩擦力为多大？

5-12　如题 5-12 所示，物块重 P=100N，用力 Q=500N 将其压在铅直表面上，静摩擦系数 f=0.3。（1）求摩擦力；（2）若物块不会下滑，力 Q 的最小值应为多少？

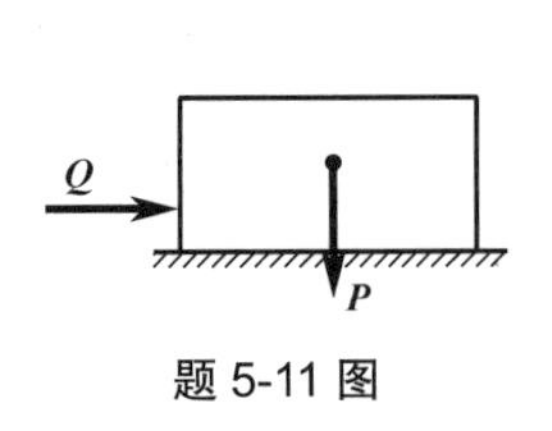

题 5-11 图

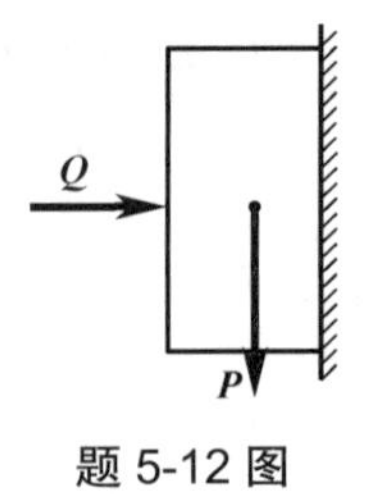

题 5-12 图

5-13　题 5-13 图所示物块受力 **P** 及自重 **Q** 作用，已知 $P=Q$，$\alpha=60°$，摩擦角 $\varphi=20°$，问物块能否平衡？为什么？

5-14　题 5-14 图中楔子 A 打入下端固定的柱 B 和顶棚中间，它的两个接触面的摩擦角均为 φ。试问：楔子的斜面与水平面的夹角 α 为多大时，楔子才不会滑出来？楔子不计自重。（提示：楔子只受两个全约束力作用。）

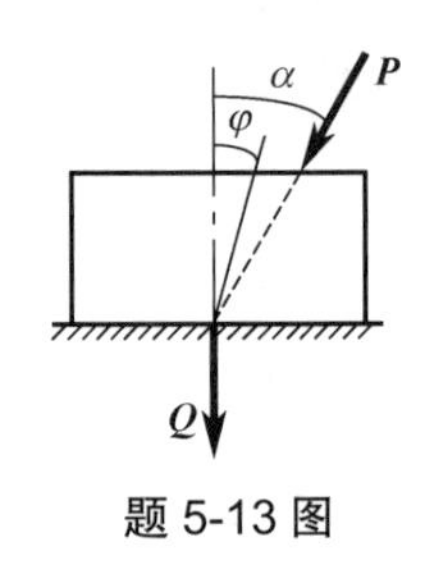

题 5-13 图

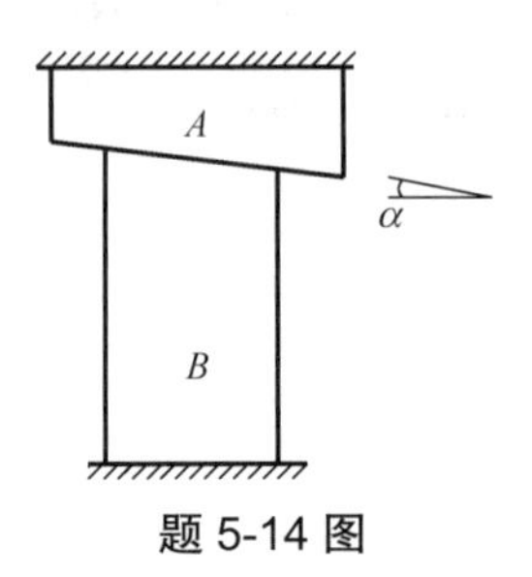

题 5-14 图

5-15　简易提升装置如题 5-15 图所示，物体重 Q=25kN，静摩擦系数 f=0.3。分别求出使物体上升和下降时绳子的拉力 **T** 的值。

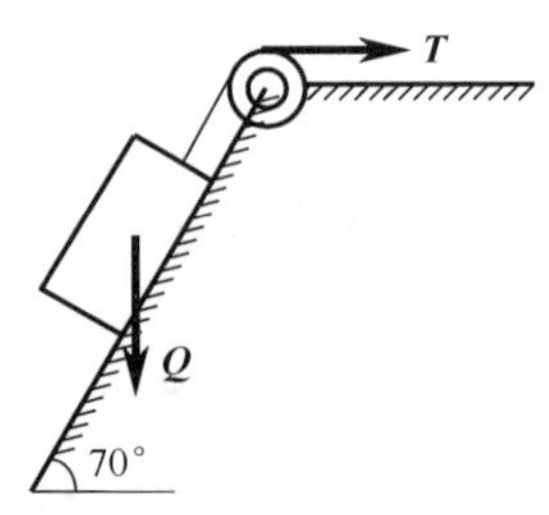

题 5-15 图

第6章 空间力系

知识结构图

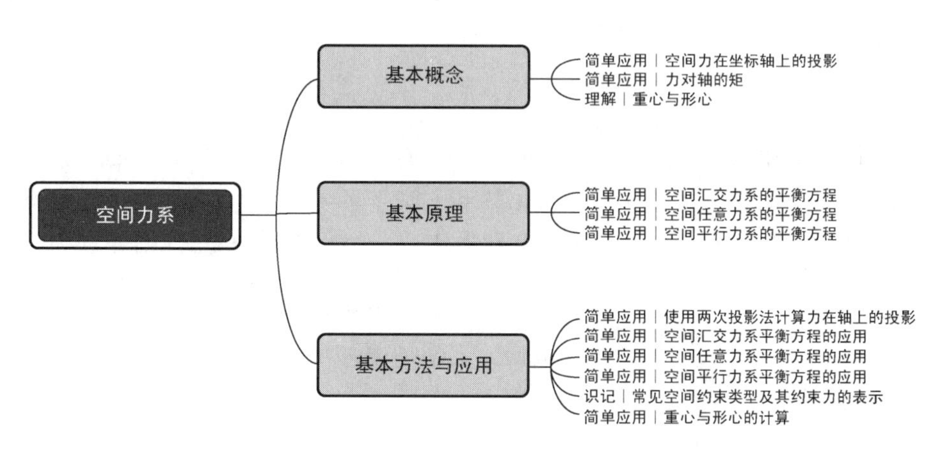

6.1　空间力在直角坐标轴上的投影和沿直角坐标轴的分解

6.1.1 力在直角坐标轴上的投影

当已知力 $\boldsymbol{F}$ 与直角坐标系三个轴的正向夹角为 α、β 和 γ［图 6-1（a）］时，该力在 x、y 和 z 三个轴上的投影分别为

$$\left.\begin{aligned}X &= F\cos\alpha \\ Y &= F\cos\beta \\ Z &= F\cos\gamma\end{aligned}\right\} \tag{6-1}$$

在许多实际问题中，难以同时确定一个力与三个坐标轴的夹角，而确定一个力与某一坐标面的夹角是很方便的。在图 6-1（b）中，已知力 $\boldsymbol{F}$ 与坐标面 Oxy 的夹角（仰角）为 θ，求该力在坐标轴上的投影时，可先将力 $\boldsymbol{F}$ 投影到坐标面 Oxy 上。力在面上的投影是矢量，记力 $\boldsymbol{F}$ 在 Oxy 面上的投影为 $\boldsymbol{F}_{xy}$，其大小为

$$F_{xy} = F\cos\theta$$

将力 $\boldsymbol{F}_{xy}$ 与 x 轴的夹角用 φ 表示，该角即是通过力 $\boldsymbol{F}$ 作用线的铅垂面与坐标面 Oxz 的夹角，称为方向角。可求出力 $\boldsymbol{F}_{xy}$ 在 x 轴和 y 轴上的投影，也就是力 $\boldsymbol{F}$ 在 x 轴和 y 轴上的投影。于是，如图 6-1（b）所示，得到力 $\boldsymbol{F}$ 在三个坐标轴上的投影分别为

$$\left.\begin{aligned}X &= F_{xy}\cos\varphi = F\cos\theta\cos\varphi \\ Y &= F_{xy}\sin\varphi = F\cos\theta\sin\varphi \\ Z &= F\sin\theta\end{aligned}\right\} \tag{6-2}$$

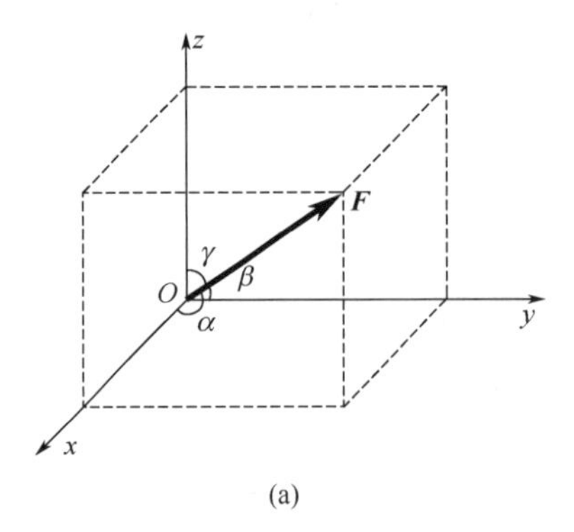

(a)

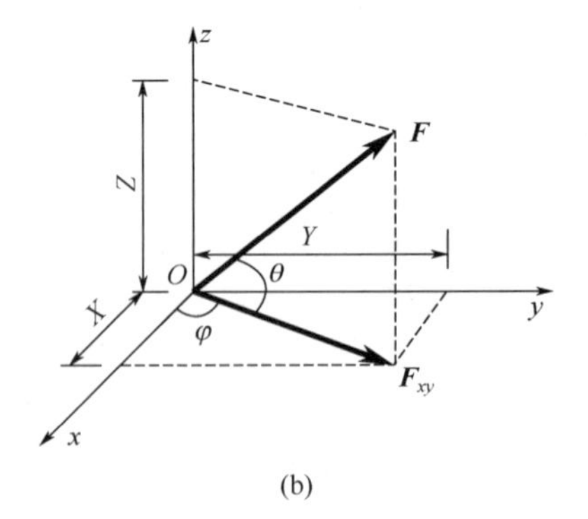

(b)

图 6-1

先将力投影到坐标面上，再求力在轴上的投影的方法，称为两次投影法。

例 6-1 在边长为 a 的正六面体的对角线上作用一力 $\boldsymbol{F}$，如图 6-2 所示。求该力在 x、y、z 轴上的投影。

解：力 $\boldsymbol{F}$ 与坐标面 Oxy 的夹角 θ 易于确定，由直角三角形 abc 可知

$$\cos\theta = \sqrt{\frac{2}{3}}$$

$$\sin\theta = \sqrt{\frac{1}{3}}$$

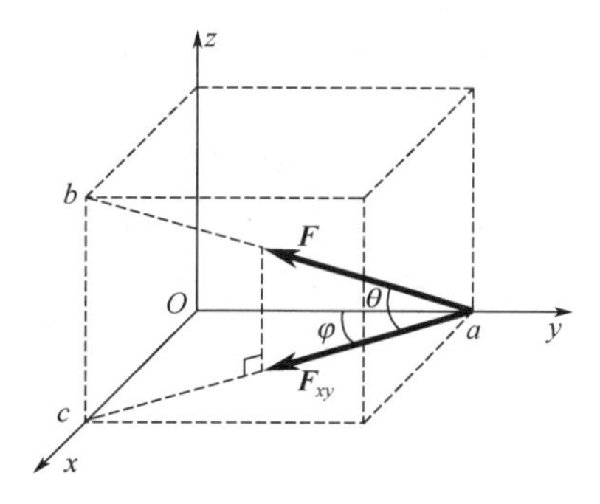

图 6-2

便于应用两次投影法求解。力 $\boldsymbol{F}$ 在 Oxy 坐标面上的投影的大小为

$$F_{xy} = F\cos\theta = \sqrt{\frac{2}{3}}F$$

求得

$$X = F\cos\theta\sin\varphi = \frac{\sqrt{3}}{3}F$$

$$Y = -F\cos\theta\cos\varphi = -\frac{\sqrt{3}}{3}F$$

$$Z = F\sin\theta = \frac{\sqrt{3}}{3}F$$

式中，$\cos\varphi = \sin\varphi = \dfrac{\sqrt{2}}{2}$。

6.1.2 力在直角坐标轴上的分解

力 $\boldsymbol{F}$ 可以分解为沿直角坐标轴的分力 $\boldsymbol{F}_x$、$\boldsymbol{F}_y$、$\boldsymbol{F}_z$，各分力矢量的表达式分别为

$$\left.\begin{aligned} \boldsymbol{F}_x &= X\boldsymbol{i} \\ \boldsymbol{F}_y &= Y\boldsymbol{j} \\ \boldsymbol{F}_z &= Z\boldsymbol{k} \end{aligned}\right\} \qquad (6\text{-}3)$$

合力矢量

$$\boldsymbol{F} = \boldsymbol{F}_x + \boldsymbol{F}_y + \boldsymbol{F}_z$$

或

$$\boldsymbol{F} = X\boldsymbol{i} + Y\boldsymbol{j} + Z\boldsymbol{k} \qquad (6\text{-}4)$$

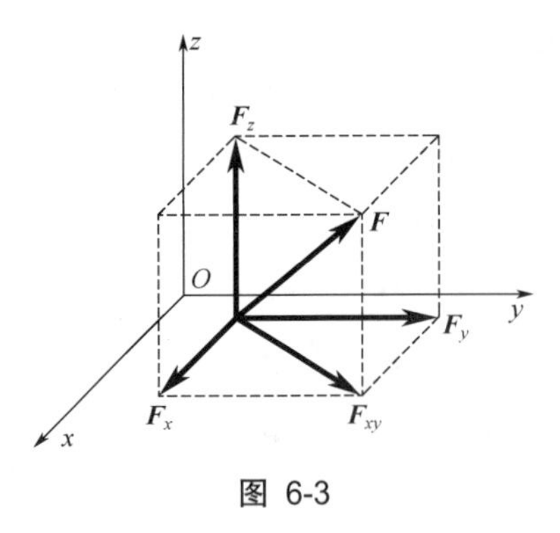

图 6-3

其中，$\boldsymbol{i}$、$\boldsymbol{j}$、$\boldsymbol{k}$ 分别是 x、y、z 轴的正向单位矢量，X、Y、Z 分别是力 $\boldsymbol{F}$ 在 x、y、z 轴上的投影。从几何角度看，以三个分力 $\boldsymbol{F}_x$、$\boldsymbol{F}_y$、$\boldsymbol{F}_z$ 为棱边作正六面体，合力 $\boldsymbol{F}$ 是该正六面体的对角线，如图 6-3 所示。

力沿直角坐标轴分解，也可先将力 $\boldsymbol{F}$ 分解为平行于 z 轴和平行于 Oxy 坐标面的两个分力 $\boldsymbol{F}_z$ 和 $\boldsymbol{F}_{xy}$，再将力 $\boldsymbol{F}_{xy}$ 分解为分力 $\boldsymbol{F}_x$ 和 $\boldsymbol{F}_y$。力的这个分解过程，与求力的投影时的两次投影法是相对应的。

6.2　空间汇交力系的合成与平衡方程

力系中各力的作用线不在同一平面内但汇交于一点，这样的力系称为空间汇交力系。

6.2.1 空间汇交力系的合成

与平面汇交力系一样，空间汇交力系的合成也可以用几何法和解析法两种方法来完成。

用几何法合成空间汇交力系要应用力的多边形法则。将各力矢量首尾相连，构成空间的力多边形，由力多边形的封闭边确定合力矢量的大小和方向。空间汇交力系的合力等于各分力的矢量和，即

$$\boldsymbol{R}=\sum_{i=1}^{n}\boldsymbol{F}_i \tag{6-5}$$

合力的作用线通过力系的汇交点。

由于空间汇交力系的力多边形是空间的力多边形，用几何法求合力很不方便。

用解析法合成空间汇交力系，需应用合力投影定理求合力在坐标轴上的投影，有

$$\left.\begin{aligned}R_x&=\sum_{i=1}^{n}X_i\\R_y&=\sum_{i=1}^{n}Y_i\\R_z&=\sum_{i=1}^{n}Z_i\end{aligned}\right\} \tag{6-6}$$

合力的大小则为

$$R=\sqrt{R_x^2+R_y^2+R_z^2} \tag{6-7}$$

合力的方向由式（6-8）确定

$$\left.\begin{aligned}\cos\alpha &= \frac{R_x}{R} \\ \cos\beta &= \frac{R_y}{R} \\ \cos\gamma &= \frac{R_z}{R}\end{aligned}\right\} \quad (6\text{-}8)$$

式中，α、β、γ分别是合力 $\boldsymbol{R}$ 与 x、y、z 轴的正向夹角。

6.2.2 空间汇交力系的平衡方程

空间汇交力系合成的结果是一合力，所以，空间汇交力系平衡的必要与充分条件是：力系的合力等于零，即

$$\boldsymbol{R} = \sum_{i=1}^{n} \boldsymbol{F}_i = 0 \quad (6\text{-}9)$$

当用几何法求空间汇交力系合力时，平衡条件式（6-9）表现为力多边形自身封闭。由此可见，空间汇交力系平衡的几何条件是：力系的力多边形是自身封闭的力多边形。

当用解析法求空间汇交力系合力时，按式（6-7），平衡条件式（6-9）等价于

$$\left.\begin{aligned}\sum_{i=1}^{n} X_i &= 0 \\ \sum_{i=1}^{n} Y_i &= 0 \\ \sum_{i=1}^{n} Z_i &= 0\end{aligned}\right\} \quad (6\text{-}10)$$

即空间汇交力系平衡的解析条件是：力系中各力在三个坐标轴中每一轴上的投影的代数和分别为零。式（6-10）称为空间汇交力系的平衡方程。

空间汇交力系有三个独立的平衡方程，可用于求解三个未知量。

例 6-2 简易起吊架如图 6-4（a）所示。杆 AB 铰接于墙上，不计自重。绳索 AC 与 AD 在同一水平面内。已知起吊重物的重量 P=1kN，CE=DE=12cm，AE=24cm，$\beta = 45°$，求绳索的拉力及杆 AB 所受的力。

解： 取铰 A 为分离体。其上有绳索 AC 和 AD 的拉力 $\boldsymbol{T}_C$ 和 $\boldsymbol{T}_D$、二力杆 AB 的作用力 $\boldsymbol{S}$、起吊重物的绳索拉力 T=P。四个力组成一空间汇交力系，受力图如图 6-4（b）所示。

选坐标轴如图 6-4（b）所示，列平衡方程

$$\sum X = 0 \qquad T_C \sin\alpha - T_D \sin\alpha = 0 \quad (1)$$

$$\sum Y = 0 \qquad -T_C \cos\alpha - T_D \cos\alpha + S\sin\beta = 0 \quad (2)$$

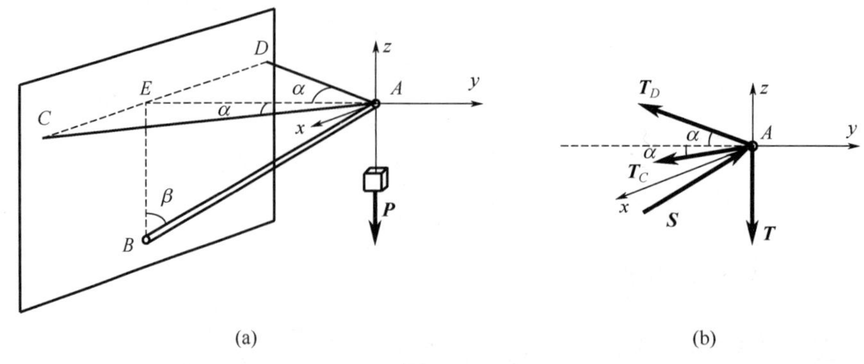

图 6-4

$$\sum Z = 0 \qquad -T + S\cos\beta = 0 \tag{3}$$

式中：$\cos\alpha = \dfrac{AE}{AC} = \dfrac{2}{\sqrt{5}}$，$\sin\alpha = \dfrac{1}{\sqrt{5}}$。由方程式（1）～式（3）解得

$$S = 1.41\text{kN}$$
$$T_C = T_D = 0.56\text{kN}$$

例 6-3 用三角架 $ABCD$ 和绞车起吊重 P=30kN 的重物，如图 6-5 所示。三角架的各杆（不计自重）在 D 点用铰链相接，另一端铰接在地面上。各杆与绳索 DE 都与地面成 60° 角，ABC 为一等边三角形。求平衡时各杆所受的力。

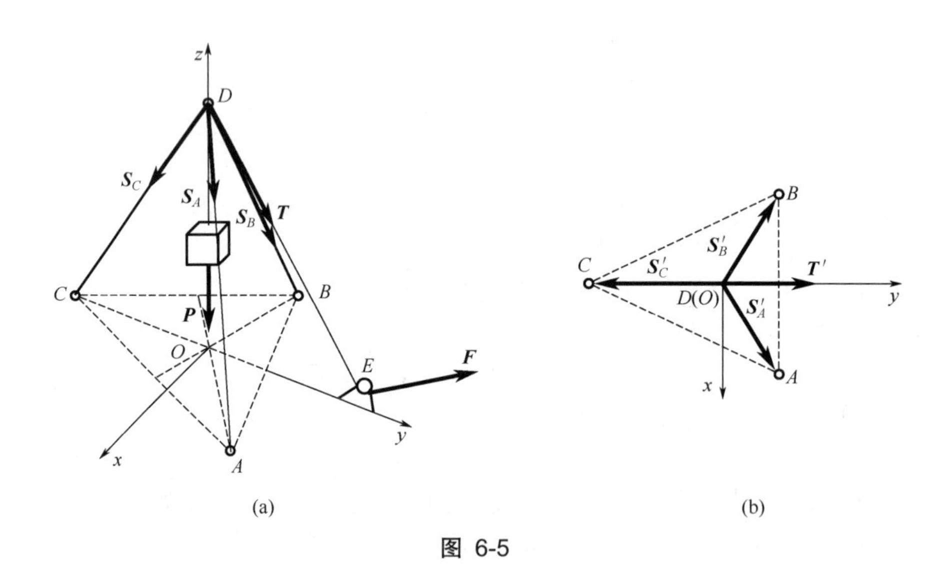

图 6-5

解：取铰 D 及重物为分离体（也可取三角架整体为分离体）。其上受重力 $\boldsymbol{P}$、绳索拉力 $\boldsymbol{T}$ 以及三个二力杆的约束力 $\boldsymbol{S}_A$、$\boldsymbol{S}_B$、$\boldsymbol{S}_C$ 的作用。受力图如图 6-5（a）所示。

按图6-5（b）所示坐标轴，计算力的投影时需用两次投影法。为此，先求各力在 Oxy 坐标面上的投影，其值分别为

$$\left.\begin{aligned} S'_A &= S_A\cos 60^\circ \\ S'_B &= S_B\cos 60^\circ \\ S'_C &= S_C\cos 60^\circ \\ T' &= T\cos 60^\circ = P\cos 60^\circ \end{aligned}\right\} \tag{1}$$

列平衡方程

$$\sum X = 0 \qquad (S'_A - S'_B)\cos 30^\circ = 0 \tag{2}$$

$$\sum Y = 0 \qquad -S'_C + T' + (S'_A + S'_B)\cos 60^\circ = 0 \tag{3}$$

$$\sum Z = 0 \qquad -(S_A + S_B + S_C + T)\cos 30^\circ - P = 0 \tag{4}$$

将式（1）代入式（2）～式（4），解得

$$\begin{aligned} S_A &= S_B = -31.5\text{kN} \\ S_C &= -1.55\text{kN} \end{aligned}$$

6.3 力对轴的矩

有固定轴的物体受力作用时会绕轴发生转动。力使物体绕轴转动的效果用力对轴的矩来度量。

图6-6（a）中，门在 A 点受力 $\boldsymbol{F}$ 作用而绕 z 轴发生转动，现在定量地确定这一转动效果。过 A 点作平面 xy，该面与 z 轴垂直，并交 z 轴于 O 点，线段 OA 为 xy 面与门的交线。将力 $\boldsymbol{F}$ 分解为两个分力 $\boldsymbol{F}_z$ 和 $\boldsymbol{F}_{xy}$，$\boldsymbol{F}_z$ 与 z 轴平行，$\boldsymbol{F}_{xy}$ 在 xy 面内。力 $\boldsymbol{F}_z$ 不能使门产生转动效果，只有力 $\boldsymbol{F}_{xy}$ 才能使门转动。由图6-6（b）可见，平面 xy 上的力 $\boldsymbol{F}_{xy}$ 使门绕 z 轴转动的效果由力 $\boldsymbol{F}_{xy}$ 对 O 点的矩来确定。

以 m_z（$\boldsymbol{F}$）表示力 $\boldsymbol{F}$ 对 z 轴的矩，可表示为

$$m_z(\boldsymbol{F}) = m_O(\boldsymbol{F}_{xy}) = \pm F_{xy}h \tag{6-11}$$

式中，其正负号由右手法则给定：以右手四指表示力 $\boldsymbol{F}$ 使物体绕轴转动的方向，若拇指的指向与轴的正向相同取正号，反之取负号。

力对轴的矩可定义如下：力对轴的矩是力使刚体绕轴转动效果的度量，它是一个代数量，其大小等于力在轴的垂面上的投影对轴与该垂面的交点的矩，其正负号代表力使刚体绕轴转动的方向。显然，力对轴的矩是通过力对点的矩来计算的。

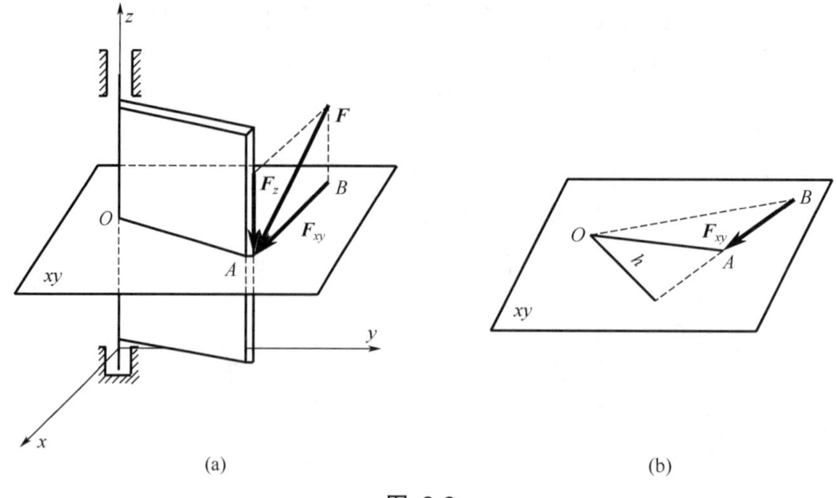

图 6-6

按力对轴的矩的定义，在以下两种情况下力对轴的矩为零：（1）力 $\boldsymbol{F}$ 与轴平行（F_{xy}=0）；（2）力 $\boldsymbol{F}$ 与轴相交（h=0）。总之，力与轴共面时，力对轴的矩为零。

例 6-4 力 $\boldsymbol{F}$ 作用在边长为 a 的正六面体的对角线上（图 6-7），求力 $\boldsymbol{F}$ 对 x、y、z 轴的矩。

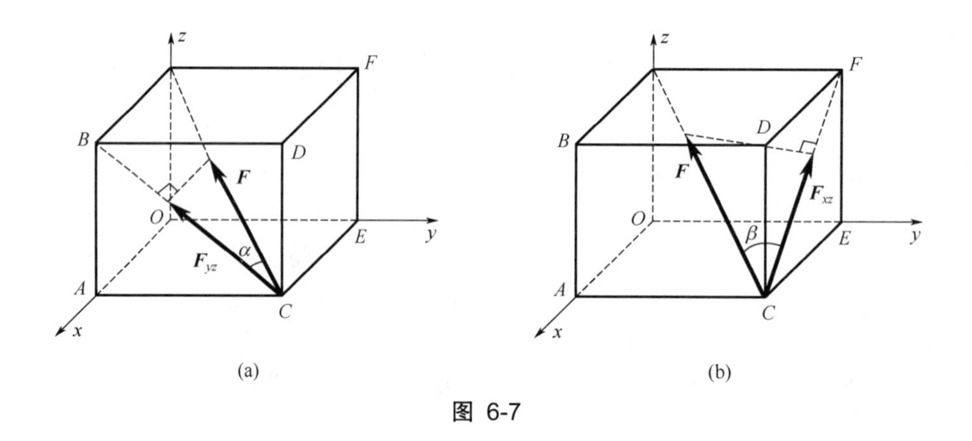

图 6-7

解：（1）求 m_x（$\boldsymbol{F}$）。将力 $\boldsymbol{F}$ 投影到与 x 轴垂直的侧面 $ABCD$ 上，得力 $\boldsymbol{F}_{yz}$，如图 6-7（a）所示。

$$F_{yz} = F\cos\alpha = \sqrt{\frac{2}{3}}F$$

由力对轴的定义，有

$$m_x(\boldsymbol{F}) = m_A(\boldsymbol{F}_{yz}) = \frac{\sqrt{2}}{2}aF_{yz} = \sqrt{\frac{1}{3}}aF$$

（2）求 m_y（$\boldsymbol{F}$）。将力 $\boldsymbol{F}$ 投影到与 y 轴垂直的侧面 $CDEF$ 上，得力 $\boldsymbol{F}_{xz}$，如图 6-7（b）所示。

$$F_{xz} = F\cos\beta = \sqrt{\frac{2}{3}}F$$

$$m_y(\boldsymbol{F}) = m_E(\boldsymbol{F}_{xz}) = -\sqrt{\frac{1}{3}}aF$$

按右手法则判定 m_y（$\boldsymbol{F}$）取负值。

（3）求 m_z（$\boldsymbol{F}$）。力 $\boldsymbol{F}$ 与 z 轴相交，有

$$m_z(\boldsymbol{F}) = 0$$

解本题时，也可将力 $\boldsymbol{F}$ 沿坐标轴分解为三个分力 $\boldsymbol{F}_x$、$\boldsymbol{F}_y$、$\boldsymbol{F}_z$，然后按合力矩定理，力 $\boldsymbol{F}$ 对某轴的矩等于三个分力对同轴之矩的代数和，同样可得上面的结果。

6.4 空间任意力系与空间平行力系的平衡方程

6.4.1 空间任意力系的平衡方程

空间任意力系平衡的必要与充分条件可叙述为：力系中各力在三个坐标轴中每一轴上的投影的代数和分别为零，以及各力对每一坐标轴的矩的代数和分别为零，即有式（6-12），式（6-12）称为空间任意力系的平衡方程。

$$\left.\begin{aligned}
&\sum_{i=1}^{n} X_i = 0 \\
&\sum_{i=1}^{n} Y_i = 0 \\
&\sum_{i=1}^{n} Z_i = 0 \\
&\sum_{i=1}^{n} m_x(\boldsymbol{F}_i) = 0 \\
&\sum_{i=1}^{n} m_y(\boldsymbol{F}_i) = 0 \\
&\sum_{i=1}^{n} m_z(\boldsymbol{F}_i) = 0
\end{aligned}\right\} \quad (6\text{-}12)$$

空间任意力系有六个独立的平衡方程，可用于求解六个未知量。

空间任意力系的平衡方程也可写成多矩式的形式，如将式（6-12）写为四个取矩方程和两个投影方程等，关于空间任意力系多矩式平衡方程的补充条件，是一个很复杂的问题，这里不做讨论。应用中只要所列的每一个方程都能求解出一个未知量，所列出的方程便是独立的平衡方程。

6.4.2 空间平行力系的平衡方程

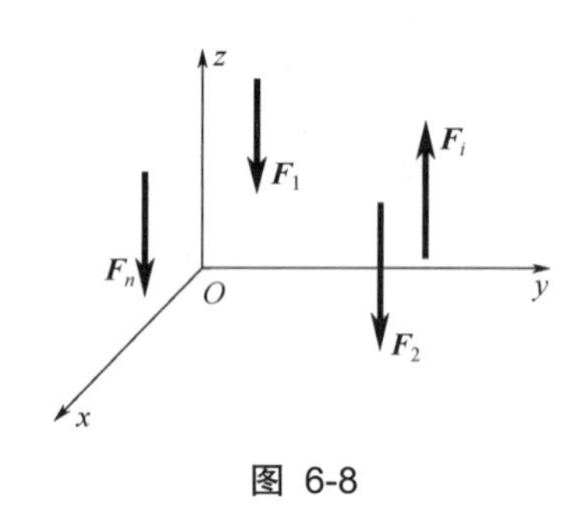

图 6-8

力系中各力的作用线平行，且在空间分布，该力系称为空间平行力系。空间平行力系是空间任意力系的特殊情况，其平衡方程可由空间任意力系的平衡方程导出。

选空间平行力系如图 6-8 所示，其坐标轴 Oz 与力作用线平行，Oxy 坐标面与力作用线垂直。在这种情况下，空间任意力系的平衡方程中的下列三个方程无论空间平行力系是否平衡，都自然得到满足，不再是力系平衡的条件。

$$\sum_{i=1}^{n} X_i = 0$$

$$\sum_{i=1}^{n} Y_i = 0$$

$$\sum_{i=1}^{n} m_z(\boldsymbol{F}_i) = 0$$

得到空间平行力系的平衡方程为

$$\left.\begin{aligned}\sum_{i=1}^{n} Z_i = 0 \\ \sum_{i=1}^{n} m_x(\boldsymbol{F}_i) = 0 \\ \sum_{i=1}^{n} m_y(\boldsymbol{F}_i) = 0\end{aligned}\right\} \tag{6-13}$$

空间平行力系有三个独立的平衡方程，可用于求解三个未知量。

6.5 空间约束、约束力及空间力系的平衡问题

6.5.1 空间约束及其约束力

在空间力系的平衡问题中，空间结构（或机构）为研究对象。空间结构（或机构）

上的约束在构造和约束性质上都具有空间性，导致约束力与构件不处在同一平面内，应用中更需注重由约束的构造确定约束的性质，由约束的性质分析约束力。这里不做详细讨论，在表 6-1 中给出了常见空间约束及其约束力，给出了它们的约束类型、简图及约束力的表示，并将在例题中说明它们的应用。

表 6-1　常见空间约束及其约束力

约束类型	简图	约束力的表示
 球铰链	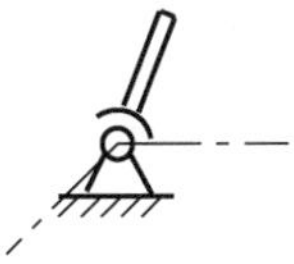	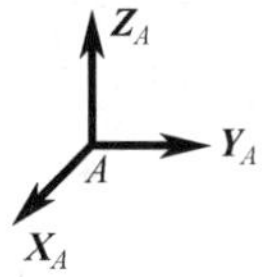 Z_A Y_A A X_A
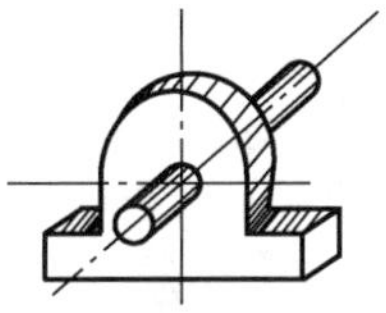 普通轴承		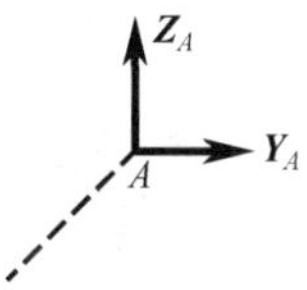 Z_A Y_A A
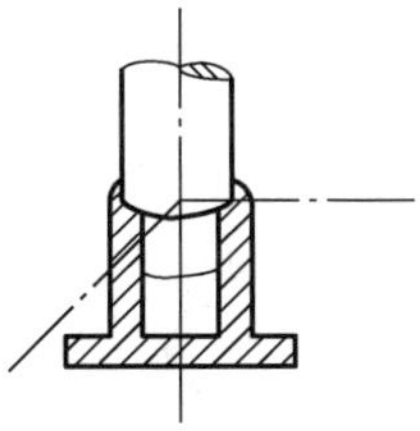 止推轴承	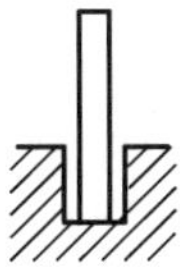	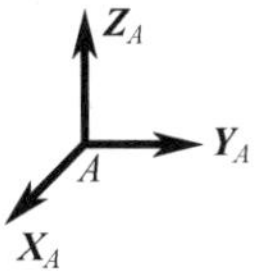 Z_A Y_A A X_A
空间固定端 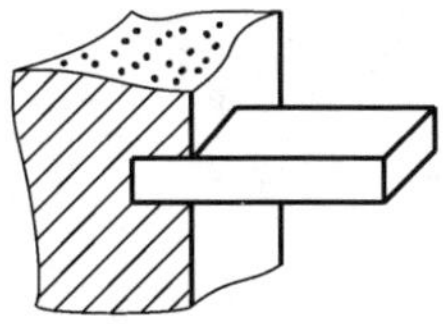	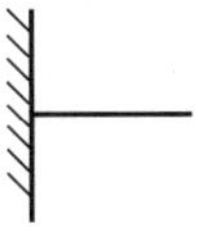	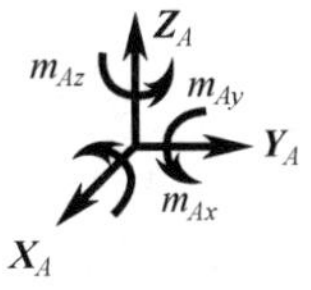 m_{Az} Z_A m_{Ay} Y_A m_{Ax} X_A
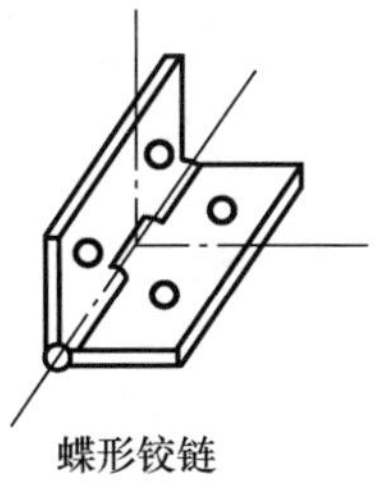 蝶形铰链		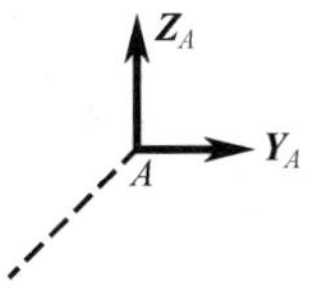 Z_A Y_A A

6.5.2 空间力系的平衡问题

应用空间力系的平衡方程求解平衡问题，首先要注意准确识别各构件和各力在空间（坐标系）中的位置，这是正确地写出平衡方程的基础。其次要注意：写投影方程时，如不便确定力与坐标轴的夹角，可应用两次投影法计算力在轴上的投影；写对轴取矩的方程时，要正确应用力对轴的矩的概念和合力矩定理，要明确计算力对轴的矩应归结为计算力对点的矩。

例 6-5 起重机如图 6-9（a）所示，轮 A、B、C 构成等边三角形，机身重 G=100kN，重力通过三角形 ABC 的中心 E。起重臂 FHD 可绕铅垂轴 HD 转动。已知 a=5m，l=3.5m，载重 P=20kN，$\alpha=30°$［图 6-9（b）］。求三个轮子的光滑接触约束力。

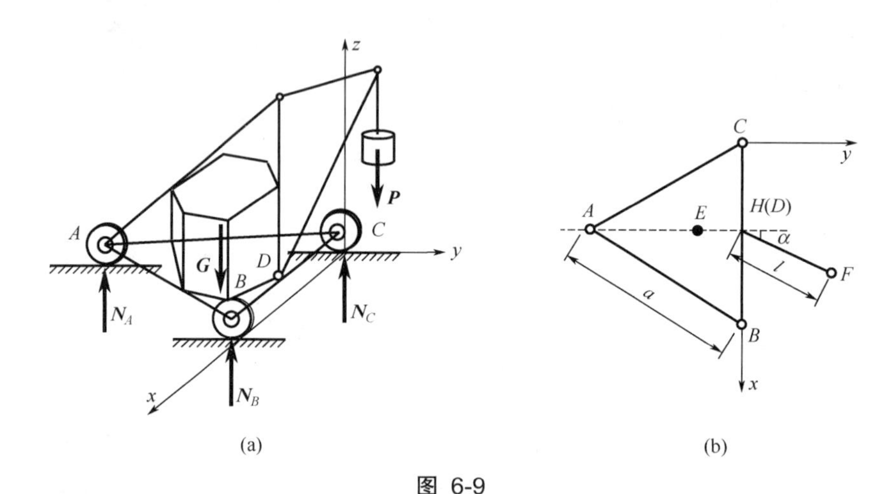

图 6-9

解：取起重机为分离体。所受主动力为重力 $\boldsymbol{G}$ 和荷载 $\boldsymbol{P}$，约束力是三个轮子的光滑接触力 $\boldsymbol{N}_A$、$\boldsymbol{N}_B$、$\boldsymbol{N}_C$［图 6-9（a）］。分离体所受力系为空间平行力系。

选取坐标轴如图 6-9（b）所示。列平衡方程

$$\sum Z=0 \qquad N_A+N_B+N_C-G-P=0$$

$$\sum m_x(\boldsymbol{F})=0 \qquad \left(G\frac{a}{3}-N_A a\right)\cos 30°-Pl\cos\alpha=0$$

写对 y 轴的取矩方程时，参照俯视图 6-9（b），有

$$\sum m_y(\boldsymbol{F})=0 \qquad (G-N_A)a\sin 30°-N_B a+P(a\sin 30°+l\sin\alpha)=0$$

代入 $\alpha=30°$，解得

$$N_A=19.3\text{kN}$$

$$N_B=57.3\text{kN}$$

$$N_C = 43.4\text{kN}$$

例 6-6 起重机械如图 6-10 所示。电机通过链条带动鼓轮提起重物。已知链条拉力 $T_1=2T_2$，r=10cm，R=20cm，P=10kN。求平衡时轴承 A 和 B 的约束力及链条的拉力。

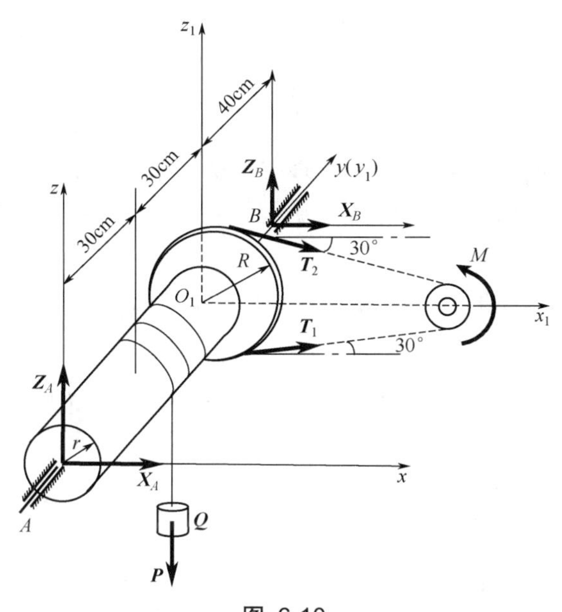

图 6-10

解： 取鼓轮和重物为分离体。轴承 A 和 B 的约束力沿 x、z 轴，以 $\boldsymbol{X}_A$、$\boldsymbol{Z}_A$ 和 $\boldsymbol{X}_B$、$\boldsymbol{Z}_B$ 表示。链条的拉力 $\boldsymbol{T}_1$ 和 $\boldsymbol{T}_2$ 在与坐标面 Axz 平行的平面内。分离体上的主动力为重力 $\boldsymbol{P}$。

受力图上的空间任意力系中有五个未知力。因为各力都处在 y 轴的垂面内，平衡方程自然得到满足，所以本题中可写出五个独立的平衡方程。

求解空间力系平衡问题时，对轴取矩的平衡方程通常都能包含较少的未知量，因而先解对轴取矩方程是很方便的。写对轴取矩的平衡方程如下。

$$\sum m_y(\boldsymbol{F}) = 0 \qquad T_2R - T_1R + Pr = 0$$

$$\sum m_z(\boldsymbol{F}) = 0 \qquad -100X_B - 60(T_1 + T_2)\cos 30° = 0$$

$$\sum m_x(\boldsymbol{F}) = 0 \qquad 100Z_B - 30P + 60(T_1 - T_2)\sin 30° = 0$$

写投影形式的平衡方程

$$\sum X = 0 \qquad X_A + X_B + (T_1 + T_2)\cos 30° = 0$$

$$\sum Z = 0 \qquad Z_A + Z_B - P + (T_1 - T_2)\sin 30° = 0$$

将 $T_1=2T_2$ 代入上式，得

$$T_1 = 2T_2 = 10\text{kN}$$
$$X_B = -7.8\text{kN}$$
$$Z_B = 1.5\text{kN}$$
$$X_A = -5.2\text{kN}$$
$$Z_A = 6\text{kN}$$

求解约束力 $\boldsymbol{X}_A$ 和 $\boldsymbol{Z}_A$ 时，可以不用上述投影方程，而选用取矩方程求解。例如，可选坐标轴 O_1x_1 和 O_1z_1（图 6-10），则取矩方程 $\sum m_{z_1}(\boldsymbol{F})=0$，可求出 X_A；$\sum m_{x_1}(\boldsymbol{F})=0$，可求出 Z_A。

例 6-7 冷却塔用三根铅垂直杆和三根斜直杆支撑，如图 6-11（a）所示。三角形 ABC 是边长为 a 的等边三角形，各铅垂直杆的长度也为 a。塔自身重力为 $\boldsymbol{P}$、风压力为 $\boldsymbol{Q}$，作用线通过塔身中心。各杆不计自重，用球铰与塔身和地面连接，求各杆所受的力。

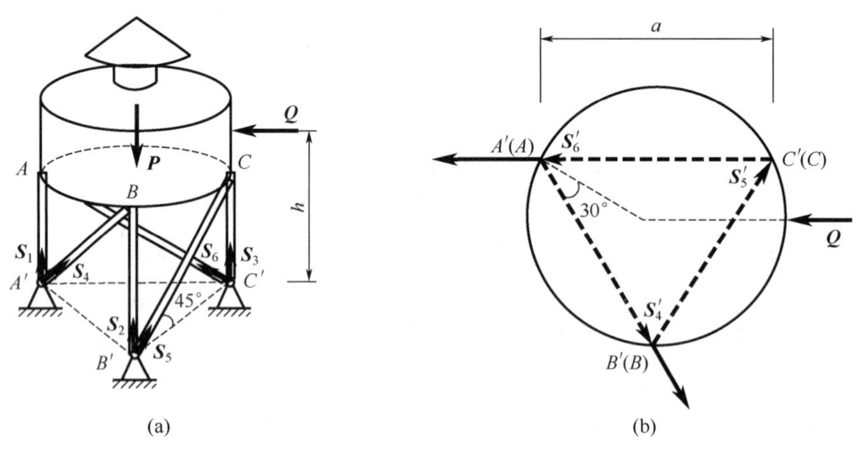

图 6-11

解：取塔身为分离体。受主动力重力 $\boldsymbol{P}$ 和风压力 $\boldsymbol{Q}$ 作用。约束力为六根直杆对塔身的作用力。由于直杆均为二力杆，约束力沿直杆轴线，并假定这些力均使直杆受压。

求解中完全选用取矩形式的平衡方程。

选 AA' 为取矩轴（↑），未知力中除 $\boldsymbol{S}_5$ 外，其余各力或与轴平行或与轴相交，因而对轴的矩为零。主动力 $\boldsymbol{P}$ 和 $\boldsymbol{Q}$ 对 AA' 轴的矩可借助图 6-11（b）求得。列平衡方程

$$\sum m_{AA'}(\boldsymbol{F})=0 \qquad S_5 a\cos 45^\circ \cos 30^\circ - \frac{a}{2}Q\tan 30^\circ = 0$$

解得

$$S_5=\frac{\sqrt{2}}{3}Q$$

再分别取 BB' 和 CC' 为轴（↑），列平衡方程

$$\sum m_{BB'}(\boldsymbol{F})=0 \qquad S_6 a\cos 45°\cos 30°+Q\frac{2a}{3}\cos 30°=0$$

$$\sum m_{CC'}(\boldsymbol{F})=0 \qquad S_4 a\cos 45°\cos 30°-Q\frac{a}{3}\cos 30°=0$$

分别求出

$$S_6=-\frac{2\sqrt{2}}{3}Q$$

$$S_4=\frac{\sqrt{2}}{3}Q$$

最后分别取 AB、BC、CA 为轴，各轴的正向如图 6-11（b）所示。列平衡方程

$$\sum m_{AB}(\boldsymbol{F})=0 \qquad S_3 a\sin 60°+S_5 a\sin 45°\sin 60°-Qh\cos 30°-P\frac{a}{2}\tan 30°=0$$

$$\sum m_{BC}(\boldsymbol{F})=0 \qquad S_1 a\sin 60°+S_6 a\sin 45°\sin 60°+Qh\cos 30°-P\frac{a}{2}\tan 30°=0$$

$$\sum m_{CA}(\boldsymbol{F})=0 \qquad S_2 a\sin 60°+S_4 a\sin 45°\sin 60°-P\frac{a}{2}\tan 30°=0$$

可分别解出

$$S_1=\frac{P}{3}+\left(\frac{2}{3}-\frac{h}{a}\right)Q$$

$$S_2=\frac{1}{3}(P-Q)$$

$$S_3=\frac{P}{3}-\left(\frac{1}{3}-\frac{h}{a}\right)Q$$

6.6 物体的重心与形心

重心、形心的概念在工程中具有重要意义，应用相当广泛。例如，水坝的重心位置关系到坝体在水压力作用下能否维持平衡；飞机的重心位置设计不当就不能安全稳定地

飞行；构件截面的形心位置将影响构件在荷载作用下的内力分布，与构件受荷载后能否安全工作有着密切的联系。总之，重心（形心）与物体的平衡、物体的运动以及构件的内力分布紧密相关。

本节将介绍重心的概念和确定重心、形心位置的方法。

6.6.1 空间平行力系的中心与物体的重心

空间平行力系在工程中是常见的。水对水坝（迎水面为平面的水坝）的作用力，风对墙的压力，都是空间平行力系的例子。空间平行力系的合力的作用点称为空间平行力系的中心。可以证明，平行力系的中心只由力系中各力的作用点和大小决定，与力作用线的方位无关。

物体的重心是平行力系中心的一个重要特例。物体的重力实际上组成一空间汇交力系，力系的汇交点在地球中心附近。可以算出在地球表面相距 31m 的两点上，二重力之间的夹角不超过 1″。这就说明，把物体上各微小部分的重力视为空间平行力系是足够精确的。

物体上各微小部分的重力组成一个空间平行力系，此平行力系的合力的大小称为物体的重量，此平行力系的中心 C 称为物体的重心。所以，物体的重心就是物体重力合力的作用点。如果将物体看作刚体，一个物体的重心是物体上一个确定的几何点，无论物体如何放置，重心在物体上的位置是固定不变的。

6.6.2 重心与形心的坐标公式

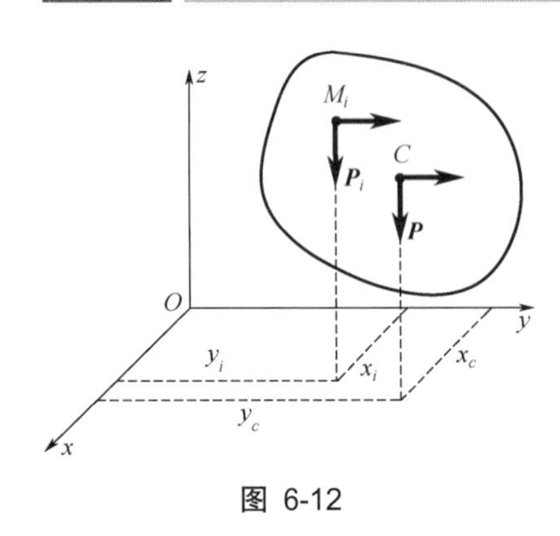

图 6-12

为确定物体重心的位置，取直角坐标系 $Oxyz$，其中 z 轴铅垂向上。物体的重心以 C 表示，重心在坐标系中的坐标记为 x_C、y_C、z_C，如图 6-12 所示。下面建立重心坐标表达式。

将物体分割成许多微小部分，其中某微小部分 M_i 的重力为 $\boldsymbol{P}_i$，其作用点的坐标为 x_i、y_i、z_i。各微小部分重力的合力 $\boldsymbol{P}=\sum \boldsymbol{P}_i$，其大小即为物体的重量，其作用点即为重心 C。按图 6-12 对 x 轴和 y 轴分别应用合力矩定理，得到

$$\left.\begin{aligned} -y_C P &= -\sum y_i P_i \\ x_C P &= \sum x_i P_i \end{aligned}\right\} \tag{6-14}$$

由式（6-14）可求得重心坐标 x_C 和 y_C。为求坐标 z_C，可将物体固结在坐标系中，随坐标系一起绕 x 轴顺时针方向旋转 90°，坐标轴 y 的正向变为铅垂向下。这时，重力 $\boldsymbol{P}_i$ 和 $\boldsymbol{P}$ 都平行于 y 轴，且与 y 轴同向，如图 6-12 中带箭头的虚线所示。在此情况下对 x 轴应用合力矩定理，有

$$-z_C P = -\sum z_i P_i \tag{6-15}$$

由式（6-14）、式（6-15）得到物体重心 C 的坐标公式为

$$\left.\begin{aligned} x_C &= \frac{\sum x_i P_i}{P} \\ y_C &= \frac{\sum y_i P_i}{P} \\ z_C &= \frac{\sum z_i P_i}{P} \end{aligned}\right\} \tag{6-16}$$

如果物体是均质的，其单位体积的重量 γ = 常量。以 ΔV_i 表示微小部分 M_i 的体积，以 $V = \sum \Delta V_i$ 表示整个物体的体积，则有

$$P_i = \gamma \Delta V_i,\ P = \sum P_i = \gamma \sum \Delta V_i = \gamma V \tag{6-17}$$

将式（6-17）代入式（6-16），约去 γ，得到重心坐标公式的另一种表达形式。

$$\left.\begin{aligned} x_C &= \frac{\sum x_i \Delta V_i}{V} \\ y_C &= \frac{\sum y_i \Delta V_i}{V} \\ z_C &= \frac{\sum z_i \Delta V_i}{V} \end{aligned}\right\} \tag{6-18}$$

这说明均质物体重心的位置与物体的重量无关，完全取决于物体的大小和形状。所以均质物体的重心又称作形心。确切地说，由式（6-16）所决定的点称作物体的重心；由式（6-18）所决定的点称作几何形体的形心。对均质物体，重心和形心重合在一点上。非均质物体的重心和形心一般是不重合的。

如果将物体分割的份数无限多，且每份的体积无限小，在极限情况下，式（6-18）则写成如下积分形式。

$$\left.\begin{aligned} x_C &= \frac{\int_V x\mathrm{d}V}{V} \\ y_C &= \frac{\int_V y\mathrm{d}V}{V} \\ z_C &= \frac{\int_V z\mathrm{d}V}{V} \end{aligned}\right\} \tag{6-19}$$

对均质等厚薄壳（或曲面图形），形心坐标公式（6-19）则由体积分转化为面积分，即

$$
\left.\begin{aligned}
x_C &= \frac{\int_S x\mathrm{d}S}{S} \\
y_C &= \frac{\int_S y\mathrm{d}S}{S} \\
z_C &= \frac{\int_S z\mathrm{d}S}{S}
\end{aligned}\right\} \tag{6-20}
$$

式中　　S——薄壳（或曲面图形）的面积；

$\mathrm{d}S$——面积元素；

x、y、z——面积元素的坐标。

对于等厚平板（或平面图形），在计算形心坐标时，可将坐标面 $Oxyz$ 取在与板平行的板的中面（或平面图形）上。这时，形心坐标 $z_C=0$，x_C 和 y_C 按式（6-20）中的前两式计算。

由式（6-19）和式（6-20）不难证明，具有对称面、对称轴或对称中心的均质物体，其重心（形心）一定在它的对称面、对称轴或对称中心上。

常见的简单形状的均质物体的重心，可在有关的工程手册中查到。根据本课程和后续课程的需要，这里摘录一部分，列入表 6-2 中，供读者使用。

表 6-2　简单形状的均质物体重心表

名称	图形	重心位置
三角形	h, y_C, C, $b/2$, b	在中线的交点 $y_C=\frac{1}{3}h$
梯形	a, h, y_C, C, $b/2$, b	$y_C=\frac{h(2a+b)}{3(a+b)}$

续表

名称	图形	重心位置
圆弧	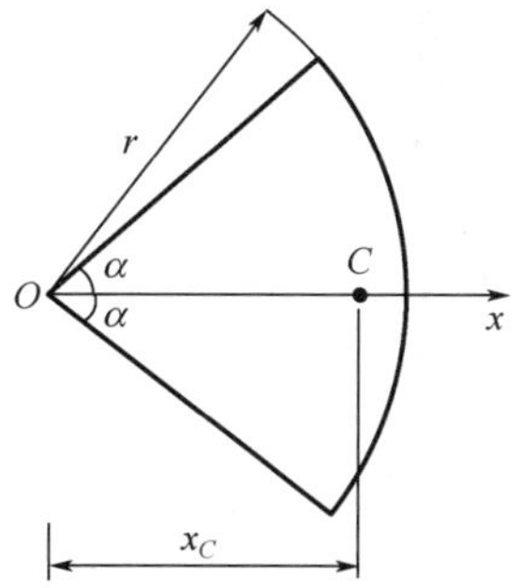	$x_C = \frac{r\sin\alpha}{\alpha}$ 对于半圆弧 $\alpha = \frac{\pi}{2}$，则 $x_C = \frac{2r}{\pi}$
弓形	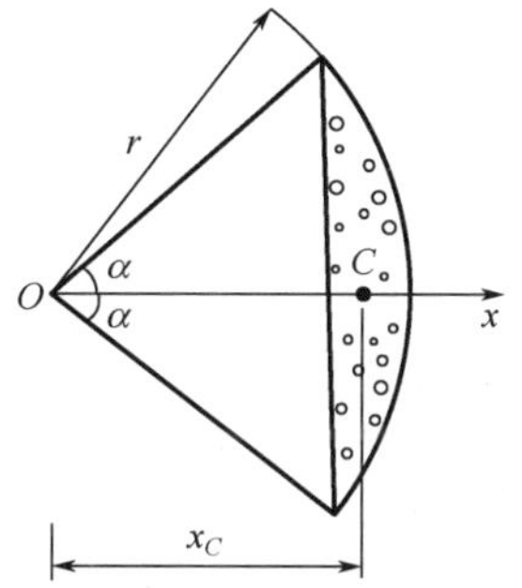	$x_C = \frac{2}{3}\frac{r^3\sin^3\alpha}{S}$ ［面积 $S = \frac{r^2(2\alpha - \sin 2\alpha)}{2}$ ］
扇形	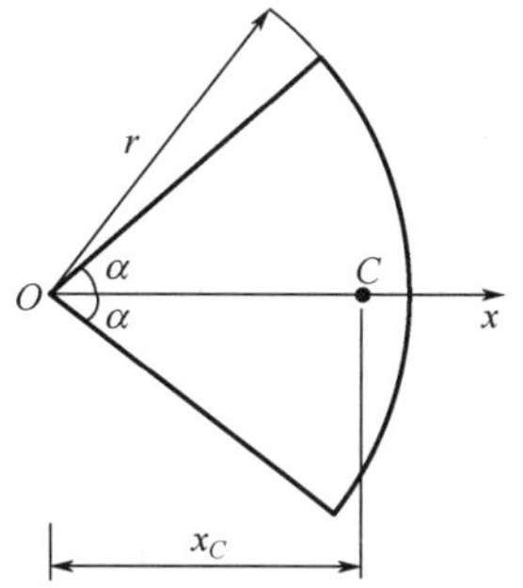	$x_C = \frac{2}{3}\frac{r\sin\alpha}{\alpha}$ 对于半圆弧 $\alpha = \frac{\pi}{2}$，则 $x_C = \frac{4r}{3\pi}$
部分圆环	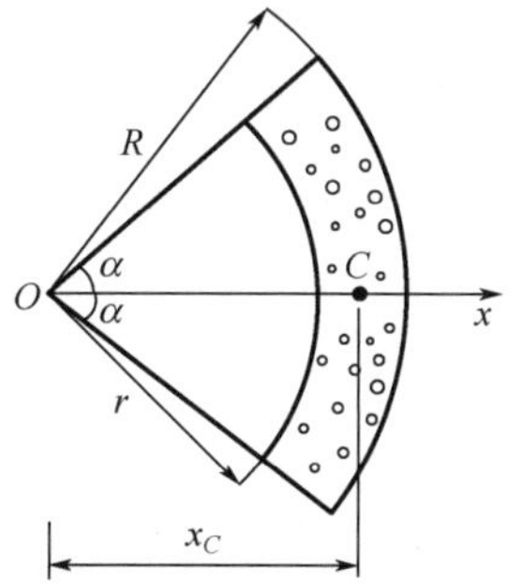	$x_C = \frac{2}{3}\frac{R^3 - r^3}{R^2 - r^2}\frac{\sin\alpha}{\alpha}$

续表

名称	图形	重心位置
抛物线面一	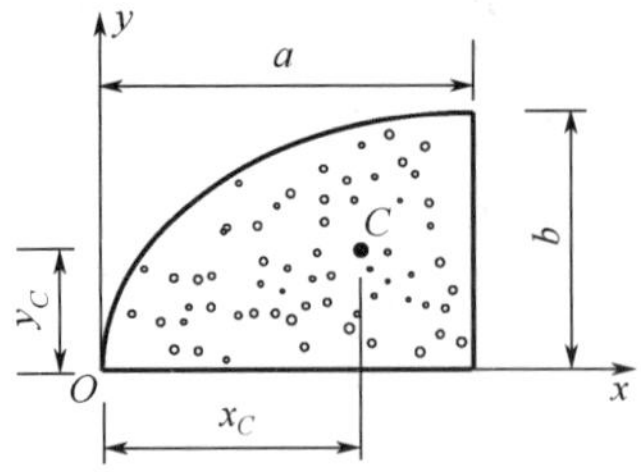	$x_C=\frac{3}{5}a$ $y_C=\frac{3}{8}b$
抛物线面二	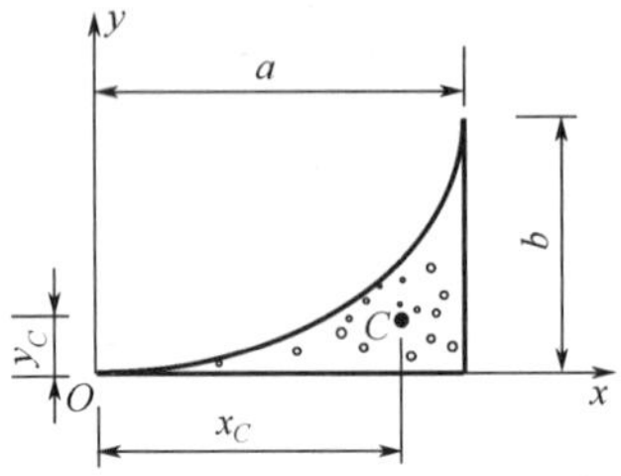	$x_C=\frac{3}{4}a$ $y_C=\frac{3}{10}b$
半圆球	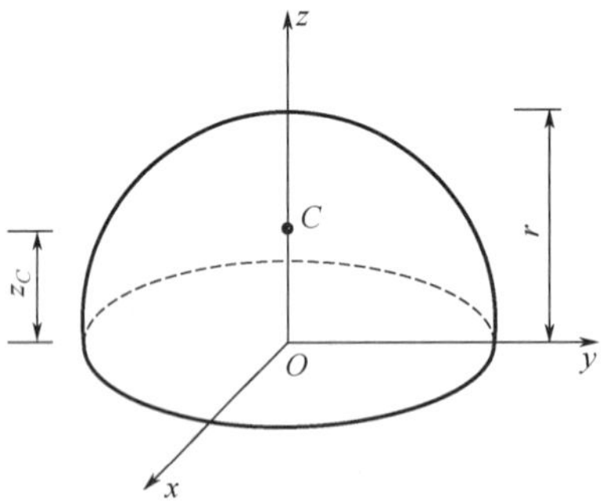	$z_C=\frac{3}{8}r$
正圆锥体	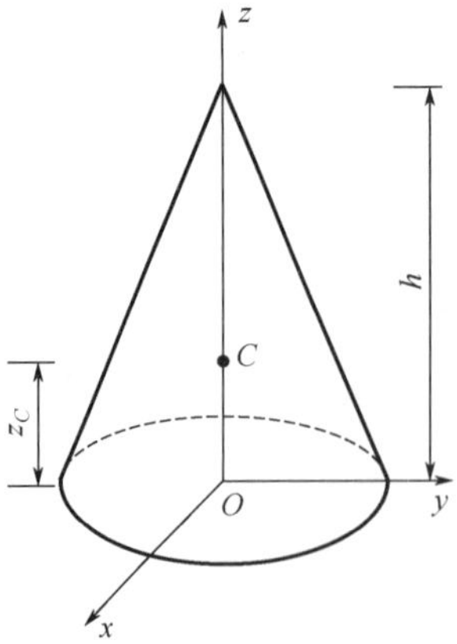	$z_C=\frac{1}{4}h$

续表

名称	图形	重心位置
正棱锥体		$z_C=\frac{1}{4}h$
锥形筒体		$y_C=\frac{4R_1+2R_2-3t}{6(R_1+R_2-t)}L$

例 6-8 图 6-13 所示扇形为均质物体，半径为 R，圆心角为 2 α（弧度），求扇形的形心。

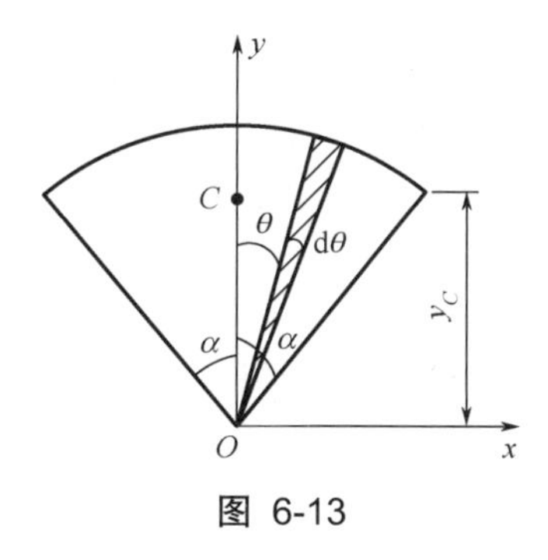

图 6-13

解：取扇形的对称轴为 y 轴，扇形的形心 C 在 y 轴上，即 x_C=0。为利用式（6-20）求形心坐标 y_C，将扇形元素视为三角形，其面积 $\mathrm{d}S=\frac{1}{2}R^2\mathrm{d}\theta$，其形心在三角形中线上距 O 点 $\frac{2R}{3}$ 处，且其坐标 $y=\frac{2}{3}R\cos\theta$。注意到扇形的面积 $S=\alpha R^2$，由式（6-20）中的

第二式，有

$$
\begin{aligned}
y_C &= \frac{\int_S y\mathrm{d}S}{S} \\
&= \frac{2}{\alpha R^2}\int_0^{\alpha}\frac{2}{3}R\cos\theta\frac{1}{2}R^2\mathrm{d}\theta \\
&= \frac{2R}{3\alpha}\int_0^{\alpha}\cos\theta\mathrm{d}\theta \\
y_C &= \frac{2R}{3\alpha}\sin\alpha
\end{aligned}
$$

由于该扇形为均质物体，形心又称作重心，所以所得结果与表 6-2 中给出的算式相同。

6.6.3 确定重心位置的常用方法

常见的简单形状的物体的重心，可从有关手册中查到，不需通过积分运算求得。对复杂形状的物体，用式（6-19）、式（6-20）计算并不方便。下面介绍确定复杂形状物体重心位置的常用方法。

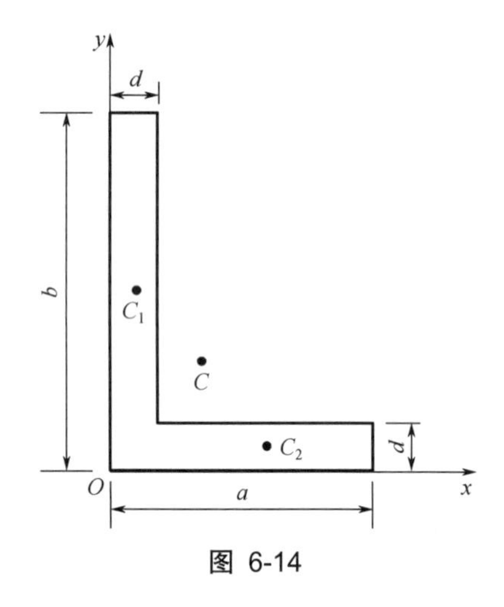

图 6-14

1. 组合法

这种方法适用于由几个简单形体组合而成的复杂形体。每个简单形体的重心坐标是已知的，可用式（6-16）、式（6-18）求复杂形体的重心。这里研究的形体都是均质形体，所以求重心也是求形心。

例 6-9 角钢截面如图 6-14 所示。a=8cm，b=12cm，d=1cm。求该截面重心的坐标。

解一： 选坐标轴如图 6-14 所示。将图形分割成为两个矩形，第一个矩形的面积和重心 C_1 的坐标分别为

$$
\begin{aligned}
A_1 &= bd = 12\text{cm}^2 \\
x_1 &= 0.5\text{cm} \\
y_1 &= 6\text{cm}
\end{aligned}
$$

第二个矩形的面积和重心 C_2 的坐标分别为

$$
\begin{aligned}
A_2 &= (a-d)d = 7\text{cm}^2 \\
x_2 &= d + \frac{1}{2}(a-d) = 4.5\text{cm} \\
y_2 &= 0.5\text{cm}
\end{aligned}
$$

由式（6-20），截面图形的重心坐标值为

$$x_C = \frac{A_1x_1 + A_2x_2}{A_1 + A_2} = 1.97\text{cm}$$

$$y_C = \frac{A_1y_1 + A_2y_2}{A_1 + A_2} = 3.97\text{cm}$$

用组合法求重心坐标时，可以采用不同的分割方法，对确定的坐标系，其计算结果相同。

解二：将所研究的图形视为从宽为 a、高为 b 的矩形中去掉阴影部分的矩形，如图 6-15 所示。在应用式（6-20）时，被去掉部分的面积应取负值。采用这种分割方式时的组合法称为负面积法。

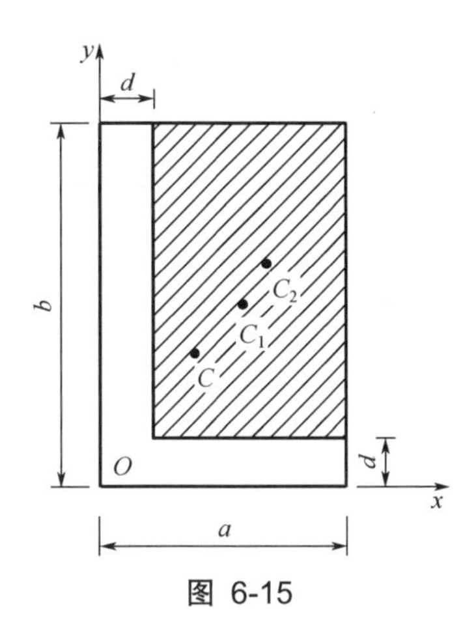

图 6-15

求解过程如下。

大的矩形面积和其重心 C_1 的坐标分别为

$$A_1 = ab = 96\text{cm}^2$$
$$x_1 = 4\text{cm}$$
$$y_1 = 6\text{cm}$$

被去掉的矩形的面积和其重心 C_2 的坐标分别为

$$A_2 = (a-d)(b-d) = 77\text{cm}^2$$
$$x_2 = 4.5\text{cm}$$
$$y_2 = 6.5\text{cm}$$

将 A_2 冠以负号代入式（6-20），解得

$$x_C = \frac{A_1x_1 - A_2x_2}{A_1 - A_2} = 1.97\text{cm}$$

$$y_C = \frac{A_1y_1 - A_2y_2}{A_1 - A_2} = 3.97\text{cm}$$

2. 实验法

对形状更复杂的物体，通过计算手段确定重心的位置是困难的。这时，用实验测定重心位置往往比较简单。最常用的测定重心的方法有两种，这两种方法都是以物体的平衡条件为理论根据的。

（1）悬挂法。这种方法适用于平板式薄片零件。先通过任意点 A 将物体悬挂，如图 6-16（a）所示。物体受绳索拉力及重力作用处于平衡，按二力平衡公理，重心在通过悬挂点 A 的铅垂线 AA' 上。再通过任意点 B 将物体悬挂［图 6-16（b）］，重心应在通过 B 点的铅垂线 BB' 上。两条线的交点即为物体的重心 C。

（2）称重法。这种方法适用于形状复杂、体积较大的物体。为说明这种测定重心的方法，取一有对称轴的变截面杆为例，如图 6-17 所示。在这种情况下，则只需测定重心在对称轴上的位置。

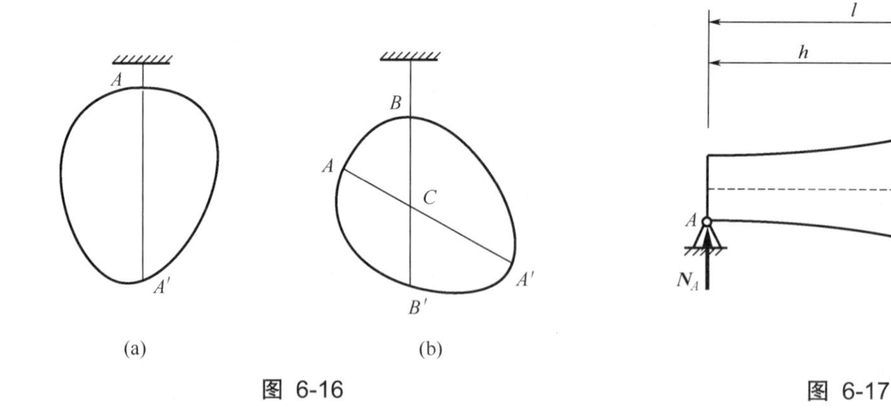

图 6-16　　　　图 6-17

首先称出杆的重量 P；然后将杆的一端 A 放置在刀口上，另一端 B 放在台秤上，并使对称轴线处于水平位置。从台秤上读出约束力 $\boldsymbol{N}_B$ 的大小，量出 A、B 两点的水平距离 l，列平衡方程

$$\sum m_A(\boldsymbol{F})=0 \qquad N_B l - Ph = 0$$

式中，h 是重心 C 到 A 点的水平距离。解得

$$h=\frac{N_B}{P}l$$

这样，通过两次称重，就确定了重心在轴线上的位置。

对非对称的物体，可以在三个方向重复上述做法，得到物体重心的位置。

小　结

（1）当空间力与各坐标轴的夹角不便完全确定时，可用两次投影法求力在轴上的投影。两次投影法是将力分解，用合力投影定理求力的投影的方法。

（2）力对轴的矩是空间力系中重要的概念之一。计算力对轴的矩时，先将力分解为与轴平行和垂直的两个分量，再按力对点的矩来计算力对轴的矩。

（3）空间任意力系平衡方程中的三个对轴取矩的方程为

$$\left.\begin{aligned}\sum_{i=1}^{n} m_x(\boldsymbol{F}_i)=0\\ \sum_{i=1}^{n} m_y(\boldsymbol{F}_i)=0\\ \sum_{i=1}^{n} m_z(\boldsymbol{F}_i)=0\end{aligned}\right\}$$

这三个方程的运用是求解空间力系平衡问题的重点和难点。

（4）重心、形心的概念及其位置的确定是一个重要的工程问题。重心是重力的合力的作用点。形心在本章虽然由重心引出，但它不是重心的特例，只是对均质物体而言，重心与形心重合为一点。形心是由式（6-18）或式（6-19）所给定的几何点。

习 题

一、单项选择题

6-1 空间平行力系的独立平衡方程数目为（ ）。

A. 6 B. 4 C. 3 D. 2

6-2 如题 6-2 图所示，三根材料和截面相同的均质杆连成一等腰直角三角形 ABD，$AD=BD=1\text{m}$，$AB=1.2\text{m}$，则三角形物体沿 y 轴的重心坐标 y_C 为（ ）。

A. 1/4 B. 1/5 C. 1/6 D. 1/8

6-3 如题 6-3 图所示，力 $\boldsymbol{F}$ 在 y 轴的投影为（ ）。

A. 0.35 B. 0.48 C. 0.52 D. 0.57

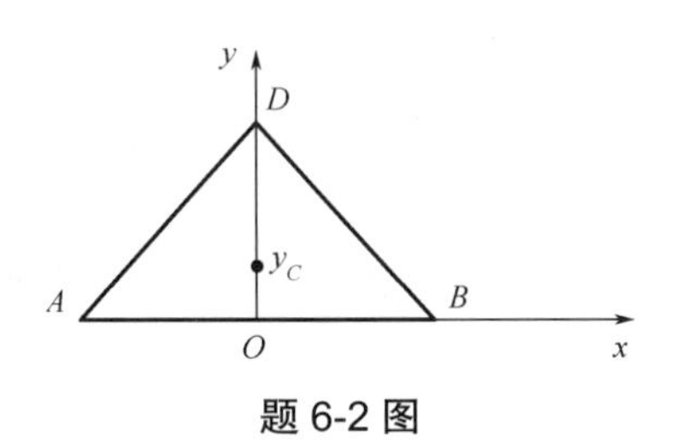

题 6-2 图

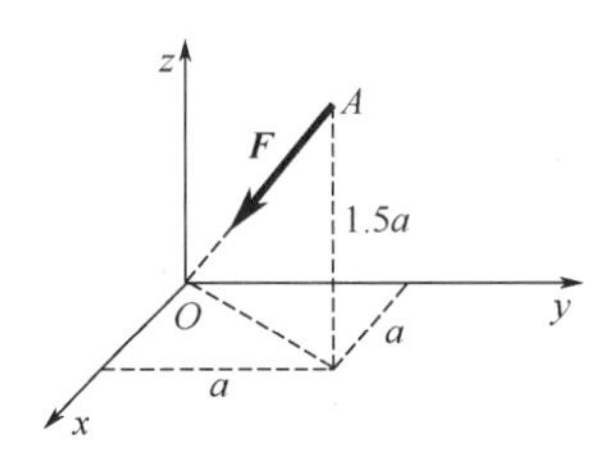

题 6-3 图

6-4 题 6-4 图所示 $\boldsymbol{F}$ 对 x 轴的矩等于（ ）。

A. $0.30Fa$ B. $0.35Fa$ C. $0.40Fa$ D. $0.45Fa$

6-5 题 6-5 图所示均质板重为 W，边长为 a、b，在图示位置处于平衡状态，点 A 处拉力为（ ）。

A. $W/6$ B. $W/5$ C. $W/4$ D. $W/3$

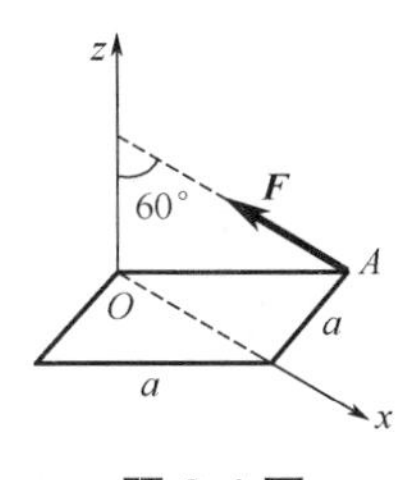

题 6-4 图

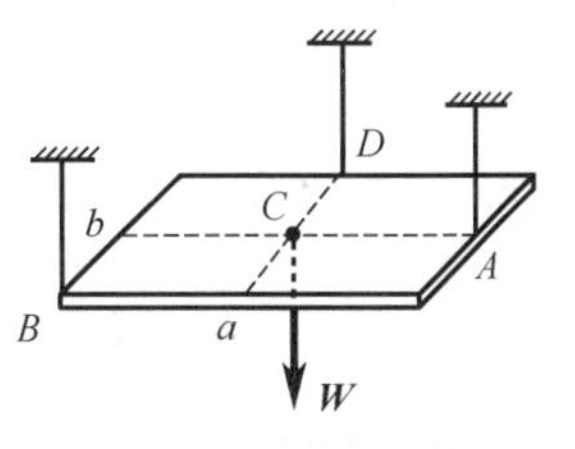

题 6-5 图

二、填空题

6-6 空间汇交力系合力作用线一定通过________点，且________合力投影定理。

6-7 空间任意力系有________个独立的平衡方程，其中必有三个是________方程。

6-8 题 6-8 图所示力 $\boldsymbol{F}$ 在 x 轴上的投影为________，在 z 轴上的投影为________，$OB=0.5a$。

6-9 力对轴之矩等于力矩矢在该轴上的________。

6-10 题 6-10 图所示力 $\boldsymbol{F}$ 对 x、y 轴之矩为________、________。

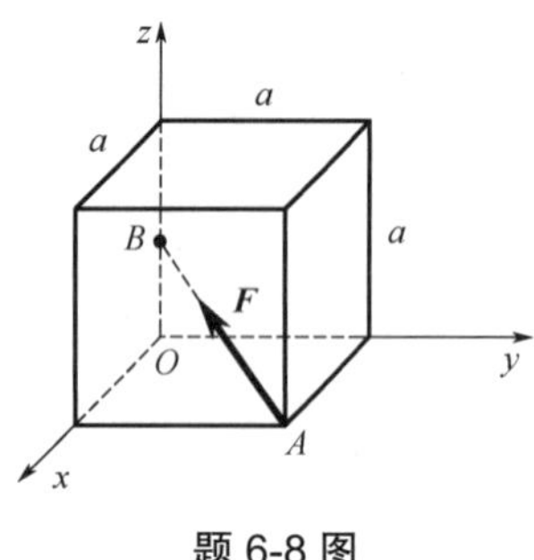

题 6-8 图

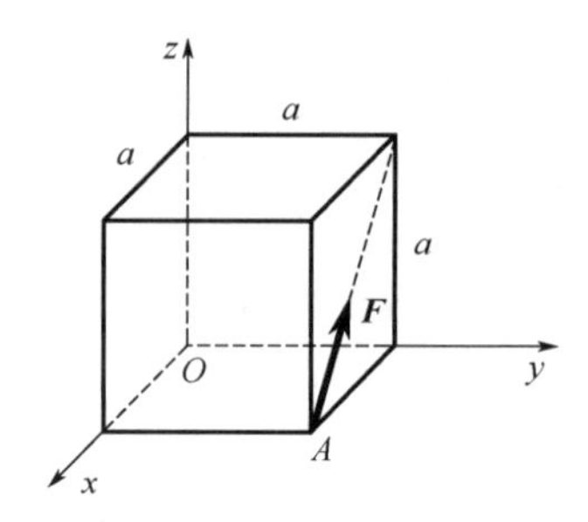

题 6-10 图

三、计算题

6-11 如题 6-11 图所示，两个力 $\boldsymbol{F}_1$ 和 $\boldsymbol{F}_2$ 分别作用在边长为 a 的正六面体的 A、B 两点。求二力对 x、y、z 三轴的投影和对轴的矩。

6-12 求题 6-12 图所示均质梯形物体，上下两边长为 a、b，高为 h，求形心坐标 y_C。

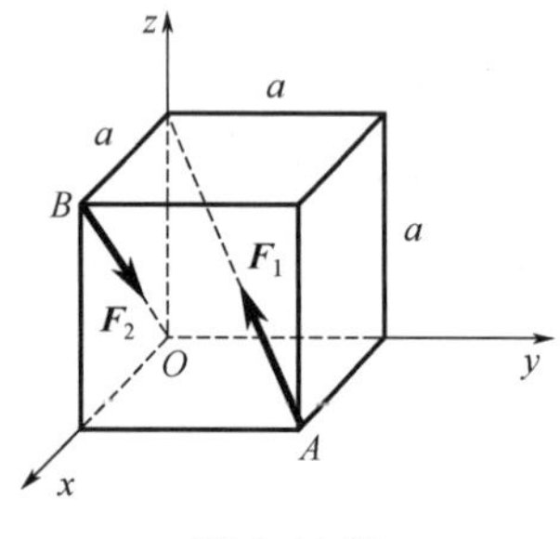

题 6-11 图

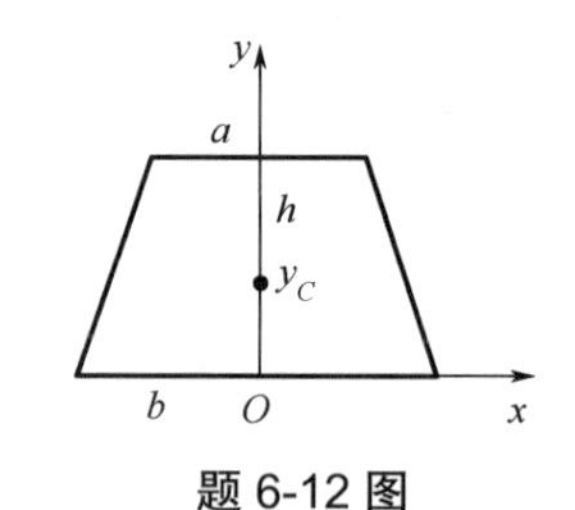

题 6-12 图

6-13 题 6-13 图所示空间桁架，力 $\boldsymbol{P}$ 作用在 $ABCD$ 平面内，与铅垂线成 45°。$\triangle EAK = \triangle FBM$，其顶点 A 和 B 处为直角，$EC=CK=FD=DM$。若 $P=10\text{kN}$，求各杆所受的力。

6-14 如题 6-14 图所示，三脚圆桌半径 $r=50\text{cm}$，重 $P=600\text{N}$。圆桌的三脚 A、B、C 构成等边三角形，在中线 CD 上距圆心为 a 的 M 点处作用铅垂力 $Q=1500\text{N}$，求使圆桌不翻倒的最大距离 a。

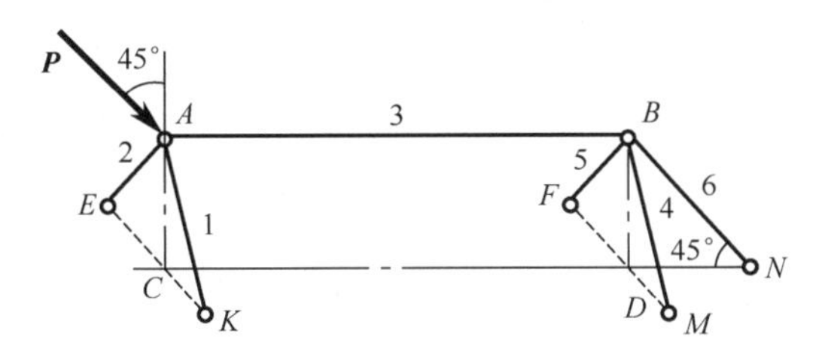

题 6-13 图

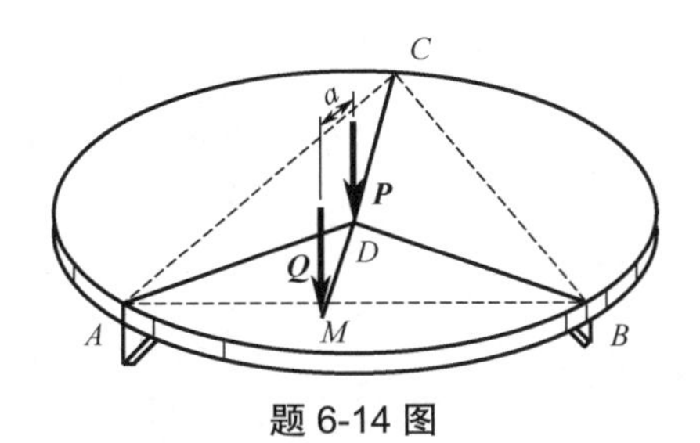

题 6-14 图

6-15　题 6-15 图所示均质板重 W=10kN，边长 a=2m、b=1m，角度 θ=30°，处于平衡状态。求水平力 $\boldsymbol{P}$ 的大小，并求 A、B、D 点绳索的拉力。

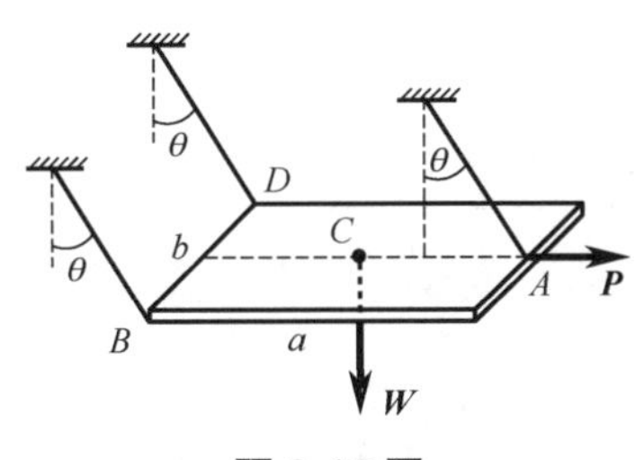

题 6-15 图

第 7 章 轴向拉伸和压缩强度与变形计算

知识结构图

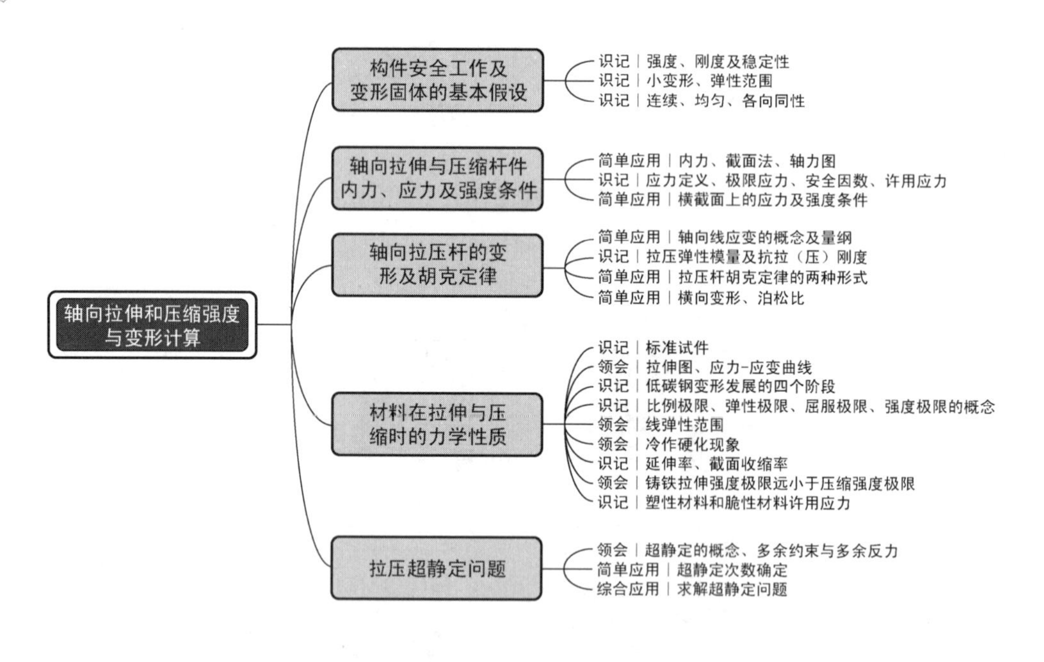

7.1　构件安全工作及变形固体的基本假设

7.1.1 构件安全工作

构件是组成结构物或机械的基本部件。构件又分为杆件、板、壳和块体。本书中只研究杆件。板、壳和块体的基本理论一般在弹性力学中讲授。

要想使结构物或机械正常地工作，就必须保证组成它们的每个构件在荷载作用下都能安全、正常地工作。为此，工程上对所设计的构件，通常有以下三方面的要求。

1. 强度要求

构件的强度是指构件抵抗破坏的能力。强度要求是不允许构件在荷载作用下发生破坏。强度有高低之分。如果构件的强度不足，它在荷载的作用下就可能被破坏。例如房屋中的楼板梁，当其强度不足时，在楼板荷载作用下，就可能断裂。

2. 刚度要求

构件的刚度是指构件抵抗变形的能力。刚度要求是不允许构件在荷载作用下发生过大的变形。构件的刚度愈大，愈不易变形，即抵抗变形的能力愈强。工程中构件的变形过大会影响其正常使用。例如房屋中的楼板梁变形过大时，下面的灰层就会开裂、脱落；机床上的轴变形过大时，会影响加工精度；等等。因此在工程中，根据不同的工程用途，对构件的变形给以一定的限制。

3. 稳定性要求

稳定性要求是指构件在荷载的作用下，应能保持其原有形状下的平衡，即稳定的平衡。有关稳定性的理论将在第 14 章中讲述。

7.1.2 变形固体及其基本假设

在前面几章的静力学部分，讨论力系作用下的固体（物体）平衡时，是把固体看成刚体，即不考虑固体形状和尺寸的改变。实际上，自然界中的任何固体在外力作用下，都要或大或小地产生变形，也就是它的形状和尺寸总会有些改变。由于固体具有可变形性质，所以又称为变形固体。

研究构件的强度、刚度和稳定性等方面问题时，都要与构件在荷载作用下产生的变形相联系。因此，固体的可变形性质就成为重要的基本性质之一。

变形固体在外力作用下产生的变形分为弹性变形与塑性变形。弹性变形是指作用在变形固体上的外力去掉后可完全消失的变形（相应的物体称为弹性体）。如果外力去掉后，变形不能全部消失，而留有残余变形，此残余变形称为塑性变形。

工程中大多数的构件在荷载作用下，其几何尺寸的改变量与构件本身的尺寸相比常是很微小的，这类变形称为“小变形”。与此相反，有些构件在荷载作用下，其几何尺寸的改变量比较大，这类变形称为“大变形”。

本书中主要研究弹性变形且限于小变形范围。

在研究构件的强度、刚度和稳定性时，为了使问题得到简化，对变形固体做如下的基本假设。

1. 连续、均匀性假设

连续是指材料内部没有空隙，均匀是指材料的性质各处都一样。连续、均匀性假设即认为构件在其整个体积内毫无空隙地充满了物质，且物质的性质各处都相同。

2. 各向同性假设

此假设认为材料沿不同方向具有相同的力学性质。常用的工程材料如钢、铸铁以及浇筑得很好的混凝土等都可认为是各向同性材料。

沿不同方向具有不同力学性质的材料，称为各向异性材料。本书中只研究各向同性材料。

7.1.3 杆件变形的基本形式

杆件在不同的外力作用下产生的基本变形形式有：轴向拉伸或压缩，剪切，扭转，弯曲。有时杆件上同时发生几种基本变形，称为组合变形。

7.2 轴向拉伸与压缩杆件的内力

7.2.1 轴向拉伸与压缩及工程实例

轴向拉伸或轴向压缩变形是杆件基本变形之一。轴向拉伸或轴向压缩变形的受力特点是：杆件受一对平衡力 $\boldsymbol{F}$ 的作用（图 7-1），力 $\boldsymbol{F}$ 的作用线与杆件的轴线重合。若作用力 $\boldsymbol{F}$ 拉伸杆件（图 7-1），则为轴向拉伸，此时杆将拉长（图 7-1 中的虚线）；若作用力 $\boldsymbol{F}$ 压缩杆件（图 7-2），则为轴向压缩，此时杆将缩短（图 7-2 中的虚线）；轴向拉伸或压缩杆件简称为轴向拉压杆。

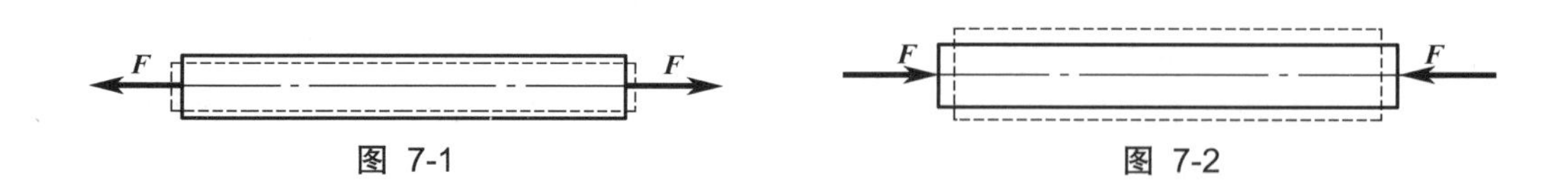

图 7-1　　图 7-2

轴向拉压杆在工程中是常见的。如三角支架 ABC［图 7-3（a）］在结点 B 受力 $\boldsymbol{F}$ 作用时，AB 杆将受到拉伸［图 7-3（b）］，BC 杆将受到压缩［图 7-3（c）］。

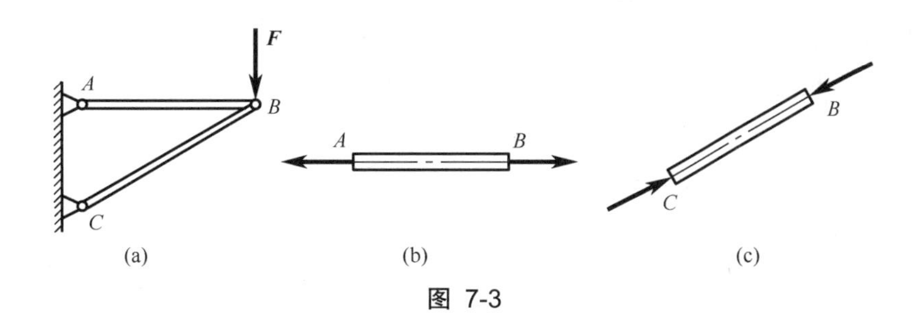

图 7-3

7.2.2 轴向拉压杆的内力计算

杆件在外力作用下将发生变形，与此同时，杆件内部各部分间将产生相互作用力，此相互作用力称为内力。内力随外力的变化而变化，外力增大，内力也增大，外力去掉后，内力将随之消失。

杆件的强度、刚度等问题均与内力这个因素有关，在分析这些问题时，经常需要知道杆件在外力作用下某一横截面上的内力值。求杆件任一横截面上的内力，通常采用下述的截面法。

如图 7-4（a）所示，一杆受轴向拉力 $\boldsymbol{F}$ 作用，求横截面 m—m 的内力。其步骤如下。

（1）先假想用一平面，在 m—m 处将杆截开，使其成为两部分。

（2）留下任一部分作为分离体进行分析，并将去掉部分对留下部分的作用以分布在截面 m—m 上各点的力来代替，其合力为 $\boldsymbol{F}_{\mathrm{N}}$，如图 7-4（b）所示，此合力 $\boldsymbol{F}_{\mathrm{N}}$ 即为截面 m—m 的内力。

（3）考虑留下的一段杆在原有的外力及内力 $\boldsymbol{F}_{\mathrm{N}}$（此时已处于外力的地位）共同作用下处于平衡［图 7-4（c）］，根据平衡条件

$$\sum F_x = 0\,,\quad F_{\mathrm{N}} - F = 0\,,\quad F_{\mathrm{N}} = F$$

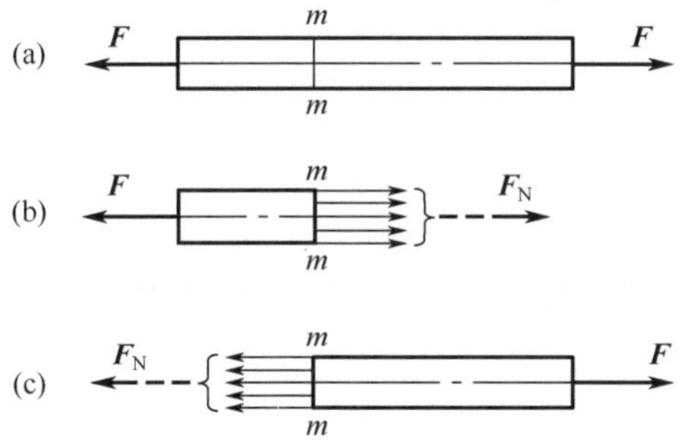

图 7-4

二力平衡必共线，外力 $\boldsymbol{F}$ 的作用线与轴线重合，因此 $\boldsymbol{F}_{\mathrm{N}}$ 的作用线也与杆件的轴线重合，此种内力称为轴力。应予指出：由于杆件是连续体，内力在横截面上是连续分布的，而轴力 $\boldsymbol{F}_{\mathrm{N}}$ 是分布内力的合力。

工程中很多材料承受拉伸和压缩的能力是不一样的。为了区分拉伸和压缩，对轴力的正负号做如下规定：拉力（$\boldsymbol{F}_{\mathrm{N}}$指向其所在截面的外法线方向）为正；压力（$\boldsymbol{F}_{\mathrm{N}}$指向其所在截面）为负。图 7-4 中，保留左侧或保留右侧求出的轴力$\boldsymbol{F}_{\mathrm{N}}$都是正的。

当杆受多个外力作用时，如图 7-5（a）所示，求轴力时须分段进行，因为AB段的轴力与BC段的轴力不相同。

设欲求AB段内截面m—m上的内力，在m—m处将杆截开，取左段为分离体，如图 7-5（b）所示，以$\boldsymbol{F}_{\mathrm{N\,I}}$代表该截面上的轴力。于是，根据平衡条件$\sum F_x=0$，有

$$F_{\mathrm{N\,I}}-F=0$$

由此得

$$F_{\mathrm{N\,I}}=F$$

欲求BC段内截面n—n的内力，则在n—n处截开，仍取左段为分离体，如图 7-5（c）所示，以$\boldsymbol{F}_{\mathrm{N\,II}}$代表该截面上的轴力。于是，根据平衡条件$\sum F_x=0$，有

$$F_{\mathrm{N\,II}}+2F-F=0$$

由此得

$$F_{\mathrm{N\,II}}=-F$$

负号表示$F_{\mathrm{N\,II}}$的方向与图 7-5（c）所设的方向相反，即为压缩轴力。

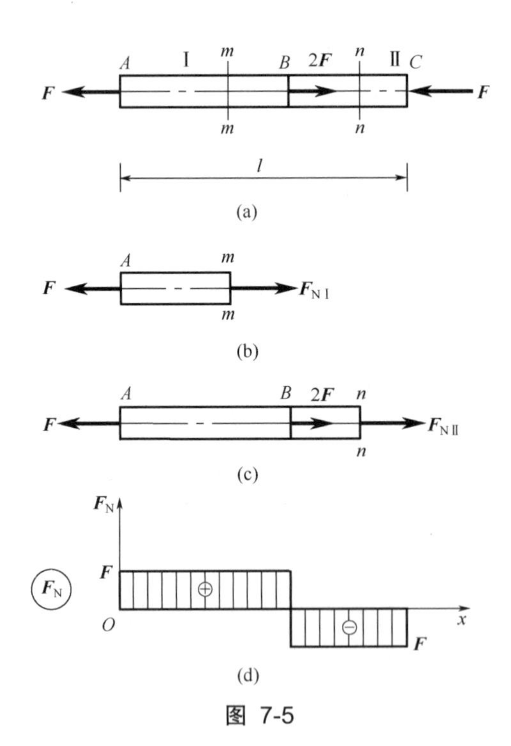

图 7-5

7.2.3 轴力图

在多个外力作用时，由于各段杆轴力的大小及正负号各异，所以为了形象的表明各截面轴力的变化情况，通常将其绘成轴力图［图 7-5（d）］。轴力图是用图形来表示杆件各横截面上轴力沿轴线的变化规律。作法是：以杆的左端为坐标原点，取 x 轴为横坐标轴，称为基线，其值代表截面位置，取 $\boldsymbol{F}_{\mathrm{N}}$ 为纵坐标轴，其值代表对应截面的轴力值，正值绘在基线上方，负值绘在基线下方，如图 7-5（d）所示。

例 7-1 试求出图 7-6（a）所示杆件各段内截面上的轴力，并画出轴力图。

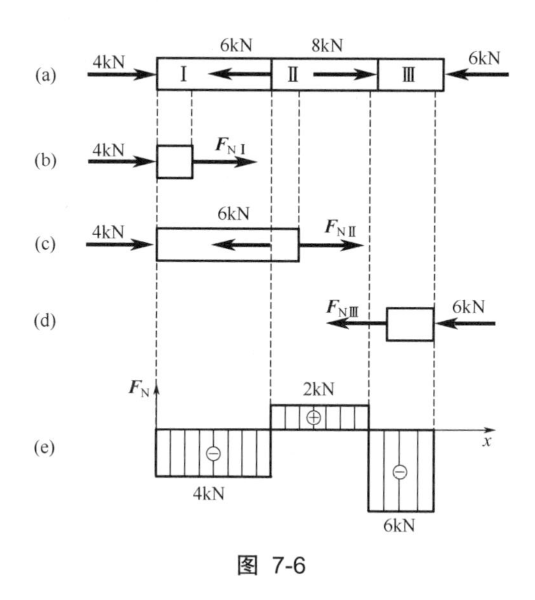

图 7-6

解：此杆需分三段求轴力及画轴力图。在第Ⅰ段范围内的任一横截面处将杆截断，取左段为分离体［图 7-6（b）]，由平衡条件

$$\sum F_x = 0, \quad 4 + F_{\mathrm{N\,I}} = 0$$

得到

$$F_{\mathrm{N\,I}} = -4\mathrm{kN}\ (\text{压})$$

在第Ⅱ段范围内的任一横截面处将杆截断，取左段为分离体［图 7-6（c）]，由平衡条件

$$\sum F_x = 0, \quad 4 - 6 + F_{\mathrm{N\,II}} = 0$$

得到

$$F_{\mathrm{N\,II}} = 2\mathrm{kN}\ (\text{拉})$$

在第Ⅲ段范围内的任一横截面处将杆截断，取右段为分离体［图 7-6（d）]，由平衡条件

$$\sum F_x = 0, \quad F_{\mathrm{N\,III}} + 6 = 0$$

得到

$$F_{\mathrm{N\,III}} = -6\mathrm{kN}\text{（压）}$$

各段内的轴力均为常数，故轴力图为三条水平线。由各截面上 $\boldsymbol{F}_{\mathrm{N}}$ 的大小及正负号绘出轴力图，如图 7-6（e）所示。

7.3　轴向拉压杆横截面上的应力

7.3.1 应力的概念

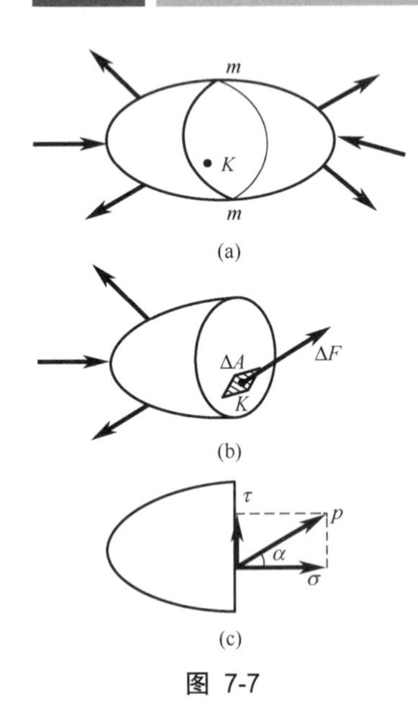

图 7-7

上节中用截面法求得的内力只是杆件整个横截面上分布内力的合力。为了分析内力在横截面上的分布情况，从而对杆件的强度进行计算，就必须引入应力的概念。图 7-7（a）所示的受力体代表任一受力构件，现研究 m—m 截面上 K 点附近的内力。围绕 K 点在截面上取一小面积 ΔA，设小面积 ΔA 上的分布内力的合力为 ΔF［图 7-7（b）］，$\dfrac{\Delta F}{\Delta A}$ 则为在 ΔA 范围内单位面积上的内力，称为面积 ΔA 上的平均应力，并用 p_m 表示，即

$$p_m = \frac{\Delta F}{\Delta A} \tag{7-1}$$

由于截面上内力的分布一般不是均匀的，所以平均应力 p_m 与所取小面积 ΔA 的大小有关。令 ΔA 趋于零，取极限

$$p = \lim_{\Delta A \to 0} \frac{\Delta F}{\Delta A} \tag{7-2}$$

式（7-2）中 p 为 K 点处的总应力。由式（7-2）可知，应力就是分布内力的集度。

工程中为了应用方便，常常还要把总应力 p 分解为垂直于截面的正应力 σ 和与截面相切的切应力 τ［图 7-7（c）］。显然，当总应力 p 为已知时，正应力 σ 和切应力 τ 分别为

$$\sigma = p\cos\alpha, \quad \tau = p\sin\alpha \tag{7-3}$$

在国际单位制（SI）中，力与面积的单位分别为 N 与 $\mathrm{m^2}$，应力的单位为 Pa，$1\mathrm{Pa} = 1\mathrm{N/m^2}$。由于 Pa 的单位很小，工程中还常用 kPa（千帕）和 MPa（兆帕），$1\mathrm{kPa} = 10^3\mathrm{Pa}$，$1\mathrm{MPa} = 10^6\mathrm{Pa}$。

7.3.2 轴向拉压杆横截面上应力的计算

拉压杆横截面上的内力为轴力 $\boldsymbol{F}_{\mathrm{N}}$，与轴力 $\boldsymbol{F}_{\mathrm{N}}$ 对应的应力为正应力 σ。

应力作为内力在横截面上的分布集度不能直接观测到，而变形是可以直接观测到的。由于内力与变形有关，因此，可以通过观察变形推测应力在横截面上的分布规律，进而确定应力的计算公式。

图 7-8（a）所示为一圆形截面杆，未受力前在 a—a、b—b 处画出该两横截面的圆周线（周边轮廓线），然后施加轴向拉力 $\boldsymbol{F}$［图 7-8（b）］，杆件变形后可观察到下列现象：两圆周线相对平移了 Δl 仍为平面内的圆周线，且其所在平面仍与杆件的轴线垂直。根据此现象可做如下假设：变形前的横截面变形后仍为平面，且仍与杆件的轴线垂直，此假设称为平面假设。根据平面假设可做如下推断：（1）a—a、b—b 两横截面间所有的平行杆件轴线的纵向线，其伸长量均相同（即均伸长了 Δl）；（2）杆件的材料是均匀的，变形相同时，受力也应相同，从而可推知，横截面上的内力是均匀分布的［图 7-8（c）］，即横截面上内力的分布集度 σ 为常量。

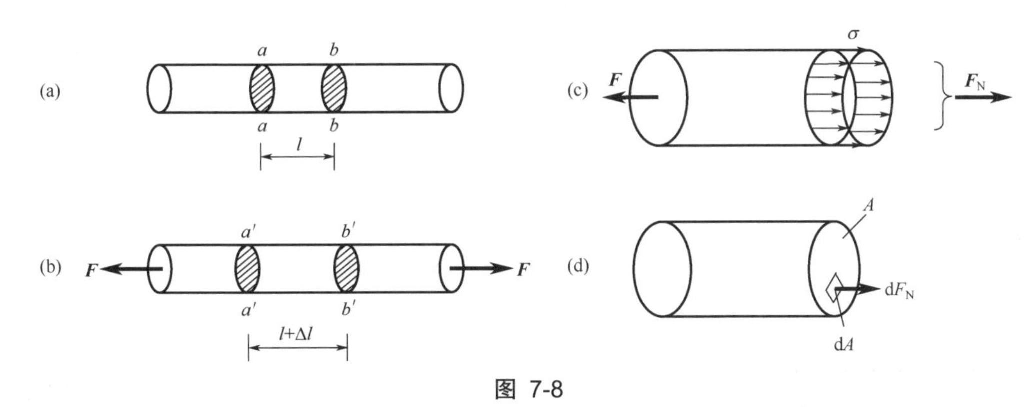

图 7-8

在横截面上取微面积 dA［图 7-8（d）］，作用在 dA 上的微内力为 $\mathrm{d}F_{\mathrm{N}}=\sigma \mathrm{d}A$，由静力学条件，整个横截面 A 上的微内力的总和应为轴力 $\boldsymbol{F}_{\mathrm{N}}$，即

$$F_{\mathrm{N}}=\int_A \mathrm{d}F_{\mathrm{N}}=\int_A \sigma \mathrm{d}A=\sigma\int_A \mathrm{d}A=\sigma A$$

得

$$\sigma=\frac{F_{\mathrm{N}}}{A} \tag{7-4}$$

式（7-4）就是轴向拉压杆横截面上正应力的计算公式。式中 A 为横截面面积；σ 为所求应力的点所在横截面上的轴力 $\boldsymbol{F}_{\mathrm{N}}$ 产生的正应力。当 $\boldsymbol{F}_{\mathrm{N}}$ 为拉力时，σ 为拉应力；当 $\boldsymbol{F}_{\mathrm{N}}$ 为压力时，σ 为压应力。

例 7-2　图 7-9 所示为一变截面杆，右端固定。已知 $F_1=40\mathrm{kN}$，$F_2=60\mathrm{kN}$，$A_1=2\times10^3\mathrm{mm}^2$，$A_2=4\times10^3\mathrm{mm}^2$，试求 1—1 和 2—2 截面上的应力。

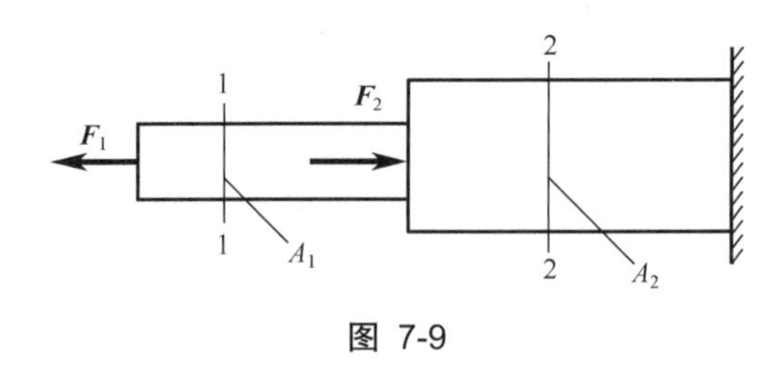

图 7-9

解：利用截面法求得 1—1 和 2—2 截面上的轴力分别为

$$F_{N1} = F_1 = 40\text{kN}$$

$$F_{N2} = F_1 - F_2 = (40-60)\text{kN} = -20\text{kN}$$

两个截面上的正应力分别为

$$\sigma_{1-1} = \frac{F_{N1}}{A_1} = \frac{40\times10^3}{2\times10^3\times10^{-6}}\text{Pa} = 2\times10^7\text{Pa} = 20\text{ MPa}\text{（拉）}$$

$$\sigma_{2-2} = \frac{F_{N2}}{A_2} = \frac{-20\times10^3}{4\times10^3\times10^{-6}}\text{Pa} = -5\times10^6\text{Pa} = -5\text{ MPa}\text{（压）}$$

7.4 轴向拉压杆的强度条件

7.4.1 强度条件的概念

工程上对杆件的基本要求之一，是其必须具有足够的强度。例如，一根受拉杆件，其横截面上的正应力将随着拉力的不断增大而增大，为使杆件不被拉断就必须限制正应力数值。

材料所能承受的应力值有限，它所能承受的最大应力称为该材料的极限应力，用 σ_u 表示。材料在拉压时的极限应力 σ_u 由试验确定。为了使材料具有一定的安全储备，将极限应力除以大于 1 的系数 n，作为材料允许承受的最大应力值，这个最大应力值称为材料的许用应力，以符号 $[\sigma]$ 表示，即

$$[\sigma] = \frac{\sigma_u}{n} \tag{7-5}$$

式中　n——安全因数。

为了确保拉压杆不致因强度不足而破坏，应使其最大工作应力 σ_{max} 不超过材料的许用应力，即

$$\sigma_{max}=\frac{F_N}{A}\leqslant[\sigma] \quad (7\text{-}6)$$

式（7-6）为拉压杆的强度条件。对于等截面杆，式（7-6）中的 F_N 应取最大轴力 F_{Nmax}。

7.4.2 强度条件的三方面应用

根据强度条件，可以解决有关强度计算的三类问题。

（1）强度校核。杆件的最大工作应力 σ_{max} 不应超过许用应力，即

$$\sigma_{max}=\frac{F_N}{A}\leqslant[\sigma]$$

在强度校核时，若 σ_{max} 值稍许超过许用应力 $[\sigma]$ 值，只要超出量在 $[\sigma]$ 值的 5% 以内，按设计规范中的规定，也是允许的。

（2）选择截面尺寸。由强度条件式（7-6），可得

$$A\geqslant\frac{F_N}{[\sigma]}$$

式中，A 为实际选用的横截面面积，当取等号时，A 是在满足强度条件的前提下所需的最小面积。

（3）确定许用荷载。由强度条件可知，杆件允许承受的最大轴力 F_N 的范围为

$$F_N\leqslant[\sigma]A$$

再根据轴力与外力的关系计算出杆件的许用荷载 $[F]$。

例 7-3 如图 7-10（a）所示，杆受拉力 F_1=10kN，F_2=35kN，F_3=25kN，直径 d=14mm，杆许用应力 $[\sigma]$=170MPa，根据强度条件，判断此杆是否满足强度要求。

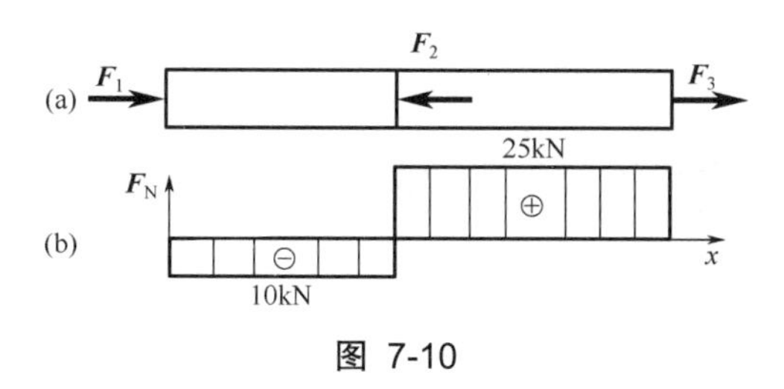

图 7-10

解：作出此杆的轴力图如图 7-10（b）所示。

$$F_{Nmax}=25\text{kN}$$

$$\sigma_{max}=\frac{F_{Nmax}}{A}=\frac{4F_{Nmax}}{\pi d^2}=\frac{4\times25\times10^3}{\pi\times0.014^2}\text{Pa}\approx162\times10^6\text{Pa}<[\sigma]=170\text{MPa}$$

此杆强度满足强度要求。

例 7-4 图 7-11（a）所示的支架中斜杆 BC 为正方形截面的木杆，边长 $a=100\text{mm}$，水平杆 AB 为圆形截面的钢杆，直径 $d=25\text{mm}$。已知木杆的许用压应力 $[\sigma_1]=10\text{MPa}$，钢杆的许用拉应力 $[\sigma_2]=160\text{MPa}$，荷载 $F=50\text{kN}$，试校核支架强度。

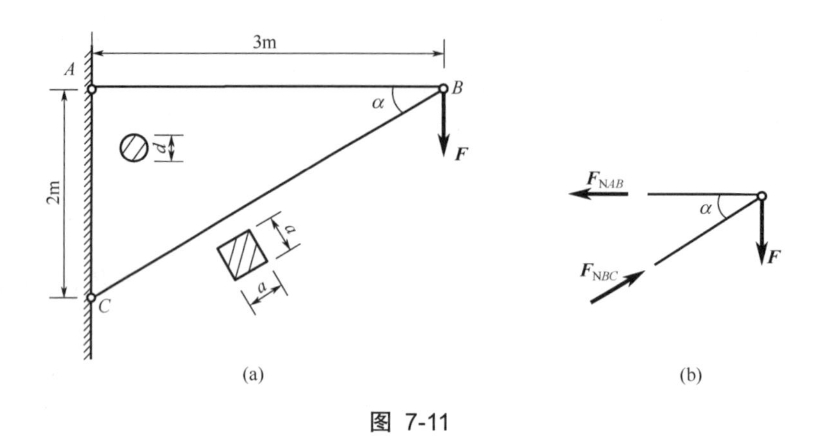

图 7-11

解：取分离体如图 7-11（b）所示，由平衡方程

$$\sum Y=0\text{，}\quad F_{\text{N}BC}\sin\alpha-F=0$$

$$\sum X=0\text{，}\quad F_{\text{N}AB}-F_{\text{N}BC}\cos\alpha=0$$

解得

$$F_{\text{N}BC}=\frac{F}{\sin\alpha}=\left(\frac{\sqrt{3^2+2^2}}{2}\times 50\right)\text{kN}\approx 90.1\,\text{kN}$$

$$F_{\text{N}AB}=F_{\text{N}BC}\cos\alpha=\left(\frac{3}{\sqrt{3^2+2^2}}\times 90.1\right)\text{kN}\approx 75\,\text{kN}$$

于是，由式（7-6）得

$$\sigma_{BC}=\frac{F_{\text{N}BC}}{a^2}=\frac{90.1\times10^3}{100^2\times10^{-6}}\text{Pa}=9.01\times10^6\,\text{Pa}=9.01\text{MPa}<[\sigma_1]$$

$$\sigma_{AB}=\frac{F_{\text{N}AB}}{\frac{\pi d^2}{4}}=\frac{4\times75\times10^3}{\pi\times25^2\times10^{-6}}\text{Pa}\approx152.8\times10^6\,\text{Pa}=152.8\text{MPa}<[\sigma_2]$$

木杆和钢杆均满足强度要求。

7.5 轴向拉压杆的变形及胡克定律

以图 7-12 所示拉杆为例，在轴向拉力作用下，讨论杆件的轴向变形及横向尺寸的变化。

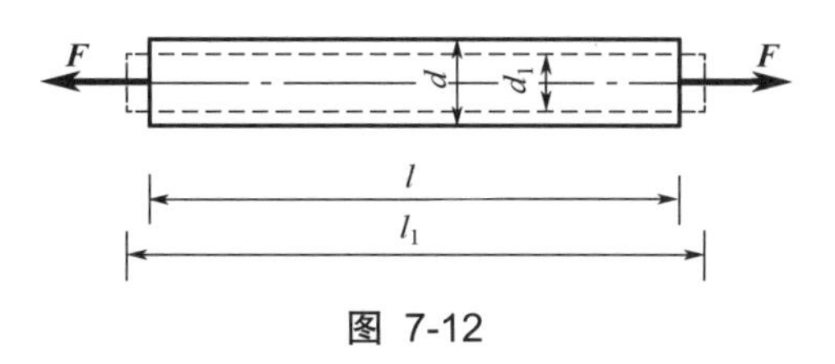

图 7-12

杆的原长为 l，横向尺寸为 d。在轴向拉力作用下，杆长变为 l_1，横向尺寸变为 d_1。则杆的绝对伸长为

$$\Delta l = l_1 - l$$

试验表明，在弹性范围内，杆的变形 Δl 与所加的力 $\boldsymbol{F}$ 成正比，与杆长 l 成正比，而与横截面面积 A 成反比，即

$$\Delta l \propto \frac{Fl}{A}$$

对于只在杆两端受力的杆，由于 $F_{\mathrm{N}} = F$，并引入比例常数 E，上式可改写为

$$\Delta l = \frac{F_{\mathrm{N}} l}{EA} \tag{7-7}$$

式（7-7）是拉压杆的轴向变形公式，也称为轴向拉压杆的胡克定律，其中 E 称为材料的弹性模量，其数值随材料而异，可由试验测定。

由式（7-7）可见对于长度相同，受力相等的杆件，EA 值愈大，则变形 Δl 愈小。EA 称为抗拉刚度，它反映了杆件抵抗拉伸（或压缩）变形的能力。

将绝对伸长 Δl 除以原长 l，得

$$\varepsilon = \frac{\Delta l}{l}$$

ε 称为轴向线应变，是无量纲的量。规定杆件伸长时，Δl 与 ε 为正；缩短时，Δl 与 ε 为负。正的 ε 为拉应变，负的 ε 为压应变。

将 $\varepsilon = \dfrac{\Delta l}{l}$ 和 $\sigma = \dfrac{F_{\mathrm{N}}}{A}$ 代入式（7-7）得

$$\varepsilon = \frac{\sigma}{E} \quad 或 \quad \sigma = E\varepsilon \tag{7-8}$$

式（7-8）表明，在弹性变形范围内，应力与应变成正比。式（7-8）是用应力和应变表示的胡克定律。由于ε无量纲，可见弹性模量E的量纲与应力的量纲相同。

拉杆的横向缩短量（图 7-12）为

$$\Delta d = d_1 - d$$

其横向线应变$\varepsilon' = \Delta d / d$。

试验表明，杆在弹性范围内，其横向线应变与轴向线应变之比的绝对值为一常数，即

$$\mu = \left| \frac{\varepsilon'}{\varepsilon} \right|$$

μ称为泊松比（或横向变形系数），是无量纲的量，其值随材料而异，可由试验测定。

考虑到ε与ε'这两个应变的正负号恒相反，即轴向若为伸长变形（ε为正），则横向必为缩短变形（ε'为负），故有

$$\varepsilon' = -\mu\varepsilon \tag{7-9}$$

弹性模量E和泊松比μ都是材料的弹性常数。表 7-1 给出了一些常用材料的E值和μ值。

表 7-1　常用材料的E值和μ值

材料名称	牌号	E		μ
		10^5 MPa	10^6 kg/cm^2	
低碳钢	—	1.96~2.16	2.0~2.2	0.24~0.28
低合金钢	16Mn	1.96~2.16	2.0~2.2	0.25~0.30
合金钢	40CrNiMoA	1.86~2.16	1.9~2.2	0.25~0.30
铸铁	—	0.59~1.62	0.6~1.65	0.23~0.27
混凝土	—	0.147~0.35	0.15~0.36	0.16~0.18
木材（顺纹）	—	0.098~0.117	0.1~0.12	—

例 7-5　图 7-13(a) 所示的轴向拉压杆，$A_1 = 1000\text{mm}^2$，$A_2 = 500\text{mm}^2$，$E = 2 \times 10^5\text{MPa}$。试求杆的总伸长$\Delta l$。

解：（1）运用截面法计算轴力，并作出轴力图，如图 7-13（b）所示。

（2）计算变形。

由于杆的AC段和CD段的轴力不同，并且AB段与BC段具有不同的横截面面积，因此，应分别计算AB、BC和CD三段的变形，其代数和为杆的总伸长，即

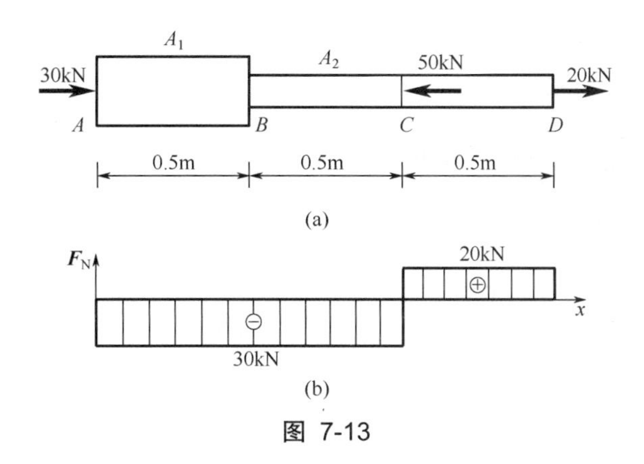

图 7-13

$$\Delta l = \Delta l_{AB} + \Delta l_{BC} + \Delta l_{CD} = \frac{F_{NAB} l_{AB}}{EA_1} + \frac{F_{NBC} l_{BC}}{EA_2} + \frac{F_{NCD} l_{CD}}{EA_2}$$
$$= \left[\frac{10^3 \times 0.5}{2\times10^5 \times 10^6 \times 500 \times 10^{-6}}\left(\frac{-30}{2} - 30 + 20\right)\right]\text{m}$$
$$= -1.25\times10^{-4}\text{m}$$
$$= -0.125\text{mm}$$

负号表示缩短，即杆件的总长度缩短了 0.125mm 。

例 7-6 一等截面杆在轴向拉力 $\boldsymbol{F}$ 作用下，测得杆件某处的横向线应变 $\varepsilon' = -3\times10^{-5}$（图 7-14），已知杆的横截面面积 $A = 300\text{mm}^2$ 、材料的弹性模量 $E = 2\times10^5$ MPa 、泊松比 $\mu = 0.25$ ，试求轴向拉力 $\boldsymbol{F}$ 的数值。

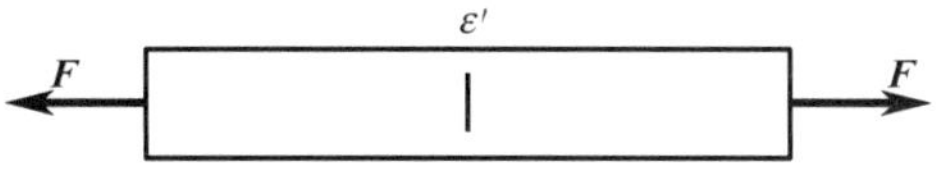

图 7-14

解： 由 $\varepsilon' = -\mu\varepsilon = -\mu\dfrac{\sigma}{E} = -\dfrac{\mu}{E}\dfrac{F}{A}$

而得
$$F = -\varepsilon' EA \frac{1}{\mu}$$
$$= \left[-(-3\times10^{-5})\times2\times10^5\times10^6\times300\times10^{-6}\times\frac{1}{0.25}\right]\text{N}$$
$$=7.2\times10^3\ \text{N} = 7.2\ \text{kN}$$

7.6 材料在拉伸与压缩时的力学性质

在计算拉压杆的强度与变形时，要涉及材料的极限应力 σ_u 和弹性模量 E 等，这些材料在受力过程中所表现出的有关性质，统称为材料的力学性质。它们是通过材料试验测定的。本节主要介绍材料在常温、静载条件下的力学性质。

7.6.1 低碳钢在拉伸时的力学性质

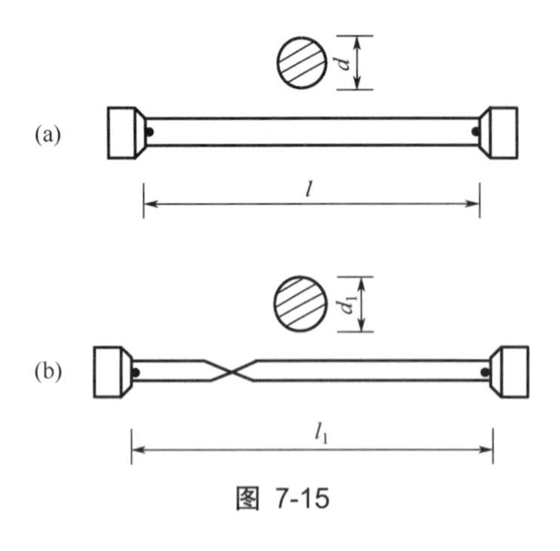

图 7-15

低碳钢是工程中广泛使用的材料，其力学性质具有典型性。

1. 拉伸图与应力 – 应变曲线

拉伸试验时，按国家标准（GB/T 228.1—2021）规定将试件做成一定的形状和尺寸，称为标准试件［图 7-15（a）］。圆形截面标准试件的工作段（或称标距）长度 l 与直径 d 的关系规定为 $l=10d$ 和 $l=5d$。

拉伸试验是在试验机上进行的。将试件装入试验机的夹头后启动机器，使试件受到从零开始缓慢增加的拉力 $\boldsymbol{F}$ 作用，试件在标距 l 长度内产生相应的变形 Δl［图 7-15（b）］。将一系列 F 值和与之对应的 Δl 值绘成 F-Δl 关系曲线，称为拉伸图。低碳钢试件的拉伸图如图 7-16 所示。显然，拉伸图与试件尺寸的大小有关，不便表示材料的力学性质。为消除试件尺寸的影响，以 $\sigma=F/A$ 为纵坐标、$\varepsilon=\Delta l/l$ 为横坐标（A 与 l 分别为试件变形前的横截面面积和标距长度），这样得到的曲线称为应力 – 应变曲线或 σ-ε 曲线。低碳钢的 σ-ε 曲线如图 7-17 所示，这一曲线反映了材料在拉伸过程中所表现的力学性质。

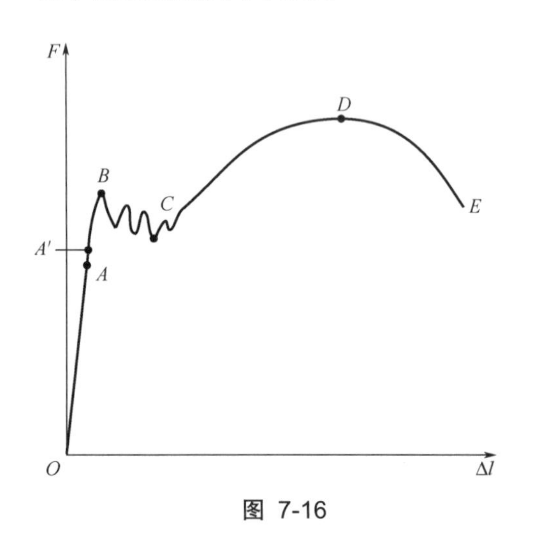

图 7-16

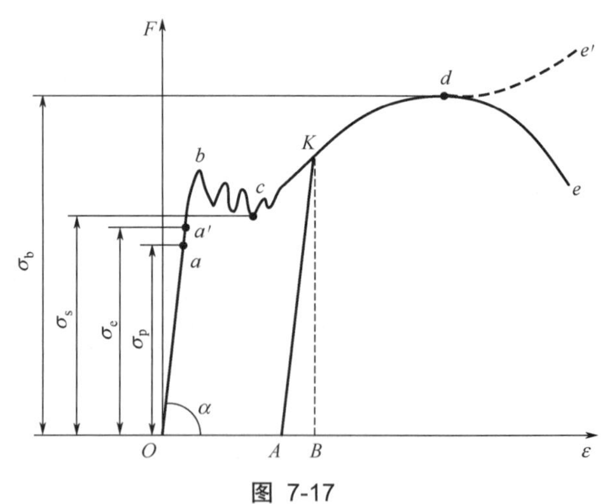

图 7-17

2. σ-ε 曲线的四个特征阶段

（1）弹性阶段（图 7-17 中的 Oa' 段）。在此阶段内，材料的变形是弹性的，若卸去

荷载 $\boldsymbol{F}$，试件的变形将全部消失。a' 点对应的应力称为材料的弹性极限，并用 σ_e 表示。

在弹性阶段内，Oa 段为直线，a 点对应的应力称为比例极限，并用 σ_p 表示。比例极限是反映材料力学性质的一个重要指标，它涉及胡克定律的适用范围。胡克定律 $\sigma = E\varepsilon$ 反映 σ 与 ε 成比例关系，在图上为直线。而在 σ-ε 曲线上只有 $\sigma \leqslant \sigma_p$ 时为直线，因而胡克定律 $\sigma = E\varepsilon$ 只在 $\sigma \leqslant \sigma_p$ 时才成立。

a 、a' 两点非常接近，在应用中，对比例极限与弹性极限常不加严格区分，而把材料内的应力处于弹性极限以下统称为线弹性范围。

（2）屈服阶段（图 7-17 中的 bc 段）。当应力超过弹性极限 σ_e 后，应变增加很快，而应力则在一较小范围内波动，在 σ-ε 曲线上出现一段近于水平的线段（bc 段）。这种应力基本不增加而应变继续增大的现象称为屈服现象。bc 段称为屈服阶段（或流动阶段），将此阶段最低点 c 对应的应力称为材料的屈服极限，并用 σ_s 表示。屈服极限是衡量材料强度的重要指标。

当应力超过弹性极限以后，材料的变形既有弹性变形，又有塑性变形。在屈服阶段，弹性变形基本不再增加，而塑性变形迅速增加，即屈服阶段出现了明显的塑性变形。

（3）强化阶段（图 7-17 中的 cd 段）。材料经过屈服阶段后，应力 σ 与应变 ε 又同时增加，σ-ε 曲线继续上升直到 d 点，cd 段称为强化阶段。

σ-ε 曲线最高点 d 对应的应力称为材料的强度极限，并用 σ_b 表示。

（4）颈缩阶段（图 7-17 中的 de 段）。在应力达到 σ_b 之前，试件的变形是均匀的，当应力达到 σ_b 时，试件开始出现不均匀变形，试件的某部出现了明显的局部收缩，形成颈缩现象［图 7-15(b)］，曲线开始下降，至 e 点时试件被拉断。此阶段称为颈缩阶段。

上述应力－应变曲线的四个阶段和相应的各应力特征点（比例极限、弹性极限、屈服极限、强度极限）反映了典型塑性材料在拉伸时的力学性质。

3. 延伸率和截面收缩率

材料的塑性性质通常是用以下列两个指标来衡量。

延伸率

$$\delta = \frac{l_1 - l}{l} \times 100\% \tag{7-10}$$

截面收缩率

$$\psi = \frac{A - A_1}{A} \times 100\% \tag{7-11}$$

式中　l 和 l_1——试件受力前和拉断后试件上标距间的长度（图 7-15）；

A 和 A_1——试件受力前和断口处的横截面面积。

δ 和 ψ 值越大，表明材料的塑性越好。工程中，通常是将 $\delta > 5\%$ 的材料称为塑性材料，而将 $\delta \leqslant 5\%$ 的材料称为脆性材料。

4. 冷作硬化

若在 σ-ε 曲线强化阶段内的某点 K 时，将荷载慢慢卸掉，此时的 σ-ε 曲线将沿着与 Oa 近于平行的直线 KA 回落到 A 点（图 7-17）。这表明材料的变形已不能全部消失，存在着残余线应变（OA 段），即存在着塑性变形（图中 AB 为卸载后消失的线应变，此部分为弹性变形）。如果卸载后再重新加载，σ-ε 曲线又沿直线 AK 上升到 K 点，以后仍按原来的 σ-ε 曲线变化。将卸载后再重新加载的 σ-ε 曲线与未经卸载的 σ-ε 曲线相对比，可看到，材料的比例极限得到提高（直线部分扩大了），而材料的塑性有所降低，此现象称为冷作硬化。工程中常利用冷作硬化来提高杆件在弹性范围内所能承受的最大荷载。

7.6.2 铸铁拉伸时的力学性质

铸铁是典型的脆性材料，其拉伸时的 σ-ε 曲线如图 7-18 所示。与低碳钢相比，其特点为：

（1）σ-ε 曲线为一微弯线段，且没有明显的阶段性；

（2）拉断时的变形很小，没有明显的塑性变形；

（3）没有比例极限、弹性极限和屈服极限，只有强度极限且其值较低。

工程中常认为铸铁的 σ-ε 曲线近似地服从胡克定律，即 $\sigma = E\varepsilon$。

7.6.3 其他材料拉伸时的力学性质

图 7-19 中给出了几种塑性金属材料拉伸时的 σ-ε 曲线，其中：①为锰钢，②为铝合金，③为球墨铸铁，④为低碳钢。它们的共同特点是拉断前都有较大的塑性变形，延伸率比较大。但前三种都没有明显的屈服阶段。对这类塑性材料，常人为地规定某个应力值作为材料的名义屈服极限。在有关规定中，是以产生的塑性应变为 0.2% 时所对应的应力作为名义屈服极限，并以 $\sigma_{0.2}$ 表示（图 7-20）。

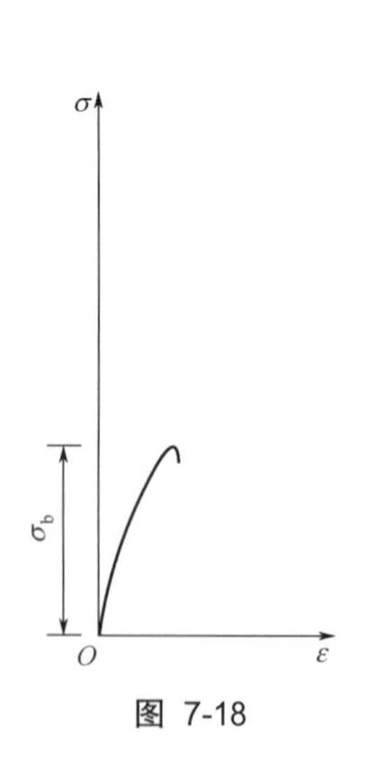

图 7-18

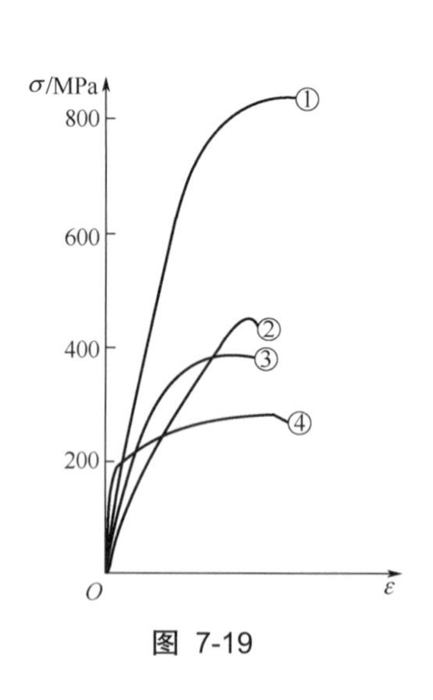

图 7-19

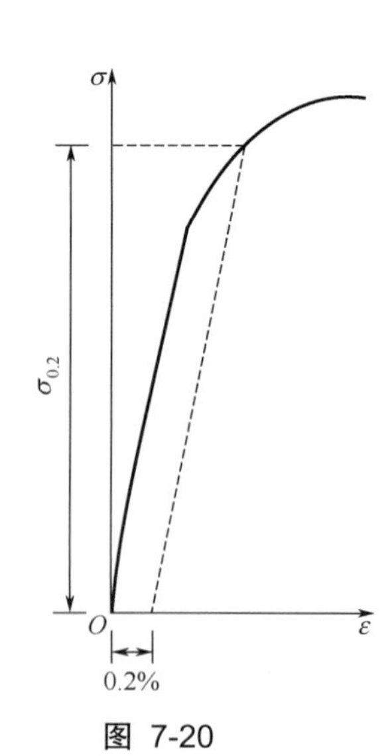

图 7-20

7.6.4 低碳钢压缩时的力学性质

低碳钢压缩时的 σ-ε 曲线如图 7-21 所示。将其与拉伸时的 σ-ε 曲线相对比：弹性阶段和屈服阶段与拉伸时的曲线基本重合，比例极限、弹性极限和屈服极限均与拉伸时的数值相同；在进入强化阶段后，曲线一直向上延伸，测不出明显的强度极限。这是因为低碳钢的材质较软，随着压力的增大，试件越压越扁。工程中，取拉伸时的强度极限作为压缩时的强度极限，即认为拉压时的指标相同。

7.6.5 铸铁压缩时的力学性质

铸铁压缩时的 σ-ε 曲线如图 7-22 所示，仍是与拉伸时类似的一条微弯曲线，只是其强度极限值较大，它远大于拉伸时的强度极限值。这表明铸铁这种材料是抗压而不抗拉的。

其他脆性材料如砖、石、混凝土等都与铸铁类似，它们的抗压强度都远高于抗拉强度。因此在工程中，这类材料通常用作受压构件。

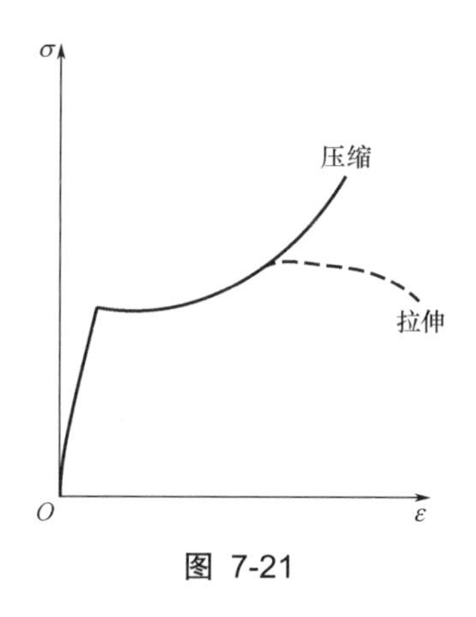

图 7-21

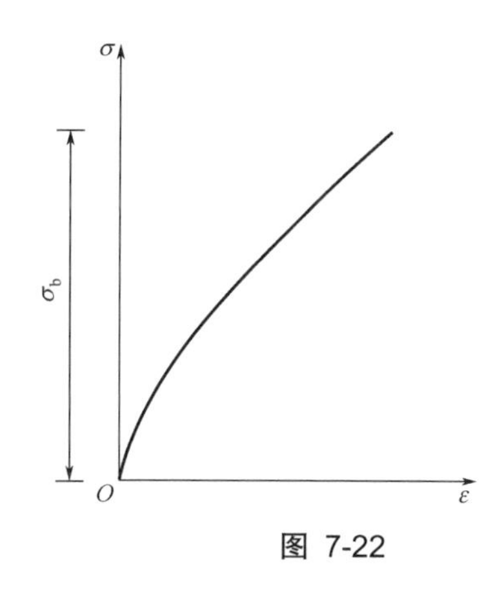

图 7-22

7.6.6 许用应力的确定

前面由式（7-5）已经知道，许用应力是材料的极限应力除以大于 1 的安全因数，即

$$[\sigma]=\frac{\sigma_u}{n}$$

在了解了材料的力学性质后，便可进一步来确定不同材料的极限应力 σ_u。脆性材料是以强度极限 σ_b 为极限应力，即

$$[\sigma]=\frac{\sigma_b}{n_b}$$

塑性材料则是以屈服极限 σ_s 为极限应力，即

$$[\sigma]=\frac{\sigma_s}{n_s}$$

对塑性材料来说，当应力达到材料的屈服极限时，尽管材料并没有破坏，但由于此时将出现显著的塑性变形而影响杆件的正常工作，所以，以屈服极限作为强度指标。

n_b 和 n_s 分别为脆性材料和塑性材料的安全因数。

7.7　拉压超静定问题

在第 4 章中，曾介绍了超静定问题及超静定结构的概念。超静定结构的计算要用到多余约束及变形协调条件等概念，本节将加以阐述。

为了维持图 7-23（a）所示杆件的平衡，只需要一个约束即可，而该杆件有两个约束，故对于维持结构平衡而言，该杆件存在多余约束。与多余约束对应的约束力，称为多余反力或多余未知力。

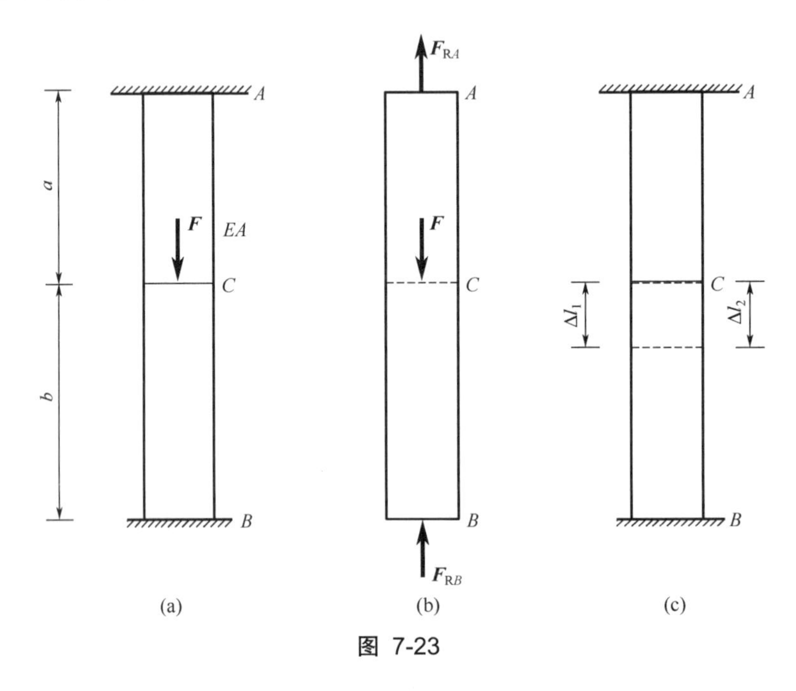

图 7-23

多余未知力等于未知力个数与独立平衡方程个数的差值，多余未知力个数又称为超静定次数。

欲求如图 7-23（a）所示杆件的支反力 $\boldsymbol{F}_{RA}$ 和 $\boldsymbol{F}_{RB}$，首先设支反力的方向如图 7-23（b）所示，由平衡条件 $\sum Y=0$，得

$$F_{RA}+F_{RB}-F=0 \tag{7-12}$$

还需要建立一个能够表示 $\boldsymbol{F}_{RA}$ 与 $\boldsymbol{F}_{RB}$ 关系的补充方程。为此，从分析杆件受力后的变形情况入手。杆件 AB 在力 $\boldsymbol{F}$ 作用下，AC 段被拉长，伸长量为 Δl_1，CB 段被压短，缩短量为 Δl_2，如图 7-23（c）所示。由于杆件在 A、B 两端固定，其总长度不能改变，因此，必有

$$\Delta l_1 = \Delta l_2 \tag{7-13}$$

式（7-13）表示杆件必须满足的变形条件，称为变形协调条件，又称为相容方程。

当杆的材料在弹性范围工作时，由胡克定律可知，变形与力之间存在下列物理关系

$$\Delta l_1 = \frac{F_{RA}a}{EA}, \quad \Delta l_2 = \frac{F_{RB}b}{EA} \tag{7-14}$$

将式（7-14）代入式（7-13），得

$$F_{RA} = \frac{b}{a}F_{RB} \tag{7-15}$$

式（7-15）即为表示力 $\boldsymbol{F}_{RA}$ 与 $\boldsymbol{F}_{RB}$ 关系的补充方程。

联立方程式（7-12）、式（7-15），解得

$$F_{RA} = \frac{b}{a+b}F, \quad F_{RB} = \frac{a}{a+b}F$$

解出的结果均为正值，说明约束力 $\boldsymbol{F}_{RA}$ 和 $\boldsymbol{F}_{RB}$ 的方向都设对了。

解超静定问题的步骤可归纳为：

（1）画出平衡体的受力图；

（2）根据平衡体的受力图列平衡方程；

（3）根据变形协调的几何关系和变形与力之间的物理关系建立补充方程；

（4）平衡方程与补充方程联立求解。

其中，建立补充方程为最关键的一步。

例 7-7 图 7-24（a）所示结构中，AB 为刚性杆，杆①和杆②的抗拉刚度相同，均为 EA，试求力 $\boldsymbol{F}$ 作用下杆①和杆②的轴力。

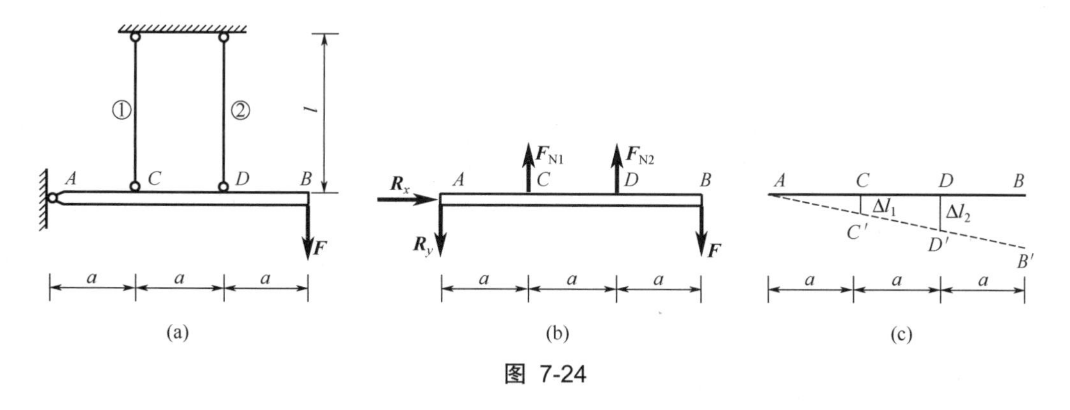

图 7-24

解： 取分离体如图 7-24（b）所示，杆①和杆②的轴力分别设为 $\boldsymbol{F}_{N1}$ 和 $\boldsymbol{F}_{N2}$，对 A 点取矩，建立平衡方程

$$\sum M_A = 0, \quad F_{N1} \cdot a + F_{N2} \cdot 2a - F \cdot 3a = 0 \tag{1}$$

建立变形协调方程，由于变形很微小，可认为 C 、D 两点沿竖直方向移到 C' 点和 D' 点，CC' 和 DD' 则分别为杆①和杆②的伸长量［图 7-24（c）］。二伸长量之间的关系为

$$\Delta l_2 = 2\Delta l_1 \tag{2}$$

各杆的变形与轴力之间的物理关系为

$$\left.\begin{aligned} \Delta l_1 &= \frac{F_{N1} l}{EA} \\ \Delta l_2 &= \frac{F_{N2} l}{EA} \end{aligned}\right\} \tag{3}$$

将式（3）代入式（2），则得到下列补充方程

$$\frac{F_{N2} l}{EA} = 2\frac{F_{N1} l}{EA} \tag{4}$$

将式（1）、式（4）联立，解得

$$F_{N1} = \frac{3}{5}F,\quad F_{N2} = \frac{6}{5}F$$

小　结

（1）本章通过最简单，同时也是最基本的轴向拉压问题的分析，介绍了研究材料力学的基本方法，即科学试验与理论分析相结合的方法。研究时，从分析外力着手，然后用截面法求出内力，再从以下三个方面导出应力计算公式：①根据试验观察得到的现象，提出假设，建立各纵向线段变形之间的关系（称为变形几何关系）；②由变形与应力的关系（称为物理关系），结合变形的几何关系，得到横截面上各点应力的分布情况；③由应力与内力的关系（静力学关系），最后导出应力计算公式。

（2）本章讨论了拉压杆的内力、应力的计算问题，它是强度计算的基础，必须熟练掌握。轴力 $\boldsymbol{F}_N$ 通过横截面的形心，并垂直于横截面。应力在横截面上均匀分布。横截面上只有正应力 σ，其计算公式为

$$\sigma = \frac{F_N}{A}$$

（3）胡克定律是变形体力学中的重要定律，其表达式有以下两种。

$$\varepsilon = \frac{\sigma}{E},\quad \Delta l = \frac{F_N l}{EA}$$

EA 为杆的抗拉（压）刚度。该定律只在弹性范围内成立，确切地说，只在 $\sigma \leqslant \sigma_p$ 时成立。

（4）本章介绍了常温、静载下材料的力学性能。测定材料力学性能的方法是试验，其中拉伸试验是最基本的一种试验，由它可测得材料的强度指标 σ_s、σ_b，刚度指标 E、μ，塑性指标 δ、ψ。必须清楚理解这些指标的物理意义，并注意塑性材料与脆性材料的区别。

（5）本章重点讨论了拉压杆的强度计算。在强度条件的三方面应用中，最重要的是强度条件 $\sigma_{max}=\dfrac{F_N}{A}\leqslant[\sigma]$。无论是选择截面，还是求最大许用荷载，前提是都要满足强度条件，列出强度条件，另外两种应用就很容易导出。

（6）仅用平衡方程不能求出全部未知力的问题称为超静定问题，多余约束产生的多余未知力的个数就等于超静定次数。解超静定问题的关键在于根据变形协调条件建立补充方程，几次超静定就需建立几个补充方程。解超静定题目时应注意要画出平衡体的受力图，因为列平衡方程和补充方程都与受力图有关。

一、单项选择题

7-1　题 7-1 图所示轴向拉压杆，1—1 截面的轴力 $\boldsymbol{F}_N$ 的数值为（　　）。

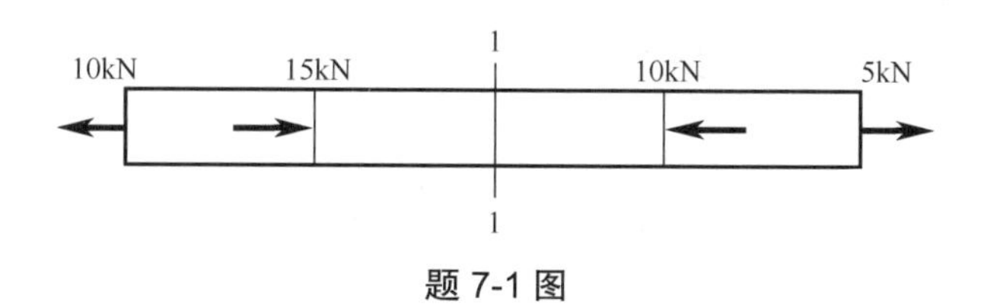

题 7-1 图

A. 5kN　　B. −5kN　　C. 10kN　　D. −10kN

7-2　材料的许用应力 $[\sigma]=\dfrac{\sigma_u}{n}$，对于塑性材料，极限应力 σ_u 取的是（　　）。

A. 比例极限　　B. 弹性极限　　C. 屈服极限　　D. 强度极限

7-3　题 7-3 图所示构架中，AB 杆的横截面面积为 A，许用应力为 $[\sigma]$。若只考虑 AB 杆的强度，则构架能承受的许用荷载 $[F]$ 的值为（　　）。

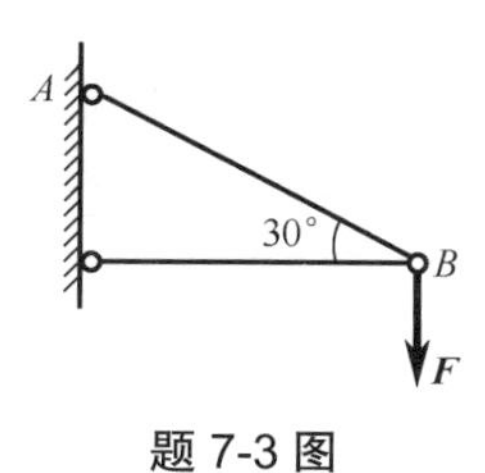

题 7-3 图

A. $[\sigma]A$　　B. $2[\sigma]A$　　C. $\dfrac{1}{2}[\sigma]A$　　D. $4[\sigma]A$

7-4　线应变 $\varepsilon = \frac{\Delta l}{l}$，$\varepsilon$ 的量纲中常用的单位是（　　）。

A. mm　　B. cm　　C. m　　D. 无量纲

7-5　题 7-5 图中轴向拉压杆横截面面积为 A，则该杆中最大正应力 σ_{max} 的值为（　　）。

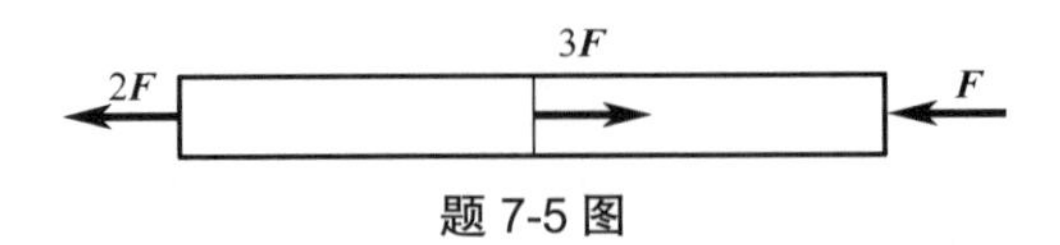

题 7-5 图

A. $\frac{F}{A}$　　B. $\frac{2F}{A}$　　C. $\frac{3F}{A}$　　D. $\frac{6F}{A}$

7-6　轴向拉压杆的变形与（　　）。

A. 弹性模量成反比　　B. 与横截面面积成正比

C. 与杆长成反比　　D. 与所受外力成反比

二、填空题

7-7　构件安全工作的三方面要求分别是________要求、刚度要求和稳定性要求。

7-8　低碳钢试件拉断时变形发展的四个阶段分别为弹性阶段、________阶段、强化阶段和颈缩阶段。

7-9　各向同性假设是认为所研究的材料沿不同方向具有相同的________性质。

7-10　题 7-10 图所示变截面轴向拉压杆中的最大正应力为________。

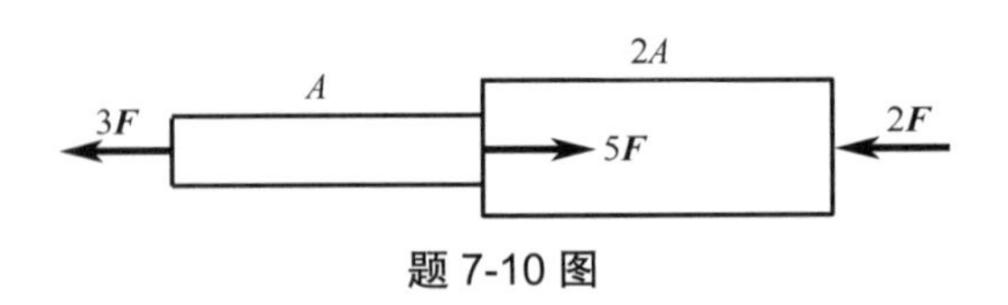

题 7-10 图

7-11　轴向拉压杆的胡克定律的两种形式分别为 $\varepsilon = \frac{\sigma}{E}$ 和________。

7-12　只用静力平衡方程不能求出全部未知力的结构称为________。

三、计算题

7-13　试画题 7-13 图所示各杆的轴力图。

7-14　题 7-14 图所示结构中，AB 为刚性杆，CD 为圆形截面木杆，其直径 $d = 120\text{mm}$，已知 $F = 8\text{kN}$，试求 CD 杆横截面上的应力。

7-15　题 7-15 图所示结构中，杆①和杆②均为圆形截面钢杆，其直径分别为 $d_1 = 16\text{mm}$、$d_2 = 20\text{mm}$，已知 $F = 40\text{kN}$，钢材的许用应力 $[\sigma] = 160\text{MPa}$，试分别校核二杆的强度。

7-16　题 7-16 图所示受力杆中，$\boldsymbol{F}$ 为轴向外力，杆的抗拉（压）刚度为 EA，试画出该杆的轴力图。

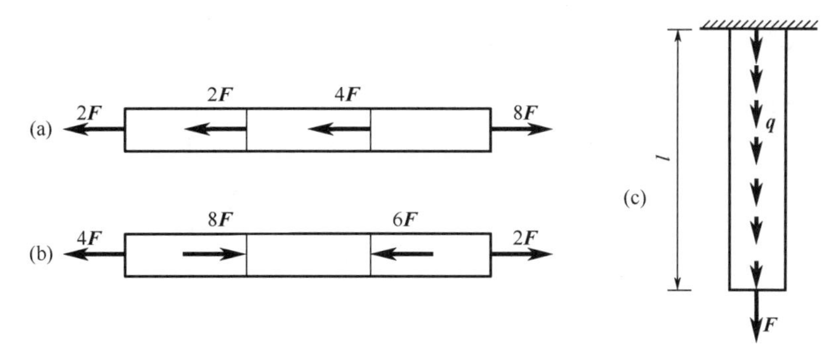

题 7-13 图

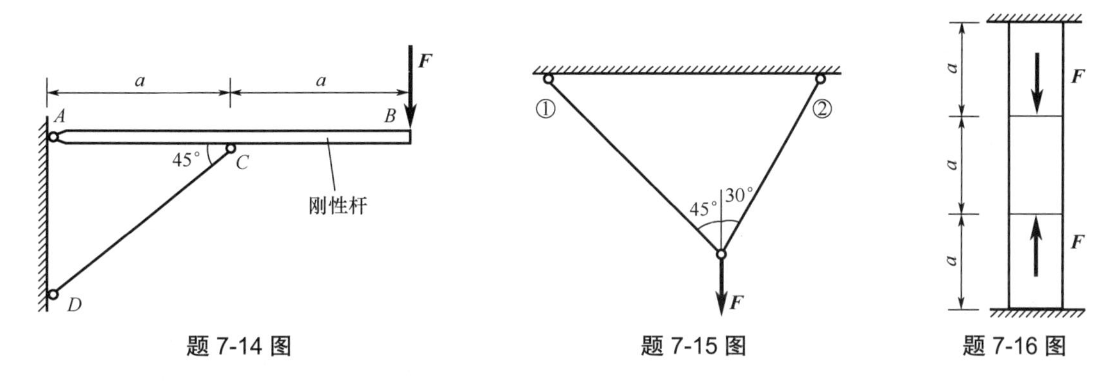

题 7-14 图　　题 7-15 图　　题 7-16 图

7-17　题 7-17 图所示三角架中，AB 杆为圆形截面钢杆，BC 杆为正方形截面木杆，已知 $F=12\text{kN}$，钢材的许用应力 $[\sigma]=160\text{MPa}$，木材的许用应力 $[\sigma]=10\text{MPa}$，试求 AB 杆所需的直径和 BC 杆所需的截面尺寸。

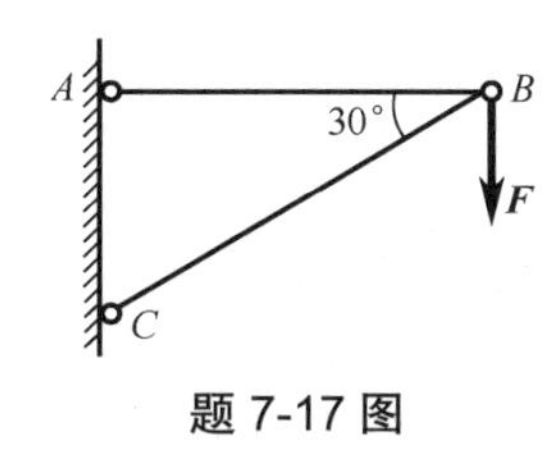

题 7-17 图

7-18　题 7-18 图所示两杆的材料和横截面面积均相同，材料的弹性模量 $E=2\times10^5\text{MPa}$，横截面面积 $A=200\text{mm}^2$，试求各杆总长度的改变量。

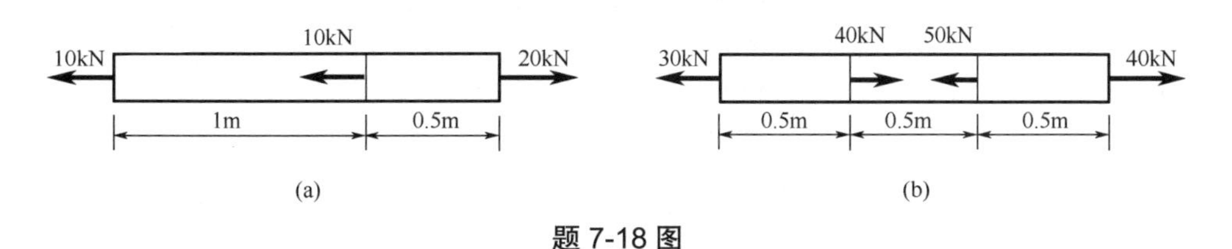

题 7-18 图

7-19　试分析题 7-19 图所示各结构的超静定次数。

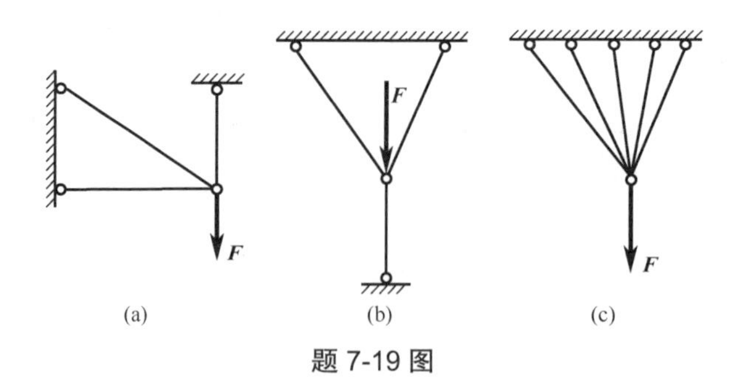

题 7-19 图

四、综合题

7-20　题 7-20 图所示钢杆组成的桁架，已知 $F=20\text{kN}$，钢材的许用应力 $[\sigma]=160\text{MPa}$，试求 CD 杆所需的横截面面积。

7-21　题 7-21 图所示结构中，杆①和杆②的抗拉刚度相同，均为 EA，试求 $\boldsymbol{F}$ 作用下杆①和杆②的轴力。

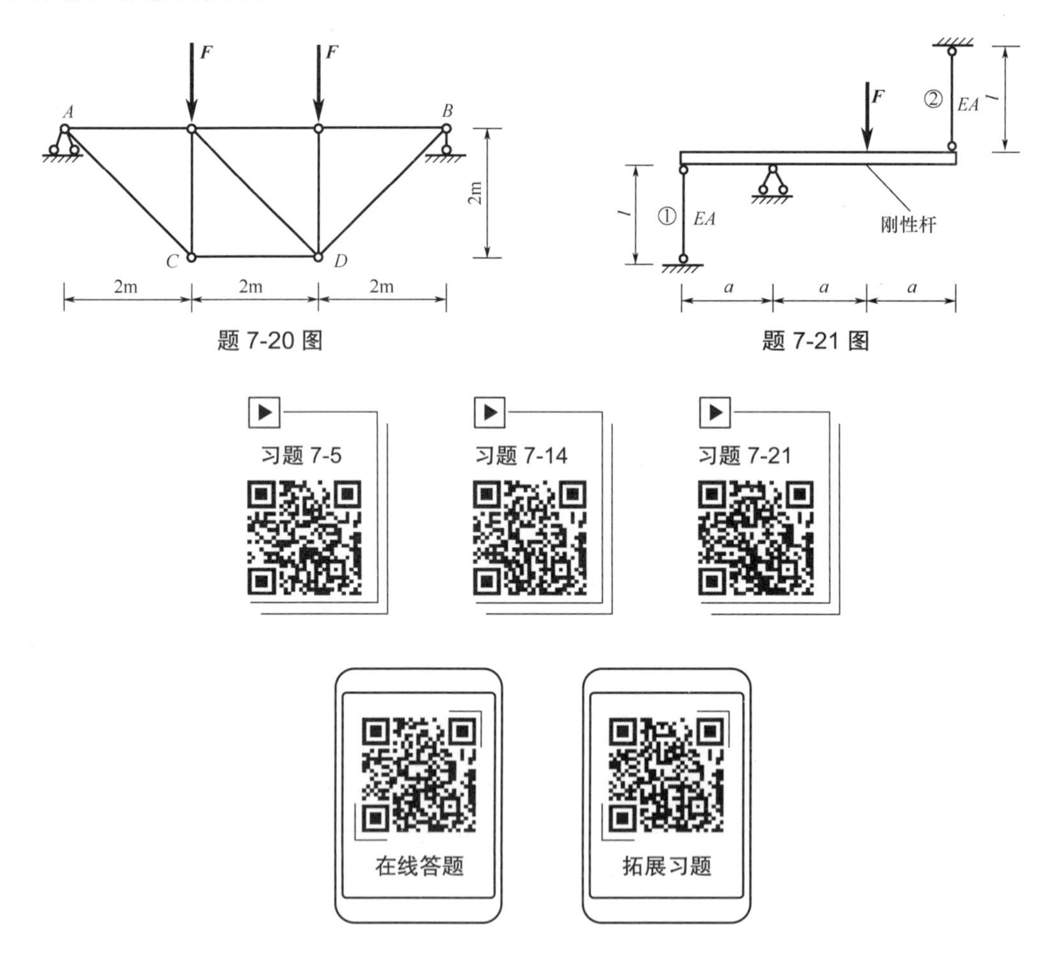

题 7-20 图　　题 7-21 图

第8章
剪切和扭转

知识结构图

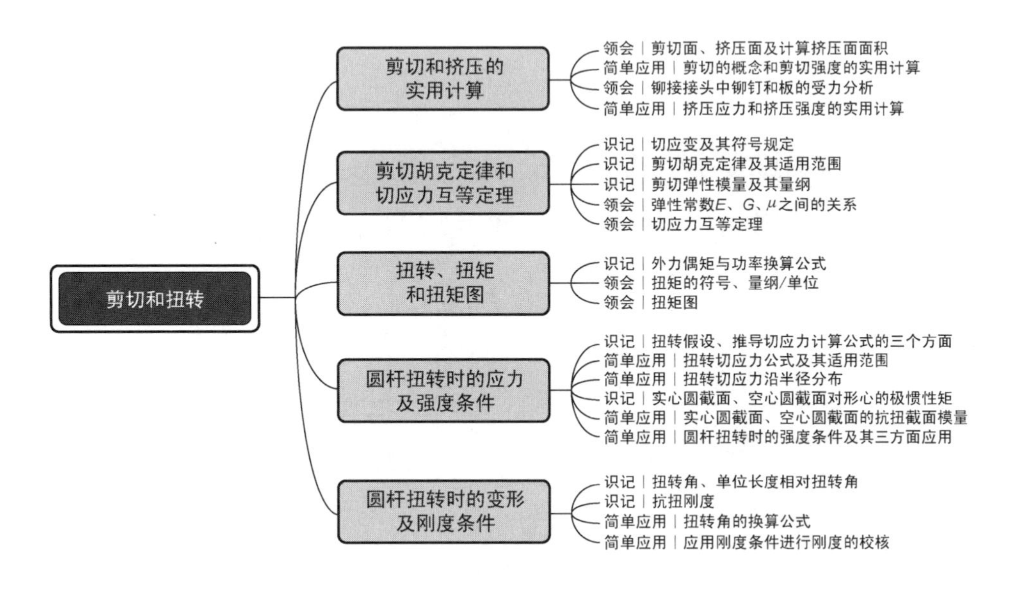

8.1 剪切与挤压的实用计算

剪切变形是杆件的基本变形形式之一。当杆件受一对大小相等、方向相反、作用线相距很近的横向力作用时，二力之间的截面将沿外力方向发生相对错动（图 8-1），此种变形称为剪切。发生错动的截面称为受剪面或剪切面。

工程中常见的连接件如螺栓连接中的螺栓［图 8-2（a）］、销钉连接中的销钉［图 8-2（b）］等工作时都会发生剪切变形。

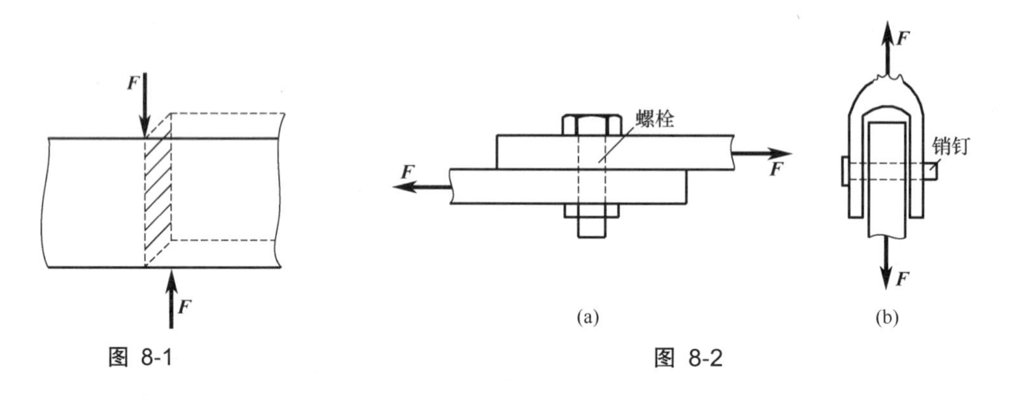

图 8-1　　图 8-2

8.1.1 剪切的实用计算及强度条件

图 8-3（a）所示用铆钉连接的两钢板，拉力 $\boldsymbol{F}$ 通过板的孔壁作用在铆钉上，铆钉的受力图如图 8-3（b）所示，a—a 为受剪面。

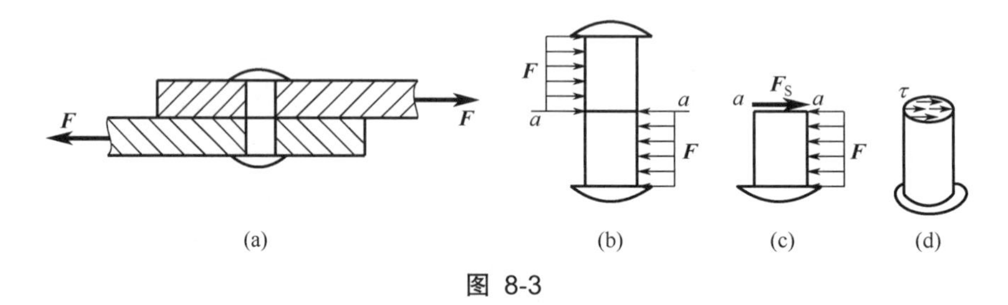

图 8-3

沿 a—a 截面将铆钉截开并取下部为分离体，如图 8-3（c）所示，由水平方向的平衡可知，a—a 截面上一定存在沿截面的内力 $\boldsymbol{F}_S$，且有

$$\sum F_x = 0 \quad F_S - F = 0 \quad F_S = F$$

$\boldsymbol{F}_S$ 称为剪力，它以切应力 τ 的形式分布在受剪面 a—a 上［图 8-3（d）］。

切应力在剪切面上的分布情况比较复杂，工程中通常采用下述实用计算方法：设截面上的剪力为 $\boldsymbol{F}_S$，剪切面的面积为 A，则剪切面上的平均应力（即假设剪切面上的切应

力为均匀分布）

$$\tau = \frac{F_S}{A} \tag{8-1}$$

为计算切应力，也称为名义切应力。进行剪切强度计算时的强度条件为

$$\tau = \frac{F_S}{A} \leqslant [\tau] \tag{8-2}$$

式中 $[\tau]$——材料的许用切应力，其大小等于材料的剪切极限应力 τ_u 除以安全因数。剪切极限应力 τ_u 由材料的剪切破坏试验测定。许用切应力在工程中可以从相关设计手册中查得数值。

8.1.2 挤压的实用计算及强度条件

连接件铆钉在受剪切的同时，还受挤压。挤压是指在荷载作用下铆钉与板壁接触面间相互压紧的现象。接触面（又称挤压面）上传递的压力称为挤压力，当挤压力过大时，接触面附近将被压溃或发生塑性变形，因而对铆钉还需要进行挤压强度计算。

挤压强度计算，需求出挤压面上的挤压应力。铆钉受挤压时，挤压面为半圆柱面，如图 8-4（a)、(b）所示，其上挤压应力的分布比较复杂，如图 8-4（c）所示，在工程中也采用实用计算方法，以实际挤压面的正投影面积（或称直径面积）作为计算挤压面面积，如图 8-4（d）所示，即

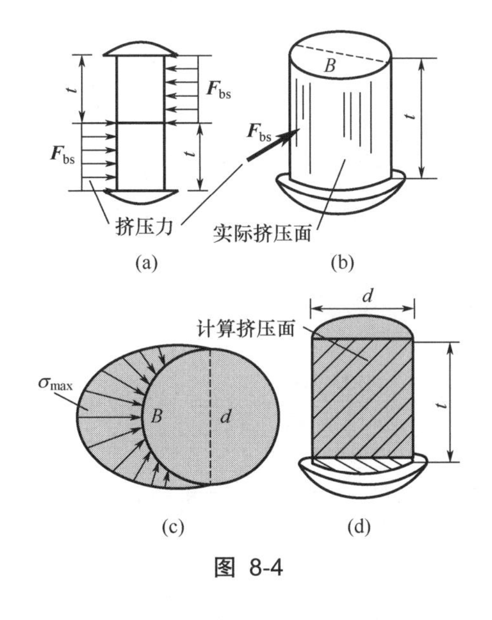

图 8-4

$$A_{bs} = td$$

以挤压力 F_{bs} 除以计算挤压面面积 A_{bs}，所得的平均值作为计算挤压应力，即

$$\sigma_{bs}=\frac{F_{bs}}{A_{bs}} \tag{8-3}$$

挤压强度条件为

$$\sigma_{bs}=\frac{F_{bs}}{A_{bs}}\leqslant[\sigma_{bs}] \tag{8-4}$$

式中　$[\sigma_{bs}]$——材料的许用挤压应力，由材料的挤压破坏试验并考虑安全因数后得到。

必须注意，如果两个相互挤压构件的材料不同，应对材料挤压强度较小的构件进行计算。另外由于钢板在连接处存在铆钉孔，其横截面积减小，还要对钢板中的这些截面进行抗拉强度验算。

例 8-1　图 8-5（a）所示铆钉接头，板厚 $t=8\text{mm}$，板宽 $b=100\text{mm}$，铆钉的直径 $d=16\text{mm}$，拉力 $F=100\text{kN}$。铆钉材料的许用切应力 $[\tau]=130\text{MPa}$，许用挤压应力 $[\sigma_{bs}]=300\text{MPa}$，杆件的许用拉应力 $[\sigma]=160\text{MPa}$。试校核此接头强度。

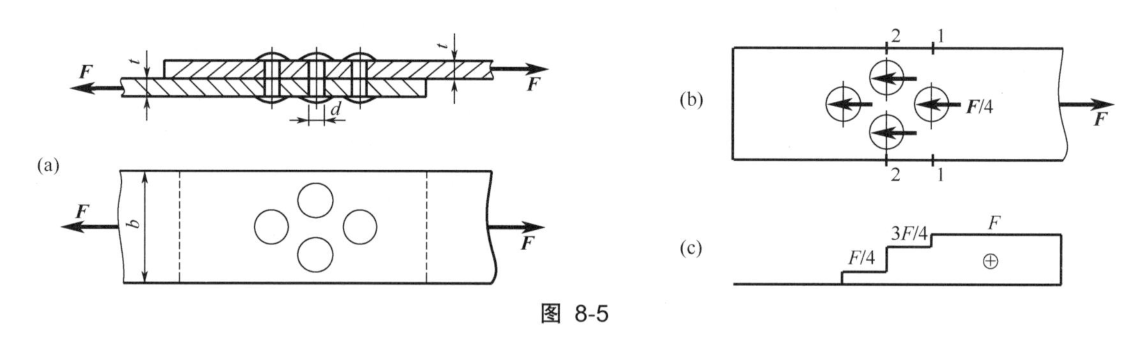

图 8-5

解：整个接头的强度问题包含铆钉的剪切强度、铆钉与钢板之间的挤压强度和钢板在钉孔削弱处的抗拉强度。下面分别讨论它们的计算。

（1）铆钉的剪切强度。为了简化计算，这里假定每个铆钉受力相同，故每个铆钉剪切面上的剪力 $F_S=\dfrac{F}{4}$，所以

$$\tau=\frac{F_S}{A}=\frac{\dfrac{F}{4}}{\dfrac{1}{4}\pi d^2}=\frac{100\times10^3}{\pi\times16^2\times10^{-6}}\text{Pa}\approx124\times10^6\text{Pa}=124\text{MPa}<[\tau]$$

（2）铆钉与钢板的挤压强度。由于上、下两块钢板厚度相同，计算挤压面面积为 td，故

$$\sigma_{bs}=\frac{F_{bs}}{A_{bs}}=\frac{\dfrac{F}{4}}{td}=\frac{100\times10^3}{4\times16\times8\times10^{-6}}\text{Pa}\approx195\times10^6\text{Pa}=195\text{MPa}<[\sigma_{bs}]$$

（3）钢板的抗拉强度。上块钢板受力如图 8-5(b) 所示，其轴力图如图 8-5(c) 所示。

1—1 截面

$$\sigma=\frac{F_{N_1}}{A_1}=\frac{F}{t(b-d)}=\frac{100\times10^3}{8\times(100-16)\times10^{-6}}\text{Pa}\approx149\times10^6\text{Pa}=149\text{MPa}<[\sigma]$$

2—2 截面

$$\sigma=\frac{F_{N_2}}{A_2}=\frac{\frac{3}{4}F}{t(b-2d)}=\frac{\frac{3}{4}\times100\times10^3}{8\times(100-2\times16)\times10^{-6}}\text{Pa}\approx138\times10^6\text{Pa}=138\text{MPa}<[\sigma]$$

综上计算，接头强度满足要求。

8.2 剪切胡克定律和切应力互等定理

8.2.1 剪切胡克定律

为了分析剪切变形，在构件的受剪部位，围绕 K 点取一微小的直角六面体 $abcd$［图 8-6（a）］，图中只画出其正视图。把它放大如图 8-6（b）所示。剪切变形时，在切应力 τ 的作用下，截面发生相对滑动［图 8-6（b）中虚线］，直角 abc 发生了改变量 γ，称 γ 为切应变。规定使直角变小的切应变 γ 为正。切应变是直角的改变量，用弧度 (rad) 来表示。

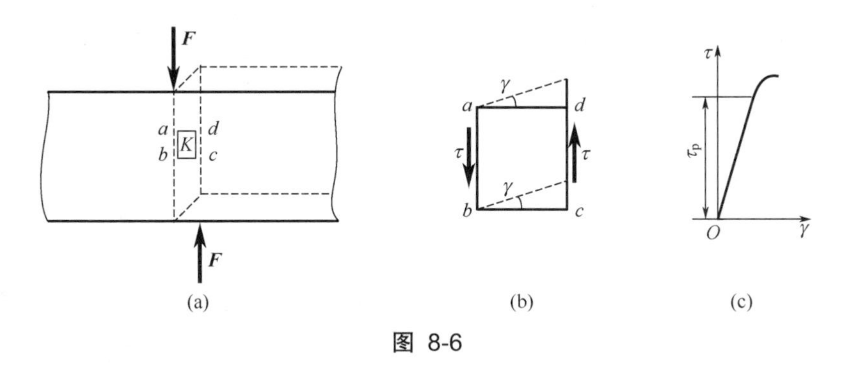

图 8-6

试验证明：当切应力 τ 不超过材料的剪切比例极限 τ_p 时，切应力 τ 与切应变 γ 成正比［图 8-6（c）］，用式（8-5）表示。

$$\tau=G\gamma \tag{8-5}$$

式（8-5）称为剪切胡克定律。式中 G 称为材料的剪切弹性模量，是表示材料抵抗剪切变形能力的量，它的量纲与应力相同。各种材料的 G 值由试验测定。

可以证明，对于各向同性的材料，剪切弹性模量 G、弹性模量 E 和泊松比 μ 之间存在着下列关系

$$G = \frac{E}{2(1+\mu)} \tag{8-6}$$

8.2.2 切应力互等定理

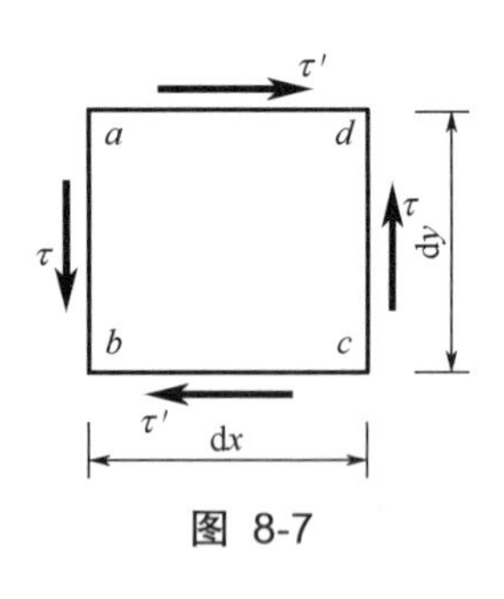

图 8-7

图 8-6（b）所示的微小直角六面体的正视图 x 和 y 方向尺寸都是微小的，对其进一步研究可知，在其上下两个水平方向还存在着切应力 τ'（图 8-7）。可以证明：τ与τ'存在下列关系

$$\tau = \tau' \tag{8-7}$$

且 τ与τ' 的方向一定都同时指向或同时背离相邻两直线的交点（在直角六面体的立体图中是相邻两平面的交线）。此关系称为切应力互等定理。τ与τ'一定同时存在，故切应力互等定理又称为切应力双生定律。

切应力互等定理可表述如下：同一点的、位于两个互相垂直平面上且垂直于两面交线的两切应力总是大小相等，其方向均同时指向两面的交线或均同时背离两面的交线。

8.3 扭转、扭矩和扭矩图

扭转变形是杆件的基本变形之一，图 8-8 中杆 AB 受一对等值反向的外力偶 m 作用，外力偶 m 位于垂直于杆件轴线的平面内，此时，杆件的各横截面将绕杆件轴线发生相对转动，此种变形称为扭转，各横截面间的相对转角称为扭转角，水平线倾斜的角度称为剪切角（亦称切应变 γ）。

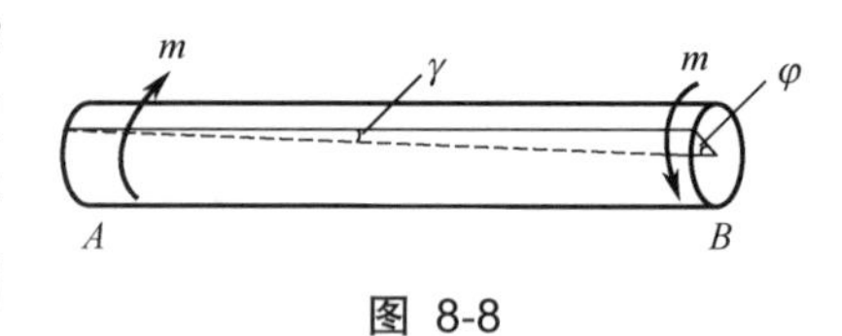

图 8-8

工程中受扭杆件很多，如机械中的各类传动轴、钻井用的钻杆等，它们工作时都会发生扭转变形。

轴扭转时，特别是对传动轴，其外力偶的力偶矩往往不是直接给出的，给出的是轴所传递的功率和轴的转速。外力偶矩与功率的换算公式如下。

$$m = 9550\frac{P}{n} \tag{8-8}$$

式中　m——作用在轴上的外力偶矩，N·m；

P——轴所传递的功率，kW；

n——轴的转速，r/min。

确定了轴的外力偶矩之后，就可应用截面法求横截面上的内力。根据力偶只能与力偶平衡的原理，横截面上的内力就是内力偶矩，简称扭矩，用 T 表示。

扭矩的计算与拉压杆的内力计算步骤相同，仍采用截面法。例如图 8-9（a）所示传动轴简图，为求 $a—a$ 截面上的扭矩，假想地沿该截面截开，用 T 代替两段间相互作用的扭矩，取左段研究其平衡 [图 8-9（b）]，可得

$$\sum M_x = 0\text{，}\quad T - m = 0\text{，}\quad T = m$$

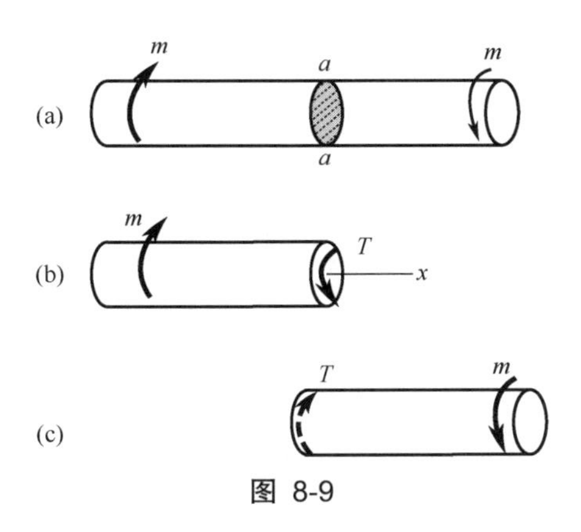

图 8-9

若取右端研究其平衡 [图 8-9（c）]，也能求得截面上的扭矩，但与取左段时的扭矩转向相反。为使得分别取左、右两段时，求得的同一截面上的扭矩不仅数值相同，而且符号相同，对扭矩（内力）的符号做如下规定：根据右手螺旋法则，如右手四指指向与扭矩转向一致，拇指伸出的方向与截面外法线方向一致，扭矩为正，反之为负。按此规定图 8-9（b）、（c）中的 T 均为正值。解题时，通常都假定扭矩为正，若求得的结果为负值，则表示扭矩实际的转向与假设相反。

各截面上的扭矩求出后，可依照轴力图的作法，作出扭矩图。扭矩图也是画在杆基线上下两侧，其垂直于杆轴线方向的坐标代表相应截面的扭矩，正负扭矩分别画于基线两侧，并标以⊕⊖。

例 8-2 求图 8-10（a）所示杆件 1—1、2—2、3—3 截面的扭矩并画出杆的扭矩图。

解：在求 1—1、2—2 截面的扭矩时，用截面法截开后都取左侧为分离体，并把扭矩按正负号规定的正向标出，其受力图如图 8-10（b）、（c）所示，由平衡方程 $\sum M_x = 0$，分别得

$$T_1 - 2m = 0 \qquad T_1 = 2m$$

$$T_2 + 6m - 2m = 0 \qquad T_2 = -4m$$

3—3 截面处截开，取右侧分离体，扭矩仍按正向标出 [图 8-10（d）]，由 $\sum M_x = 0$，得

$$T_3 - 4m = 0 \qquad T_3 = 4m$$

杆件的扭矩图如图 8-10（e）所示。

总结上面各段求扭矩的方法和结果可得结论：受扭杆件任一横截面上的扭矩，就等

于该截面一侧（左侧或右侧）所有外力偶矩的代数和。

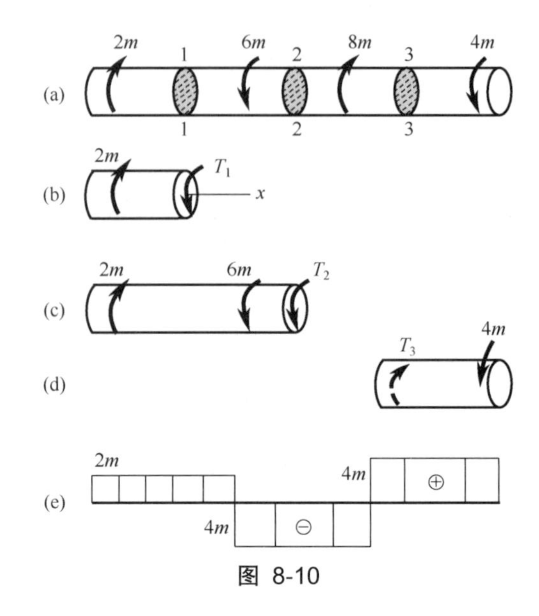

图 8-10

8.4 圆杆扭转时的应力及强度条件

8.4.1 圆杆扭转时横截面上的切应力

分析圆杆扭转时横截面上的应力与分析轴向拉压杆的应力一样，也要通过观察试验从研究杆件的变形（几何方面）并考虑应力与变形之间的关系（物理方面）和应力与其合力之间的关系（静力学方面）入手。

1. 观察变形现象并提出假设

如图 8-11（a）所示，在圆轴表面画出一组圆周线和纵向线，然后施加外力偶，使之产生扭转变形，如图 8-11（b）所示，其变形现象为：

（1）各圆周线的形状、大小和间距均不变，只是分别绕轴线旋转一个角度；

（2）各纵向线都倾斜一个相同的角度 γ。

若将圆周线视为杆件的横截面，根据上述现象可做如下假设：变形前的横截面在变形后仍保持为平面——平面假设。由于圆周线（横截面）的间距不变，即杆件的轴向尺寸没有改变，可推知，横截面上没有正应力。各横截面发生相对转动（错动），横截面上将产生切应力。

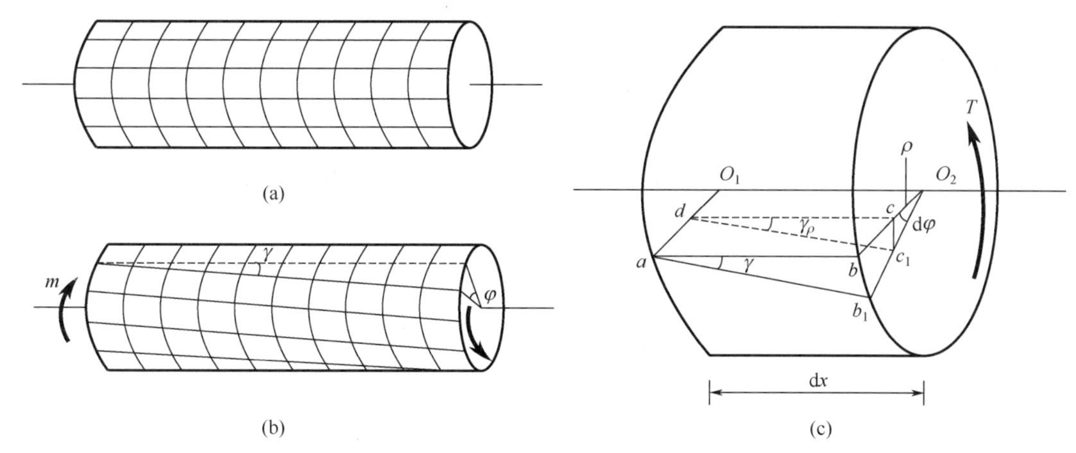

图 8-11

2. 推导切应力计算公式

（1）几何方面。

从受扭圆杆中，截取长为 dx 的微段杆如图 8-11（c）所示，其两个侧面的相对扭转角为 dφ。欲求横截面 O_2 中由扭矩 T 产生的 c 点的切应力 τ，先求出 τ 产生的切应变 γ_ρ。c 点距圆心 O_2 的距离为 ρ，从图上可知 $cc_1 = \gamma_\rho \mathrm{d}x = \rho \mathrm{d}\varphi$

从而得

$$\gamma_\rho = \rho \frac{\mathrm{d}\varphi}{\mathrm{d}x} \tag{8-9}$$

式（8-9）即为切应变沿半径方向的变化规律。

（2）物理方面。

以 τ 表示横截面上距圆心为 ρ 处的切应力。由于切应变 γ 发生在垂直于半径的平面，故 τ 的方向与半径垂直。由剪切胡克定律式（8-5）可知，切应力 τ 与切应变 γ_ρ 的关系为

$$\tau = G\gamma_\rho \tag{8-10}$$

将式（8-9）代入式（8-10），得

$$\tau = G\rho \frac{\mathrm{d}\varphi}{\mathrm{d}x} \tag{8-11}$$

在 dx 长度上发生了相对扭转角 dφ，所以式（8-11）中 $\frac{\mathrm{d}\varphi}{\mathrm{d}x}$ 称为单位长度相对扭转角，用 θ 表示，即 $\theta = \frac{\mathrm{d}\varphi}{\mathrm{d}x}$。由于 θ 尚未知，所以 τ 也未确定，还需通过考虑横截面上的切应力与扭矩间的静力学条件来确定。

（3）静力学方面。

如图 8-12 所示，圆杆横截面上各微面积 dA 上的内力 τdA 对圆心 O 的力矩 $\rho\tau$dA 的

总和应等于该截面的扭矩 T，即

$$T = \int_A \rho \tau \mathrm{d}A$$

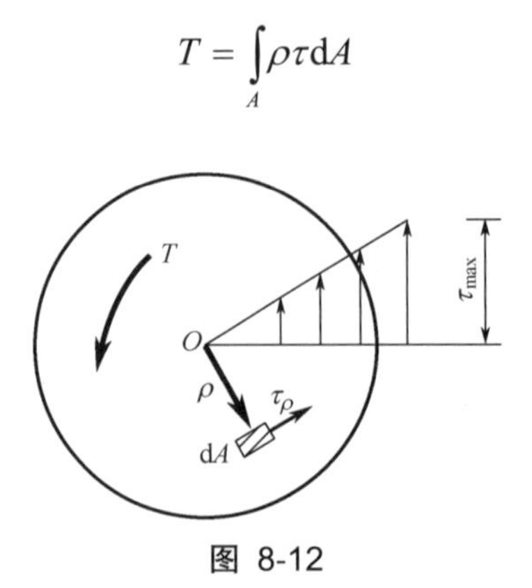

图 8-12

将式（8-11）代入上式，得

$$T = \int_A G\rho^2 \frac{\mathrm{d}\varphi}{\mathrm{d}x} \mathrm{d}A = G\frac{\mathrm{d}\varphi}{\mathrm{d}x}\int_A \rho^2 \mathrm{d}A \tag{8-12}$$

因为式中积分是对面积的积分，与长度无关，所以 $\frac{\mathrm{d}\varphi}{\mathrm{d}x}$ 可从积分号中提出来。令

$$I_{\mathrm{P}} = \int_A \rho^2 \mathrm{d}A \tag{8-13}$$

则

$$T = G\frac{\mathrm{d}\varphi}{\mathrm{d}x} I_{\mathrm{P}}$$

即

$$\frac{\mathrm{d}\varphi}{\mathrm{d}x} = \frac{T}{GI_{\mathrm{P}}} \tag{8-14}$$

将式（8-14）代入式（8-11），可得圆轴扭转时横截面上任一点的切应力计算公式为

$$\tau = \frac{T}{I_{\mathrm{P}}}\rho \tag{8-15}$$

式中　T——所求应力的点所在横截面上的扭矩；

ρ——所求应力的点到圆心的距离；

I_{P}——截面对圆心的极惯性矩，是一个只与截面的形状和尺寸有关的几何量，m^4 或 mm^4。

式（8-15）适用于最大切应力不超过剪切比例极限的实心圆轴和空心圆轴。

3. 圆截面对形心的极惯性矩 I_P 的计算

对于图 8-13（a）所示实心圆截面，在距圆心为 ρ 处，取微面积 $dA = 2\pi\rho d\rho$，则有

$$I_P = \int_A \rho^2 dA = \int_0^{D/2} 2\pi\rho^3 d\rho = \frac{\pi D^4}{32}$$

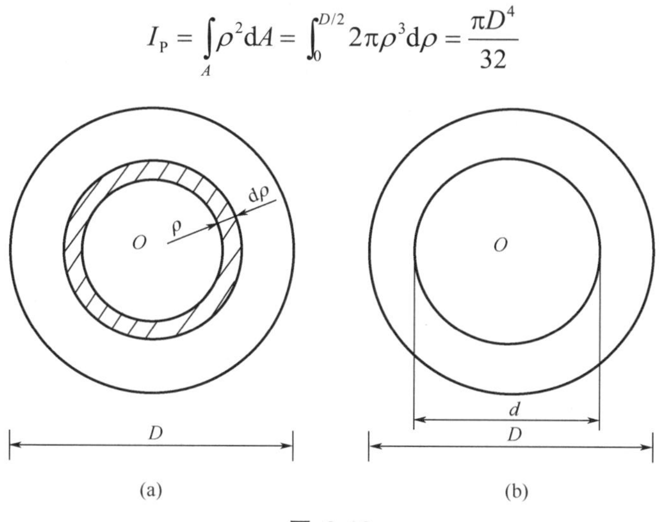

图 8-13

对于空心圆截面［图 8-13（b）］，按同样方法可得

$$I_P = \frac{\pi}{32}(D^4 - d^4) = \frac{\pi D^4}{32}(1 - \alpha^4)$$

式中，$\alpha = d / D$ 为空心圆截面内、外径的比值。

8.4.2 圆杆扭转时的强度条件

由式（8-15）可以看到，τ 与 ρ 成正比，圆心处 $\tau = 0$，离圆心越远，τ 值越大。当 $\rho = \dfrac{D}{2}$（即圆周边上的点）时，切应力达到最大值（图 8-12），即

$$\tau_{max} = \frac{T}{I_P}\rho_{max} = \frac{T}{I_P} \cdot \frac{D}{2}$$

令

$$W_P = \frac{I_P}{\rho_{max}} \tag{8-16}$$

则有

$$\tau_{max} = \frac{T}{W_P} \tag{8-17}$$

式中　W_P——抗扭截面模量，只与截面的形状、尺寸有关，m^3 或 mm^3。

实心和空心圆截面的 W_P 值分别为

实心圆截面 $W_P = \frac{I_P}{\rho_{max}} = \frac{\pi D^4}{32} / \frac{D}{2} = \frac{\pi D^3}{16}$

空心圆截面 $W_P = \frac{I_P}{\rho_{max}} = \left(\frac{\pi D^4}{32} - \frac{\pi d^4}{32}\right) / \frac{D}{2} = \frac{\pi D^3}{16}(1-\alpha^4)$

为了保证圆杆受扭时具有足够的强度，杆内的最大切应力不能超过材料的许用切应力 $[\tau]$，即 $\tau_{max} \leqslant [\tau]$。对于等截面圆杆，$\tau_{max}$ 发生在最大扭矩 T_{max} 所在截面的边缘处，则有

$$\tau_{max} = \frac{T_{max}}{W_p} \leqslant [\tau] \tag{8-18}$$

式（8-18）就是圆杆扭转时的切应力强度条件。与拉压杆类似，应用该强度条件，可解决扭转杆件的校核强度、选择截面和求许用荷载三类问题。

例 8-3 图 8-14（a）所示受扭圆杆的直径 d=80mm。（1）试求 1—1 截面上 K 点的切应力［图 8-14（c）］；（2）若 $[\tau]=40\text{MPa}$，试校核该杆的强度条件。

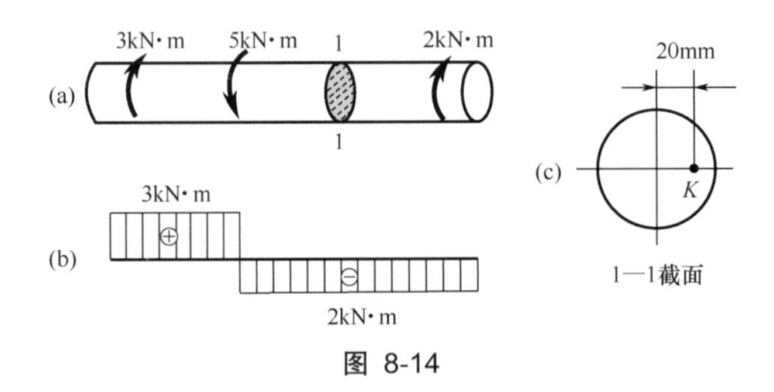

图 8-14

解：（1）1—1 截面上的扭矩为 –2kN·m，计算时可用其绝对值带入，K 点的切应力为

$$\tau = \frac{T}{I_P}\rho = \frac{T}{\pi d^4/32} \times \rho = \left(\frac{32 \times 2 \times 10^3}{\pi \times 0.08^4} \times 0.02\right)\text{Pa} \approx 9.95 \times 10^6\,\text{Pa} = 9.95\text{MPa}$$

（2）校核强度，由图 8-14（b）可知 $T_{max} = 3\text{kN} \cdot \text{m}$。

$$\tau_{max} = \frac{T_{max}}{W_P} = \frac{T_{max}}{\pi d^3/16} = \frac{16 \times 3 \times 10^3}{\pi \times 0.08^3}\text{Pa} \approx 29.8 \times 10^6\,\text{Pa} = 29.8\text{MPa} < [\tau]$$

满足强度要求。

例 8-4 受扭圆杆如图 8-15（a）所示，已知材料的许用切应力 $[\tau]=40\text{MPa}$。试选择圆杆的直径。

解：杆的扭矩图如图 8-15（b）所示，最大扭矩为 5kN·m，由杆的切应力强度条件

$$\tau_{max} = \frac{T_{max}}{\pi d^3/16} \leqslant [\tau]$$

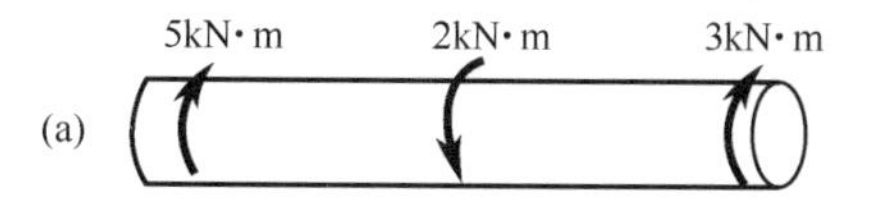

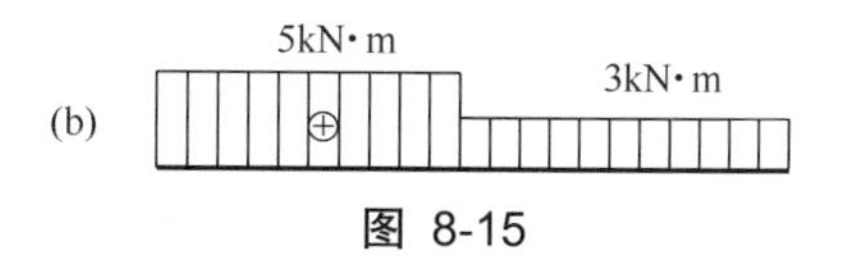

图 8-15

得

$$d \geqslant \sqrt[3]{\frac{16T_{max}}{\pi[\tau]}} = \sqrt[3]{\frac{16 \times 5 \times 10^3}{\pi \times 40 \times 10^6}}\text{m} \approx 0.089\text{m} = 89\text{mm}$$

8.5 圆杆扭转时的变形及刚度条件

圆杆扭转变形时，杆的任意两横截面间将发生相对扭转角。为求图 8-16 所示杆在外力偶 m 的作用下 B 截面相对 A 截面的扭转角，可先在杆中取微段 dx，由式（8-14）求得微段 dx 的相对扭转角为

$$\mathrm{d}\varphi = \frac{T}{GI_{\mathrm{P}}}\mathrm{d}x$$

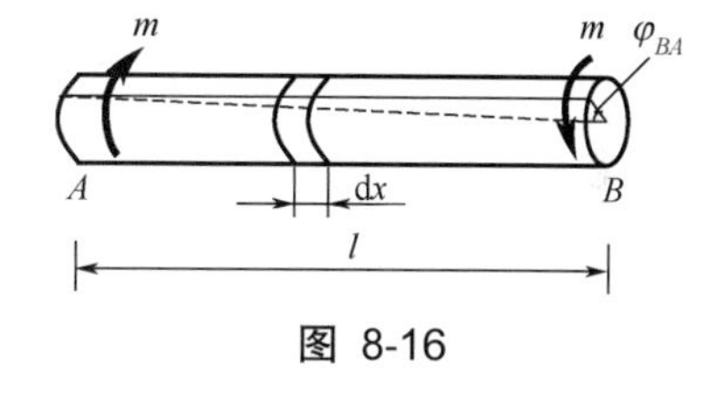

图 8-16

于是 B 截面相对 A 截面的扭转角为

$$\varphi_{BA} = \int_l \mathrm{d}\varphi = \int_0^l \frac{T}{GI_{\mathrm{P}}}\mathrm{d}x$$

当在杆长 l 范围内扭矩 T 和杆的直径 d 均为常数时，有

$$\varphi_{BA} = \frac{Tl}{GI_{\mathrm{P}}} \tag{8-19}$$

式（8-19）即为计算扭转角的公式。式中 GI_{P} 称为杆的抗扭刚度，φ 的单位为弧度。

对于受扭杆件，除需满足强度条件外，还要满足刚度条件，即不能发生过大的变形。

刚度条件是要求杆的最大单位长度相对扭转角 θ_{max} 不能超过规范规定的单位长度的许用扭转角（许用值）$[\theta]$，即

$$\theta_{max}=\frac{T_{max}}{GI_P}\leqslant[\theta] \tag{8-20}$$

式（8-20）中，单位长度的许用扭转角 $[\theta]$ 的单位是 rad/m，规范中 $[\theta]$ 常给定量纲为（°）/m，则式（8-20）成为

$$\theta_{max}=\frac{T_{max}}{GI_P}\cdot\frac{180°}{\pi}\leqslant[\theta] \tag{8-21}$$

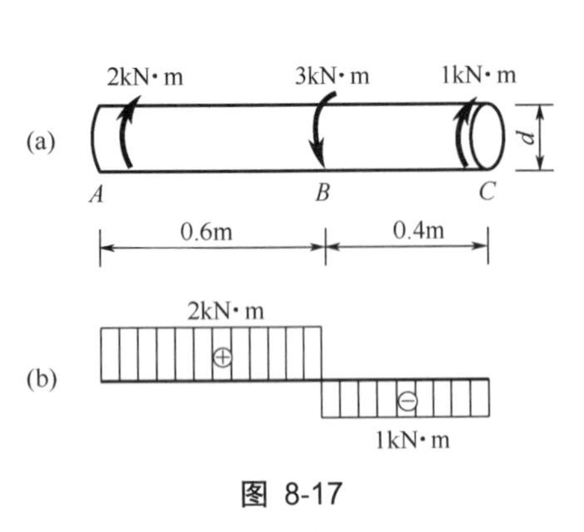

图 8-17

例 8-5 受扭圆杆如图 8-17(a) 所示，已知杆的直径 $d=80\text{mm}$，材料的剪切弹性模量 $G=8\times10^4\text{MPa}$，单位长度的许用扭转角 $[\theta]=0.8(°)/\text{m}$。

（1）求 A、C 两截面的相对扭转角 φ_{AC}；

（2）校核该杆的刚度。

解：（1）求 φ_{AC}。首先画出杆的扭矩图［图 8-17(b)］。A、C 两截面的相对扭转角等于 A、B 两截面的相对扭转角与 B、C 两截面的相对扭转角之代数和，其值为

$$\varphi_{AC}=\varphi_{AB}+\varphi_{BC}=\frac{T_{AB}l_{AB}}{GI_P}+\frac{T_{BC}l_{BC}}{GI_P}=\frac{1}{GI_P}(T_{AB}l_{AB}+T_{BC}l_{BC})$$

$$=\left[\frac{1}{8\times10^{10}\times\pi\times0.08^4/32}\times(2\times0.6-1\times0.4)\times10^3\right]\text{rad}\approx0.249\times10^{-2}\text{rad}$$

（2）校核刚度。AB 段的扭矩值大，该段单位长度杆的相对扭转角为

$$\theta=\frac{T_{AB}}{GI_P}=\left(\frac{2\times10^3}{8\times10^{10}\times\pi\times0.08^4/32}\times\frac{180}{\pi}\right)(°)/\text{m}=0.356(°)/\text{m}<[\theta]$$

满足刚度条件。

小　结

（1）本章包括剪切和扭转两部分内容，剪切和扭转都属于杆件的基本变形形式。连接件（铆钉等）通常同时受到剪切与挤压作用，在工程中采用“实用计算法”来建立它们的强度条件。

（2）对构件进行剪切和挤压强度计算时，要注意以下两点。

① 明确研究对象，正确画出构件的受力图。

② 正确判断并计算出剪切面和挤压面。剪切面平行于外力，且位于方向相反的两外力之间。挤压面就是两构件的接触面，当接触面为平面时，挤压面面积就是接触面面积；当接触面为半圆柱面时，挤压面面积为半圆柱的正投影面积。

（3）剪切胡克定律和切应力互等定理都是变形体力学中的重要定律和定理。对剪切胡克定律应明确其适用范围，$\tau = G\gamma$与$\sigma = E\varepsilon$类似，只在弹性范围内才成立。

（4）杆件扭转时，横截面上的内力为扭矩，求扭矩的基本方法仍为截面法。扭矩的正负，按右手螺旋法则来确定。

（5）圆杆扭转时，横截面上只产生切应力。切应力沿半径呈直线规律分布，各点切应力的方向均垂直于半径。推导切应力公式时，综合运用了几何、物理和静力学三个方面，这种方法是变形体力学中研究应力的一般方法。

（6）应用圆杆扭转时的强度条件，可解决强度计算中常见的三类典型问题，即校核强度、选择截面和求许用荷载。

（7）应用公式$\varphi = \dfrac{Tl}{GI_{\mathrm{P}}}$计算扭转角时应注意：对等截面圆杆来说，在$l$范围内扭矩$T$和杆的直径$d$为常量时，才能应用此公式，否则需分段或通过积分来计算扭转角。

（8）刚度条件是控制杆件变形的条件，应用圆杆扭转的刚度条件时，应注意$[\theta]$给定的单位［rad/m或(°)/m］。

习　题

一、单项选择题

8-1　切应变γ的定义为（　　）。

A. 分布内力的集度　　B. 单位长度上的变形

C. 使直角变小的改变量　　D. 直角的改变量

8-2　剪切弹性模量G常用的单位是（　　）。

A. kN　　B. kN·m　　C. kN/m　　D. MPa

8-3　已知直径为d的受扭圆杆某横截面上距圆心为$\dfrac{d}{4}$处的点的切应力$\tau = 30\text{MPa}$，则该横截面上的最大切应力的数值为（　　）。

A. 120MPa　　B. 60MPa　　C. 30MPa　　D. 15MPa

8-4　把直径为10cm的实心受扭圆杆的直径改为5cm，其他条件不变，则直径改小后的最大切应力是原来的（　　）。

A. 2倍　　B. 4倍　　C. 8倍　　D. 16倍

8-5　用同一种材料做成体积相同、长度相同的实心和空心的受扭圆杆，受力也相同，则实心杆的最大切应力比空心杆的最大切应力（　　）。

A. 小　　B. 相同　　C. 大　　D. 无法比较

8-6　长度、直径和受力均相同的钢杆和铝杆，钢杆的单位长度扭转角比铝杆的（　　）。

A. 小　　B. 相同

C. 大　　　　　　　　　　　　　　D. 无法比较

二、填空题

8-7　工程中通常对铆钉连接件中铆钉横截面上的切应力采用实用计算方法：铆钉剪切面上的剪力________分布在截面上。

8-8　如果两个相互挤压构件的材料不同，应对材料挤压强度较________的构件进行计算。

8-9　推导扭转切应力公式 $\tau = \frac{T}{I_P}\rho$ 时，综合运用了几何方面、物理方面和________方面。

8-10　实心圆轴扭转时横截面上的切应力沿圆截面半径________性分布。

8-11　$I_P = \frac{\pi d^4}{32}$ 是直径为 d 的圆截面对截面________的极惯性矩。

8-12　受扭圆杆的刚度条件为 $\theta_{max} = \frac{T_{max}}{GI_P} \leqslant [\theta]$，当 $[\theta]$ 给定量纲为（°）/m，该公式 $\theta_{max} = \frac{T_{max}}{GI_P} \times$ ________ $\leqslant [\theta]$。

三、计算题

8-13　题 8-13 图所示受扭圆杆中，d=100mm，材料的许用切应力 $[\tau] = 40\text{MPa}$，试校核该杆的强度。

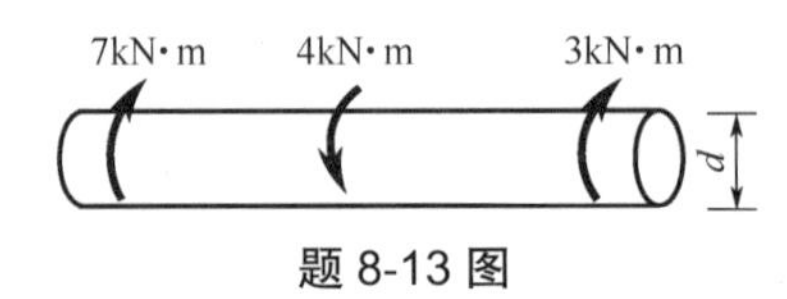

题 8-13 图

8-14　题 8-14 图所示截面为正方形的木榫接头，承受轴向拉力 F=10kN，已知木材顺纹许用应力 $[\tau] = 1\text{MPa}$，$[\sigma_{bs}] = 8\text{MPa}$，截面边长 b=114mm，试根据剪切与挤压强度确定尺寸 a 及 l。

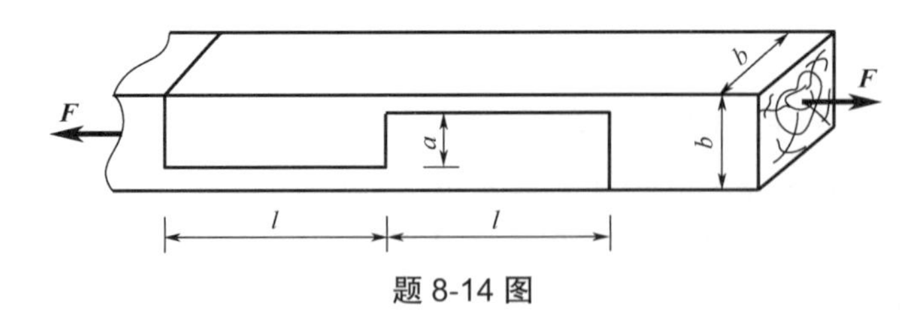

题 8-14 图

8-15　画出题 8-15 图中各杆的扭矩图。

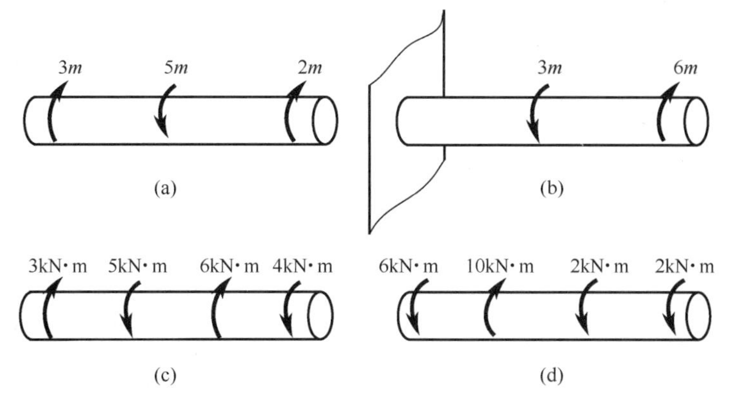

题 8-15 图

8-16　题 8-16 图所示铆钉接头中，已知 $F=60\text{kN}$，$t=12\text{mm}$，$b=80\text{mm}$，铆钉直径 $d=16\text{mm}$，铆钉材料的许用切应力 $[\tau]=140\text{MPa}$，许用挤压应力 $[\sigma_{bs}]=300\text{MPa}$，板的许用拉应力 $[\sigma]=160\text{MPa}$。试分别校核铆钉和板的强度。

8-17　题 8-17 图所示圆杆，已知材料的许用切应力 $[\tau]=40\text{MPa}$，剪切弹性模量 $G=8\times10^4\text{MPa}$，杆单位长度的许用扭转角 $[\theta]=1.2(°)/\text{m}$。试求杆所需的直径。

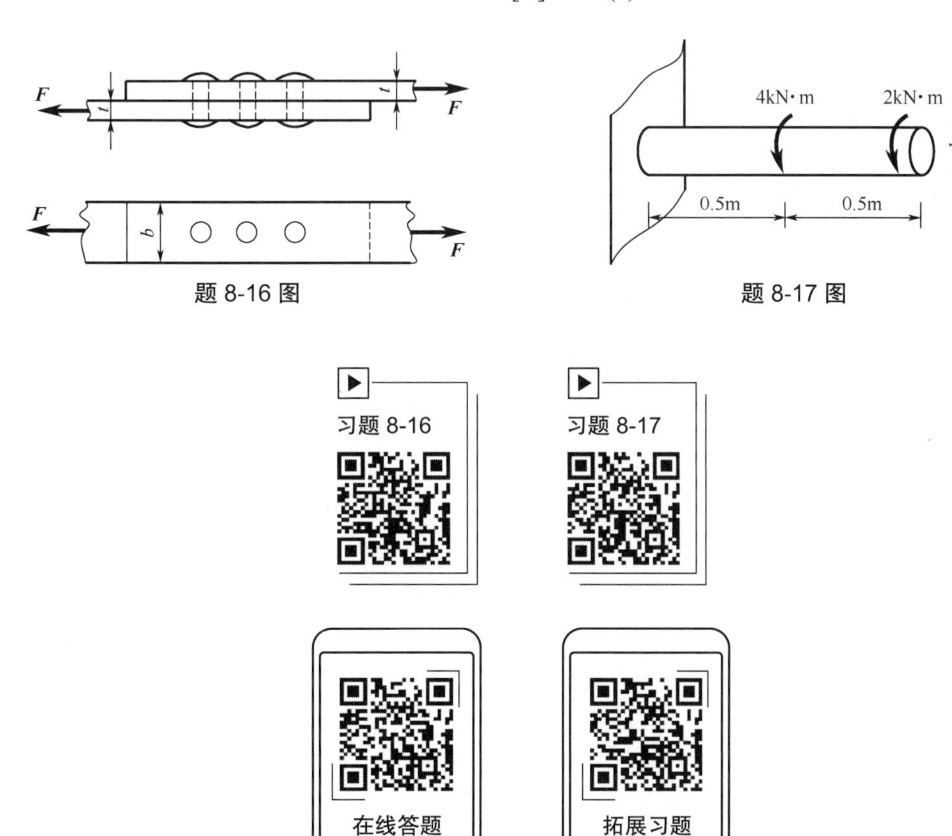

题 8-16 图

题 8-17 图

第 9 章 梁的内力

知识结构图

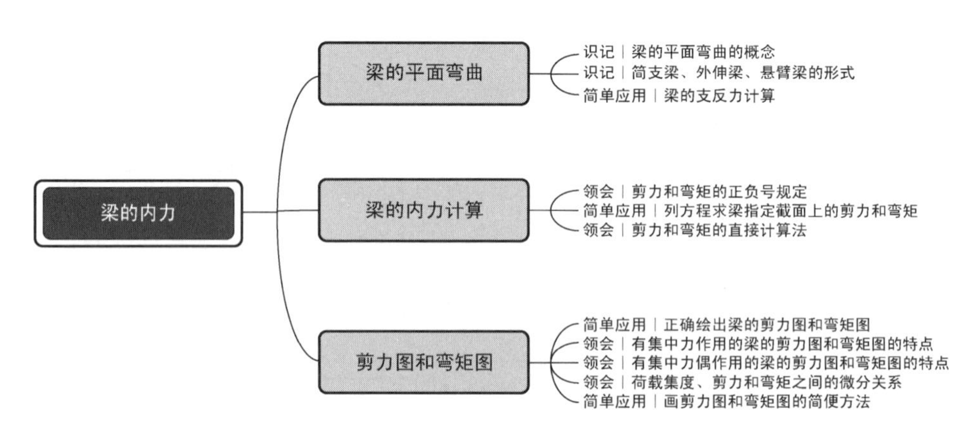

9.1　梁的平面弯曲

弯曲是实际工程中最常见的一种基本变形。例如图 9-1（a）所示的楼板梁及图 9-1（b）所示的在车厢荷载作用下的火车轮轴等都是受弯曲构件。这些构件的共同受力特点是：在通过杆轴线的平面内，受到力偶或垂直于轴线的外力（常称为横向力）作用。其变形特点是：杆的轴线被弯曲成一条曲线。这种变形称为弯曲变形。在外力作用下产生弯曲变形或以弯曲变形为主的杆件，习惯上称为梁。

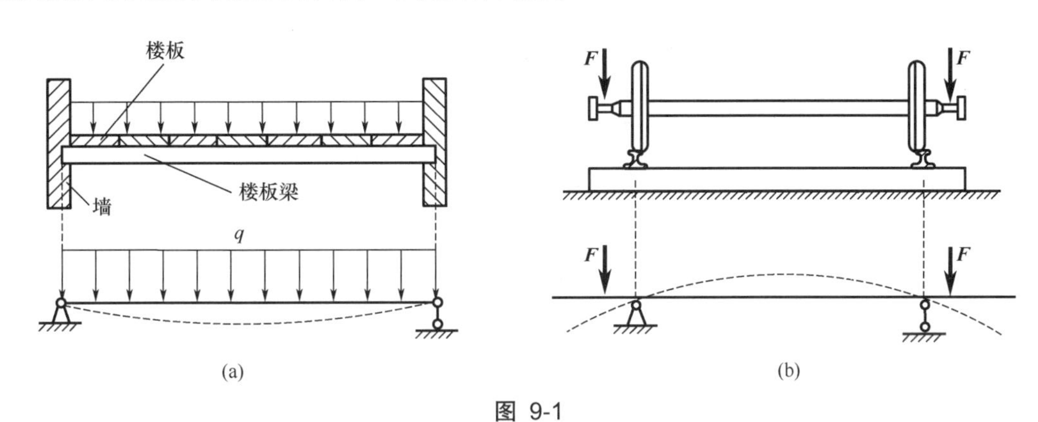

图 9-1

工程上常用的直梁，其横截面一般具有一个竖向对称轴，如矩形、工字形及 T 字形等（图 9-2）。由横截面的对称轴与梁的轴线组成的平面称为纵向对称平面。当外力作用线都位于梁的纵向对称平面内（图 9-3）时，梁的轴线弯成的曲线仍保持在该对称平面内，即梁的轴线为一平面曲线，这种弯曲变形称为平面弯曲。下面讨论的内容将限于直梁的平面弯曲。

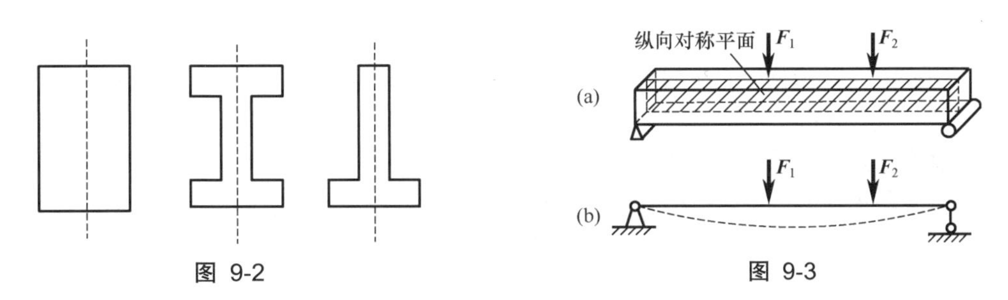

图 9-2　　图 9-3

9.2　梁的内力计算

9.2.1　梁的内力——剪力和弯矩

为了计算梁的强度和刚度，首先应确定梁在外力作用下任一横截面上的内力。求内力仍然应用截面法。现以图 9-4（a）所示简支梁为例，说明求梁任一横截面上的内力的方法。

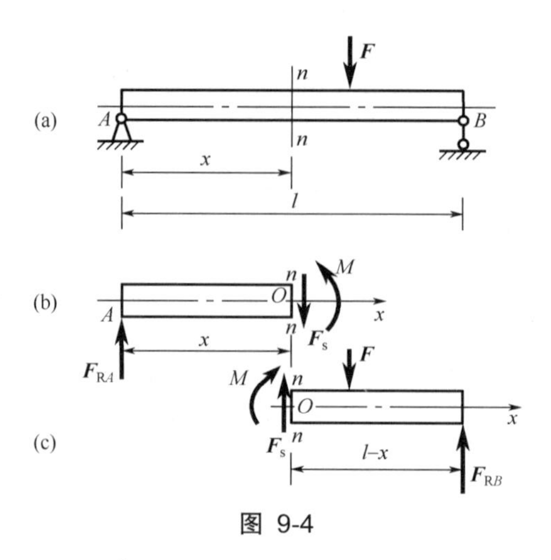

图 9-4

根据梁的平衡条件，先求出梁在荷载作用下的支反力 $\boldsymbol{F}_{RA}$ 和 $\boldsymbol{F}_{RB}$，然后用截面法计算其内力。由图 9-4（b）可见，为使左段梁平衡，在横截面 $n—n$ 上必然存在一个平行于截面方向的内力 $\boldsymbol{F}_S$。则平衡方程为

$$\sum F_y=0,\ F_{RA}-F_S=0,\ F_S=F_{RA}$$

$\boldsymbol{F}_S$ 是横截面上切向分布内力分量的合力，称为剪力。因剪力 $\boldsymbol{F}_S$ 与支反力 $\boldsymbol{F}_{RA}$ 组成一力偶，故在横截面 $n—n$ 上必然存在一个内力偶与之平衡［图 9-4（b）］。设此内力偶矩为 M，则对断开截面的中心 O 点取矩，平衡方程为

$$\sum M_O=0,\ M-F_{RA}x=0,\ M=F_{RA}x$$

这里的矩心 O 是横截面 $n—n$ 的形心。M 是横截面上法向分布内力分量的合力偶矩，称为弯矩。

横截面上的内力也可以取右段梁为研究对象求得［图 9-4（c）］，其结果与取左段为研究对象求得的结果大小相等、方向相反。综上所述，梁在横向外力作用下发生平面弯曲时，横截面上会产生两种内力——剪力和弯矩。求解的基本方法是截面法。

为了使无论取左段梁还是取右段梁，得到的同一截面上的剪力和弯矩不仅大小相等，而且符号一致，对内力符号做如下规定。

（1）剪力：当横截面上的剪力对所取的研究对象内部任一点产生顺时针转向的矩时，为正剪力，反之为负剪力［图 9-5（a）］。

（2）弯矩：当横截面上的弯矩使所取梁段下边受拉、上边受压时，为正弯矩，反之为负弯矩［图 9-5（b）］。

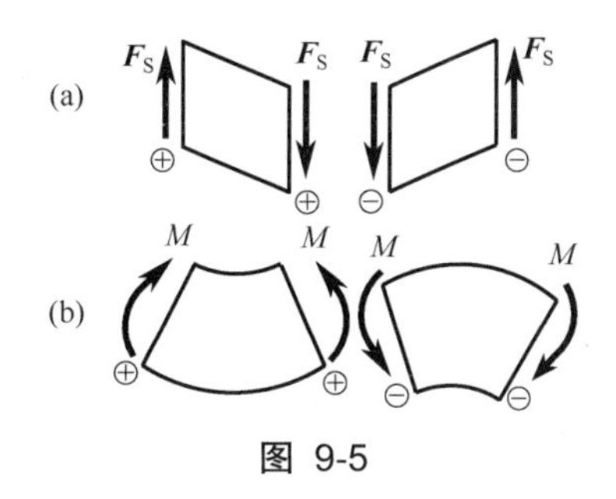

图 9-5

上述结论可归结为一个简单的口诀“左上右下，剪力为正；左顺右逆，弯矩为正”。

按上述规定，不论是考虑左段分离体还是考虑右段分离体，同一截面上内力的符号总是一致的。同时可知，图 9-4（b）和图 9-4（c）所示的 n—n 截面上的剪力和弯矩均为正值。

例 9-1 一外伸梁，尺寸及梁上荷载如图 9-6（a）所示，试求截面 1—1、2—2 上的剪力和弯矩。

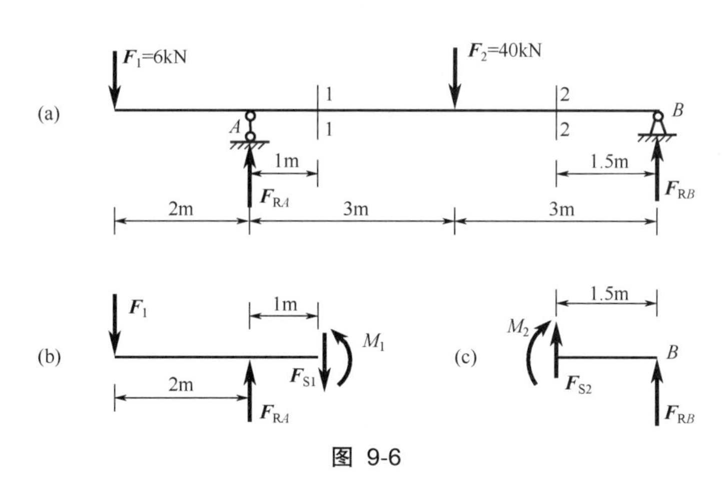

图 9-6

解：首先求出支反力。考虑梁的整体平衡

$$\sum M_B = 0，\ F_1 \times 8 + F_2 \times 3 - F_{RA} \times 6 = 0$$

得

$$F_{RA} = 28\text{kN}$$

$$\sum M_A = 0，\ F_1 \times 2 + F_{RB} \times 6 - F_2 \times 3 = 0$$

得

$$F_{RB} = 18\text{kN}$$

（1）求截面 1—1 上的内力。在截面 1—1 处将梁截开，取左段分离体，未知内力

$\boldsymbol{F}_{S1}$和M_1 的方向均按正号方向标出［图 9-6（b）］。考虑分离体平衡（设定被截开的所有截面形心都为 C）

$$\sum F_y = 0，F_{RA} - F_1 - F_{S1} = 0$$

得

$$F_{S1} = F_{RA} - F_1 = 22\text{kN}$$

$$\sum M_C = 0，F_1 \times 3 + M_1 - F_{RA} \times 1 = 0$$

得

$$M_1 = F_{RA} \times 1 - F_1 \times 3 = 10\text{kN} \cdot \text{m}$$

求得的 $\boldsymbol{F}_{S1}$和M_1 均为正值，表示截面 1—1 上内力的实际方向与假定的方向相同。按内力的符号规定，它们都是正值。

（2）求截面 2—2 上的内力。在 2—2 处将梁截开，并取右段分离体，内力 $\boldsymbol{F}_{S2}$、M_2 的方向仍按正号方向标出。考虑分离体平衡

$$\sum F_y = 0，F_{S2} + F_{RB} = 0$$

得

$$F_{S2} = -F_{RB} = -18\text{kN}$$

$$\sum M_C = 0，F_{RB} \times 1.5 - M_2 = 0$$

得

$$M_2 = 27\text{kN} \cdot \text{m}$$

这里求得的 $\boldsymbol{F}_{S2}$ 为负值，表明 $\boldsymbol{F}_{S2}$ 的实际方向与假定的方向相反。$\boldsymbol{F}_{S2}$ 的方向向下，按剪力符号规则，$\boldsymbol{F}_{S2}$ 为负剪力。

例 9-2　一悬臂梁，其尺寸及梁上荷载如图 9-7(a) 所示。试求截面 1—1 的剪力和弯矩。

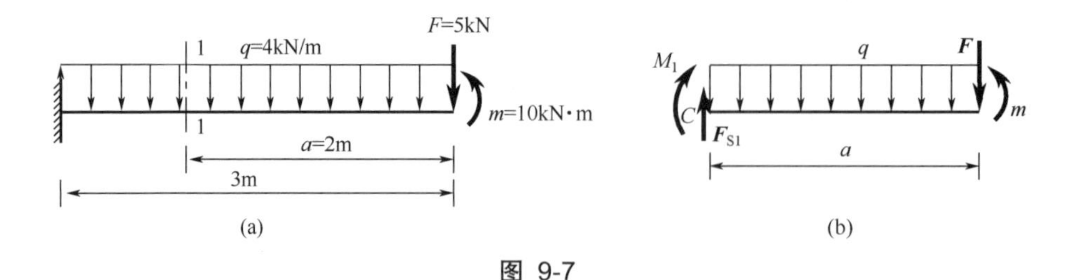

图 9-7

解：取右段分离体，右段受力图如图 9-7（b）所示，列平衡方程

$$\sum F_y = 0，\quad F_{S1} - F - qa = 0$$

得

$$F_{S1} = F + qa = (5 + 4 \times 2)\ \text{kN} = 13\text{kN}$$

$$\sum M_C = 0，\quad M_1 - m + Fa + qa \cdot \frac{a}{2} = 0$$

得

$$M_1 = m - Fa - \frac{1}{2}qa^2 = (10 - 5 \times 2 - \frac{1}{2} \times 4 \times 2^2)\ \text{kN} \cdot \text{m} = -8\text{kN} \cdot \text{m}$$

求得的 M_1 为负值，表明 M_1 的实际方向与假定的方向相反。按弯矩的符号规定，M_1 也是负的。此题取左段分离体时，应先求出固定支座处的约束力。

9.2.2 剪力和弯矩的直接计算法

从上面用截面法求内力的过程看到，梁的任一横截面上的内力是考虑一侧分离体平衡求得的，进而可得出下列结论。

（1）梁的任意横截面上的剪力，在数值上等于该截面左侧（或右侧）梁段上所有竖向外力（包括支反力）的代数和。如果外力对该截面形心产生顺时针转向的力矩，则引起正剪力，反之引起负剪力。

（2）梁的任意横截面上的弯矩，在数值上等于该截面左侧（或右侧）梁段上所有外力（包括外力偶）对该截面形心的力矩的代数和。如果外力使得梁段下边受拉，则引起正弯矩，反之引起负弯矩。

利用以上结论计算梁上某指定横截面的内力非常简便。只要梁上的外力已知，任意横截面上内力值都可根据梁上的外力逐项直接写出，然后求其代数和，而不需画出受力图和列平衡方程，故这种方法称为直接计算法。下面举例说明。

例 9-3 一简支梁，梁上荷载如图 9-8 所示，试用直接计算法求 1—1 截面上的剪力和弯矩。

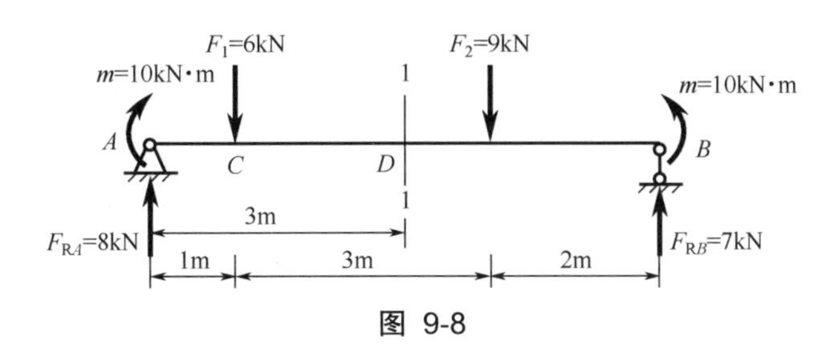

图 9-8

解：由梁的整体平衡求得支反力为

$$F_{RA} = 8\text{kN}，\quad F_{RB} = 7\text{kN}$$

截面1—1上的剪力等于该截面左侧（或右侧）所有竖向外力的代数和，即等于$\boldsymbol{F}_{RA}$和$\boldsymbol{F}_1$的代数和（若考虑右侧，则为$\boldsymbol{F}_{RB}$和$\boldsymbol{F}_2$的代数和），$\boldsymbol{F}_{RA}$是向上的，它对1—1截面形心产生的力矩是顺时针的，从而引起1—1截面的剪力是正的；$\boldsymbol{F}_1$是向下的，它与$\boldsymbol{F}_{RA}$是反向的，从而引起1—1截面的剪力是负的。所以1—1截面上的剪力值为

$$F_{S1} = F_{RA} - F_1 = (8-6)\text{kN} = 2\text{kN}$$

截面1—1上的弯矩等于该截面左侧（或右侧）所有外力对该截面形心的力矩的代数和，共有三项，即$F_{RA}\times 3$、$F_1\times 2$及m（若考虑右侧，则为$F_{RB}\times 3$、$F_2\times 1$及右侧的m）。为判断各项的正负，可假想把1—1截面固定，向上的$\boldsymbol{F}_{RA}$和顺时针的m显然都使1—1截面下部受拉，引起该截面的弯矩都是正的。向下的$\boldsymbol{F}_1$使1—1截面的上部受拉，引起1—1截面的弯矩是负的，所以1—1截面上的弯矩值为

$$M_1 = F_{RA}\times 3 + m - F_1\times 2 = (8\times 3+10-6\times 2)\text{kN}\cdot\text{m} = 22\text{kN}\cdot\text{m}$$

该题若考虑1—1截面右侧，经分析后可直接得算式

$$F_{S1} = F_2 - F_{RB} = (9-7)\text{kN} = 2\text{kN}$$
$$M_1 = F_{RB}\times 3 + m - F_2\times 1 = (7\times 3+10-9\times 1)\text{kN}\cdot\text{m} = 22\text{kN}\cdot\text{m}$$

当然与考虑左侧时求得的内力的数值和正负号都是一致的。快速准确地求出梁上任意截面的内力，对后面的画内力图是有很大帮助的。

9.3 剪力图和弯矩图

一般情况下，剪力和弯矩是随着截面的位置不同而变化的。如果梁轴线为x轴，以坐标x表示横截面的位置，则剪力和弯矩可表示为x的函数，即

$$F_S = F_S(x) \qquad M = M(x)$$

以上两函数表达了剪力和弯矩沿梁轴线变化的规律，分别称为梁的剪力方程和弯矩方程。

为了直观地表示剪力和弯矩沿梁轴线的变化规律，可将剪力方程与弯矩方程用图形表示，得到剪力图与弯矩图。作剪力图和弯矩图的方法与作轴力图及扭矩图类似，以横坐标x表示梁的截面位置，纵坐标表示剪力和弯矩的数值。将正的剪力画在x轴上方，负的剪力画在下方。在土建工程中，通常是把弯矩图画在梁的受拉一侧，所以，正弯矩画在x轴的下方，负弯矩画在x轴的上方。

下面举例说明怎样列出梁的剪力方程与弯矩方程，并作剪力图与弯矩图。

例9-4 试列出图9-9（a）所示梁的剪力方程与弯矩方程，并作剪力图与弯矩图。

解：（1）建立剪力方程与弯矩方程。

以梁的左端为坐标的原点，并在x截面处取左段为分离体，如图9-9（a）所示，根据求内力的直接计算法，得

$$F_S(x) = -F \qquad (1)$$

$$M(x) = -Fx \qquad (2)$$

式（1）与式（2）分别为剪力方程与弯矩方程。由于 x 的任意性，这两个表达式适用于全梁。

（2）作剪力图与弯矩图。

由剪力方程式（1）可知，不论 x 为何值，剪力均为 $-F$，各截面的剪力为一常数，剪力图为水平线，如图 9-9（b）所示。

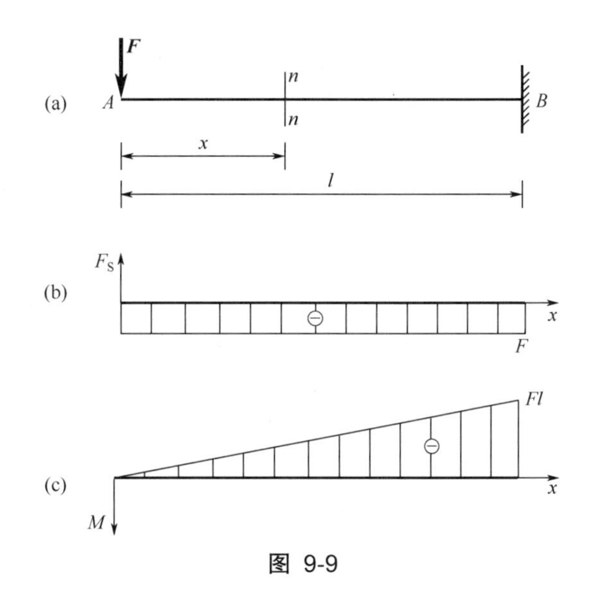

图 9-9

弯矩方程式（2）为 x 的一次函数，即弯矩沿 x 轴按直线规律变化，只需确定两个截面上的弯矩值便可作出弯矩图。在 $x=0$ 处，$M=0$；在 $x=l$ 处，$M=-Fl$，弯矩图为斜直线，如图 9-9（c）所示。内力图标志符为 F_S 与 M。

例 9-5 用列方程法作图 9-10（a）所示梁的剪力图与弯矩图。

解：由对称性可知，支反力 $F_{RA}=F_{RB}=\dfrac{ql}{2}$，取距左端为 x 的任一横截面 n—n，此截面的剪力和弯矩表达式分别为

$$F_S(x) = F_{RA} - qx = q\left(\frac{l}{2} - x\right)$$

$$M(x) = F_{RA}x - qx \cdot \frac{x}{2} = \frac{q}{2}x(l - x)$$

这两个表达式适用于全梁，即 $0 \leqslant x \leqslant l$。

剪力表达式是 x 的一次函数，通过：$x=0$，$F_{S0}=\dfrac{ql}{2}$；$x=l$，$F_{Sl}=-\dfrac{1}{2}ql$ 画出剪力图如图 9-10（b）所示。从图中看到，梁两端的剪力最大（绝对值），跨中剪力为零。

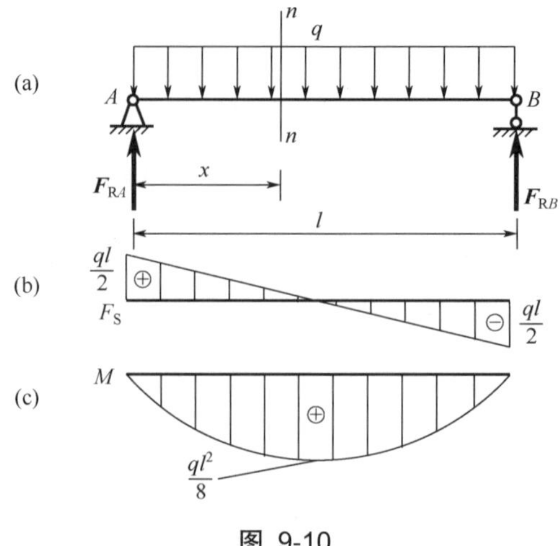

图 9-10

弯矩表达式是 x 的二次函数，通过：$x=0$，$M_0=0$；$x=\frac{l}{2}$，$M_{\frac{l}{2}}=\frac{ql^2}{8}$；$x=l$，$M_l=0$ 可画出弯矩图的大致图形。弯矩图如图 9-10（c）所示，梁的跨中$\left(x=\frac{l}{2}\text{处}\right)$弯矩最大，其值为 $\frac{ql^2}{8}$。

画剪力图和弯矩图时，一般可不画 F_S 与 M 的坐标方向，其正负是用⊕或⊖来表示，而剪力图、弯矩图上的各特征值则必须标明。

上面两个例题的特点是剪力 F_S 与弯矩 M 在全梁范围内都可用一个统一的函数表达式来表达。当 F_S 与 M 必须用分段函数式表达时，就需要分段画出内力图。

例 9-6　试画出图 9-11 所示梁的剪力图和弯矩图。

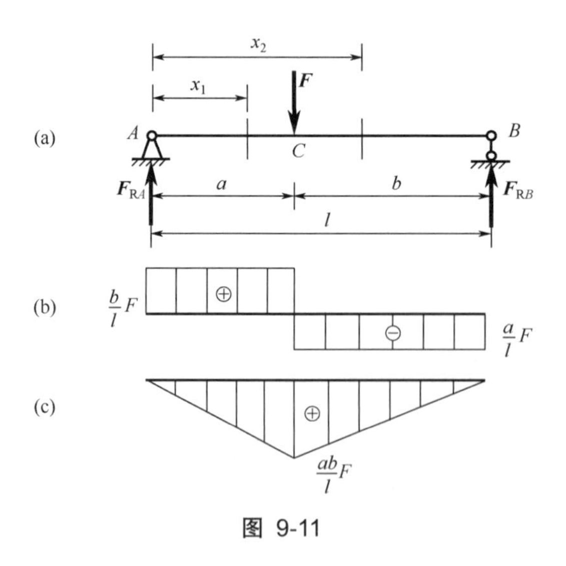

图 9-11

解：（1）求支反力。

由$\sum M_A=0$和$\sum M_B=0$，得

$$F_{RA}=\frac{b}{l}F,\quad F_{RB}=\frac{a}{l}F$$

（2）分段建立剪力和弯矩的函数表达式，因 C 截面力 $\boldsymbol{F}$ 的存在，AC 段和 CB 段的内力不再能用一个统一的函数式表达，必须以 $\boldsymbol{F}$ 的作用点 C 为界分段列出。

用 x_1 表示左段（AC 段）任意横截面到左端的距离，用 x_2 表示右段（CB 段）任意横截面到左端的距离，用求内力的直接计算法得两段的剪力和弯矩的表达式分别为

AC 段

$$F_S(x_1)=F_{RA}=\frac{b}{l}F$$

$$M(x_1)=F_{RA}x_1=\frac{b}{l}Fx_1$$

CB 段

$$F_S(x_2)=-F_{RB}=-\frac{a}{l}F$$

$$M(x_2)=F_{RB}(l-x_2)=\frac{a}{l}F(l-x_2)$$

（3）画剪力图和弯矩图。

两段的剪力表达式均为常数，所以剪力图为平行于横坐标的两段水平直线［图 9-11（b）］。

两段的弯矩表达式均为 x 的一次函数，弯矩图为两段斜直线，$x_1=0$时，$M_A=0$；$x_1=a$时，$M_C=\frac{ab}{l}F$；$x_2=a$时，$M_C=\frac{ab}{l}F$；$x_2=l$时，$M_B=0$。由此画出如图 9-11（c）所示的弯矩图。

从图 9-11（b）可以看出，在集中力 $\boldsymbol{F}$ 作用的 C 截面，剪力图是不连续的，发生了突变。该突变的绝对值为$\frac{b}{l}F+\frac{a}{l}F=F$，即等于梁上该截面处作用的集中力。进一步的讨论还表明，当梁上作用有集中力偶时，集中力偶作用的截面处弯矩图也发生突变。这种情况是普遍现象，由此可得如下结论：

（1）在集中力作用的截面处剪力图发生突变，突变值等于该集中力值；

（2）在集中力偶作用的截面处弯矩图发生突变，突变值等于该集中力偶的力偶矩值。

之所以发生上述不连续（突变）的情况，是由于假定集中力或集中力偶是作用在一个“点”上的。工程实际中，集中力或集中力偶不可能作用在一个“点”上，而是分布在梁的一小段长度上。以集中力 $\boldsymbol{F}$ 为例，若将力 $\boldsymbol{F}$ 按作用在梁上的一小段长度上的均

布荷载来考虑［图 9-12（a）］，剪力图就不会发生突变了［图 9-12（b）］。

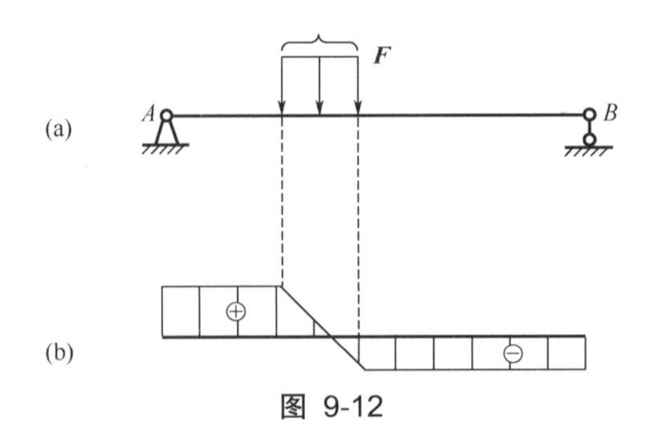

图 9-12

由此例可知，当梁上荷载有变化，内力不能用一个统一的函数式表达时，必须分段列出内力表达式。分段是以集中力、集中力偶的作用位置及分布荷载的起点和终点为界，例如，图 9-13 所示的梁，支座 B 处产生的支反力 $\boldsymbol{F}_{RB}$ 也属于集中力，所以 B、C 都是分界点，该梁就应分三段来列内力表达式。

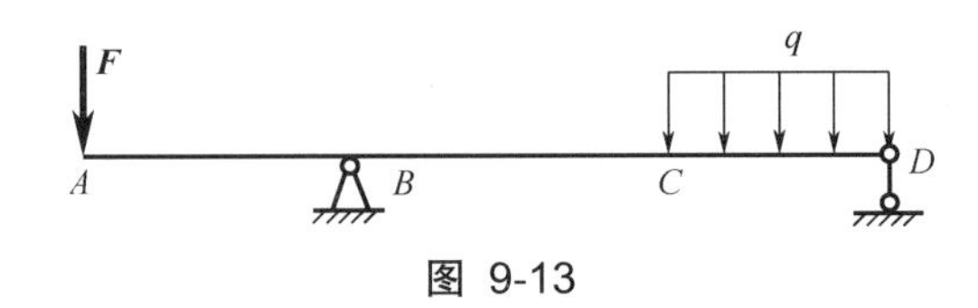

图 9-13

9.4 荷载集度、剪力和弯矩之间的微分关系及其应用

9.4.1 荷载集度、剪力和弯矩之间的微分关系

剪力和弯矩是由梁上的荷载引起的，它们之间必然存在一定的关系。利用这些关系，可更简捷、正确地画出剪力图和弯矩图。下面推导三者间的关系。

设梁上作用有任意的分布荷载，荷载集度为 $q(x)$，如图 9-14（a）所示。$q(x)$ 以向上为正，向下为负。用 x 和 $x+\mathrm{d}x$ 两个相邻截面从梁上截取长为 $\mathrm{d}x$ 的微段，如图 9-14（b）所示。分布载荷 $q(x)$ 在微段梁上可视为常量，$F_S(x)$ 和 $M(x)$ 为左截面上的内力，而右截面上的内力应有微小的增量，即分别为 $F_S(x)+\mathrm{d}F_S(x)$ 和 $M(x)+\mathrm{d}M(x)$。考虑微段梁的平衡，由 $\sum F_y=0$

$$F_S(x)+q(x)\mathrm{d}x-\left[F_S(x)+\mathrm{d}F_S(x)\right]=0$$

得

$$\frac{dF_S(x)}{dx}=q(x) \tag{9-1}$$

即剪力对 x 的一阶导数等于梁上相应位置的荷载集度。

由 $\sum M_C=0$

$$\left[M(x)+dM(x)\right]-M(x)-F_S(x)dx-q(x)dx\cdot\frac{dx}{2}=0$$

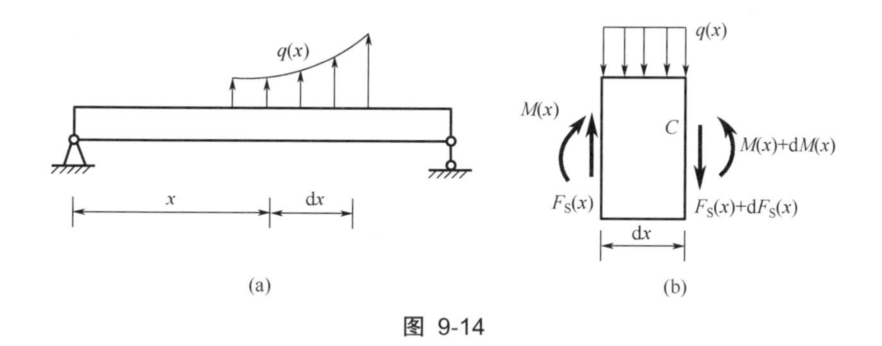

图 9-14

略去高阶微量，得

$$\frac{dM(x)}{dx}=F_S(x) \tag{9-2}$$

即弯矩对 x 的一阶导数等于相应截面上的剪力。再将式（9-2）对 x 求一阶导数，并考虑式（9-1），可得

$$\frac{d^2M(x)}{dx^2}=\frac{dF_S(x)}{dx}=q(x) \tag{9-3}$$

即弯矩对 x 的二阶导数等于相应位置的荷载集度。

以上三式就是弯矩 $M(x)$、剪力 $F_S(x)$ 和分布荷载集度 $q(x)$ 之间的微分关系式。

根据导数的几何意义，函数的一阶导数表示函数图形在该点处切线的斜率。于是，式（9-1）和式（9-2）的几何意义分别为：剪力图上某点处切线的斜率等于梁上该点处的分布荷载集度 $q(x)$；弯矩图上某点处切线的斜率等于梁上该点处截面上的剪力。由于函数图像的凹向可由函数二阶导数的正负确定，因此，由式（9-3）可知，弯矩图的凹向取决于分布荷载集度 $q(x)$ 的正负。

9.4.2 剪力图和弯矩图的规律

利用微分关系可进一步分析画内力图的一些规律。下面讨论常见的两种情况，即

$q(x)=0$ 和 $q(x)=$ 常数的情况。

（1）梁的某段上没有分布荷载，即 $q(x)=0$ 的情况。

由 $\dfrac{\mathrm{d}F_S(x)}{\mathrm{d}x}=q(x)=0$ 可知，$F_S(x)=$ 常数，故该段梁的剪力图为水平线。因此，只要知道该段梁上任意一个截面的剪力值，就可以画出这条水平线。

由 $\dfrac{\mathrm{d}M(x)}{\mathrm{d}x}=F_S(x)=$ 常数可知，M（x）为 x 的一次函数，故该段梁的弯矩图为斜直线，只要知道该段梁上任意两个截面的弯矩值，就可画出这条斜直线。

（2）梁的某段上有均布荷载，即 $q(x)=$ 常数的情况。

由 $\dfrac{\mathrm{d}F_S(x)}{\mathrm{d}x}=q(x)=$ 常数可知，F_S（x）是 x 的一次函数，则剪力图为斜直线。因此，只要知道该段梁上任意两个截面的剪力值，就可以画出这条斜直线。

由 $\dfrac{\mathrm{d}M(x)}{\mathrm{d}x}=F_S(x)$ 及 $F_S(x)$ 是 x 的一次函数可知，$M(x)$ 是 x 的二次函数，故该段梁的弯矩图为二次曲线。利用式（9-3）还可推知：①当 $q<0$（即均布荷载向下）时，弯矩图为上凹曲线（︶）；②当 $q>0$（即均布荷载向上）时，弯矩图为下凹曲线（︵）。弯矩图是否存在极值，可由 $\dfrac{\mathrm{d}M(x)}{\mathrm{d}x}=F_S(x)$ 推断。在 $F_S(x)=0$ 的截面，$M(x)$ 具有极值。

将上述剪力图和弯矩图的规律以及上节中对有集中力和集中力偶作用截面的两个结论列成表 9-1，以便于记忆。表 9-1 中只给出剪力图和弯矩图的大致形状，实际数值、正负号及是否存在极值等还要根据具体的情况而定。

表 9-1　常见荷载作用下剪力图和弯矩图的形状

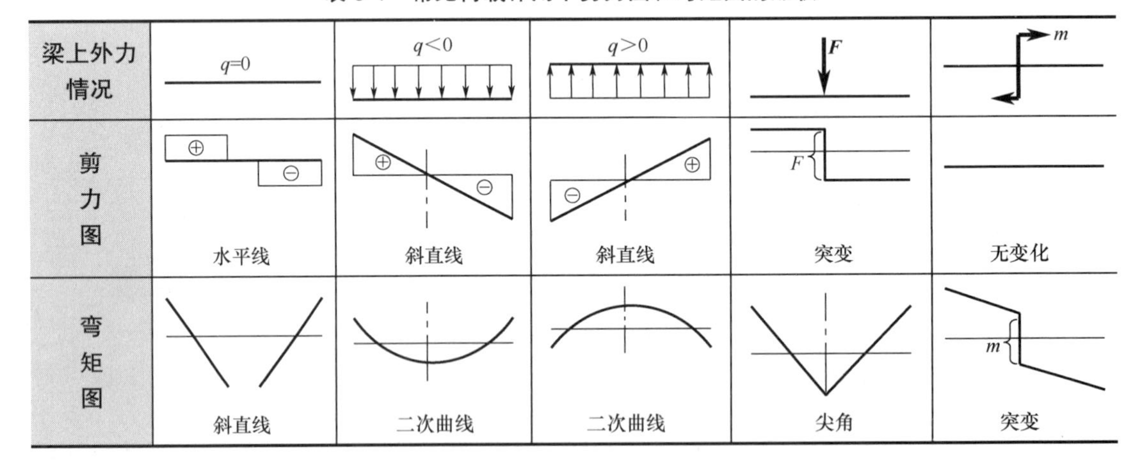

9.4.3 画剪力图和弯矩图的简便方法

由表 9-1 可见，当梁上的外力已知时，梁在各段的剪力图和弯矩图的形状及变化规律均可确定。因此，画内力图时，只要根据梁上外力情况将梁分为几段，每段只需计算出几个控制截面的内力值，然后根据表 9-1，绘制荷载对应的剪力图和弯矩图，就可画出内力图。例如，水平线只需要一个控制截面的内力值，斜直线只需要两个控制截面的内力值，二次曲线只需要两端的控制截面内力值和极值所在截面的内力值。这样，绘制剪力图和弯矩图就变成求几个控制截面的剪力和弯矩的问题，而不需列剪力方程和弯矩方程，因而非常简便，故称为简便方法。

下面结合例题加以说明。

例 9-7 画出图 9-15（a）所示梁的剪力图和弯矩图。

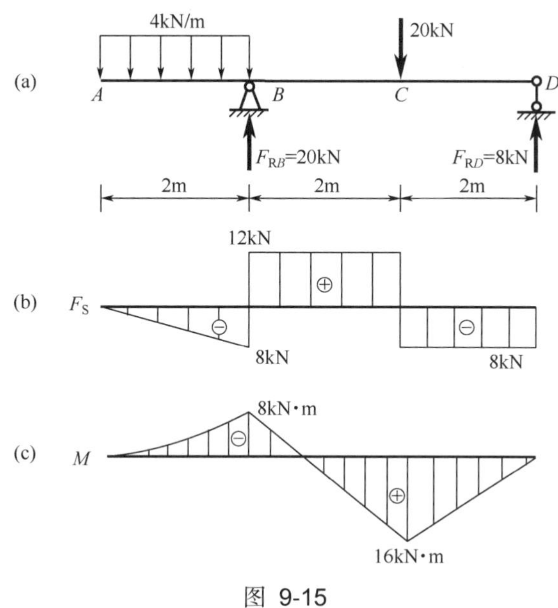

图 9-15

解：（1）计算支反力。

$$F_{RB} = 20\text{kN}，F_{RD} = 8\text{kN}$$

（2）判断剪力图与弯矩图的形状。

根据荷载情况，分三段画出内力图。

AB 段梁有均布荷载，剪力图为斜直线，弯矩图为二次曲线；*BC* 段和 *CD* 段梁上无分布荷载，剪力图为水平线，弯矩图为斜直线。

（3）计算控制截面的 F_S、M 值。

$F_{SA} = 0$， $F_{SB左} = -8\text{kN}$（$F_{SB左}$ 表示点 B 左邻截面上的剪力），$F_{SB右} = 12\text{kN}$，$F_{SC左} = 12\text{kN}$，$F_{SC右} = -8\text{kN}$，$M_A = 0$，$M_B = -8\text{kN}\cdot\text{m}$，$M_C = 16\text{kN}\cdot\text{m}$，$M_D = 0$。

（4）根据各控制截面的内力值，连线画出剪力图和弯矩图，如图 9-15（b）和图 9-15（c）所示。

例 9-8 画出图 9-16（a）所示梁的剪力图和弯矩图。

解：（1）计算支反力。

$$F_{RA} = 3\text{kN}，F_{RC} = 9\text{kN}$$

（2）将梁分为 AB、BC 两段。

（3）作剪力图。

AB 为无荷载段，剪力图为水平线，可通过 $F_{SA右}=F_{RA}=3\text{kN}$ 画出。

BC 为均布荷载段，剪力图为斜直线，可通过 $F_{SB}=3\text{kN}$，$F_{SC左}=-F_{RC}=-9\text{kN}$ 画出。剪力图如图 9-16（b）所示。

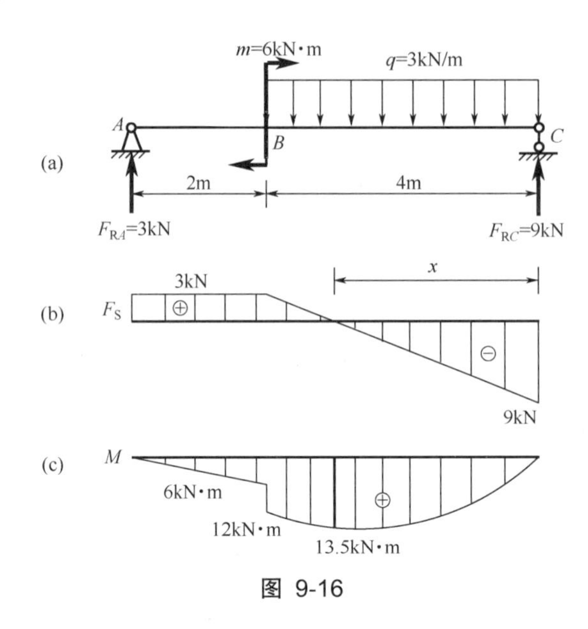

图 9-16

（4）作弯矩图。

AB 为无荷载段，弯矩图为斜直线，可通过 $M_A=0$，$M_{B左}=F_{RA}\times 2=6\text{kN}$ 画出。

BC 段为均布荷载段，均布荷载向下，弯矩图为凹向上的二次曲线，有

$$M_{B右}=M_{B左}+m=12\text{kN}\cdot\text{m}，\ M_C=0$$

从剪力图上可知剪力有为 0 的截面，弯矩图在相应截面处存在着极值。因此，应该找出极值的所在位置和算出极值的具体值。设弯矩具有极值的截面距右端的距离为 x，由该截面上剪力等于零的条件可求得 x 值，即

$$F_S=-F_{RC}+qx=0，\ x=F_{RC}/q=(9/3)\text{m}=3\text{m}$$

极值为

$$M_{\max}=F_{RC}x-0.5qx^2=(9\times 3-0.5\times 3\times 3^2)\text{kN}\cdot\text{m}=13.5\text{kN}\cdot\text{m}$$

通过以上三点可以画出该段的弯矩图。最后的弯矩图如图 9-16（c）所示。

小　结

（1）平面弯曲是杆的基本变形之一。本章主要研究梁在平面弯曲时的内力——剪力

和弯矩的计算，并画出梁的剪力图和弯矩图。

（2）正确求出支反力和正确确定剪力和弯矩的正负号，是掌握梁的内力分析的关键。应清楚理解，熟练掌握。

（3）求梁的任意横截面上的剪力和弯矩的方法有两种，即截面法和直接计算法。截面法是基本方法，而直接计算法则比较简便。用直接计算法求指定截面剪力和弯矩的关键为：根据剪力、弯矩的正负号规定，正确地判定每项外力引起的剪力、弯矩的正负号。

（4）画剪力图和弯矩图有两种方法，列出剪力方程和弯矩方程来画内力图是基本方法；利用微分关系及由此归纳出的表 9-1 中的规律画内力图是简便方法。简便方法的关键是熟记表 9-1 中的规律及熟练掌握控制截面的剪力和弯矩的算法。

（5）画内力图时要注意梁上有集中力和集中力偶作用的截面处内力要发生突变的规律。

习 题

一、单项选择题

9-1 某简支梁的弯矩图是一条二次函数曲线，则该梁上所受的荷载为（ ）。

A. 集中力　　B. 集中力偶

C. 均布荷载　　D. 线性分布荷载

9-2 题 9-2 图所示简支梁的剪力图和弯矩图分别如图（a）和图（b）所示，下面说法中正确的是（ ）。

A. 只有图（a）是正确的

B. 只有图（b）是正确的

C. 图（a）与图（b）都正确

D. 图（a）与图（b）都不正确

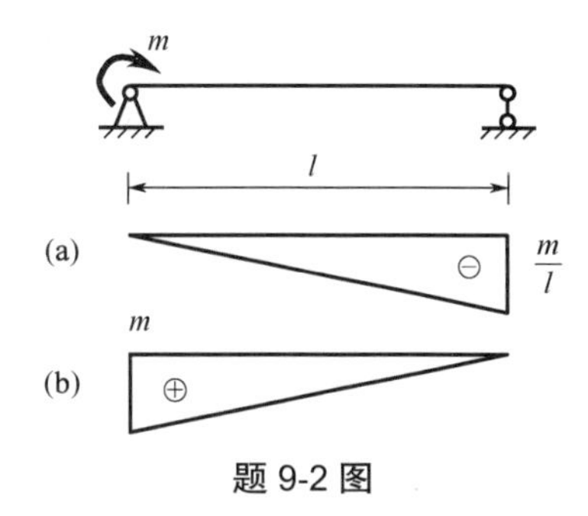

题 9-2 图

9-3 对称结构在反对称荷载作用下，一定有（ ）。

A. 剪力图对称

B. 弯矩图对称

C. 剪力图和弯矩图都对称

D. 剪力图和弯矩图都反对称

9-4 弯曲梁上有集中力作用的截面处剪力图和弯矩图的特点为（ ）。

A. 剪力图有突变，弯矩图不变　　B. 剪力图不变，弯矩图有突变

C. 剪力图和弯矩图都有突变　　D. 剪力图和弯矩图都不变

9-5 弯曲梁上有集中力偶作用的截面处剪力图和弯矩图的特点为（ ）。

A. 剪力图有突变，弯矩图不变　　B. 剪力图不变，弯矩图有突变

C. 剪力图和弯矩图都有突变　　D. 剪力图和弯矩图都不变

二、填空题

9-6　弯曲梁中受均布荷载的一段梁中剪力图是一条________。

9-7　弯曲梁中弯矩取极值的截面处剪力值为________。

9-8　弯曲梁中某截面的剪力等于该截面一侧所有竖向外力（包括竖向分力）的________。

9-9　对称结构弯曲梁在对称荷载作用下剪力图是________的。

三、计算题

9-10　试用截面法求题 9-10 图所示各梁中 $n—n$ 截面上的剪力和弯矩。

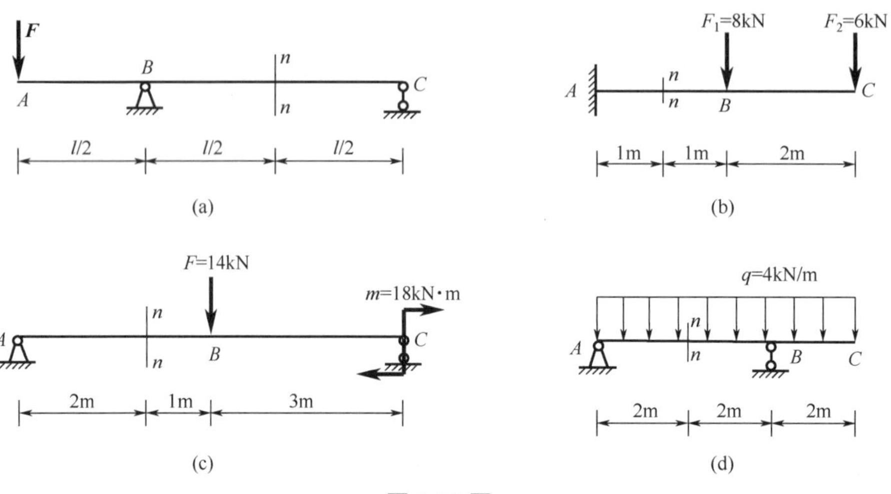

题 9-10 图

9-11　试用简便方法求题 9-11 图所示各梁中 $n—n$ 截面上的剪力和弯矩。

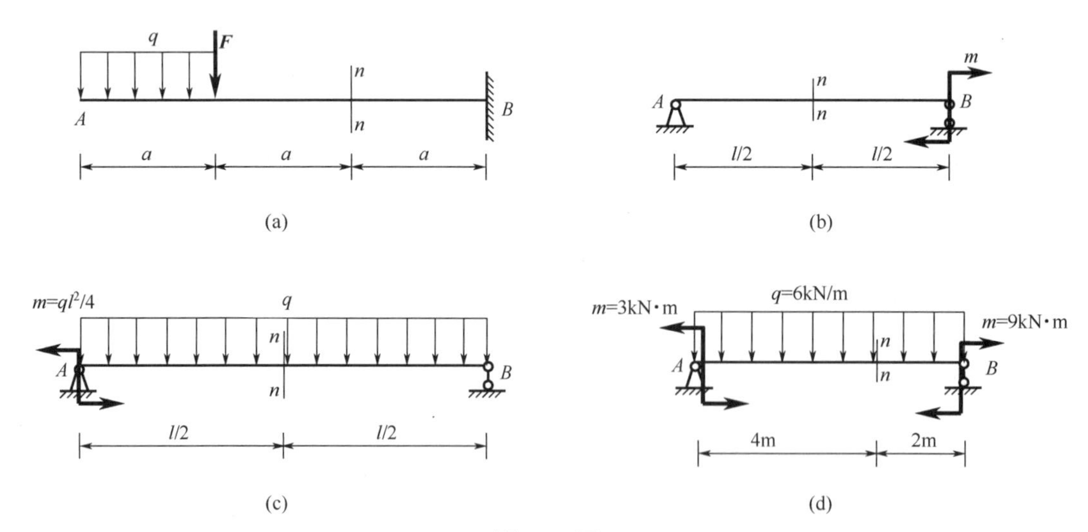

题 9-11 图

9-12　试列出题 9-12 图中梁的剪力方程和弯矩方程，并画出剪力图和弯矩图。

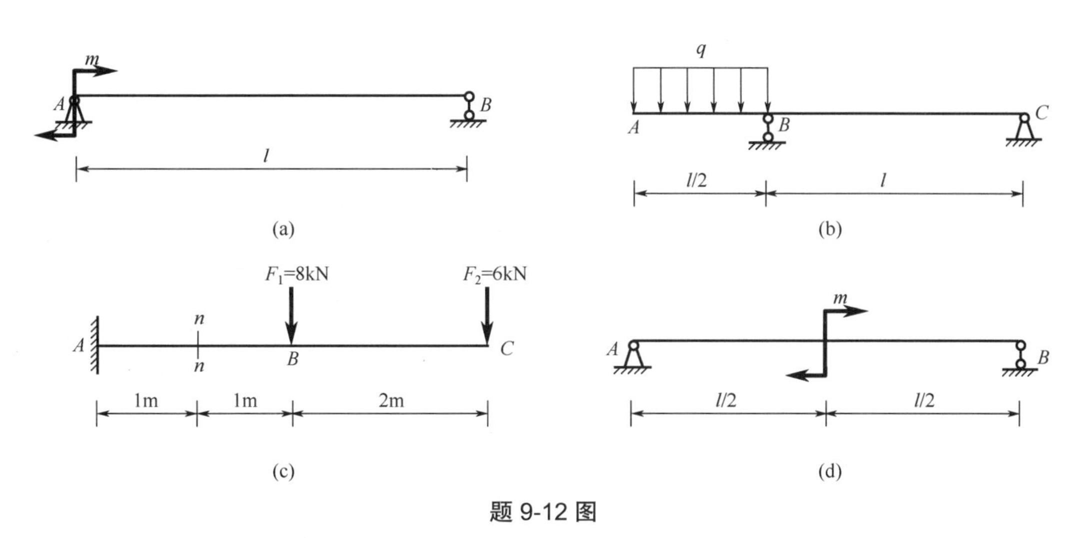

题 9-12 图

9-13　试用简便方法画出题 9-13 图中各梁的剪力图和弯矩图。

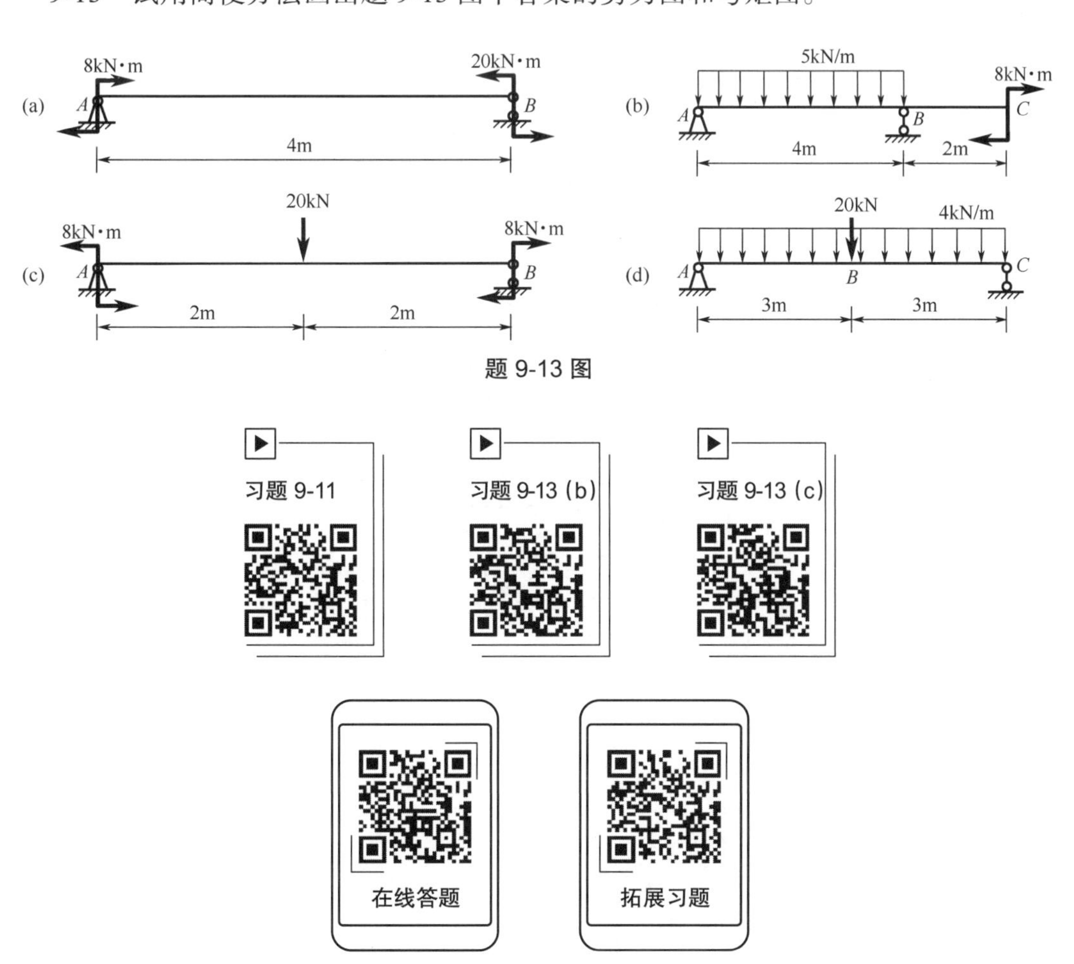

题 9-13 图

第10章 梁的应力

知识结构图

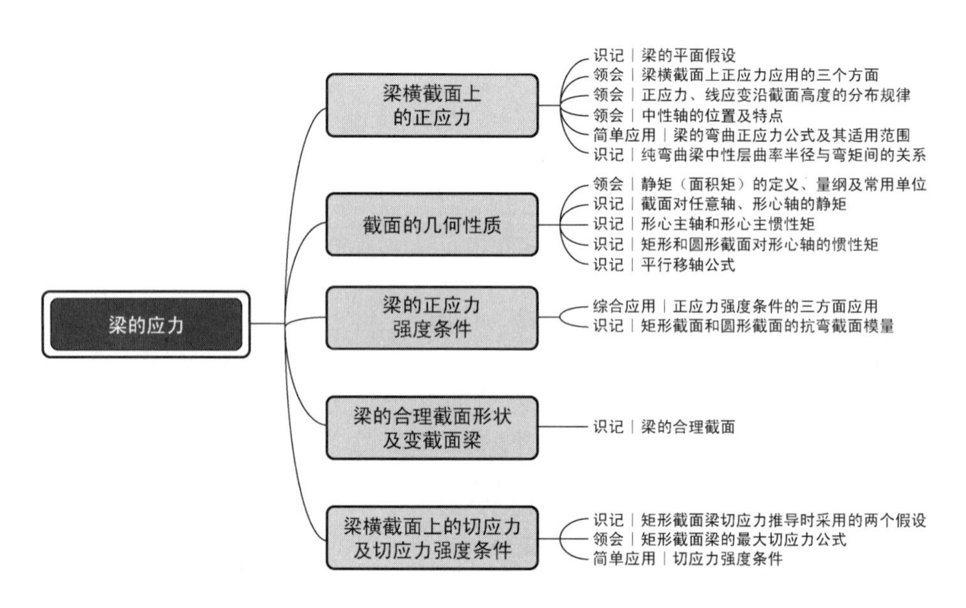

10.1 梁横截面上的正应力

梁弯曲时，横截面上一般产生两种内力，即剪力和弯矩，如图 10-1 所示。剪力 F_S 与横截面相切，它只能由切向应力元素 τdA 组成，弯矩 M 作用在与横截面垂直的纵向对称平面内，它只能由法向应力元素 σdA 组成。因此，梁在弯曲时横截面上一般既有正应力又有切应力。

梁受力弯曲后，横截面上只产生弯矩而无剪力的弯曲称为纯弯曲。下面以纯弯曲梁为研究对象，分析梁横截面上的正应力。

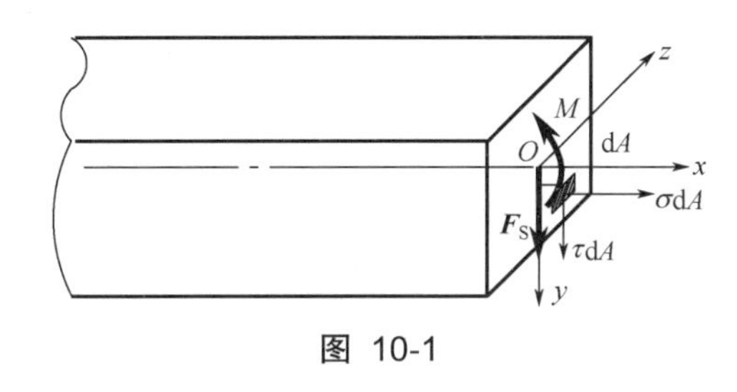

图 10-1

10.1.1 几何方面

首先通过试验观察纯弯曲梁的变形情况，取一等直矩形截面梁如图 10-2（a）所示。在其侧面画两条相邻的横向线 mm 和 nn 代表横截面的位置，并在两横向线之间靠近梁上边缘和下边缘处分别画两条表示纵向纤维的纵向线 ab 和 cd。在梁的两端施加力偶矩为 M 的外力偶，使梁处于纯弯曲状态。

梁受弯后的变形如图 10-2（b）所示，两横向线 mm 和 nn 仍为直线，只是分别倾斜为 $m'm'$ 和 $n'n'$；两纵向线 ab 和 cd 变为弧线 $a'b'$ 和 $c'd'$ 且与倾斜后的两横向线 $m'm'$ 和 $n'n'$ 保持正交。靠近梁下边缘的纵向线 cd 伸长，靠近梁上边缘的纵向线 ab 缩短。由以上变形特征可得到以下结论。

（1）纯弯曲梁的横截面在变形前为平面，变形后仍为平面，且垂直于弯曲了的梁轴线，通常将这一结论称为梁弯曲时的平面假设。

（2）若假设梁由许多层纵向纤维组成，根据变形的连续性可知，梁中一定有既不伸长也不缩短的纤维层，此层称为中性层。中性层与梁横截面的交线称为中性轴，如图 10-2（c）所示。

若用两个横截面从图 10-2（b）所示的梁中截取长度为 dx 的一段来研究，将梁的轴线取为 x 轴，横截面的纵向对称轴为 y 轴，中性轴取为 z 轴，如图 10-3 所示。若设中性层 $\overset{\frown}{O_1O_2}$ 的曲率半径为 ρ，两横截面的相对转角为 $d\theta$，并注意到中性层 $\overset{\frown}{O_1O_2}$ 的长度仍为 $dx = \rho\, d\theta$，那么距中性层为 y 处的纵向纤维的变形为

$$\Delta s = \widehat{K_1K_2} - \widehat{O_1O_2} = (\rho + y)\mathrm{d}\theta - \rho\mathrm{d}\theta = y\mathrm{d}\theta$$

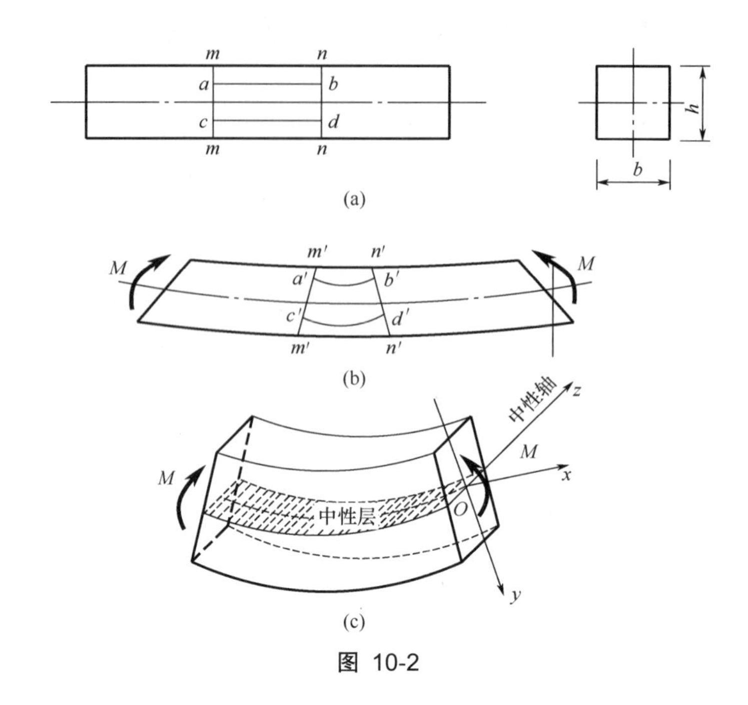

图 10-2

该处的线应变为

$$\varepsilon = \frac{\Delta s}{\mathrm{d}x} = \frac{y\mathrm{d}\theta}{\rho\mathrm{d}\theta} = \frac{y}{\rho} \tag{10-1}$$

由于同一截面的 $\dfrac{1}{\rho}$ 是一常数，所以式（10-1）表明梁横截面上任一点处的纵向线应变与该点到中性轴的距离成正比。

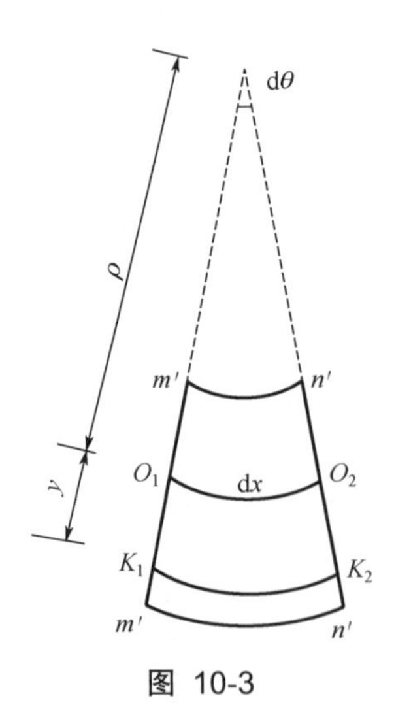

图 10-3

10.1.2 物理方面

在弹性范围内，正应力 σ 与线应变 ε 成正比，即

$$\sigma = E\varepsilon$$

将式（10-1）代入上式得

$$\sigma = E\varepsilon = E\frac{y}{\rho} \tag{10-2}$$

由式（10-2）可知，横截面上任一点处的正应力与该点到中性轴的距离成正比。正应力的大小沿截面高度线性变化，截面上下边缘处的正应力绝对值最大，中性轴上的正应力为零。在距中性轴等距离的同一横线上各点处的正应力相同，如图 10-4 所示。

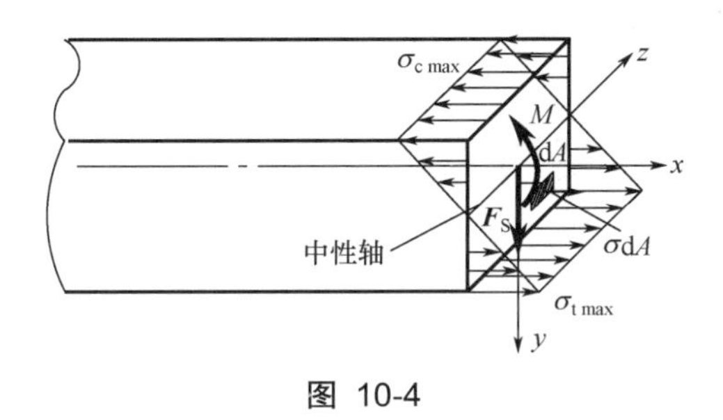

图 10-4

10.1.3 静力学方面

如图 10-4 所示，在梁的横截面上距 z 轴为 y 处取微面积 $\mathrm{d}A$，其上的法向微内力为 $\sigma\mathrm{d}A$，此微内力沿梁轴线方向的合力为 $\int_A \sigma\mathrm{d}A$，它应等于该横截面上的轴力 F_{N}，同时它对 z 轴的合力偶矩为 $\int_A y\sigma\mathrm{d}A$，并应等于该横截面上的弯矩 M。对纯弯曲时有

$$F_{\mathrm{N}} = \int_A \sigma\mathrm{d}A = 0 \tag{10-3}$$

$$M = \int_A y\sigma\mathrm{d}A \tag{10-4}$$

先讨论中性轴的位置。将式（10-2）代入式（10-3）得

$$\int_A E\frac{y}{\rho}\mathrm{d}A = 0 \tag{10-5}$$

式（10-5）左面的积分是在面积 A 上积分的，中性层（或中性轴）的曲率半径 ρ 在同一截面处是常量，可以从积分中提出，得

$$\frac{E}{\rho}\int_A y\mathrm{d}A = 0$$

因 $\frac{E}{\rho} \neq 0$，所以

$$\int_A y\mathrm{d}A = S_z = 0 \tag{10-6}$$

$\int_A y\mathrm{d}A = S_z$ 称为横截面对中性轴（z 轴）的静矩（见下节），由本书第 6.6 节知

$$S_z = \int_A y\mathrm{d}A = Ay_C \tag{10-7}$$

式（10-7）中 y_C 是横截面的形心与中性轴 z 轴之间的距离，A 是横截面面积，由式（10-6）$S_z = 0$，知 $y_C = 0$，即横截面的形心与中性轴之间的距离为零，说明横截面上的中性轴 z 是形心轴。

下面讨论中性轴的曲率半径 ρ 的倒数 $\frac{1}{\rho}$ 的确定。

将式（10-2）代入式（10-4）得

$$M = \int_A yE\frac{y}{\rho}\mathrm{d}A = \frac{E}{\rho}\int_A y^2\mathrm{d}A$$

令

$$\int_A y^2\mathrm{d}A = I_z \tag{10-8}$$

有

$$M = \frac{E}{\rho}I_z$$

即

$$\frac{1}{\rho} = \frac{M}{EI_z} \tag{10-9}$$

由式（10-9）可知，曲率 $\frac{1}{\rho}$ 与 EI_z 成反比，即 EI_z 值越大，梁弯曲后的曲率越小，梁越不易弯曲。I_z 称为横截面对中性轴的惯性矩，EI_z 称为梁的抗弯刚度。

将式（10-9）代入式（10-2），得到纯弯曲梁横截面上任一点处的正应力计算公式为

$$\sigma = \frac{M}{I_z}y \tag{10-10}$$

式（10-10）中 M 为横截面上的弯矩；y 为所求正应力点到中性轴的距离；截面对中性轴的惯性矩 I_z 的数值要由具体截面的形状尺寸决定，它的计算将在下节中讨论。

为了便于正确使用式（10-10），这里指出下列两点。

（1）通常在梁弯曲时，横截面上既有弯矩又有剪力，称为横力弯曲。可以证明，对横力弯曲的梁，当跨度与横截面高度之比大于 5 时，用式（10-10）计算的正应力是足够精确的，所以式（10-10）仍然适用。

（2）式（10-10）是从矩形截面梁导出的，但对截面为其他对称形状（如工字形、T 字形、圆形等）的梁，也都适用。

通过对惯性矩 I_z 的计算（见 10.2 节），可得图 10-5（a）所示矩形截面的惯性矩 $I_z=\dfrac{bh^3}{12}$；图 10-5（b）所示圆形截面的惯性矩 $I_z=\dfrac{\pi d^4}{64}$。而工程中常用的工字钢、角钢等型钢的截面对中性轴 z 的惯性矩 I_z 均可在书后的附表 1 中查到。

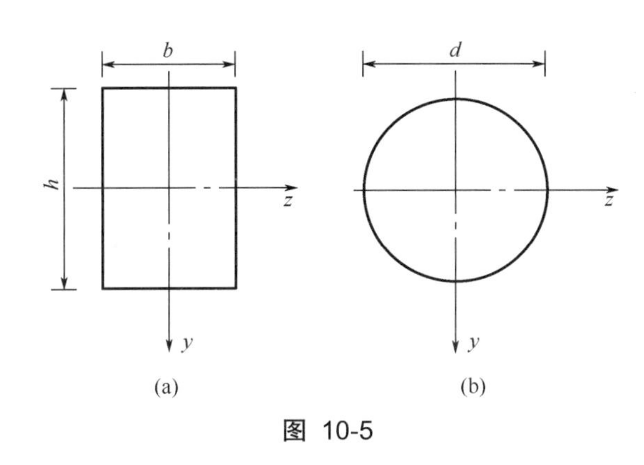

图 10-5

在用式（10-10）计算正应力时，可不考虑式中 M、y 的正负号，均以绝对值代入，最后由梁的变形来确定是拉应力还是压应力。当截面上的弯矩 M 为正时，梁下边受拉，上边受压，所以中性轴以下为拉应力，中性轴以上为压应力。当截面的弯矩 M 为负时，则相反。

例 10-1 长为 l 的矩形截面梁（图 10-6），在自由端作用一集中力 $\boldsymbol{F}$，已知 $h=0.18\text{m}$，$b=0.12\text{m}$，$y=0.06\text{m}$，$a=2\text{m}$，$F=3\text{kN}$。试求 C 截面上 K 点的正应力及该截面上的最大压应力 $\sigma_{\text{c}\max}$ 的值和发生的位置。

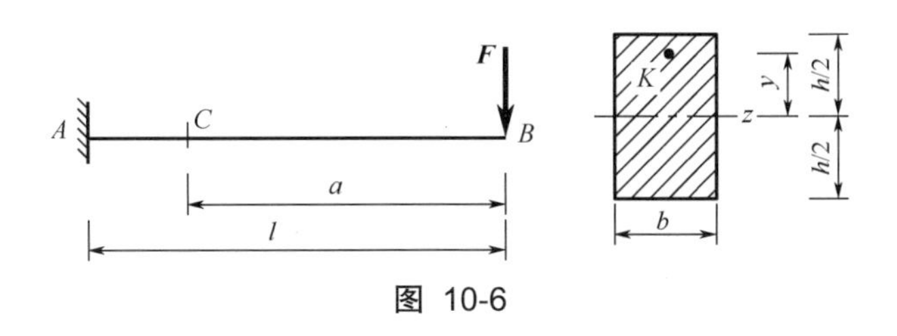

图 10-6

解： C 截面上的弯矩

$$M_C=-Fa=(-3\times10^3\times2)\text{N}\cdot\text{m}=-6\times10^3\text{N}\cdot\text{m}$$

截面对中性轴（即水平对称轴）的惯性矩为

$$I_z = \frac{bh^3}{12} = \frac{0.12 \times 0.18^3}{12} \text{m}^4 \approx 0.583 \times 10^{-4} \text{m}^4$$

将 M_C、I_z 及 y 代入正应力式（10-10）。代入时，M_C、y 均不考虑正负号而以绝对值代入，则

$$\sigma_K = \frac{M_C}{I_z} y = \left(\frac{6 \times 10^3}{0.583 \times 10^{-4}} \times 0.06 \right) \text{Pa} \approx 6.18 \times 10^6 \text{Pa=6.18MPa}$$

C 截面的弯矩为负，K 点位于中性轴上边，所以 K 点处的应力为拉应力。

C 截面的最大压应力发生在该截面的最下边缘，即 $y_{\max} = \frac{h}{2}$ 处，其值为

$$\sigma_{\text{c}\max} = \frac{M_C}{I_z} y_{\max} = \left(\frac{6 \times 10^3}{0.583 \times 10^{-4}} \times 0.09 \right) \text{Pa} \approx 9.27 \times 10^6 \text{Pa=9.27MPa}$$

10.2　截面的几何性质

上节中涉及的截面对中性轴的静矩和惯性矩，都是截面所具有的几何性质。它们都是只与截面尺寸和形状有关的几何量。

10.2.1 静矩与形心

1. 静矩（面积矩）

设任意形状的截面图形如图 10-7 所示，其面积为 A，y 轴和 z 轴为截面所在平面内的坐标轴。在坐标 (z, y) 处，取微面积 $\text{d}A$，$y\text{d}A$ 和 $z\text{d}A$ 分别称为 $\text{d}A$ 对 z 轴和 y 轴的静矩，在整个截面面积 A 上的积分

$$S_z = \int_A y\text{d}A \text{，} S_y = \int_A z\text{d}A \tag{10-11}$$

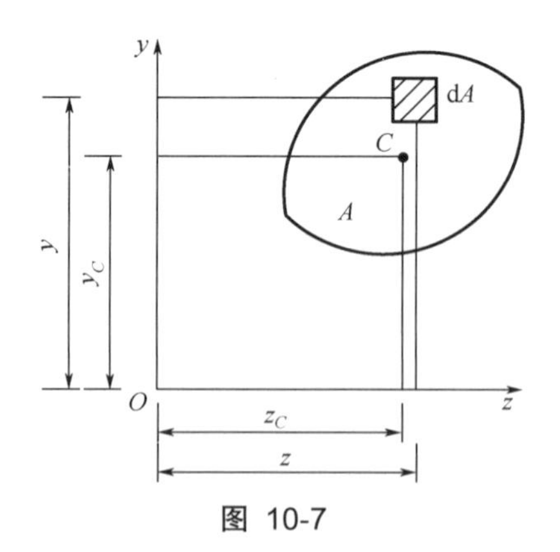

图 10-7

分别定义为该截面对 z 轴和 y 轴的静矩，又称为面积矩。

截面的静矩是对某一坐标轴而言的，同一截面对于不同的坐标轴的静矩显然不同。静矩的数值可能为正或负，也可能等于零。静矩的量纲是长度的三次方，常用单位为 m^3 和 mm^3。

2. 静矩与形心坐标的关系

在本书第 6.6 节中已介绍过形心公式，设形心的坐标为 y_C 和 z_C，结合静矩定义式（10-11）有

$$y_C=\frac{\int_A y\mathrm{d}A}{A}=\frac{S_z}{A}，\quad z_C=\frac{\int_A z\mathrm{d}A}{A}=\frac{S_y}{A}$$

即

$$S_z=Ay_C，\quad S_y=Az_C \tag{10-12}$$

由式（10-12）可知：

（1）截面对某轴的静矩等于截面的面积乘以形心到该轴的距离；

（2）截面对通过其形心轴的静矩为零；反之若截面对某一轴的静矩为零，则该轴必通过截面的形心。

10.2.2 惯性矩和惯性积

在图 10-7 中，将乘积 $y^2\mathrm{d}A$ 和 $z^2\mathrm{d}A$ 分别称为微面积 $\mathrm{d}A$ 对 z 轴和 y 轴的惯性矩，而将积分 $\int_A y^2\mathrm{d}A$ 和 $\int_A z^2\mathrm{d}A$ 分别定义为截面对 z 轴和 y 轴的惯性矩，用 I_z 和 I_y 代表截面对 z 轴和 y 轴的惯性矩，则有

$$\left.\begin{aligned}I_z&=\int_A y^2\mathrm{d}A\\ I_y&=\int_A z^2\mathrm{d}A\end{aligned}\right\} \tag{10-13}$$

微面积 $\mathrm{d}A$ 与其坐标 y、z 的乘积 $yz\mathrm{d}A$ 称为微面积 $\mathrm{d}A$ 对 z、y 二轴的惯性积，而把积分 $\int_A yz\mathrm{d}A$ 定义为截面对 z、y 二轴的惯性积，并以 I_{zy} 表示，即

$$I_{zy}=\int_A yz\mathrm{d}A \tag{10-14}$$

惯性矩 I_z、I_y 和惯性积 I_{zy} 都是对轴来说的，同一截面对不同轴的数值不同。在扭转一章中涉及的极惯性矩 I_P 是对点（称极点）来说的，同一截面对不同点的极惯性矩值也各不相同。从式（10-13）、式（10-14）的定义可知，惯性矩恒为正值；而惯性积可为正值、负值或为零。惯性矩和惯性积的常用单位为 m^4。

惯性矩、惯性积及静矩等均属平面图形的纯几何性质，其本身是没有物理意义的。

例 10-2 图 10-8（a）所示矩形截面，z 轴、y 轴为截面的两条对称轴，z_1 轴与底边

重合。试求：（1）截面对 z_1 轴的静矩；（2）截面对形心轴 z 轴、y 轴的惯性矩和惯性积。

解：（1）截面对 z_1 轴的静矩。

$$S_{z_1} = Ay_C = bh\frac{h}{2} = \frac{bh^2}{2}$$

（2）求 I_z、I_y 和 I_{zy}。

取平行于形心轴 z 轴的阴影面积［图 10-8（a）］为微面积，则

$$dA = bdy$$

$$I_z = \int_A y^2 dA = \int_{-h/2}^{h/2} by^2 dy = \frac{bh^3}{12}$$

用同样办法可求得对 y 轴的惯性矩为

$$I_y = \frac{hb^3}{12}$$

下面讨论惯性积。y 轴为截面的对称轴，在 y 轴两侧对称位置取相同的微面积 dA［图 10-8（b）］，由于处在对称位置的 $zydA$ 值大小相等、符号相反（y 坐标相同，z 坐标符号相反），因此这两个微面积对 z 轴、y 轴的惯性积之和等于零。将此推广到整个截面，则有

$$I_{zy} = \int_A yzdA = 0$$

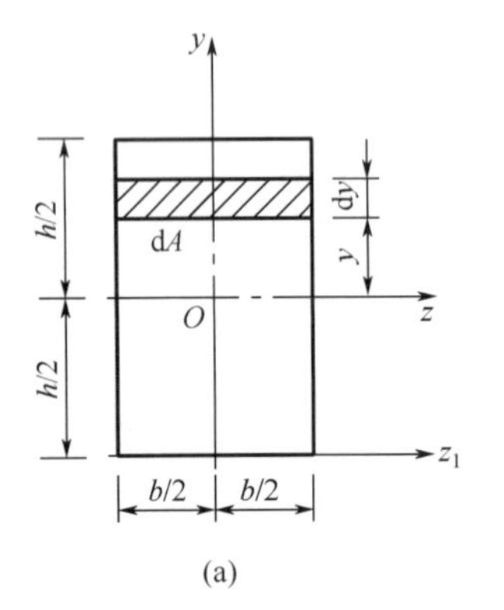

(a)

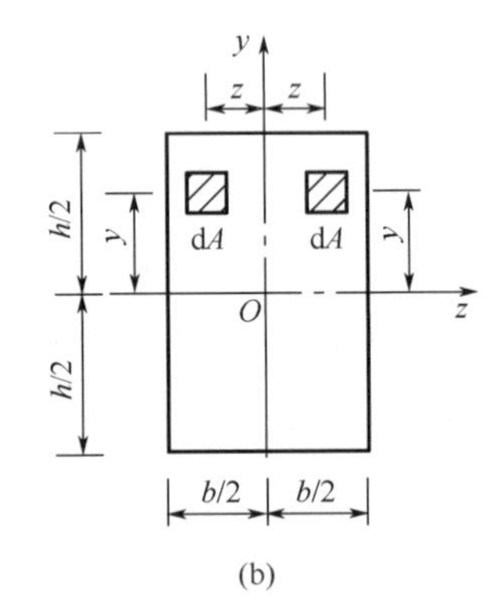

(b)

图 10-8

这说明：只要 z 轴、y 轴中有一条轴为截面的对称轴，则截面对该二轴的惯性积一定等于零。

例 10-3 图 10-9 为直径为 d 的圆形截面，z 轴、y 轴通过圆心。试求圆形截面对圆心 O 的极惯性矩 I_P 和对 z 轴的惯性矩 I_z。

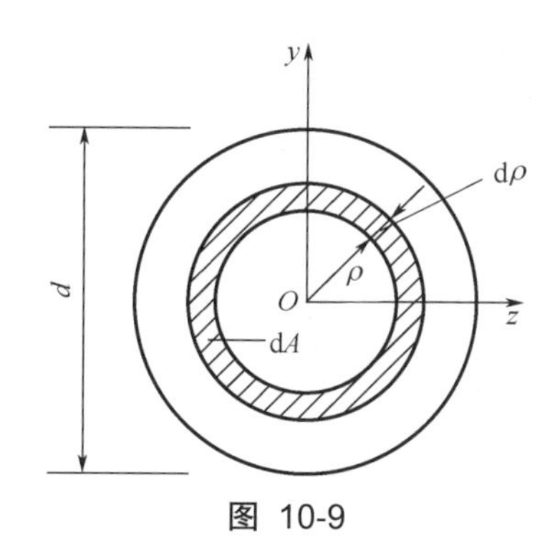

图 10-9

解：取图示的环形面积为微面积，并由扭转中极惯性矩的定义，有

$$dA = 2\pi\rho d\rho$$

$$I_P = \int_A \rho^2 dA = \int_0^{d/2} \rho^2 2\pi\rho d\rho = \frac{\pi d^4}{32}$$

又 $\rho^2 = z^2 + y^2$，有

$$I_P = \int_A \rho^2 dA = \int_A (z^2 + y^2) dA = \int_A z^2 dA + \int_A y^2 dA = I_z + I_y$$

由于 z 轴、y 轴通过圆心，所以 $I_z = I_y$，可得

$$I_P = I_z + I_y = 2I_z$$

所以

$$I_z = \frac{I_P}{2} = \frac{\pi d^4}{64}$$

10.2.3 组合截面的静矩和惯性矩计算及主轴和主惯性矩

1. 惯性矩的平行移轴公式

同一截面对不同坐标轴的惯性矩是不同的，平行移轴公式反映了两相互平行的坐标轴间惯性矩的关系。如图 10-10 所示，由惯性矩的定义不难推出，平行移轴公式为

$$\left.\begin{aligned} I_z = I_{z_C} + a^2 A \\ I_y = I_{y_C} + b^2 A \end{aligned}\right\} \qquad (10\text{-}15)$$

式中 I_z、I_y——平面图形对 z 轴、y 轴的惯性矩；

I_{z_C}、I_{y_C}——平面图形对其形心轴 z_C、y_C 的惯性矩；

a、b——平面图形的形心到 z 轴、y 轴的距离；

A——平面图形的面积。

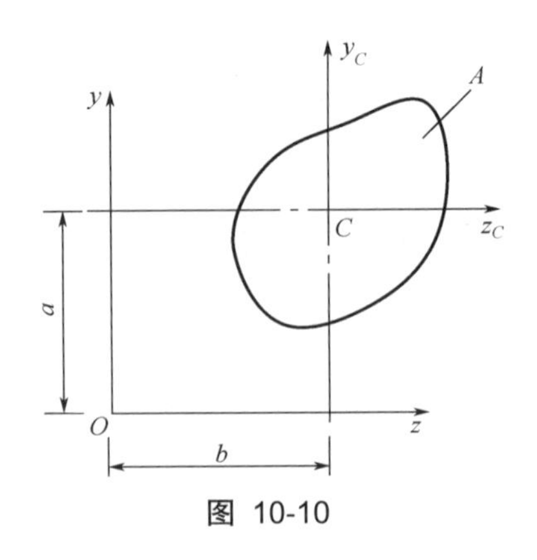

图 10-10

2. 组合截面的静矩和惯性矩计算

工程中常遇到组合截面，这些组合截面是由几个简单图形（如矩形、圆形等）或几个型钢截面组成的。

计算组合截面对某轴的静矩时，可分别计算各简单图形对该轴的静矩，然后再代数相加，即

$$\left.\begin{aligned} S_z &= \sum_{i=1}^{n} A_i y_i \\ S_y &= \sum_{i=1}^{n} A_i z_i \end{aligned}\right\} \qquad (10\text{-}16)$$

式中　A_i 和 y_i、z_i——各简单图形的面积和形心坐标；

n——简单图形的个数。

计算组合截面对某轴的惯性矩时，根据惯性矩的定义，可分别计算各组成部分对该轴的惯性矩，然后再相加。

3. 主轴和主惯性矩

由惯性积的定义可知，截面对不同的直角坐标轴的惯性积是不同的，其值可能为正，也可能为负，还可能为零。若截面对某一对直角坐标轴的惯性积等于零，则该直角坐标轴称为主惯性轴或简称为主轴，截面对主轴的惯性矩称为主惯性矩。

当主轴通过截面形心时，则称为形心主轴，截面对形心主轴的惯性矩称为形心主惯性矩。

具有对称轴的截面如矩形、工字形等，其对称轴就是形心主轴，对称轴既是主轴，又通过形心。在后面计算梁的应力和位移时，均要用到截面的形心主惯性矩。

例 10-4　一工字形截面，其尺寸如图 10-11（a）所示，试求阴影面积对 z 轴的静矩及整个截面对 z 轴的形心主惯性矩。

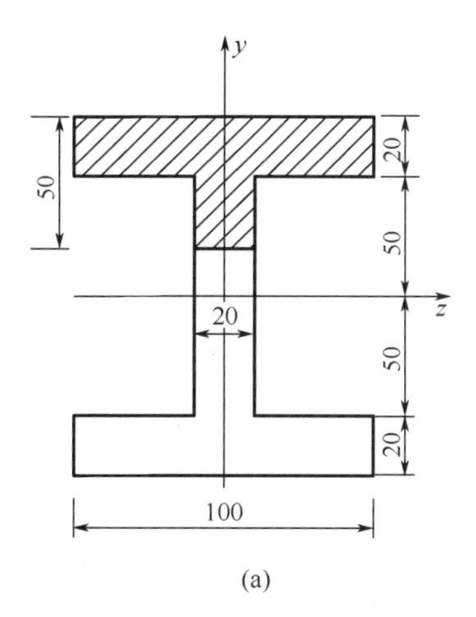

(a)

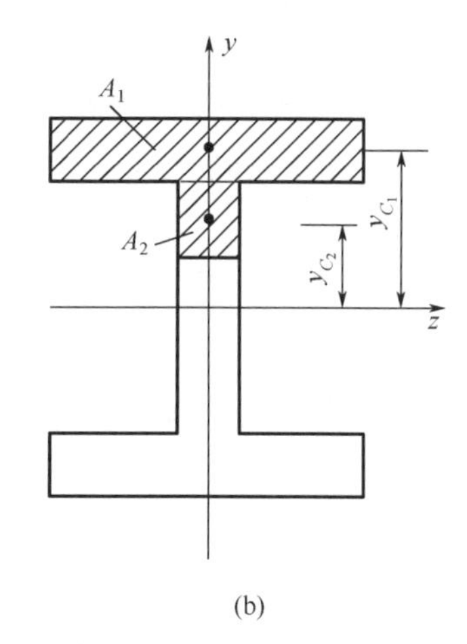

(b)

图 10-11 （单位：mm）

解：（1）将 T 形阴影面积分成图 10-11（b）中所示的 A_1 和 A_2 两个矩形面积，A_1 与 A_2 对 z 轴的静矩之和即为 T 形面积对 z 轴的静矩，即

$$\begin{aligned}S_z &= A_1 y_{C_1} + A_2 y_{C_2} \\ &= [(100\times 20)\times 60 + (20\times 30)\times 35]\text{mm}^3 = 1.41\times 10^5\text{mm}^3\end{aligned}$$

（2）整个截面对 z 轴的形心主惯性矩可分成上、下两个翼部和中间腹部三个矩形计算，利用惯性矩平行移轴公式可得

$$\begin{aligned}I_z &= \left\{2\times\left[\frac{100\times 20^3}{12} + 100\times 20\times\left(50+\frac{20}{2}\right)^2\right] + \frac{20\times 100^3}{12}\right\}\text{mm}^4 \\ &= 1.62\times 10^7\text{mm}^4\end{aligned}$$

10.3　梁的正应力强度条件

有了正应力计算公式，便可计算梁中的最大正应力，从而建立正应力强度条件，对梁进行强度计算。

由正应力计算公式（10-10）可知，对等截面梁来说，全梁中的最大正应力发生在弯矩最大的截面的边缘处，其值为

$$\sigma_{\max} = \frac{M_{\max}}{I_z} y_{\max}$$

将此式改写为

$$\sigma_{\max} = \frac{M_{\max}}{I_z / y_{\max}}$$

令

$$W_z = I_z / y_{max}$$

则

$$\sigma_{max} = \frac{M_{max}}{W_z}$$

根据强度要求，梁内的最大正应力不能超过材料的许用应力 $[\sigma]$，即

$$\sigma_{max} = \frac{M_{max}}{W_z} \leqslant [\sigma] \qquad (10\text{-}17)$$

式（10-17）即为梁的正应力强度条件。式中，$W_z = I_z / y_{max}$ 称为抗弯截面模量（或抗弯截面系数）。矩形截面和圆形截面的抗弯截面模量分别为

矩形截面 $$W_z = \frac{I_z}{y_{max}} = \frac{bh^3/12}{h/2} = \frac{1}{6}bh^2$$

圆形截面 $$W_z = \frac{I_z}{y_{max}} = \frac{\pi d^4/64}{d/2} = \frac{1}{32}\pi d^3$$

对于工字钢、槽钢等型钢截面，W_z 值可在型钢表中查得（见本书附录型钢表）；$[\sigma]$ 为弯曲时材料的许用正应力。

应用梁的正应力强度条件式（10-17），可解决三类强度计算问题。

（1）正应力强度校核。即梁内的最大正应力不能超过许用应力

$$\sigma_{max} = \frac{M_{max}}{W_z} \leqslant [\sigma]$$

（2）选择截面。即由梁中的最大弯矩和材料的许用应力求出抗弯截面模量

$$W_z \geqslant \frac{M_{max}}{[\sigma]}$$

然后根据所选的截面形状，再由 W_z 值确定截面的尺寸。

（3）求梁能承受的最大荷载。即由梁的抗弯截面模量和材料的许用应力求出梁能承受的最大弯矩

$$M_{max} \leqslant W_z[\sigma]$$

再由 M_{max} 与荷载的关系，求出梁能承受的最大荷载。

在强度计算的三类问题中，强度条件是其核心。亦即在三类应用中，只要正确列出强度条件，选择截面和求最大荷载的公式就很容易导出。下面举例说明。

例 10-5 图 10-12 所示矩形截面木梁承受均布荷载。已知 $q = 4\text{kN/m}$，$l = 4\text{m}$，$h = 210\text{mm}$，$b = 140\text{mm}$，木材的许用正应力 $[\sigma] = 10\text{MPa}$。试校核该梁的正应力强度。

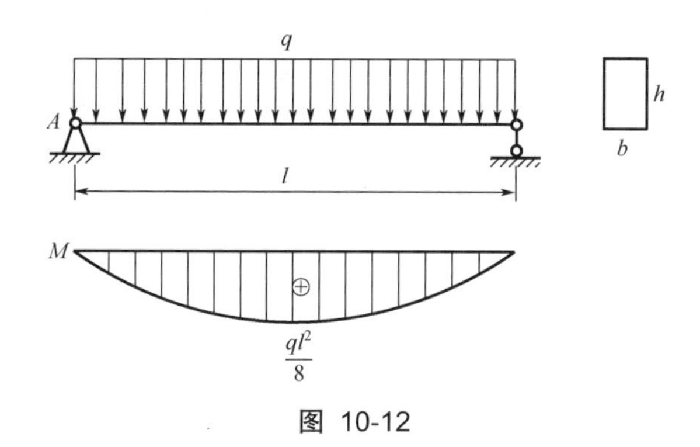

图 10-12

解：梁中的最大正应力发生在跨中弯矩最大的截面上，其值为

$$\sigma_{max}=\frac{M_{max}}{W_z}=\frac{\frac{ql^2}{8}}{\frac{bh^2}{6}}=\frac{6\times4\times10^3\times4^2}{8\times140\times210^2\times10^{-9}}\text{Pa}$$

$$\approx7.76\times10^6\text{Pa}=7.76\text{MPa}<[\sigma]$$

满足正应力强度要求。

例 10-6 求例 10–5 中梁能承受的最大荷载 q_{max}。

解：梁要满足正应力强度条件，则有

$$\sigma_{max}=\frac{M_{max}}{W_z}=\frac{\frac{ql^2}{8}}{\frac{bh^2}{6}}\leqslant[\sigma]$$

$$q\leqslant\frac{8}{l^2}\times\frac{bh^2}{6}[\sigma]=\left(\frac{8\times140\times210^2\times10^{-9}}{6\times4^2}\times10\times10^6\right)\text{N/m}\approx5150\text{N/m}=5.15\text{kN/m}$$

$$q_{max}=5.15\text{kN/m}$$

例 10-7 T 形截面铸铁梁如图 10-13（a）、（b）所示。已知 F_1=1kN，F_2=2.5kN，材料的许用拉应力 $[\sigma_t]=30\text{MPa}$，许用压应力 $[\sigma_c]=60\text{MPa}$。已知 T 形截面的形心坐标 $y_C=30\text{mm}$，$y_1=50\text{mm}$，对中性轴 z 的惯性矩 $I_z=136\text{cm}^4$。试校核该梁的强度。

解：（1）作梁的弯矩图。

梁的弯矩图如图 10-13（c）所示，由弯矩图可知梁的最大正弯矩位于 C 截面，最大负弯矩位于 B 截面，其值分别为

$$M_C=0.75\text{kN}\cdot\text{m}$$

$$M_B=-1\text{kN}\cdot\text{m}$$

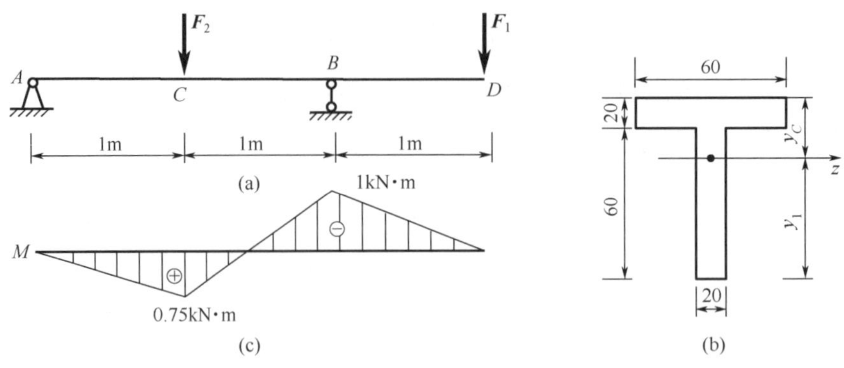

图 10-13（单位：mm）

（2）强度校核。

由于中性轴z不是T形截面的对称轴，同一截面上的最大拉、压应力绝对值不相等。因为$|M_B|>|M_C|$，故最大压应力发生在B截面的下边缘处；最大拉应力是发生在C截面下边缘处还是B截面上边缘处，需要通过计算判断。

最大压应力

$$\sigma_{\text{c max}}=\frac{M_B y_1}{I_z}=\frac{1\times10^3\times50\times10^{-3}}{136\times10^{-8}}\text{Pa}\approx37\times10^6\text{Pa=37MPa}<[\sigma_\text{c}]\text{=60MPa}$$

最大拉应力

在B截面上

$$\sigma'_{\text{t max}}=\frac{M_B y_C}{I_z}=\frac{1\times10^3\times30\times10^{-3}}{136\times10^{-8}}\text{Pa}\approx22\times10^6\text{Pa=22MPa}$$

在C截面上

$$\sigma''_{\text{t max}}=\frac{M_C y_1}{I_z}=\frac{0.75\times10^3\times50\times10^{-3}}{136\times10^{-8}}\text{Pa}\approx28\times10^6\text{Pa=28MPa}$$

故最大拉应力发生在C截面下边缘处，其值为

$$\sigma_{\text{tmax}}=28\text{MPa}<[\sigma_\text{t}]\text{=30MPa}$$

因此，该梁强度满足要求。

10.4 梁的合理截面形状及变截面梁

10.4.1 截面的合理形状

梁的强度计算，一般是由正应力的强度条件控制的。由强度条件

$$\sigma_{\max}=\frac{M_{\max}}{W_z}\leqslant[\sigma]$$

可知，最大正应力与抗弯截面模量 W_z 成反比，W_z 愈大就愈有利。而 W_z 的大小与截面的面积及形状有关，分析截面的合理性，就是在截面面积相同的条件下，比较不同形状的截面的 W_z。从强度角度看，W_z 愈大就愈合理。

下面比较一下矩形截面、正方形截面及圆形截面的合理性。

设三者的横截面面积相同（均为 A），圆的直径为 d，正方形的边长为 a，矩形的高和宽分别为 h 和 b，且 $h>b$。由 $A=bh=a^2=\pi d^2/4$，且 $h>b$，有 $h>a$，$a=\frac{\sqrt{\pi}}{2}d$。

三种形状截面的 W_z 分别为

矩形截面　　$W_{z_1}=\frac{1}{6}bh^2=\frac{1}{6}Ah$

正方形截面　　$W_{z_2}=\frac{1}{6}a^3=\frac{1}{6}Aa$

圆形截面　　$W_{z_3}=\frac{1}{32}\pi d^3=\frac{1}{8}Ad$

先比较矩形与正方形，两者抗弯截面模量的比值为

$$\frac{W_{z_1}}{W_{z_2}}=\frac{\frac{1}{6}bh^2}{\frac{1}{6}a^3}=\frac{Ah}{Aa}=\frac{h}{a}>1$$

说明面积相等时，矩形截面比正方形截面合理。

再比较正方形与圆形，两者抗弯截面模量的比值为

$$\frac{W_{z_2}}{W_{z_3}}=\frac{\frac{1}{6}Aa}{\frac{1}{8}Ad}=\frac{4a}{3d}=1.19>1$$

说明面积相等时，正方形截面比圆形截面合理。

从以上的比较看到，截面面积相等时，矩形截面比正方形截面好，正方形截面比圆形截面好。如果以同样面积做成工字形截面，将比矩形截面还要好，这是因为 W_z 与截面高度及截面面积的分布情况有关。一般情况下，截面的高度越大，面积分布得离中性轴越远，W_z 就越大。由于工字形截面的大部分面积分布在离中性轴较远的上下翼缘处，所以其 W_z 比上述其他几种形状的 W_z 都大，因而就更合理。

从正应力分布规律看，这种选择也合理。因为弯曲时，截面中性轴附近的正应力很小，为充分利用材料，在可能的条件下，可将中性轴附近的部分材料转移到距中性轴较远的边缘处。例如将矩形截面中性轴附近的材料移到上下边缘处，形成工字形、箱形等

截面形状，如图 10-14 所示。当然，梁的合理截面形状不能全由正应力强度条件决定，不能片面地追求 W_z，还应考虑到施工（工艺）条件、刚度和稳定性等问题。

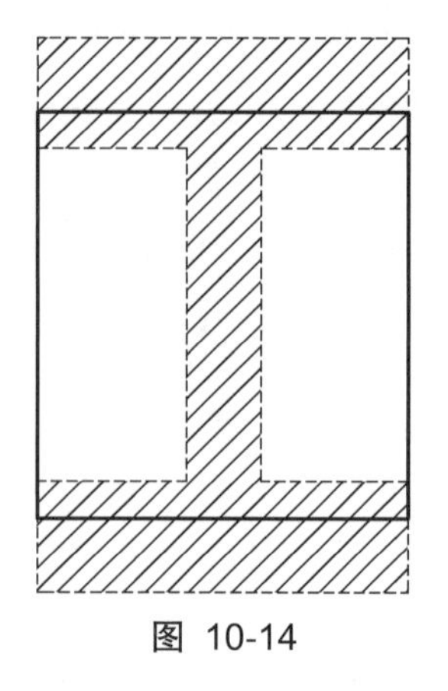

图 10-14

10.4.2 变截面梁

等截面梁的截面尺寸是以最大弯矩 M_{max} 所在的危险截面确定的，当危险截面上正应力达到许用值时，其他截面上的最大应力必定不会超过许用值。为节省材料，可采取弯矩大的截面用较大的截面尺寸，弯矩小的截面用较小的截面尺寸。这种截面尺寸沿轴线变化的梁，称为变截面梁，如图 10-15 所示。

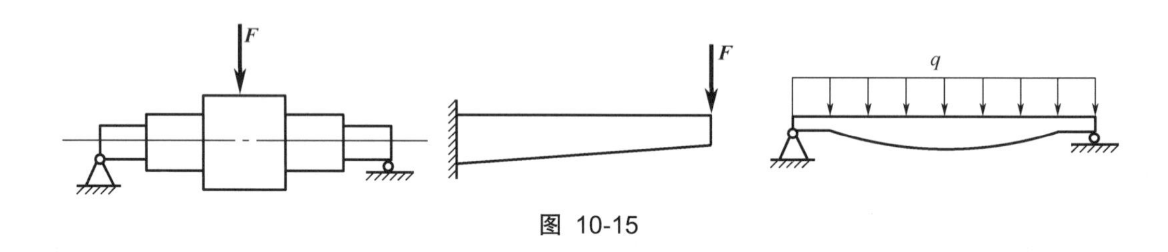

图 10-15

理想的变截面梁，可设计成每个横截面上的最大正应力均等于许用应力。这种梁称为等强度梁，即

$$\sigma_{max}=\frac{M(x)}{W_z(x)}=[\sigma]$$

$$W_z(x)=M(x)/[\sigma]$$

该式说明等强度梁的抗弯截面模量随截面弯矩而变化。等强度梁常因制造上的困难，而被接近于等强度梁的变截面梁所代替。

10.5 梁横截面上的切应力及切应力强度条件

10.5.1 矩形截面梁的切应力

矩形截面梁切应力公式的推导，是在研究正应力的基础上并采用了下列两个假设的前提下进行的。

（1）横截面上各点切应力的方向与该截面上剪力方向一致。

（2）切应力沿截面宽度均匀分布。

弹性理论的研究表明，当梁截面的高度大于宽度时，在上述假设基础上建立的切应力公式具有足够精确度。

图 10-16（a）所示受横力弯曲的矩形截面梁，欲求得 n—n 截面上距中性轴为 y 的 aa 线上各点的切应力 τ［图 10-16（b）］，可通过推导得出其计算公式为式（10-18）（推导过程从略）。

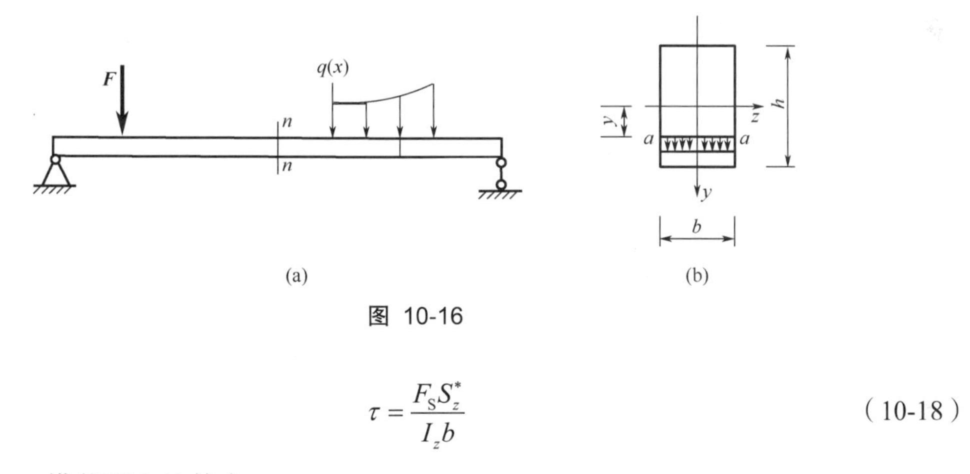

图 10-16

$$\tau=\frac{F_S S_z^*}{I_z b} \tag{10-18}$$

式中 F_S——横截面上的剪力；

I_z——整个横截面对截面中性轴的惯性矩；

b——矩形截面的宽度；

S_z^*——截面 A^* 对中性轴的静矩（参见图 10-17）。A^* 是过欲求应力点的水平线到截面边缘间的面积。

利用式（10-18）计算切应力时，F_S 与 S_z^* 可均以绝对值代入，切应力的方向可根据剪力的方向来确定（τ 与 F_S 的方向一致）。

由式（10-18）可知，欲求切应力的横截面一经确定，F_S、I_z、b 均为定值，切应力 τ 随静矩 S_z^* 而变化。设矩形截面的高为 h，宽为 b，如图 10-17 所示，则有

$$S_z^*=A^*y_C=\left[b\left(\frac{h}{2}-y\right)\right]\left[y+\left(\frac{h}{2}-y\right)\times\frac{1}{2}\right]=\frac{b}{2}\left(\frac{h^2}{4}-y^2\right)$$

将上式及$I_z=\dfrac{bh^3}{12}$代入式（10-18），得

$$\tau=\frac{6F_S}{bh^3}\left(\frac{h^2}{4}-y^2\right)$$

该式表明，切应力沿截面高度按二次抛物线规律变化，如图 10-17 所示。在横截面的上下边缘$y=\pm h/2$处，$\tau=0$；在中性轴上$y=0$处，切应力最大，其值为

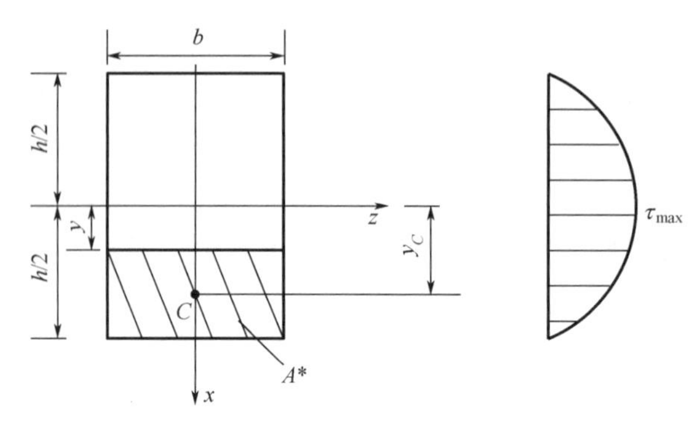

图 10-17

$$\tau_{max}=\frac{3}{2}\frac{F_S}{bh}=\frac{3}{2}\frac{F_S}{A} \tag{10-19}$$

式（10-19）中的F_S/A是横截面的平均切应力。可见矩形截面的最大切应力为平均切应力的 1.5 倍。

例 10-8　图 10-18 所示矩形截面梁，$l=2\text{m}$，$q=6\text{kN/m}$。试求：

（1）截面B点a处的切应力τ_a及B截面上的τ_{max}；

（2）全梁横截面的最大切应力。

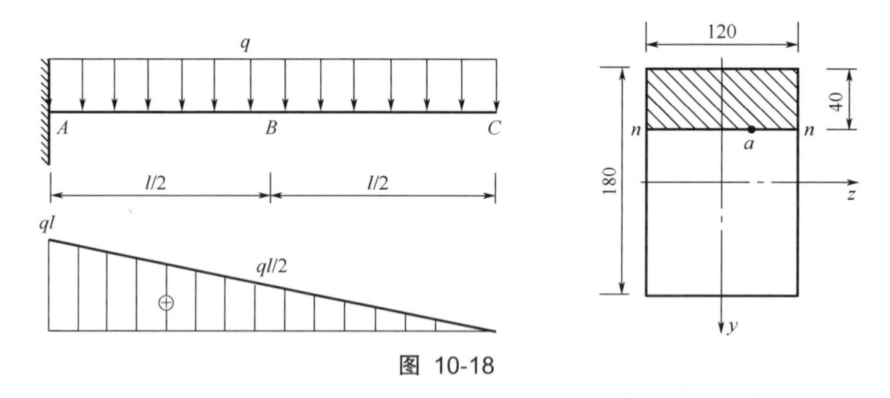

图 10-18

解：（1）截面B上的切应力。

过点a作z轴的平行线n—n，取n—n以上的截面为A^*，则

$$S_z^* = [12\times4\times(9-2)]\text{cm}^3 = 336\,\text{cm}^3$$

$$F_S = \frac{ql}{2} = \left(\frac{1}{2}\times6\times2\right)\text{kN} = 6\,\text{kN}$$

代入式（10-18），得

$$\tau_a = \frac{F_S S_z^*}{I_z b} = \frac{6\times10^3\times336\times10^{-6}}{\frac{0.12}{12}\times0.18^3\times0.12}\text{Pa} \approx 228\times10^3\,\text{Pa}=0.228\,\text{MPa}$$

截面 B 上最大切应力，由式（10-19）有

$$(\tau_{\max})_B = 1.5\frac{F_S}{A} = \left(1.5\times\frac{6\times10^3}{0.12\times0.18}\right)\text{Pa} \approx 416\times10^3\,\text{Pa}=0.416\text{ MPa}$$

（2）全梁横截面上的最大切应力。

最大切应力 $\tau_{\max}$ 发生在最大剪力 $F_{S\max}$ 所在横截面的中性轴上。由式（10-19），得

$$\tau_{\max} = \frac{3}{2}\frac{F_{S\max}}{A} = \left(1.5\times\frac{6\times2\times10^3}{0.12\times0.18}\right)\text{Pa} \approx 832\times10^3\,\text{Pa}=0.832\text{ MPa}$$

10.5.2 工字形及圆形截面的切应力

工字形截面是由上下翼缘及中间腹板组成的，腹板和翼缘上均存在切应力，这里只讨论腹板上的切应力（翼缘上的切应力很小）。

腹板也是矩形，且高度远大于宽度，因此，推导矩形截面切应力公式所采用的两个假设，对腹板来说，也是适用的。按照上节的同样办法，也可导出工字形截面梁的切应力计算公式，其公式的形式与矩形截面完全相同，即

$$\tau = \frac{F_S S_z^*}{I_z d}$$

式中 F_S——截面上的剪力；

I_z——工字形截面对中性轴的惯性矩；

S_z^*——欲求应力点到截面边缘间的面积 A^*（图 10-19 中的阴影面积）对中性轴的静矩；

d——腹板的厚度。

切应力沿腹板高度的分布规律如图 10-19 所示，仍是按抛物线规律分布，最大切应力 $\tau_{\max}$ 仍发生在截面的中性轴上。

圆形截面其最大切应力也都发生在中性轴上，并沿中性轴均匀分布，其值为

$$\tau_{\max} = \frac{4}{3}\frac{F_S}{A}$$

式中　F_S——截面上的剪力；

A——圆形截面的面积。

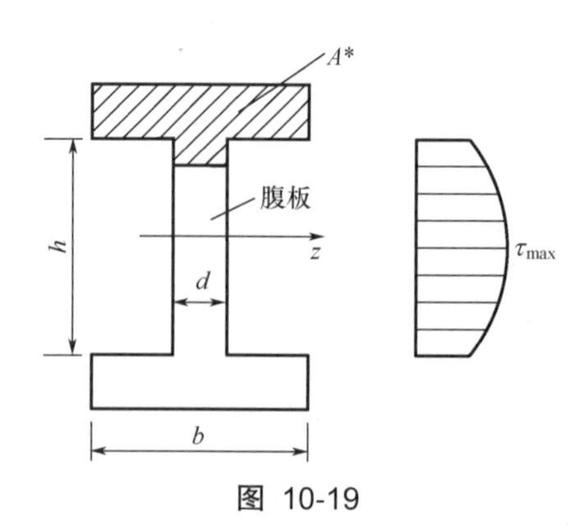

图 10-19

10.5.3 梁的切应力强度条件

与梁的正应力强度计算一样，为了保证梁的安全工作，梁在荷载作用下产生的最大切应力，也不能超过材料的许用切应力。

对全梁来说，最大切应力发生在剪力最大的截面的中性轴上。梁的切应力强度条件为

$$\tau_{max} = \frac{F_{S\max} S^*_{z\max}}{I_z b} \leqslant [\tau] \tag{10-20}$$

梁的强度计算必须同时满足正应力强度条件和切应力强度条件。

例 10-9　图 10-20 所示工字形截面梁，已知 $[\sigma]=170\,\text{MPa}$，$[\tau]=100\,\text{MPa}$，试选择工字钢型号。

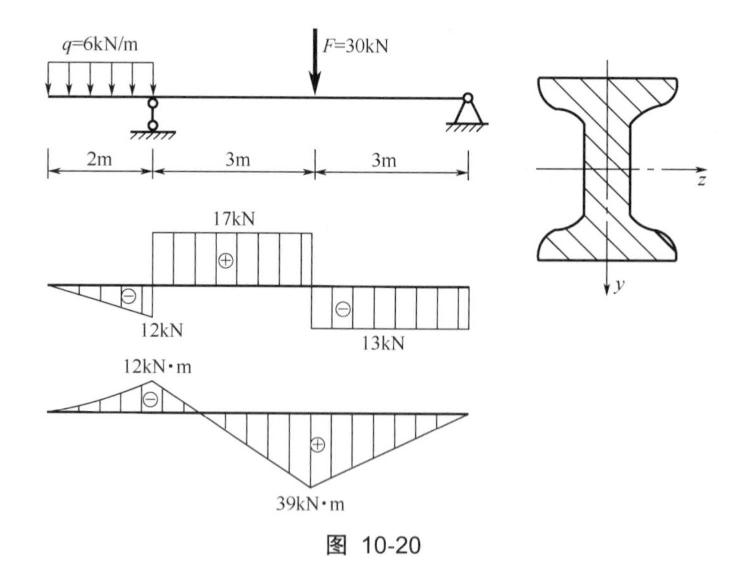

图 10-20

解：（1）作出剪力图和弯矩图。

$$M_{\max}=39\ \text{kN}\cdot\text{m}\text{，}\ F_{\text{Smax}}=17\ \text{kN}$$

（2）根据正应力强度条件选择工字钢型号，由式（10-17）得

$$W_z \geqslant \frac{M_{\max}}{[\sigma]}=\left(\frac{39\times10^3}{170\times10^6}\times10^6\right)\text{cm}^3\approx229\ \text{cm}^3$$

查本书附录型钢表，取工字钢型号 20a，$W_z=237\ \text{cm}^3$，$d=7\ \text{mm}$，$\dfrac{I_z}{S^*_{z\max}}=17.2\ \text{cm}$。

（3）验算切应力强度。

$$\tau_{\max}=\frac{F_{\text{Smax}}}{\dfrac{I_z}{S^*_{z\max}}\cdot d}=\frac{17\times10^3}{17.2\times10^{-2}\times7\times10^{-3}}\text{Pa}\approx14\ \text{MPa}<[\tau]$$

满足强度条件。

小　结

（1）本章主要研究梁弯曲时横截面上的正应力、切应力和梁的强度计算，并对这些计算中涉及的截面的静矩和惯性矩做了介绍。

（2）静矩是对轴而言的，其常用单位为 m^3（或 mm^3）。静矩与形心坐标间的关系为

$$\left.\begin{aligned}S_z&=Ay_C\\S_y&=Az_C\end{aligned}\right\}$$

当形心坐标确定时，用此式计算截面对某轴的静矩是很方便的。

（3）矩形和圆形截面对其形心主轴的惯性矩计算公式 $I_z=\dfrac{bh^3}{12}$ 和 $I_z=\dfrac{\pi d^4}{64}$ 为常用公式，对这两个公式应熟记。

（4）梁弯曲时的正应力计算公式为

$$\sigma=\frac{M}{I_z}y$$

式中　I_z——横截面对中性轴的惯性矩；

　　　y——所求正应力点到中性轴的距离。

中性轴为截面的形心主轴，正应力沿截面高度按直线规律分布，以中性轴为界，一侧为拉应力，另一侧为压应力。

（5）梁弯曲时的切应力计算公式为

$$\tau=\frac{F_S S_z^*}{I_z b}$$

式中　F_S——欲求应力点所在横截面上的剪力；

I_z——横截面对中性轴的惯性矩；

b——对矩形截面来说，为截面的宽度，对工字形和T形截面的腹板来说，则是腹板的厚度；

S_z^*——过欲求应力点的水平线与截面边缘间的面积对中性轴的静矩。

矩形截面上和工字形、T形截面腹板上的切应力沿高度均按抛物线规律分布，最大切应力发生在中性轴上。

（6）梁的强度计算时必须同时满足正应力强度条件和切应力强度条件

$$\sigma_{max}=\frac{M_{max}}{W_z}\leqslant[\sigma]$$

$$\tau_{max}=\frac{F_{Smax}S_{z\,max}^*}{I_z b}\leqslant[\tau]$$

一般情况下，梁的强度是由正应力强度控制的，选择梁的截面时，先按正应力强度条件进行选择，然后再按切应力强度条件进行校核。工程中，按正应力强度条件设计的梁，大多能满足切应力强度条件。

一、单项选择题

10-1　推导弯曲正应力公式 $\sigma=\frac{M}{I_z}y$ 时，除了应用了几何方面、静力学方面条件，还用了（　　）方面的条件。

A. 非线性　　　　B. 物理

C. 材料的脆性或塑性　　　　D. 截面一定是矩形

10-2　弯曲正应力 $\sigma=\frac{M}{I_z}y$ 的适用范围为（　　）。

A. 非线性　　　　B. 弹塑性

C. 线弹性　　　　D. 长度与截面高度的比值小于5的梁

10-3　直径为 d 的圆形截面梁弯曲，若某横截面上的最大正应力为80MPa，则该截面距形心为 $\frac{d}{4}$ 高度处的点正应力的值为（　　）。

A. 20MPa　　　　B. 40MPa

C. 60MPa　　D. 160MPa

10-4　关于平面弯曲梁应力沿截面高度的分布规律，下面说法正确的是（　　）。

A. 正应力沿截面高度均匀分布

B. 正应力沿截面高度二次曲线分布

C. 截面中性轴上正应力最大

D. 正应力沿截面高度线性分布

10-5　某静定梁为木梁时最大正应力为 σ_a，把该梁换成低碳钢梁，其他条件不变，此时最大正应力为 σ_b，则 σ_a 与 σ_b 的关系为（　　）。

A. $\sigma_a > \sigma_b$　　B. $\sigma_a < \sigma_b$

C. $\sigma_a = \sigma_b$　　D. 无法比较

10-6　某梁为圆形截面时最大正应力为 σ_a，把该梁换成横截面面积相同的矩形截面，截面的高度大于宽度，其他条件不变，此时最大正应力为 σ_b，则 σ_a 与 σ_b 的关系为（　　）。

A. $\sigma_a > \sigma_b$　　B. $\sigma_a < \sigma_b$

C. $\sigma_a = \sigma_b$　　D. 无法比较

二、填空题

10-7　推导纯弯曲梁横截面上正应力公式 $\sigma = \dfrac{M}{I_z} y$ 时，用了几何方面条件、物理方面条件和________方面条件。

10-8　矩形截面梁弯曲时横截面上的正应力沿截面高度________性分布。

10-9　梁平面弯曲时横截面中性轴上各点的正应力为________。

10-10　矩形截面梁横截面上剪力产生的最大切应力发生在________轴处。

10-11　矩形截面梁横截面上剪力产生的切应力沿截面高度按________次曲线分布。

10-12　截面对通过形心的轴的静矩（面积矩）为________。

三、计算题

10-13　题 10-13 图所示工字形钢梁在跨中作用集中力 $\boldsymbol{F}$，已知 $l = 6\,\text{m}$，$F = 20\,\text{kN}$，工字钢的型号为 20a，试求梁中的最大正应力。

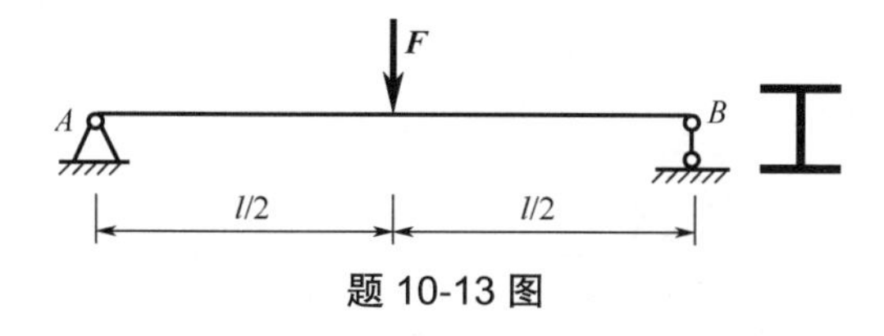

题 10-13 图

10-14　题 10-14 图所示为一矩形截面简支梁，跨中作用集中力 $\boldsymbol{F}$，已知 $l = 4\,\text{m}$，$b = 120\,\text{mm}$，$h = 180\,\text{mm}$，弯曲时的许用应力 $[\sigma] = 10\,\text{MPa}$。试求梁能承受的最大荷

载 F_{max}。

10-15　题 10-15 图所示简支木梁，其上荷载 $F=4\,\text{kN}$，材料的许用正应力 $[\sigma]=10\ \text{MPa}$，横截面为 $h:b=2$ 的矩形。试确定此梁的截面尺寸。

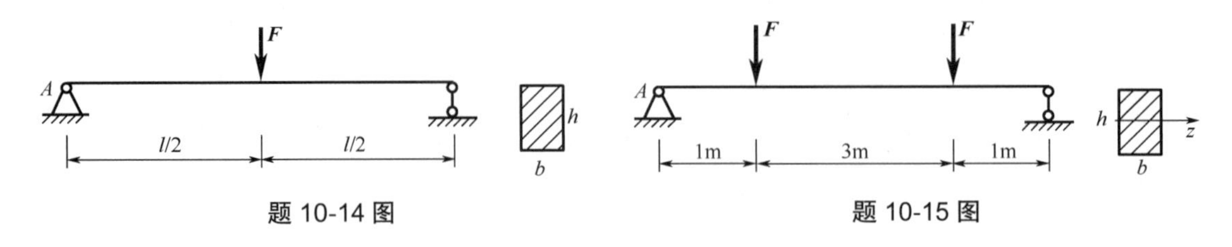

题 10-14 图　　题 10-15 图

四、综合题

10-16　一简支工字形钢梁如题 10-16 图所示，已知 $l=6\ \text{m}$，$q=6\ \text{kN/m}$，$F=20\,\text{kN}$，钢材的许用应力 $[\sigma]=170\ \text{MPa}$，$[\tau]=100\ \text{MPa}$。试选择工字钢的型号。

10-17　题 10-17 图所示简支梁跨长 $l=6\ \text{m}$，当荷载 $\boldsymbol{F}$ 直接作用在跨中时，梁内最大正应力超过 $[\sigma]$ 的 30%。为了消除此过载现象，配置了辅助梁 CD，试求辅助梁所需的最小跨长 a。

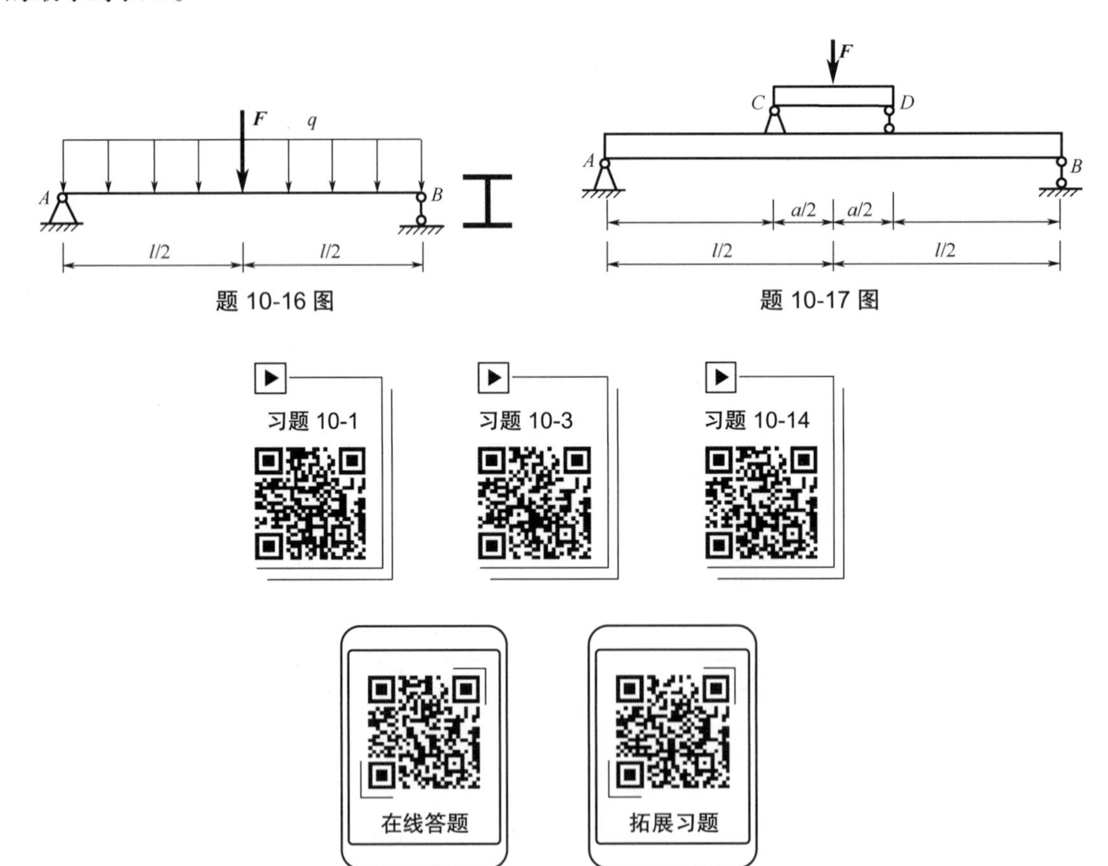

题 10-16 图　　题 10-17 图

第11章 梁的变形

知识结构图

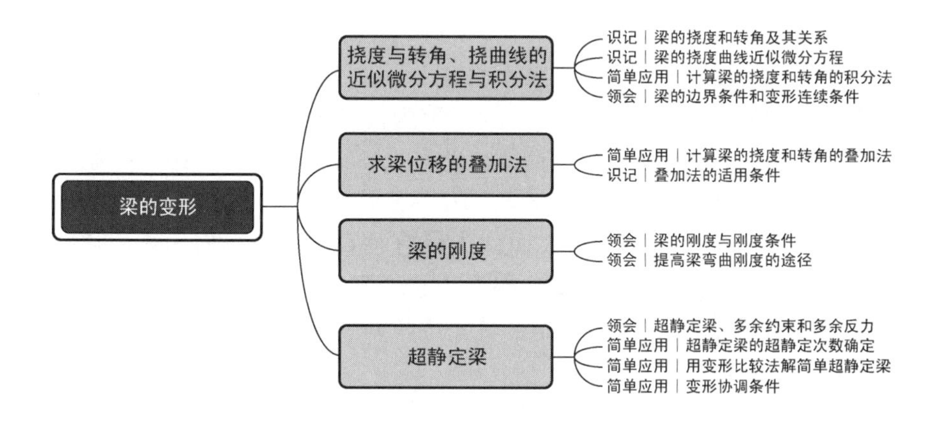

11.1 挠度与转角

在工程实际中，受弯构件除满足强度条件外，还要满足刚度条件，即要求梁的变形不能过大。显然，在进行梁的刚度计算时，需先算出梁的变形；在解超静定梁时，也需借助梁的变形情况建立补充方程。

11.1.1 挠度与转角的基础知识

梁的整体变形通常是用横截面形心处的竖向位移和横截面的转角这两个位移量来度量的。

图 11-1 所示的悬臂梁，梁弯曲后，其轴线 AB 在 xy 平面内由直线变为一条光滑的平面曲线 AB'，此曲线称为梁的挠曲线。

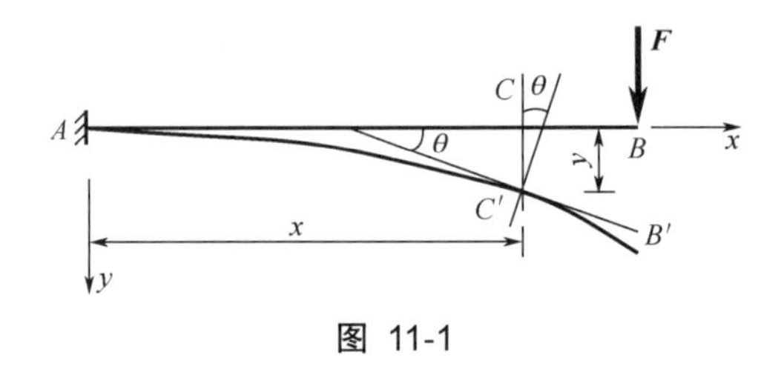

图 11-1

梁轴线上的点（即横截面形心）在垂直于 x 轴方向的线位移 y，称为该点的挠度，用 y 表示；梁横截面绕其中性轴转动的角度，称为该截面的转角 θ。图 11-1 所示 C 截面的挠度为 y，转角为 θ，θ同时也是挠曲线 AB' 在点 C' 的切线与 x 轴的夹角。

因为工程中常用的梁挠度远小于跨长，在小变形范围内，对于轴线上的每一点，都可以略去其沿 x 轴方向的线位移分量，而认为仅有垂直于 x 轴方向的线位移，即挠度 y。

在图 11-1 所示的坐标系中，挠度 y 向下为正，反之为负；转角 θ顺时针转动为正，反之为负。挠度的常用单位为 m 或 mm，转角的单位为弧度（rad）。

挠度 y 和转角 θ是随截面的位置 x 变化的，即 y 和 θ都是 x 的函数，表示为

$$y = y(x)\text{，}\quad \theta = \theta(x)$$

以上二式分别称为梁的挠曲线方程和转角方程。

11.1.2 挠度与转角的关系

前文已说明，θ也是挠曲线上 C' 点的切线与 x 轴的夹角，所以

$$\tan\theta = \frac{\mathrm{d}y}{\mathrm{d}x} = y'$$

在小变形范围内，梁的挠曲线为一条很平缓的曲线，θ角很小，可取 $\tan\theta = \theta$，从而得

$$\theta = \frac{\mathrm{d}y}{\mathrm{d}x} = y' \qquad (11\text{-}1)$$

式（11-1）反映了挠度与转角间的关系。

由式（11-1）可见，如能找到挠曲线的方程 $y = f(x)$，则任何横截面的挠度和转角便可求出，因此，求变形的关键在于求出挠曲线的方程式。

11.2 挠曲线的近似微分方程

在研究梁的应力时，曾导出梁在纯弯曲情况下挠曲线的曲率 $\frac{1}{\rho}$ 与弯矩 M、抗弯刚度 EI_z 之间的关系式

$$\frac{1}{\rho} = \frac{M}{EI_z} \qquad (11\text{-}2)$$

梁受横力弯曲时，横截面上除有弯矩 M 外还有剪力 $\boldsymbol{F}_{\mathrm{S}}$，当梁的跨度远大于截面高度时，剪力 $\boldsymbol{F}_{\mathrm{S}}$ 对梁变形的影响很小，可略去不计，所以式（11-2）仍可应用。此时梁轴线上各点的曲率和弯矩都是 x 的函数，即

$$\frac{1}{\rho(x)} = \frac{M(x)}{EI_z} \qquad (11\text{-}3)$$

式（11-3）是研究梁挠曲线方程的依据。

由高等数学可知，平面曲线的曲率可写作

$$\frac{1}{\rho(x)} = \pm\frac{y''}{(1+y'^2)^{3/2}} \qquad (11\text{-}4)$$

代入式（11-3）得

$$\pm\frac{y''}{(1+y'^2)^{3/2}} = \frac{M(x)}{EI_z} \qquad (11\text{-}5)$$

在小变形条件下，梁的挠曲线很平缓，转角 y' 与 1 相比很小，故可略去高阶微量 y'^2，式（11-5）可近似为

$$\pm y'' = \frac{M(x)}{EI_z} \qquad (11\text{-}6)$$

式（11-6）中左边的正负号取决于坐标系的选择和弯矩正负号的规定。

按图 11-2 所示的坐标系，y 轴向下为正，由数学中曲线凹向与二阶导数的关系，知 y'' 与 $M(x)$ 的正负号总是相反的，所以式（11-6）应为

$$y'' = -\frac{M(x)}{EI_z} \tag{11-7}$$

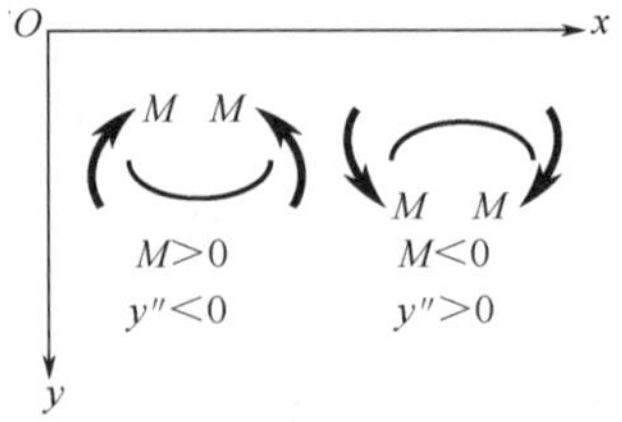

图 11-2

式（11-7）为梁的挠曲线近似微分方程。其近似性在于没考虑剪力 $\boldsymbol{F}_S$ 对梁变形的影响，并在挠曲线微分方程式（11-5）中略去了 y'^2 项。

11.3　用积分法计算梁的位移

利用式（11-7）求梁的挠曲线方程时，由于式中 $M(x)$ 仅是 x 的函数，因此可用逐次积分法求解。对等截面梁来说，EI_z 为常量，对式（11-7）积分一次，得

$$EI_z\theta = EI_z y' = \int -M(x)\mathrm{d}x + C \tag{11-8}$$

再积分一次得

$$EI_z y = \iint [-M(x)\mathrm{d}x]\mathrm{d}x + Cx + D \tag{11-9}$$

式（11-8）和式（11-9）分别是挠曲线近似微分方程关于转角和挠度的通解。式中的 C、D 是积分常数，可由梁的边界条件确定。积分常数确定以后，即得到梁的转角方程和挠曲线方程，从而可确定梁上任一横截面的转角和轴线上任一点的挠度。

积分常数 C 和 D 需通过梁的边界条件来确定，所谓边界条件就是梁的某些截面处的已知位移条件。例如，图 11-3（a）所示的悬臂梁，在固定端 A 截面处，截面既不能转动也不能移动，故其转角和挠度都等于零，即 $\theta_A = 0$，$y_A = 0$；又如，图 11-3（b）所示的简支梁，支座 A 和 B 处，均不能发生竖向位移，A 截面和 B 截面的挠度都等于零，即 $y_A = 0$，$y_B = 0$。

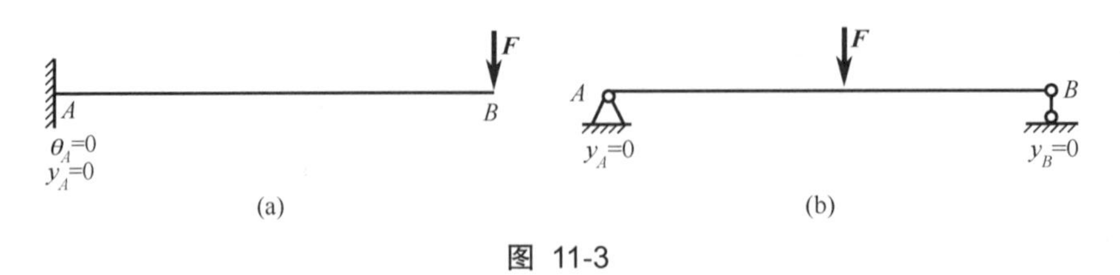

图 11-3

上述计算梁变形的方法称为积分法（也称二次积分法）。它是计算梁变形的基本方法。

例 11-1 试确定图 11-4 所示梁的挠曲线方程和转角方程，并计算最大挠度和最大转角。

解：取坐标系如图 11-4 所示，弯矩方程为

$$M(x)=-F(l-x)$$

挠曲线的近似微分方程为

$$EI_z y''=-M(x)=Fl-Fx$$

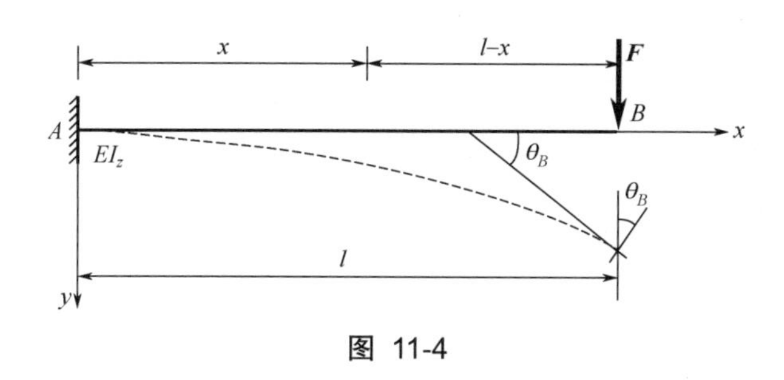

图 11-4

对该式积分一次和两次分别得

$$EI_z y'=EI_z\theta=Flx-\frac{1}{2}Fx^2+C \tag{1}$$

$$EI_z y=\frac{1}{2}Flx^2-\frac{1}{6}Fx^3+Cx+D \tag{2}$$

由梁的边界条件来确定式中的积分常数 C 和 D。该梁的边界条件为：固定端处截面的转角和挠度等于零，即

$$x=0\,,\quad \theta_A=y'_A=0\,;\quad x=0\,,\quad y_A=0$$

将此边界条件分别代入式（1）、式（2），可得

$$C=0\,,\quad D=0$$

梁的转角方程和挠曲线方程分别为

$$\theta=\frac{1}{EI_z}\left(Flx-\frac{1}{2}Fx^2\right) \tag{3}$$

$$y=\frac{1}{EI_z}\left(\frac{1}{2}Flx^2-\frac{1}{6}Fx^3\right) \tag{4}$$

最大转角和挠度发生在自由端 $x=l$ 处，将 $x=l$ 代入式（3）和式（4），得自由端截面的

转角和挠度为

$$\theta_B=\frac{Fl^2}{2EI_z}$$

$$y_B=\frac{Fl^3}{3EI_z}$$

θ_B为正值，表示B截面顺时针转动；y_B为正值，表示挠度是向下的。

例 11-2　一承受均布荷载的等截面简支梁如图 11-5 所示，求梁的最大挠度和A、B两截面的转角。

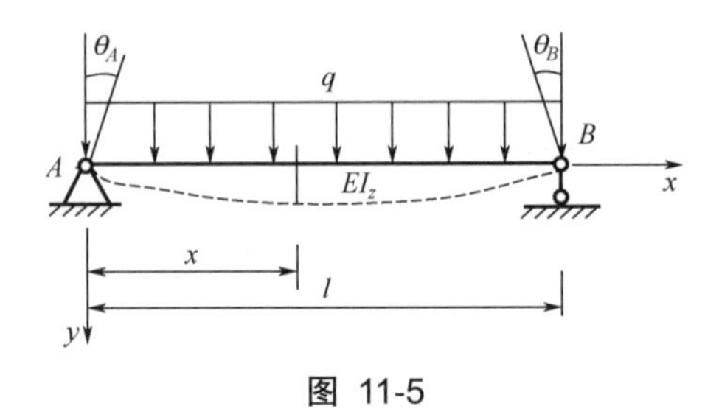

图 11-5

解：取坐标系如图 11-5 所示，弯矩方程为

$$M(x)=\frac{1}{2}qlx-\frac{1}{2}qx^2$$

挠曲线的近似微分方程为

$$EI_zy''=-M(x)=\frac{1}{2}qx^2-\frac{1}{2}qlx$$

通过两次积分得

$$EI_zy'=EI_z\theta=\frac{1}{6}qx^3-\frac{1}{4}qlx^2+C \tag{1}$$

$$EI_zy=\frac{1}{24}qx^4-\frac{1}{12}qlx^3+Cx+D \tag{2}$$

梁的边界条件为

$$x=0，\ y_A=0；\ x=l，\ y_B=0$$

将$x=0$，$y_A=0$代入式（2）得

$$D=0$$

将$x=l$，$y_B=0$代入式（2）得

$$C = \frac{1}{24}ql^3$$

转角方程和挠曲线方程分别为

$$\theta = y' = \frac{q}{24EI_z}(4x^3 - 6lx^2 + l^3) \quad (3)$$

$$y = \frac{q}{24EI_z}(x^4 - 2lx^3 + l^3x) \quad (4)$$

由于梁和梁上的荷载是对称的，所以最大挠度发生在跨中，将 $x = l/2$ 代入式（4），得最大挠度值为

$$y_{\max} = \frac{5ql^4}{384EI_z}$$

将 $x = 0$ 代入式（3）得 A 截面的转角为

$$\theta_A = \frac{ql^3}{24EI_z}$$

将 $x = l$ 代入式（3）得 B 截面的转角为

$$\theta_B = -\frac{ql^3}{24EI_z}$$

θ_B 为负值，表示 B 截面逆时针转。

当梁在全部长度上的弯矩不能用一个函数式表达时，弯矩方程要分段建立。例如图 11-6 所示承受集中力作用的等截面简支梁，由于 C 截面处的集中力 $\boldsymbol{F}$，使得梁的弯矩方程要分 AC 和 CB 两段建立，在计算位移时，要分段列出挠曲线的近似微分方程，并分段积分。

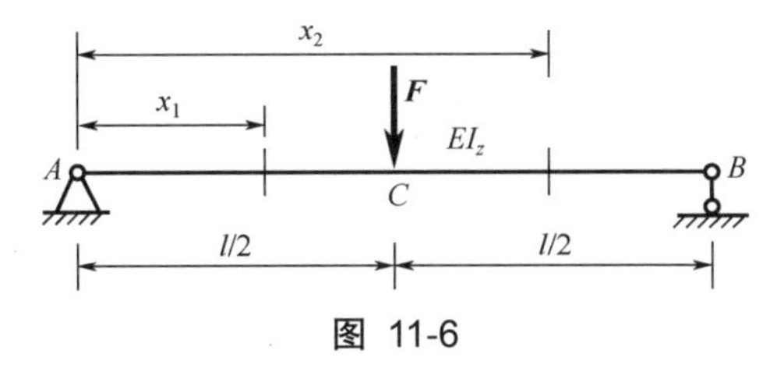

图 11-6

AC 段与 CB 段的弯矩方程分别为

$$M(x_1) = \frac{F}{2}x_1 \quad \left(0 \leqslant x_1 \leqslant \frac{l}{2}\right)$$

$$M(x_2)=\frac{F}{2}x_2-F\left(x_2-\frac{l}{2}\right)\qquad\left(\frac{l}{2}\leqslant x_2\leqslant l\right)$$

两段梁的挠曲线的近似微分方程分别如下。

AC 段：

$$EI_z y_1''=-M(x_1)=-\frac{F}{2}x_1$$

CB 段：

$$EI_z y_2''=-M(x_2)=F\left(x_2-\frac{l}{2}\right)-\frac{F}{2}x_2$$

两段微分方程积分后共出现四个积分常数，但梁的边界条件只有两个，即

条件（1）$x_1=0$，$y_1=0$

条件（2）$x_2=l$，$y_2=0$

两个边界条件不能确定四个未知的积分常数，因此还必须考虑梁变形的连续性。由于两段分界处的 *C* 截面既属于 *AC* 段又属于 *CB* 段，而梁变形后的转角和挠度又都是连续的，因而，从 *AC* 段算得的 *C* 截面的转角、挠度应该与从 *CB* 段算得的数值相等，即

条件（3）$x_1=x_2=\frac{l}{2}$时，$y_1'=y_2'$

条件（4）$x_1=x_2=\frac{l}{2}$时，$y_1=y_2$

条件（3）、（4）称为变形连续条件。通过边界条件和变形连续条件，便可求出四个积分常数。

通过计算可得到图 11-6 所示承受集中力作用的等截面简支梁 *AC*、*CB* 两段的转角和挠曲线方程如下。

AC 段：

$$\theta_1=y_1'=\frac{1}{EI_z}\left(-\frac{F}{4}x_1^{\,2}+\frac{F}{16}l^2\right)\qquad\left(0\leqslant x_1\leqslant\frac{l}{2}\right)$$

$$y_1=\frac{1}{EI_z}\left(-\frac{F}{12}x_1^{\,3}+\frac{F}{16}l^2x_1\right)\qquad\left(0\leqslant x_1\leqslant\frac{l}{2}\right)$$

BC 段：

$$\theta_2=y_2'=\frac{1}{EI_z}\left[\frac{F}{2}\left(x_2-\frac{l}{2}\right)^2-\frac{F}{4}x_2^{\,2}+\frac{F}{16}l^2\right]\qquad\left(\frac{l}{2}\leqslant x_2\leqslant l\right)$$

$$y_2=\frac{1}{EI_z}\left[\frac{F}{6}\left(x_2-\frac{l}{2}\right)^3-\frac{F}{12}x_2^{\,3}+\frac{F}{16}l^2x_2\right]\qquad\left(\frac{l}{2}\leqslant x_2\leqslant l\right)$$

由对称性可知，θ_{max} 发生在 A 端，即 $x_1=0$ 处，其值为

$$\theta_{max}=\theta_A=y_1'(0)=\frac{Fl^2}{16EI_z}$$

y_{max} 发生在跨中 C 截面，即 $x_1=x_2=\frac{l}{2}$ 处，其值为

$$y_{max}=y_C=y_1\left(\frac{l}{2}\right)=\frac{Fl^3}{48EI_z}$$

积分法是求变形的基本方法。虽然用该法计算梁的转角和挠度比较烦琐，但该法在理论上是比较重要的。

11.4 用叠加法计算梁的位移

在工程实际中，梁往往同时承受几项荷载的作用，用积分法计算这种情况下的位移比较麻烦。下面介绍的叠加法是一种求梁指定截面位移的较简便的方法。由于梁的挠度与转角都是荷载的一次函数，即梁的挠度、转角与荷载成线性关系，并且梁的变形很小，因此，要计算梁上某个截面的挠度和转角，可先分别计算各个荷载单独作用下该截面的挠度和转角，然后叠加，这种计算弯曲变形的方法称为叠加法。显然，叠加法的适用范围是线弹性和小变形。

在应用叠加法计算梁的位移时，通常先把梁在简单荷载作用下的位移公式制成表（表 11-1），以备查用，从而使叠加法更便于应用。

表 11-1　简单荷载作用下梁的转角和挠度

支承和荷载情况	梁端转角	最大挠度	挠曲线方程
A　B　m　θ_B　x　y_{max}　l　y	$\theta_B=\frac{ml}{EI_z}$	$y_{max}=\frac{ml^2}{2EI_z}$	$y=\frac{mx^2}{2EI_z}$
A　F　B　θ_B　x　y_{max}　l　y	$\theta_B=\frac{Fl^2}{2EI_z}$	$y_{max}=\frac{Fl^3}{3EI_z}$	$y=\frac{Fx^2}{6EI_z}(3l-x)$

续表

支承和荷载情况	梁端转角	最大挠度	挠曲线方程
	$\theta_A=\dfrac{ml}{6EI_z}$ $\theta_B=-\dfrac{ml}{3EI_z}$	$y_{\max}=\dfrac{ml^2}{9\sqrt{3}EI_z}$ 在 $x=\dfrac{l}{\sqrt{3}}$ 处	$y=\dfrac{mx}{6lEI_z}(l^2-x^2)$
	$\theta_B=\dfrac{ql^3}{6EI_z}$	$y_{\max}=\dfrac{ql^4}{8EI_z}$	$y=\dfrac{qx^2}{24EI_z}(x^2+6l^2-4lx)$
	$\theta_A=-\theta_B$ $=\dfrac{Fl^2}{16EI_z}$	$y_{\max}=\dfrac{Fl^3}{48EI_z}$	$y=\dfrac{Fx}{48EI_z}(3l^2-4x^2)$， $0\leqslant x\leqslant\dfrac{l}{2}$
	$\theta_A=-\theta_B$ $=\dfrac{ql^3}{24EI_z}$	$y_{\max}=\dfrac{5ql^4}{384EI_z}$	$y=\dfrac{qx}{24EI_z}(l^3-2lx^2+x^3)$

例 11-3 图 11-7（a）所示简支梁，承受均布荷载 q 和集中力 $\boldsymbol{F}$ 作用，梁的抗弯刚度为 EI_z。试用叠加法求跨中 C 截面的挠度及 A 截面的转角。

解： 首先将荷载分解为均布荷载 q 单独作用和集中力 $\boldsymbol{F}$ 单独作用这两种情况，如图 11-7（b）、（c）所示。然后由表 11-1 查得每种荷载单独作用时的跨中挠度和 A 截面转角，最后叠加求解。均布荷载 q 单独作用时

$$y_{C1}=\frac{5ql^4}{384EI_z}，\quad \theta_{A1}=\frac{ql^3}{24EI_z}$$

集中力 $\boldsymbol{F}$ 单独作用时

$$y_{C2}=\frac{Fl^3}{48EI_z}，\quad \theta_{A2}=\frac{Fl^2}{16EI_z}$$

叠加结果为

$$y_C=y_{C1}+y_{C2}=\frac{5ql^4}{384EI_z}+\frac{Fl^3}{48EI_z}$$

$$\theta_A=\theta_{A1}+\theta_{A2}=\frac{ql^3}{24EI_z}+\frac{Fl^2}{16EI_z}$$

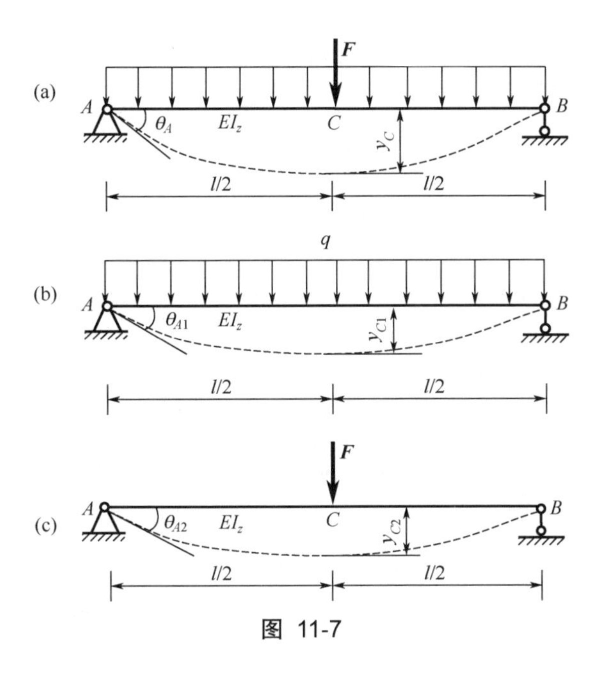

图 11-7

例 11-4 图 11-8（a）所示悬臂梁，受集中力偶 m 和均布荷载 q 作用，求自由端 B 处的转角 θ_B 和挠度 y_B。

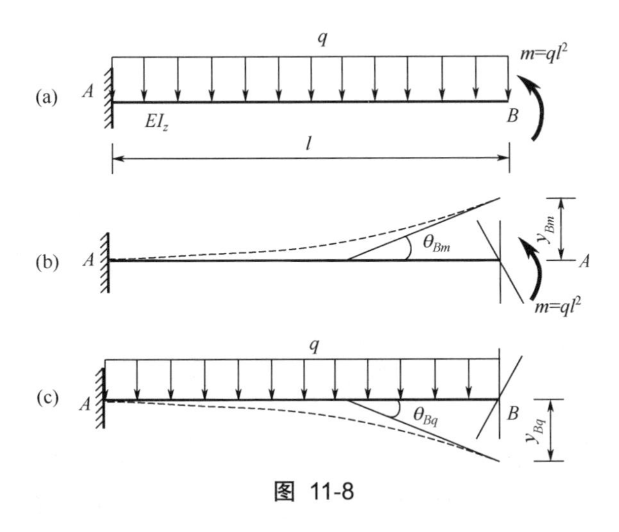

图 11-8

解：将图 11-8（a）所示梁分为图 11-8（b）和图 11-8（c）所示两个单独受 m 和 q 作用的梁，在力偶 m 的作用下，B 端的转角和挠度从表 11-1 中查得为

$$\theta_{Bm} = -\frac{ql^2 l}{EI_z} = -\frac{ql^3}{EI_z}$$

$$y_{Bm} = -\frac{ql^2 l^2}{2EI_z} = -\frac{ql^4}{2EI_z}$$

在均布荷载 q 作用下，B 端的转角和挠度从表 11-1 中查得为

$$\theta_{Bq}=\frac{ql^3}{6EI_z},\quad y_{Bq}=\frac{ql^4}{8EI_z}$$

两种荷载共同作用时

$$\theta_B=\theta_{Bm}+\theta_{Bq}=-\frac{ql^3}{EI_z}+\frac{ql^3}{6EI_z}=-\frac{5ql^3}{6EI_z}$$

$$y_B=y_{Bm}+y_{Bq}=-\frac{ql^4}{2EI_z}+\frac{ql^4}{8EI_z}=-\frac{3ql^4}{8EI_z}$$

θ_B 和 y_B 的结果都为负值，说明转角 θ_B 为逆时针，挠度 y_B 为向上。

叠加法实际上就是利用图表上的公式计算位移，但有时会出现欲求的位移从形式上看图表中没有，此时常常需要在分析和处理后，再利用图表中的公式。下面举例说明。

例 11-5 一悬臂梁上受荷载如图 11-9 所示，梁的抗弯刚度为 EI_z，求自由端截面的转角和挠度。

解： 梁在荷载作用下的挠曲线如图 11-9 中的虚线所示，其中 $B'C'$ 段为直线，因此 C、B 两截面的转角相同，即

$$\theta_B=\theta_C=\frac{Fl^2}{2EI_z}$$

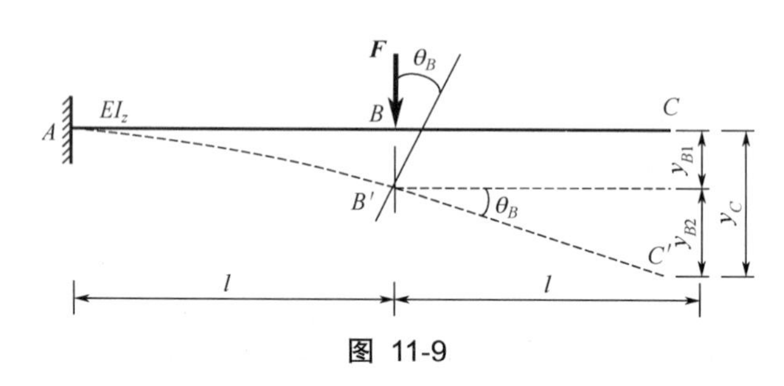

图 11-9

C 截面的挠度可视为由两部分组成，一部分为 B 截面的挠度 y_{B1}，另一部分为由 B 截面转过 θ_B 角而引起的 C 截面的位移 y_{B2}（C' 相当于刚体向下平移 y_{B1}，再绕 B' 点转过 θ_B 角）。因梁的变形很小，y_{B2} 可用 $l\theta_B$ 来表示，y_{B1} 值可由表 11-1 查得 $\left(y_{B1}=\frac{Fl^3}{3EI_z}\right)$。$C$ 截面的挠度为

$$y_C=y_{B1}+y_{B2}=\frac{Fl^3}{3EI_z}+l\cdot\frac{Fl^2}{2EI_z}=\frac{5Fl^3}{6EI_z}$$

例 11-6 试用叠加法求图 11-10（a）所示外伸梁 C 截面的挠度 y_C。

解：梁 AC 在 $\boldsymbol{F}$ 作用下的挠曲线大致形状如图 11-10（a）中的虚线所示，B 截面的挠度为零，但转角不为零。在计算 C 截面的挠度时，可先将 BC 段看成 B 端为固定端的悬臂梁［图 11-10（b）］，此悬臂梁在 $\boldsymbol{F}$ 作用下，C 截面的挠度为 y_{C1}。梁 AC 在 $\boldsymbol{F}$ 作用下 B 截面还要产生转角 θ_B，θ_B 使 C 截面也要产生向下的竖向位移 y_{C2}［图 11-10（c）］。因 θ_B 很小，y_{C2} 可用 $a\theta_B$ 表示。显然 y_{C1} 与 y_{C2} 的叠加就是 C 截面的挠度 y_C，即

$$y_C = y_{C1} + y_{C2} = y_{C1} + a\theta_B$$

在求 θ_B 时，利用力的平移原理，将外力 $\boldsymbol{F}$ 平移到 B 点，并附加一矩值为 $m = Fa$ 的力偶［图 11-10（c）］。力 $\boldsymbol{F}$ 作用在梁的支座上，不引起梁的变形，力偶 Fa 将使 AB 段梁弯曲，从而在截面 B 产生转角 θ_B，由表 11-1 查得 y_{C1} 与 θ_B 后，可得

$$y_C = y_{C1} + a\theta_B = \frac{Fa^3}{3EI_z} + a \cdot \frac{Fal}{3EI_z} = \frac{Fa^2}{3EI_z}(a + l)$$

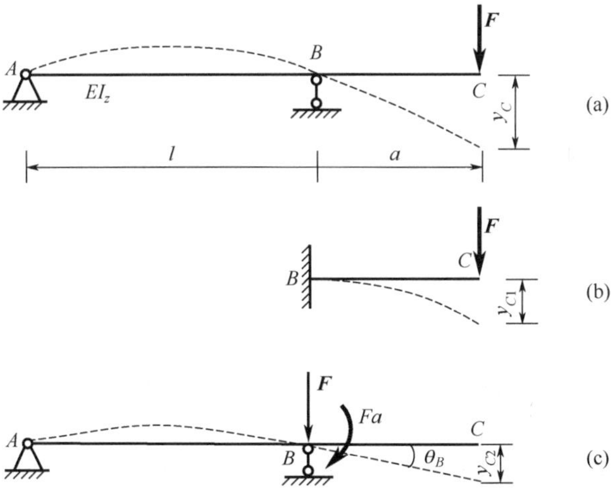

(a) (b) (c)

图 11-10

11.5　梁的刚度

11.5.1　梁的刚度条件

梁的变形若超过了规定限度，其正常工作条件就得不到保证。为了满足刚度要求，梁的最大相对挠度 $\frac{y_{\max}}{l}$ 不得超过允许的相对挠度 $\left[\frac{f}{l}\right]$，这称为梁的刚度条件，可写作

$$\frac{y_{\max}}{l} \leqslant \left[\frac{f}{l}\right] \tag{11-10}$$

在土建工程中，$\left[\dfrac{f}{l}\right]$值通常为 $\dfrac{1}{1000} \sim \dfrac{1}{250}$。

强度条件和刚度条件都是梁必须满足的。在建筑工程中，一般情况下，强度条件起控制作用，由强度条件选择的梁截面，大多能满足刚度条件。因此，在设计梁时，一般是先由强度条件选择梁的截面，选好后再校核一下刚度。

例 11-7 试校核图 11-11 所示梁的刚度。$E = 206\text{GPa}$，$\left[\dfrac{f}{l}\right] = 1/500$。

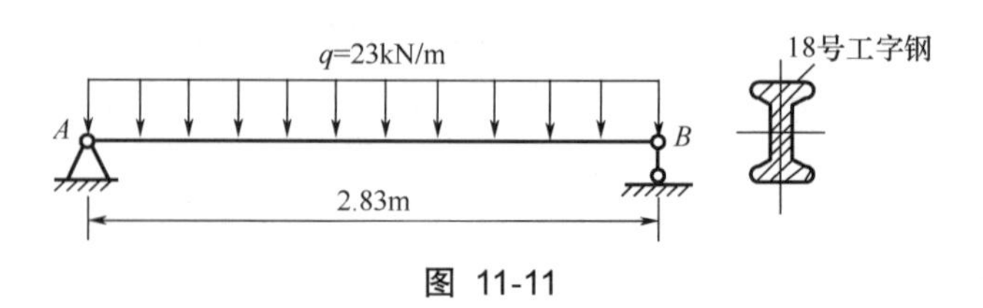

图 11-11

解：由型钢表查得 18 号工字钢的惯性矩 $I_z = 1660\text{cm}^4$，梁的最大挠度

$$y_{\max} = \frac{5ql^4}{384EI_z} = \frac{5 \times 23 \times 10^3 \times 2.83^4}{384 \times 206 \times 10^9 \times 1660 \times 10^{-8}}\text{m} \approx 5.62 \times 10^{-3}\text{m}$$

由刚度条件

$$\frac{y_{\max}}{l} = \frac{5.62 \times 10^{-3}}{2.83} \approx 1.99 \times 10^{-3} < \frac{1}{500} = 2 \times 10^{-3}$$

即此梁满足刚度条件。

11.5.2 提高梁弯曲刚度的主要途径

提高梁的弯曲刚度，就是要减小梁的弯曲变形。以承受均布荷载的简支梁为例，梁跨中的最大挠度为

$$y_{\max} = \frac{5ql^4}{384EI_z}$$

从式中看到，梁的最大挠度决定于 q、l、E 和 I_z。因此，一般通过以下几种途径来提高梁的弯曲刚度。

（1）增大梁的抗弯刚度 EI_z。

抗弯刚度包括弹性模量 E 和轴惯性矩 I_z 两个因素。应当指出，对于钢材来说，采用高强度钢可以大大提高梁的强度，但不能增大梁的刚度，因为高强度钢与普通低碳钢的 E 值相差不大。因此，主要应设法增大 I_z 值，这样不仅可以提高梁的抗弯刚度，而且往往也能提高梁的强度。所以工程上常采用工字形、箱形、槽形等形状的截面。

（2）调整跨长和改变结构。

在满足要求的前提下，如果能设法缩短梁的跨长，将简支梁改为外伸梁或增加梁的支座，就可显著地减小梁的挠度。

（3）调整加载方式。

将集中力［图 11-12（a）］改为分布荷载［图 11-12（b）］，或在梁上配置一对辅助梁［图 11-12（c）］，都可减小梁的最大挠度。

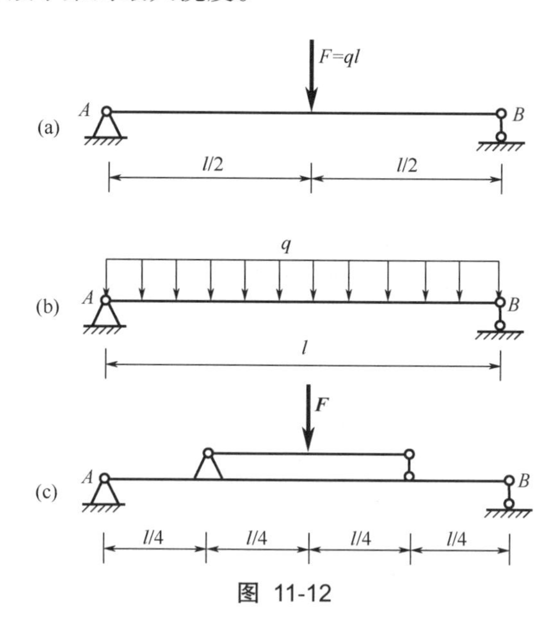

图 11-12

11.6 超静定梁

11.6.1 基本概念

在前面分析的梁中，例如简支梁或悬臂梁，其支反力及内力仅利用静力平衡方程就可以全部确定，它们称为静定梁。但在工程中，常遇到另一类问题，由于梁的强度、刚度或构造上的需要，除保证梁的平衡所必需的支承外，常需增加一些支承，例如图 11-13 所示的梁。在增加支承以后，支反力的数目便超过了可以独立列出的静力平衡方程的数目。这时仅利用静力平衡方程就不能求出梁的全部支反力，这种梁称为超静定梁，又称静不定梁。

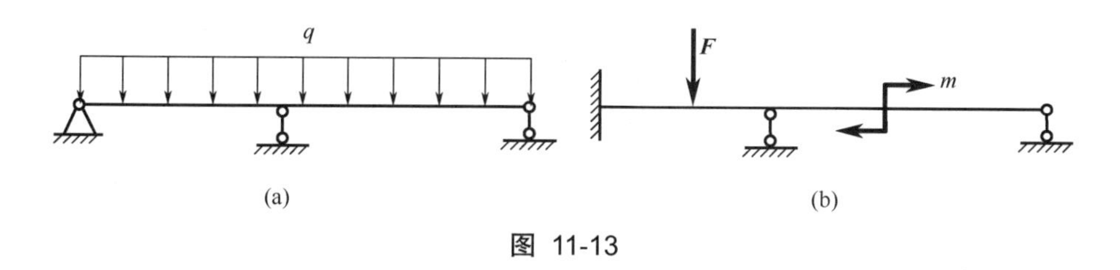

图 11-13

在超静定梁中，多于维持其静力平衡所必需的约束称为多余约束，与其相应的支反力称为多余反力。超静定梁的多余约束的数目就称为该梁的超静定次数，又称静不定次数。例如，在图 11-13 中，对每一根梁只能写出三个独立的静力平衡方程，因此，图 11-13（a）为一次超静定梁，图 11-13（b）为二次超静定梁。

11.6.2 用变形比较法解超静定梁

解超静定梁的方法很多，变形比较法是其中最基本的一种方法。下面结合图 11-14（a）讨论变形比较法的运算过程。

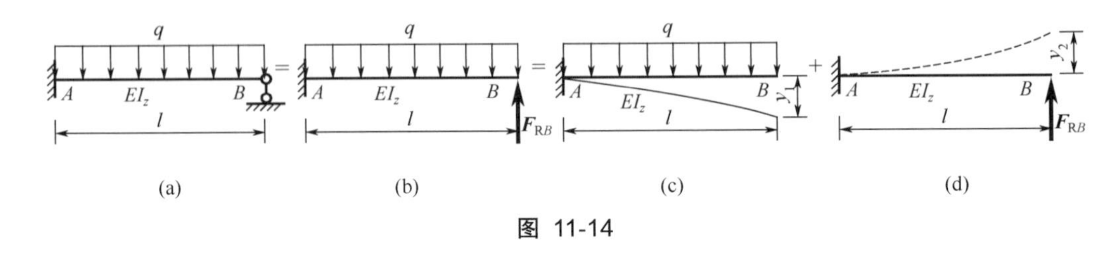

图 11-14

图 11-14（a）所示的梁为一次超静定梁。如果以支座 B 为多余约束，并将支座去掉，代以相应的多余反力 $\boldsymbol{F}_{RB}$，这样，即得一承受均布荷载 q 和未知支反力 $\boldsymbol{F}_{RB}$ 的静定梁［图 11-14（b）］。这种解除多余约束后，受力情况与原超静定梁相同的静定梁称为基本静定梁。

基本静定梁在荷载 q 和多余反力 $\boldsymbol{F}_{RB}$ 的作用下，B 处的变形应该与原超静定梁相同，即满足变形协调条件。在此例中，要求 B 处的挠度为零，即

$$y_B = 0$$

由叠加法可知，在外力 q［图 11-14（c）］和 $\boldsymbol{F}_{RB}$［图 11-14（d）］的作用下，基本静定梁中 B 处的挠度为

$$y_B = y_1 + y_2 = \frac{ql^4}{8EI_z} - \frac{F_{RB}l^3}{3EI_z}$$

于是得变形补充方程为

$$\frac{ql^4}{8EI_z} - \frac{F_{RB}l^3}{3EI_z} = 0$$

由此解得

$$F_{RB} = \frac{3ql}{8}$$

多余反力确定后，由平衡方程可求得固定端 A 处的支反力及弯矩。A 处的支反力和弯矩求得为

$$F_{RA}=\frac{5}{8}ql$$

$$M_A=-\frac{1}{8}ql^2$$

并可绘出图 11-15 所示的梁的剪力图和弯矩图。

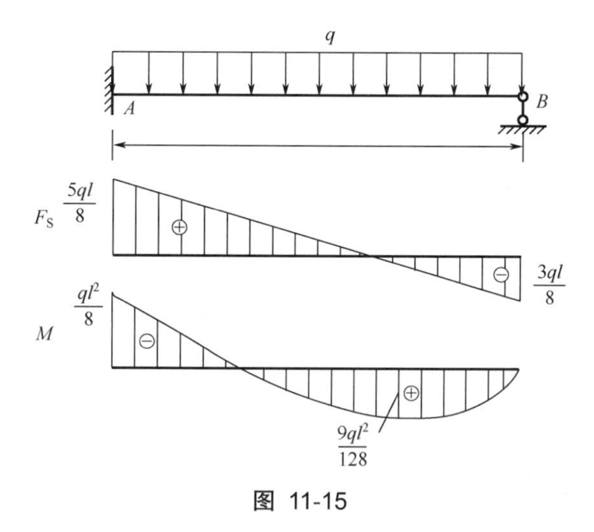

图 11-15

在求解超静定梁时，多余约束的选择可能有多种方案，可根据解题时的方便来定。对于同一个超静定梁，若所选多余约束不同，则相应的基本静定梁也不一样，于是变形协调条件也将随之而异。

如对图 11-14（a）所示的超静定梁，若选固定端 A 处限制转动的约束作为多余约束，则相应的多余反力为 M_A，基本静定梁为图 11-16（a）所示的简支梁，变形协调条件是截面 A 的转角为零，即 $\theta_A=0$。

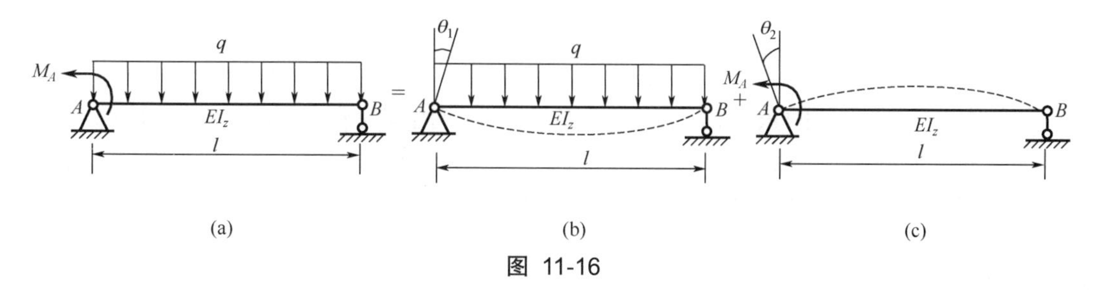

图 11-16

基本静定梁［图 11-16（a）］在荷载 q［图 11-16（b）］和多余反力 M_A［图 11-16（c）］的共同作用下，由叠加法分别求得 θ_1 与 θ_2，并由 $\theta_A=0$，得补充方程

$$\theta_A=\theta_1+\theta_2=\frac{ql^3}{24EI_z}-\frac{M_A l}{3EI_z}=0$$

从而解得

$$M_A = \frac{1}{8}ql^2$$

例 11-8 图 11-17（a）所示的具有三个支座的连续梁，受均布荷载 q 作用。试求支反力。

解： 选支座 B 为多余约束，去掉支座 B 代以多余反力 $\boldsymbol{F}_{RB}$，得基本静定梁如图 11-17（b）所示。

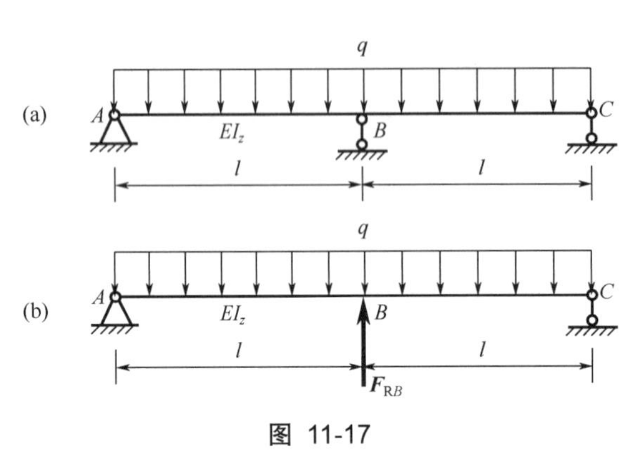

图 11-17

B 处的挠度为零，得变形协调条件为

$$y_B = 0$$

在荷载 q 和多余反力 $\boldsymbol{F}_{RB}$ 共同作用下，由叠加法求得基本静定梁 B 处的挠度，并代入变形协调条件，有

$$y_B = \frac{5q(2l)^4}{384EI_z} - \frac{F_{RB}(2l)^3}{48EI_z} = 0$$

从而得

$$F_{RB} = \frac{5}{4}ql$$

由平衡条件及对称性得 A、C 支反力为

$$F_{RA} = F_{RC} = \frac{1}{2}\left(2ql - \frac{5}{4}ql\right) = \frac{3}{8}ql$$

小　结

（1）本章是梁弯曲的重要内容之一。本章的主要内容是梁弯曲时的位移计算和简单超静定梁的解法。

（2）本章主要介绍了用积分法和叠加法求梁的变形。积分法是求梁变形的基本方法，其结果可求出梁各截面的挠度和转角；叠加法可简捷地求出指定截面的挠度和转角，其方法是首先利用表 11-1 算出各荷载单独作用时，在指定截面产生的挠度与转角，然后代数相加，便得指定截面在几个荷载共同作用下的挠度与转角。

（3）叠加法的适用条件是：梁在荷载作用下的变形是微小的；材料在线弹性范围内工作。

（4）用变形比较法求解超静定梁的步骤为：

① 分析梁的超静定次数；

② 选取基本静定梁；

③ 建立补充方程，求解多余反力。

在选取基本静定梁时应注意：与超静定梁对应的基本静定梁不是唯一的，选取时，应以简便为准。

一、单项选择题

11-1 题 11-1 图所示悬臂梁的边界条件为：在 $x=l$ 时，$y=0$ 和（ ）。

A. $x=0$，$y=0$　　B. $x=l$，$y'=0$

C. $x=0$，$y'=0$　　D. $x=0$，$y''=0$

11-2 题 11-2 图所示简支梁 AB 段的挠曲线 $y(x)$ 是 x 的（ ）次函数。

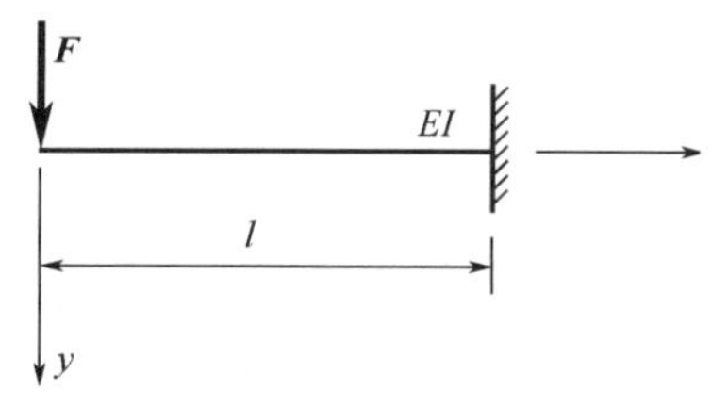

题 11-1 图

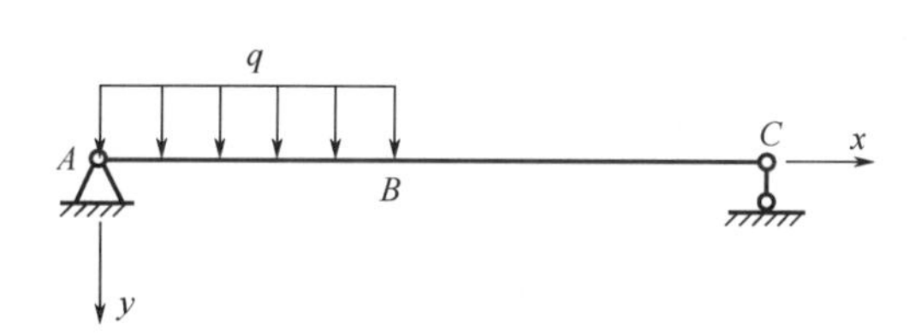

题 11-2 图

A. 2　　B. 3

C. 4　　D. 5

11-3 计算梁的弯曲变形的叠加法的适用范围是（ ）。

A. 弹塑性　　B. 塑性

C. 线弹性与小变形　　D. 小变形与弹塑性

11-4 已知题 11-4（a）图所示梁中点 C 的挠度为 $\frac{5ql^4}{384EI_z}$，则题 11-4（b）图所示梁 C 点的挠度为（ ）。

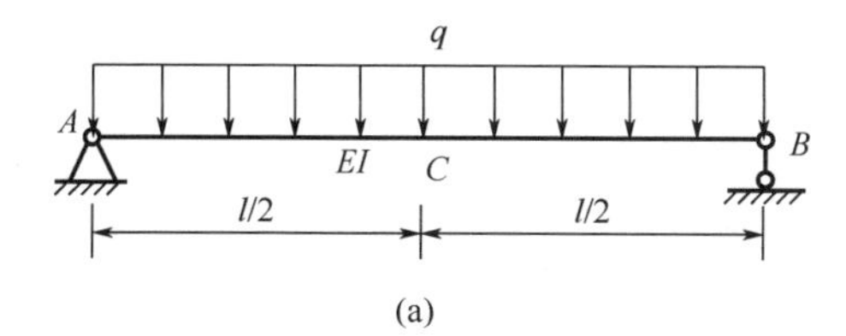

(a)

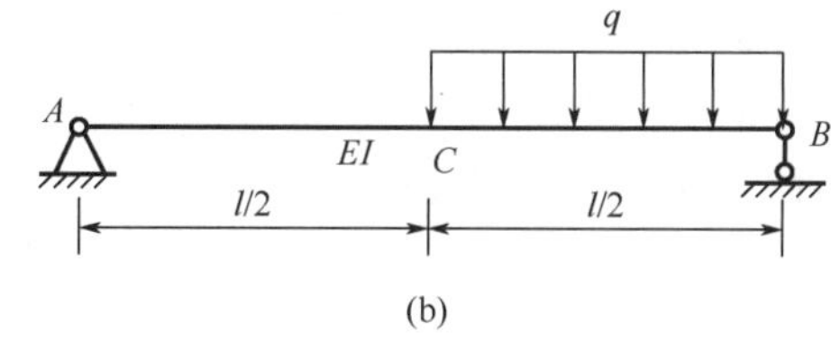

(b)

题 11-4 图

A. $\frac{5ql^4}{192EI_z}$　　B. $\frac{5ql^4}{768EI_z}$

C. $\dfrac{ql^4}{192EI_z}$　　　　D. $\dfrac{ql^4}{768EI_z}$

11-5　题 11-5 图所示梁中点 C 处的竖向位移为（　　）。

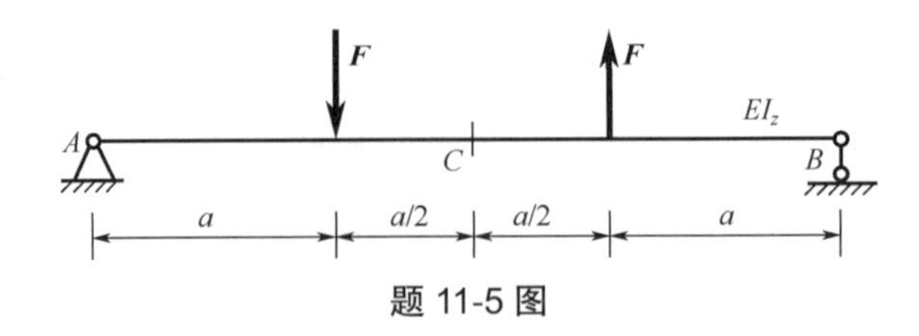

题 11-5 图

A. 向上　　　　B. 向下

C. 0　　　　D. 可能向上，也可能向下

11-6　提高梁的抗弯刚度的措施有很多，下面说法中正确的是（　　）。

A. 合理选择截面形状　　　　B. 尽量增大跨长

C. 尽可能把荷载集中布置　　　　D. 用弹性常数 E 小的材料

二、填空题

11-7　梁弯曲变形中挠度 y 和转角 θ 之间的关系式为________。

11-8　用叠加法计算梁的位移时要满足的两个条件是线弹性范围和________变形。

11-9　用二次积分法求解梁的位移时，如果梁的弯矩要分为三段列出，则积分时会出现________个积分常数。

11-10　超静定梁中多余约束的数目就等于该梁的超静定________数。

三、计算题

11-11　试用积分法求题 11-11 图所示两悬臂梁自由端截面的转角和挠度。

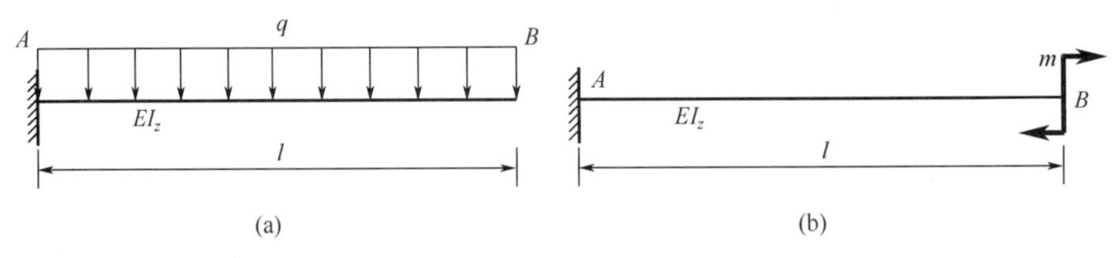

题 11-11 图

11-12　用积分法求位移时，题 11-12 图所示两个梁应分几段来列挠曲线的近似微分方程？试分别列出确定积分常数时需用的边界条件和变形连续条件。

11-13　在题 11-13 图所示梁中，$M=\dfrac{ql^2}{20}$，梁的抗弯刚度为 EI_z。试用叠加法求 A 截面的转角。

11-14　试用叠加法求题 11-14 图所示梁自由端 C 截面的转角和挠度。

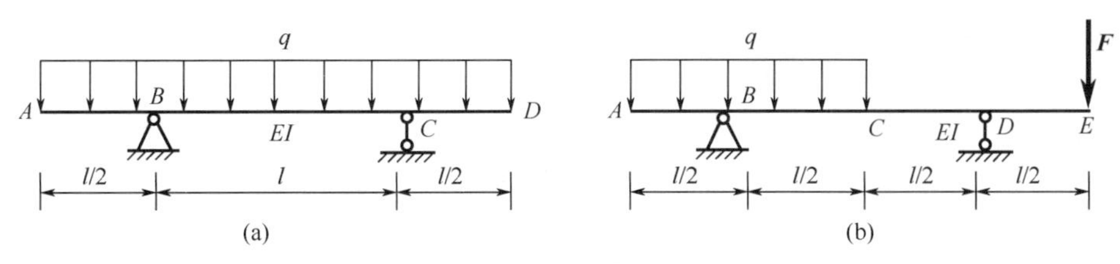

题 11-12 图

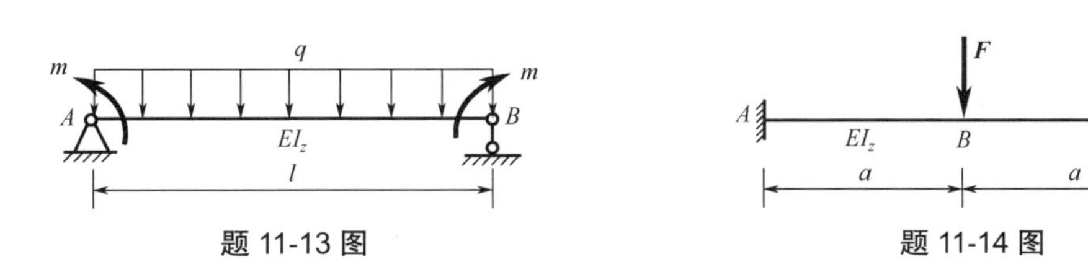

题 11-13 图　　题 11-14 图

11-15　试用叠加法求题 11-15 图所示梁跨中 C 截面的挠度。

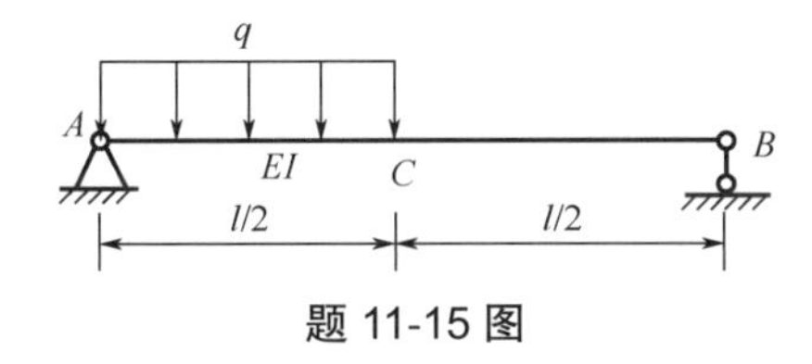

题 11-15 图

11-16　对题 11-16 图中各梁，试：(1) 指明哪些是超静定梁；(2) 判定各超静定梁的超静定次数。

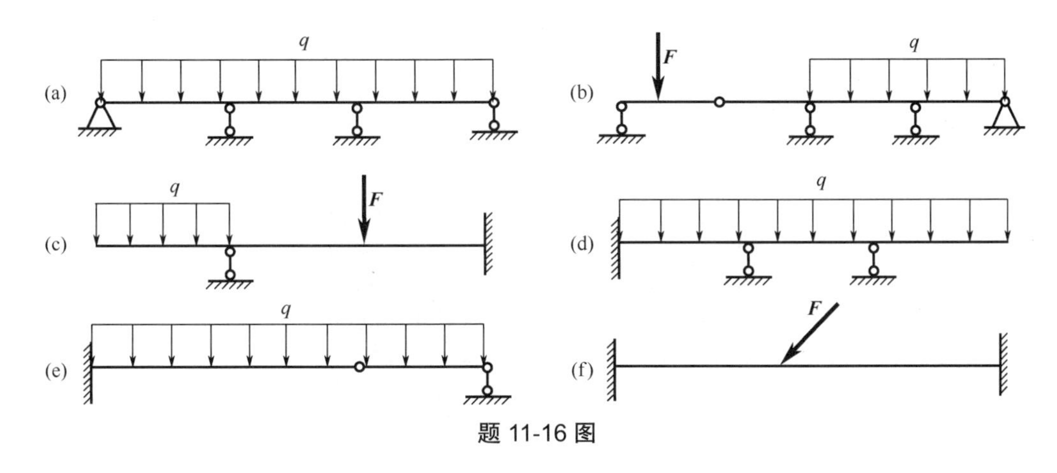

题 11-16 图

四、综合题

11-17　题 11-17 图所示的工字钢简支梁，已知 $l = 6\text{m}$，$q = 8\text{kN/m}$，$m = 4\text{kN}\cdot\text{m}$，材料的许用应力 $[\sigma] = 160\text{MPa}$，弹性模量 $E = 2\times10^5\text{MPa}$，梁的允许挠度 $\left[\dfrac{f}{l}\right] = \dfrac{1}{400}$，试选

择工字钢的型号并校核梁的刚度。

11-18　试画出题 11-18 图所示超静定梁的剪力图和弯矩图。

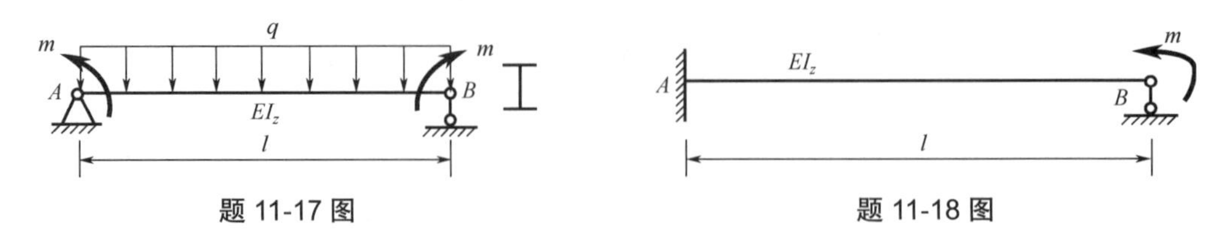

题 11-17 图　　题 11-18 图

11-19　题 11-19 图所示的结构中，AB 梁的抗弯刚度为 EI_z，CD 杆的抗拉刚度为 EA，试求 CD 杆的轴力。

11-20　试求题 11-20 图所示超静定梁 B 截面的挠度。

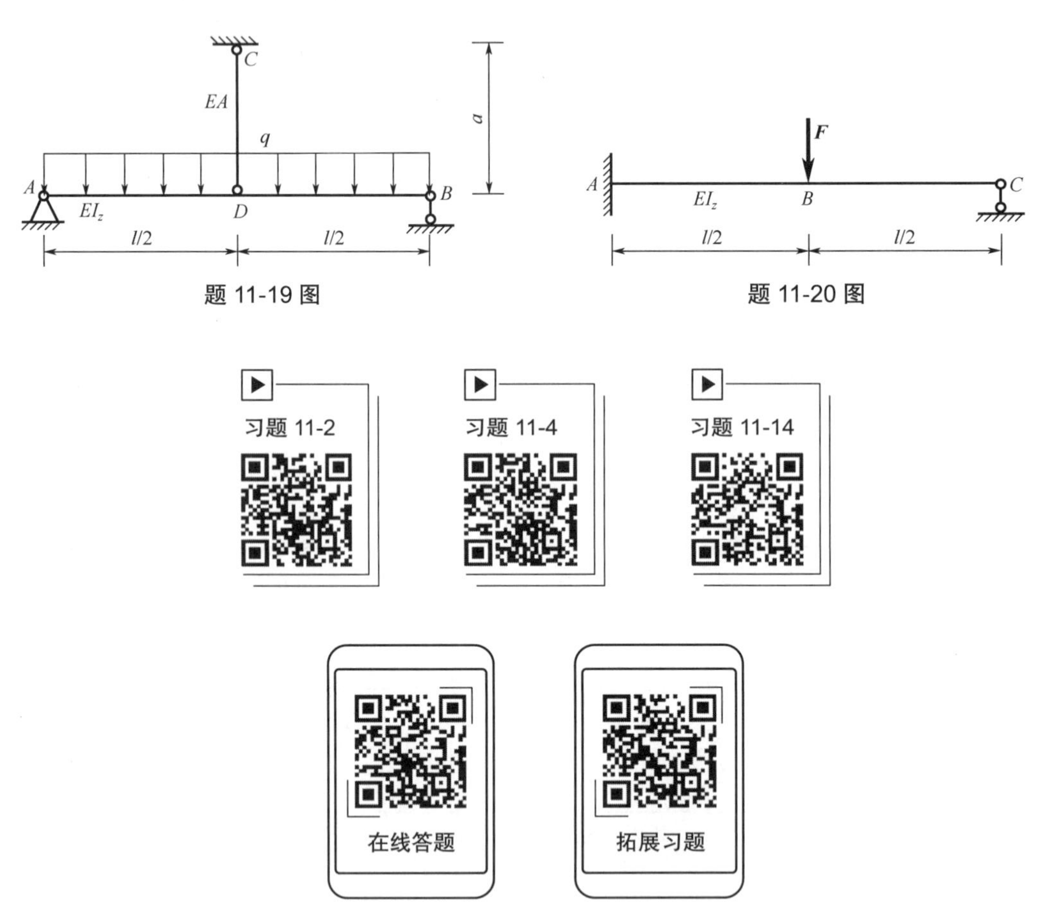

题 11-19 图　　题 11-20 图

第12章 应力状态与强度理论

知识结构图

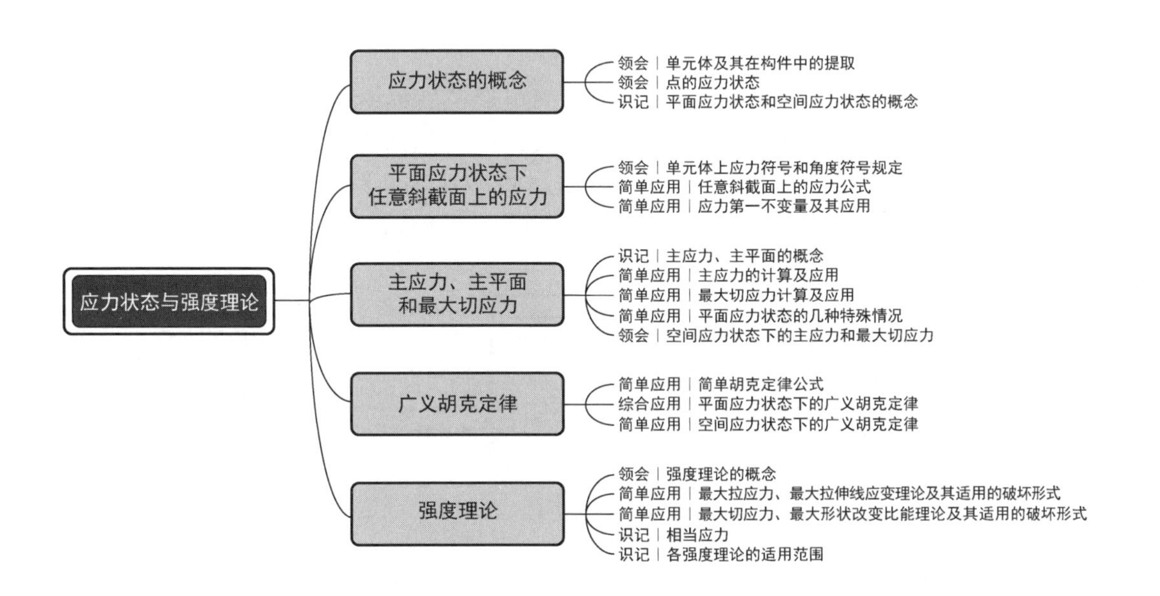

12.1 应力状态的概念

前面研究杆件基本变形时，以横截面上的应力作为强度计算的依据，但有些杆件破坏时并非沿着横截面。例如，图 12-1 所示的铸铁试件，其受压破坏时，将沿图示斜截面破坏，这就必然与斜截面上的应力有关。因此，还需要进一步研究斜截面上的应力。通过杆件内一点可以作无数个截面，当截面的方位不同时，该点的应力情况往往也不相同。对一点处各个截面上应力情况及其变化规律的研究称为应力状态分析。

研究点的应力状态，可围绕所研究的点取出一个边长为无限小的直角六面体，这个直角六面体称为单元体，如图 12-2 所示，通过单元体来研究过该点的各个截面上的应力及其变化规律。

图 12-1　　图 12-2

以弯曲梁为例，欲研究图 12-3（a）所示的矩形截面梁内点 K 处的应力状态，可以围绕点 K 取出单元体，如图 12-3（b）所示，其左、右侧面为梁在点 K 处的横截面。因单元体的前、后侧面上的应力为零，可将单元体图画成平面图形［图 12-3（c）］的简化形式。由于单元体是微立方体，因此单元体各侧面上的应力可以认为是均匀分布的。

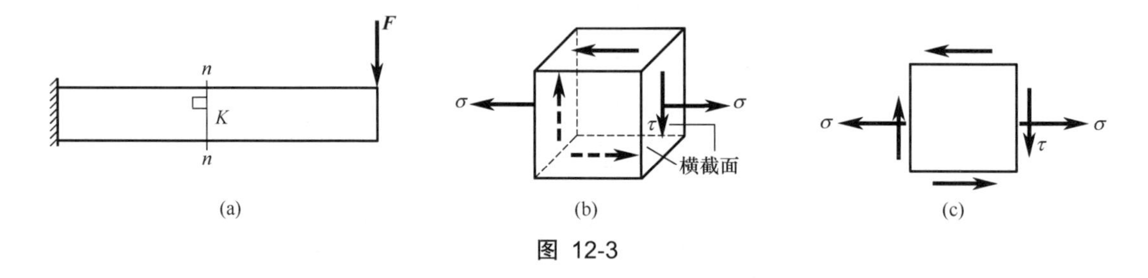

图 12-3

对于图 12-4（a）所示的轴向拉伸杆件，由于横截面上只存在正应力，故取出的 K 点处单元体的应力情况如图 12-4（b）所示。

对于图 12-5（a）所示的受扭圆杆，由于横截面（单元体的左、右侧面）上只产生切应力，由切应力互等定理可知，单元体的上、下面上也存在切应力，故取出的 K 点处单元体的应力情况如图 12-5（b）所示。

上述两种情况取出的单元体中所有应力都在同一平面（即纸面）内，所以也可画成平面图形，分别如图 12-4（c）和图 12-5（c）所示。这类应力状态称为平面应力状态。若单元体各面上的应力不位于同一平面内，则这类应力状态称为空间应力状态。

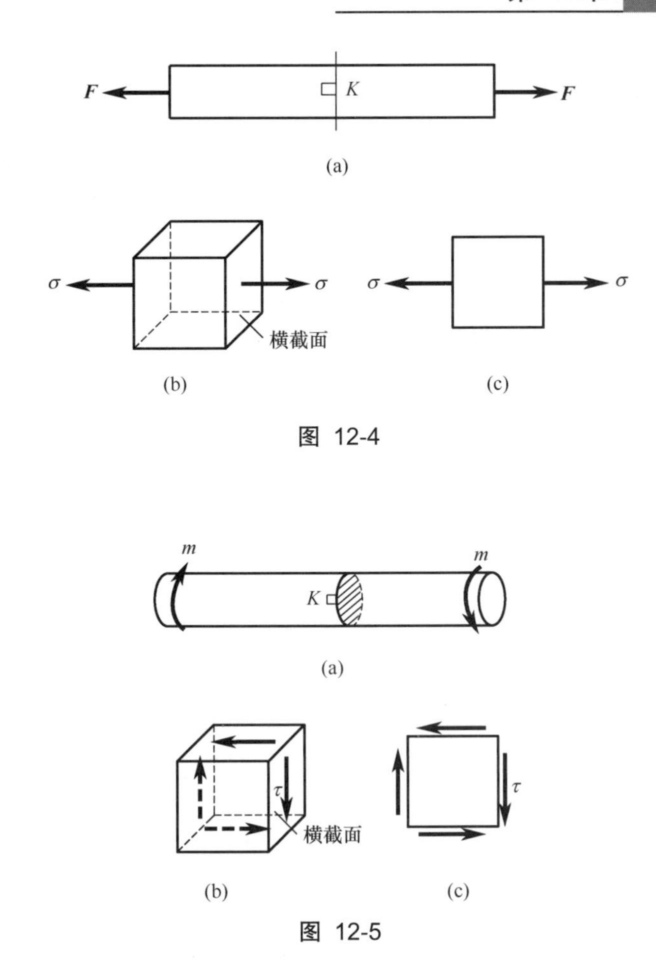

图 12-4

图 12-5

12.2　平面应力状态下任意斜截面上的应力

图 12-6（a）所示单元体代表平面应力状态的一般情况，下面从一般情况来进行平面应力状态的应力分析。

用解析法推导任意斜截面上应力公式的思路是：将单元体沿垂直于纸面的任意斜截面截开，暴露出斜截面上的应力，考虑保留部分平衡，列出平衡方程，求出斜截面上的应力。

将图 12-6（a）所示单元体沿任意斜截面 *m*—*n* 截开，保留 *mon* 部分。*mon* 各面上的应力如图 12-6（b）所示，σ_α 和 τ_α 为 *m*—*n* 面（习惯上称为 α 面）上的正应力和切应力。由各面上的应力与其作用面积［图 12-6（c）］的乘积得到各面上的微内力。分离体 *mon* 在各内力作用下处于平衡状态，则各内力沿斜截面的外法线 N 及切线 T 的投影代数和等于零，即 $\sum F_{\rm N}=0$ 和 $\sum F_{\rm T}=0$，可导出下列平衡方程。

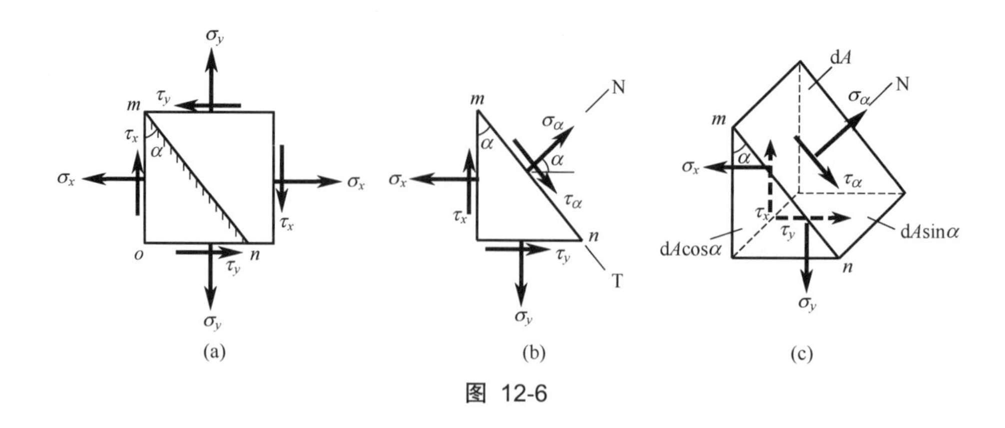

图 12-6

$$\sigma_{\alpha}\mathrm{d}A-\sigma_{x}\mathrm{d}A\cos\alpha\cos\alpha-\sigma_{y}\mathrm{d}A\sin\alpha\sin\alpha+\tau_{x}\mathrm{d}A\cos\alpha\sin\alpha+\tau_{y}\mathrm{d}A\sin\alpha\cos\alpha=0 \tag{12-1}$$

$$\tau_{\alpha}\mathrm{d}A-\sigma_{x}\mathrm{d}A\cos\alpha\sin\alpha+\sigma_{y}\mathrm{d}A\sin\alpha\cos\alpha-\tau_{x}\mathrm{d}A\cos\alpha\cos\alpha+\tau_{y}\mathrm{d}A\sin\alpha\sin\alpha=0 \tag{12-2}$$

考虑到 $\tau_x=\tau_y$，由此得

$$\sigma_{\alpha}=\sigma_{x}\cos^{2}\alpha+\sigma_{y}\sin^{2}\alpha-2\tau_{x}\sin\alpha\cos\alpha \tag{12-3}$$

$$\tau_{\alpha}=(\sigma_{x}-\sigma_{y})\sin\alpha\cos\alpha+\tau_{x}(\cos^{2}\alpha-\sin^{2}\alpha) \tag{12-4}$$

利用三角公式 $\cos^2\alpha=(1+\cos2\alpha)/2$，$\sin^2\alpha=(1-\cos2\alpha)/2$ 及 $2\sin\alpha\cos\alpha=\sin2\alpha$，式（12-3）与式（12-4）整理可得

$$\sigma_{\alpha}=\frac{\sigma_{x}+\sigma_{y}}{2}+\frac{\sigma_{x}-\sigma_{y}}{2}\cos2\alpha-\tau_{x}\sin2\alpha \tag{12-5}$$

$$\tau_{\alpha}=\frac{\sigma_{x}-\sigma_{y}}{2}\sin2\alpha+\tau_{x}\cos2\alpha \tag{12-6}$$

式（12-5）和式（12-6）是斜截面应力的一般公式。由此看到，当 σ_x、σ_y 和 τ_x 已知时，σ_α 和 τ_α 是 α 的函数，即当斜截面 m—n 的方位 α 连续变化时，σ_α 和 τ_α 也随之变化，从而单元体所有斜截面上的应力都可求得。

利用式（12-5）和式（12-6）求斜截面上应力时，要先确定式中 σ_x、σ_y、τ_x 和 α 的正负号，凡与推导公式时［图 12-6（b）］的方向一致者为正，反之为负，即

（1）σ_x、σ_y：拉应力为正，压应力为负。

（2）τ_x：单元体左、右侧面上的切应力对单元体内任一点的矩按顺时针转者为正，反之为负。

（3）α：以斜截面的外法线 N 与 x 轴的夹角为准，当由 x 轴正向转向外法线 N 为逆时针时为正，反之为负。

按上述正负号规则算得 σ_α 为正时，表示该截面上的正应力为拉应力，得负为压应

力；算得 τ_α 为正时，表示 τ_α 对所在的分离体内任一点按顺时针方向转，得负则为逆时针方向转。

由式（12-5）可求出与 α 面垂直的 $\alpha+90°$ 面上的正应力 $\sigma_{\alpha+90°}$，即

$$\begin{aligned}\sigma_{\alpha+90°}&=\frac{\sigma_x+\sigma_y}{2}+\frac{\sigma_x-\sigma_y}{2}\cos 2(\alpha+90°)-\tau_x\sin 2(\alpha+90°)\\&=\frac{\sigma_x+\sigma_y}{2}-\frac{\sigma_x-\sigma_y}{2}\cos 2\alpha+\tau_x\sin 2\alpha\end{aligned}$$

于是，有

$$\sigma_\alpha+\sigma_{\alpha+90°}=\sigma_x+\sigma_y=常量 \tag{12-7}$$

式（12-7）表明，在单元体中互相垂直的两个截面上的正应力之和等于常量。式（12-7）也称为应力第一不变量。显然，利用式（12-5）求出 α 面上的正应力 σ_α 后，很容易利用式（12-7）求得与 α 面垂直的面上的正应力 $\sigma_{\alpha+90°}$。

例 12-1 某单元体上的应力情况如图 12-7（a）所示，试求 α 分别为 45° 和 −45° 的斜截面上的正应力和切应力，并在单元体上表示出来。

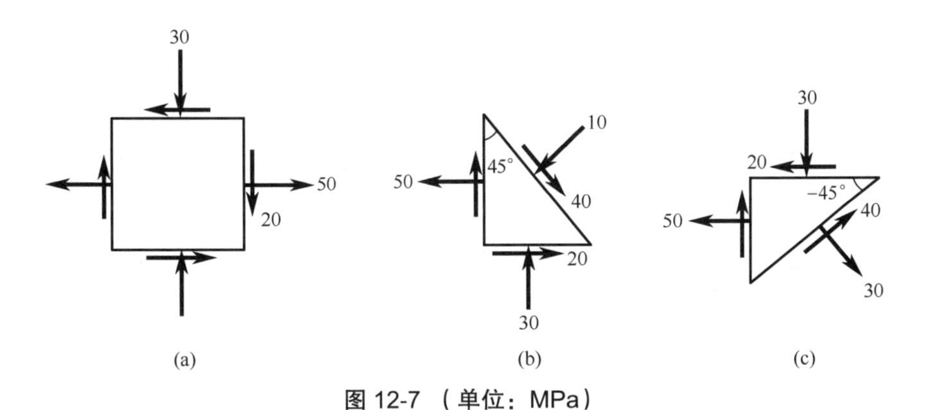

图 12-7 （单位：MPa）

解：此题中，$\sigma_x=50\text{MPa}$，$\sigma_y=-30\text{MPa}$，$\tau_x=20\text{MPa}$。

（1）$\alpha=45°$ 斜截面上的应力，由式（12-5）和式（12-6），有

$$\begin{aligned}\sigma_{45°}&=\left[\frac{50+(-30)}{2}+\frac{50-(-30)}{2}\cos(2\times45°)-20\sin(2\times45°)\right]\text{MPa}\\&=(10-20)\text{MPa}=-10\text{MPa}\end{aligned}$$

$$\tau_{45°}=\left[\frac{50-(-30)}{2}\sin(2\times45°)+20\cos(2\times45°)\right]\text{MPa}=40\text{MPa}$$

在单元体上画出，如图 12-7（b）所示。

（2）$\alpha=-45°$ 斜截面上的应力为

$$\sigma_{-45°}=\left[\frac{50+(-30)}{2}+\frac{50-(-30)}{2}\cos(-2\times45°)-20\sin(-2\times45°)\right]\text{MPa}$$
$$=(10+20)\text{MPa}=30\text{MPa}$$

$$\tau_{-45°}=\left[\frac{50-(-30)}{2}\sin(-2\times45°)+20\cos(-2\times45°)\right]\text{MPa}=-40\text{MPa}$$

在单元体上画出，如图 12-7（c）所示。

在上例中，45° 斜面和 −45° 斜面互相垂直，由计算结果，有

$$\sigma_{45°}+\sigma_{-45°}=(-10+30)\text{MPa}=20\text{MPa}$$

$$\sigma_x+\sigma_y=50\text{MPa}+(-30)\text{MPa}=20\text{MPa}$$

从而验证了应力第一不变量，即 $\sigma_{45°}+\sigma_{-45°}=\sigma_x+\sigma_y$。

又 $\tau_{45°}=40\text{MPa}$，$|\tau_{-45°}|=|-40|\,\text{MPa}=40\text{MPa}$，从而验证了切应力互等定理。不取绝对值时相差一个负号，正说明了单元体上的两个平面上切应力同时指向（或同时背离）两平面的交线。

12.3　主应力、主平面和最大切应力

12.3.1　主应力与主平面

由 12.2 节可知，利用式（12-5）和式（12-6）可求出单元体中任意斜截面上的应力。但在工程应用中，显然更重要的是求出单元体中所有斜截面上的正应力中的极大值或极小值。正是这些正应力的极值，在构件的强度计算中起到关键的作用。正应力的极值称为主应力，主应力作用的平面称为主平面。

下面对主应力的数值、特点及主平面的方位等做进一步的研究。

斜截面上的正应力 σ_α 是 α 的函数，为求 σ_α 的极值（即主应力），先求出其作用的平面的方位，即主平面所在方位。

设 α_0 面为主应力所在的主平面，可由数学中求极值的公式 $\left.\frac{\mathrm{d}\sigma_\alpha}{\mathrm{d}\alpha}\right|_{\alpha=\alpha_0}=0$ 确定主平面的方位，即

$$\left.\frac{\mathrm{d}\sigma_\alpha}{\mathrm{d}\alpha}\right|_{\alpha=\alpha_0}=-(\sigma_x-\sigma_y)\sin2\alpha_0-2\tau_x\cos2\alpha_0=-2\left(\frac{\sigma_x-\sigma_y}{2}\sin2\alpha_0+\tau_x\cos2\alpha_0\right)=0 \quad (12\text{-}8)$$

注意到式（12-8）中括号内的一项刚好是 α_0 主平面上的切应力，于是有 $-2\tau_{\alpha_0}=0$，即

$$\tau_{\alpha_0}=0 \tag{12-9}$$

式（12-9）表明主平面上的切应力等于零。于是，主平面和主应力也可定义为：在单元体内切应力等于零的平面为主平面，主平面上的正应力为主应力。由

$$\tau_{\alpha_0}=\frac{\sigma_x-\sigma_y}{2}\sin 2\alpha_0+\tau_x\cos 2\alpha_0=0$$

得

$$\tan 2\alpha_0=-\frac{2\tau_x}{\sigma_x-\sigma_y} \tag{12-10}$$

式（12-10）为确定主平面方位的公式，它给出 α_0 和 $\alpha_0+90°$ 两个主平面方位角，可见两个主平面互相垂直。主平面上的正应力是主应力，所以平面应力状态存在两个主应力，二者方向也互相垂直。

当由式（12-10）求出 α_0 和 $\alpha_0+90°$ 后，将它们代入式（12-5）便可求出两个主应力计算公式为

$$\left.\begin{aligned}\sigma'_{主}&=\frac{\sigma_x+\sigma_y}{2}+\sqrt{\left(\frac{\sigma_x-\sigma_y}{2}\right)^2+\tau_x^2}\\ \sigma''_{主}&=\frac{\sigma_x+\sigma_y}{2}-\sqrt{\left(\frac{\sigma_x-\sigma_y}{2}\right)^2+\tau_x^2}\end{aligned}\right\} \tag{12-11}$$

式（12-11）为平面应力状态时的主应力公式。其中一个为极大值 σ_{max}，另一个为极小值 σ_{min}。

对空间应力状态的进一步研究可知：在一个空间单元体内总是可以找到三个互相垂直的平面，这三个互相垂直的平面上切应力都为零，都是主平面，其上的正应力都是主应力。这三个主应力两两垂直，按代数值排列依次为

$$\sigma_1 \geqslant \sigma_2 \geqslant \sigma_3$$

由此可知，对于平面应力状态，除按式（12-11）算得的两个主应力外，还应有一个为零的主应力。即平面应力状态的三个主应力 σ_1、σ_2 和 σ_3 按代数值排列，其中有一个为零。

还要确定每个主应力对应作用的主平面。

图 12-8（a）所示单元体上 α_0 和 $\alpha_0+90°$ 面为由式（12-10）确定的主平面，但哪个为 σ_{max} 的作用面，哪个为 σ_{min} 的作用面，还需明确。最简便的确定方法为：σ_{max} 所在主平面的法线方向必在 τ_x 指向的一侧。

直观说明，如图 12-8（b）所示，单元体在切应力作用下的变形趋势为沿Ⅱ、Ⅳ象限方向伸长，而沿Ⅰ、Ⅲ象限方向缩短，这表明其最大主应力 σ_{max} 必作用于Ⅱ、Ⅳ象限

方向，即 τ_x 指向的一侧。证明从略。

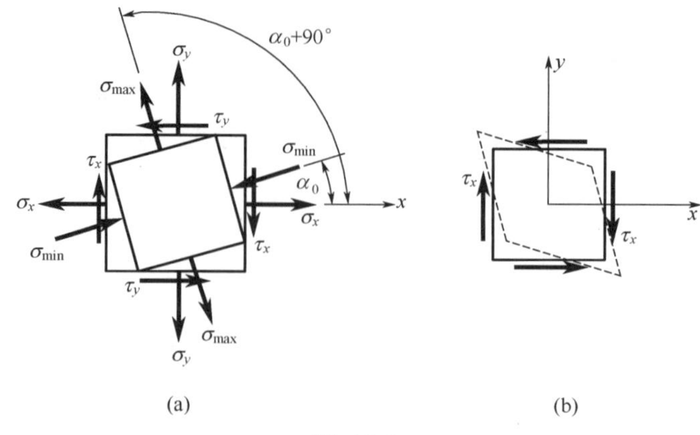

图 12-8

12.3.2 最大切应力

因为 τ_α 也是 α 的函数，仍用数学上求极值的方法求切应力的极值。设极值切应力所在面的方位角为 α_1，由

$$\left.\frac{\mathrm{d}\tau_\alpha}{\mathrm{d}\alpha}\right|_{\alpha=\alpha_1}=2\frac{\sigma_x-\sigma_y}{2}\cos 2\alpha_1-2\tau_x\sin 2\alpha_1=0$$

得

$$\tan 2\alpha_1=\frac{\sigma_x-\sigma_y}{2\tau_x} \tag{12-12}$$

由式（12-12）求出的角度也是两个，即 α_1 和 $\alpha_1+90°$，因而切应力的极值也有两个。

通过式（12-12）求出 α_1 与 $\alpha_1+90°$，再代入式（12-6），最后得

$$\left.\begin{matrix}\tau'\\ \tau''\end{matrix}\right\}=\pm\sqrt{\left(\frac{\sigma_x-\sigma_y}{2}\right)^2+{\tau_x}^2} \tag{12-13}$$

此式即为切应力极值的计算公式。τ' 与 τ'' 所在截面相差 90°，τ' 与 τ'' 的绝对值相等，这与切应力互等定理一致。

利用式（12-11），由 $\sigma'_{主}-\sigma''_{主}$，并整理后可得

$$\left.\begin{matrix}\tau'\\ \tau''\end{matrix}\right\}=\pm\frac{\sigma'_{主}-\sigma''_{主}}{2} \tag{12-14}$$

由式（12-10）和式（12-12）可得

$$\tan 2\alpha_0\cdot\tan 2\alpha_1=-1 \tag{12-15}$$

式（12-15）表明 α_1 与 α_0 相差 45°，即极值切应力所在平面与主平面之间互成 45°。在极值切应力的作用面上，一般有正应力。

前文已说明，对于一个单元体存在三个正应力 σ_1 、 σ_2 和 σ_3（平面应力状态中至少有一个是零），因而，由式（12-14）可知，单元体内共存在六个极值切应力，分别为

$$\begin{matrix}\tau'_{12}\\ \tau''_{12}\end{matrix}=\pm\frac{\sigma_1-\sigma_2}{2}，\quad \begin{matrix}\tau'_{23}\\ \tau''_{23}\end{matrix}=\pm\frac{\sigma_2-\sigma_3}{2}，\quad \begin{matrix}\tau'_{13}\\ \tau''_{13}\end{matrix}=\pm\frac{\sigma_1-\sigma_3}{2}$$

由于三个主应力中，最大者为 $\sigma_1=\sigma_{max}$ ，最小者为 $\sigma_3=\sigma_{min}$ ， $\sigma_1-\sigma_3$ 的差值最大，所以，六个极值切应力中，最大的切应力 τ_{max} 应为 τ_{13} ，其值为

$$\tau_{max}=\frac{\sigma_1-\sigma_3}{2} \tag{12-16}$$

并且 τ_{max} 的作用平面分别与 σ_1 和 σ_3 所在的主平面互成 45° 角。将上面讨论的重要概念和结论，归纳为以下几点。

（1）切应力为零的截面称为主平面，主平面上的正应力称为主应力。

（2）一个单元体存在三个主应力，按代数值依次排列为 $\sigma_1\geqslant\sigma_2\geqslant\sigma_3$ 。三个主应力作用的主平面两两互相垂直。

（3）平面应力状态的单元体内，至少有一个主应力为零。为零的主应力是第几主应力，要根据由式（12-11）求得的另外两个主应力的代数值而定。

（4）一个单元体的最大切应力 $\tau_{max}=\dfrac{\sigma_1-\sigma_3}{2}$ 。 τ_{max} 作用的截面与 σ_1 和 σ_3 作用的两个主平面互成 45° 角。

例 12-2 由受力杆件中围绕某点截取的单元体如图 12-9 所示，试求该点的三个主应力和最大切应力。

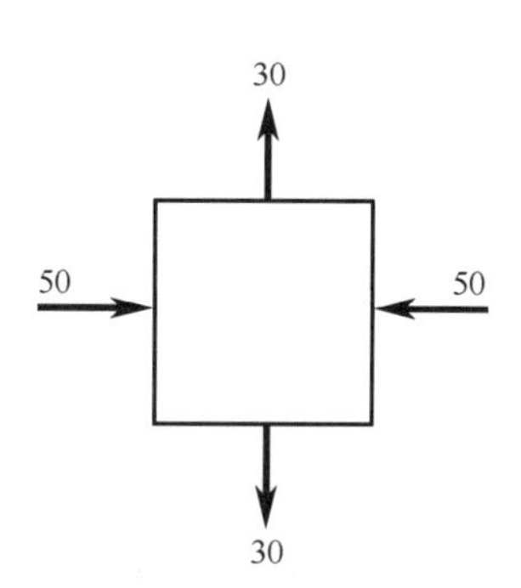

图 12-9 （单位：MPa）

解：该单元体中 $\sigma_x=-50\text{MPa}$ ， $\sigma_y=30\text{MPa}$ ， $\tau_x=0$ ，由式（12-11），可得

$$\begin{aligned}\begin{matrix}\sigma'_{主}\\ \sigma''_{主}\end{matrix}&=\frac{\sigma_x+\sigma_y}{2}\pm\sqrt{\left(\frac{\sigma_x-\sigma_y}{2}\right)^2+\tau_x{}^2}\\&=\left[\frac{-50+30}{2}\pm\sqrt{\left(\frac{-50-30}{2}\right)^2+0}\right]\text{MPa}=(-10\pm 40)\text{MPa}\end{aligned}$$

$$\sigma'_{主}=(-10+40)\ \text{MPa}=30\text{MPa}，\quad \sigma''_{主}=(-10-40)\ \text{MPa}=-50\text{MPa}$$

该单元体处于平面应力状态， $\sigma'''_{主}=0$。将三个主应力按代数值排列，则得

$$\sigma_1=30\text{MPa}，\quad \sigma_2=0，\quad \sigma_3=-50\text{MPa}$$

最大切应力

$$\tau_{max}=\frac{\sigma_1-\sigma_3}{2}=\left[\frac{30-(-50)}{2}\right]\text{MPa}=40\text{MPa}$$

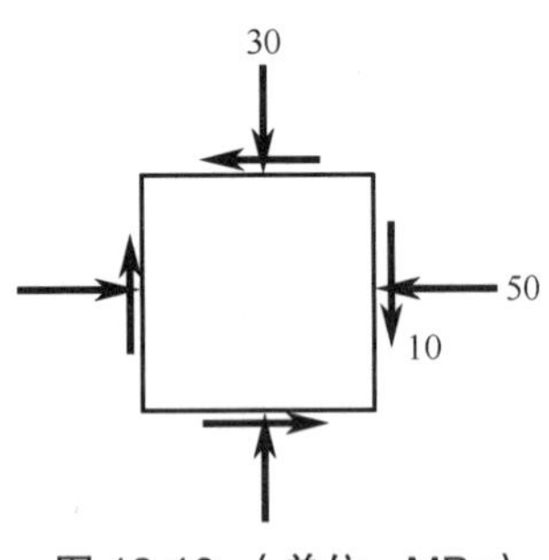

图 12-10 （单位：MPa）

该题的结果也可以利用概念直接求得。30MPa 和 –50MPa 作用的平面上都没有切应力，都是主平面，这两个应力也就都是主应力。平面应力状态中有一个主应力为零（与纸面平行的平面上没有切应力，所以也是主平面，该平面上的主应力为零）。这样，按代数值排列，直接得 $\sigma_1=30\text{MPa}$，$\sigma_2=0$，$\sigma_3=-50\text{MPa}$。

例 12-3 某单元体上的应力情况如图 12-10 所示，试求该点的三个主应力和最大切应力。

解： 此题中，$\sigma_x=-50\text{MPa}$，$\sigma_y=-30\text{MPa}$，$\tau_x=10\text{MPa}$，由式（12-11），可得

$$\left.\begin{matrix}\sigma'_{主}\\\sigma''_{主}\end{matrix}\right\}=\frac{\sigma_x+\sigma_y}{2}\pm\sqrt{\left(\frac{\sigma_x-\sigma_y}{2}\right)^2+\tau_x{}^2}=\left[\frac{-50+(-30)}{2}\pm\sqrt{\left[\frac{-50-(-30)}{2}\right]^2+10^2}\right]\text{MPa}$$

$$=(-40\pm10\sqrt{2})\text{MPa}\approx(-40\pm14.14)\text{MPa}$$

可得

$$\sigma'_{主}=-25.86\text{MPa}，\quad \sigma''_{主}=-54.14\text{MPa}$$

该单元体处于平面应力状态，$\sigma'''_{主}=0$。将三个主应力按代数值排列后，有

$$\sigma_1=0，\quad \sigma_2=-25.86\text{MPa}，\quad \sigma_3=-54.14\text{MPa}$$

最大切应力

$$\tau_{max}=\frac{\sigma_1-\sigma_3}{2}=\left[\frac{0-(-54.14)}{2}\right]\text{MPa}=27.07\text{MPa}$$

12.3.3 轴向拉压杆和扭转杆中任一点的主应力

如前面图 12-4（a）所示的轴向拉伸杆件，从任一点截出的单元体如图 12-11 所示。单元体上只有 $\sigma_x\neq0$，而 $\sigma_y=0$ 和 $\tau_x=0$。因此，单元体斜截面上的应力公式、主应力公式和最大切应力公式分别变为

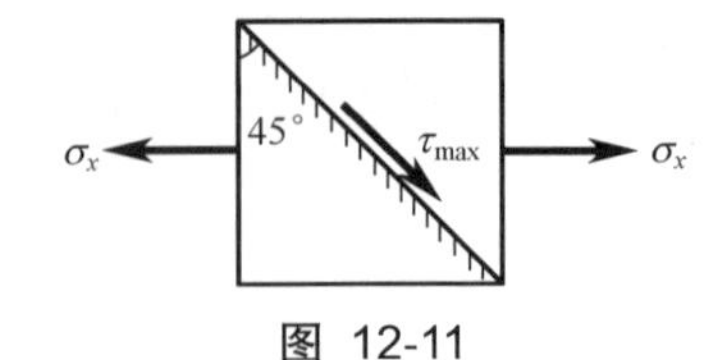

图 12-11

$$\sigma_\alpha=\frac{\sigma_x}{2}+\frac{\sigma_x}{2}\cos2\alpha$$

$$\tau_\alpha = \frac{\sigma_x}{2}\sin 2\alpha$$

$$\sigma_1 = \sigma_x,\quad \sigma_2 = \sigma_3 = 0$$

$$\tau_{\max} = \frac{\sigma_1}{2} = \frac{\sigma_x}{2}$$

可见三个主应力中只有一个主应力不为零，而且主应力 σ_1 作用的截面就是杆件的横截面。$\tau_{\max}$ 作用的截面与横截面成 45°（图 12-11）。只有一个主应力不为零的应力状态又称为单向应力状态。

如果是轴向压缩杆件，则 σ_x 是压应力，则此时 $\sigma_1 = \sigma_2 = 0$，$\sigma_3 = -\sigma_x$。

如前面图 12-5（a）所示的受扭圆杆，从任一点截出的单元体如图 12-12 所示。单元体上只有 $\tau_x \neq 0$，而 $\sigma_x = 0$ 和 $\sigma_y = 0$。因此，单元体斜截面上的应力公式、主应力公式和最大切应力公式分别变为

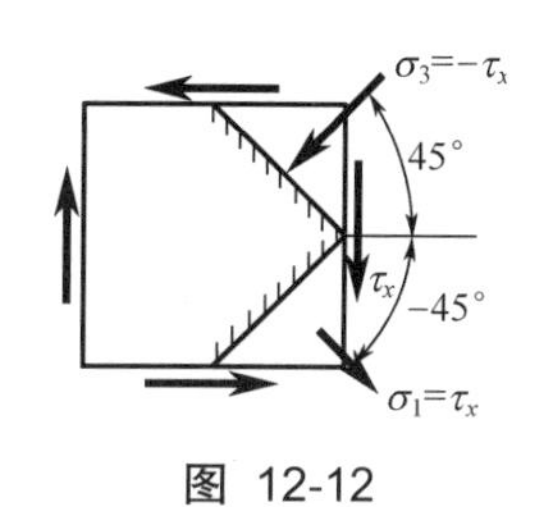

图 12-12

$$\sigma_\alpha = -\tau_x \sin 2\alpha$$

$$\tau_\alpha = \tau_x \cos 2\alpha$$

$$\left.\begin{matrix}\sigma'_{主}\\ \sigma''_{主}\end{matrix}\right\} = \pm\tau_x$$

$$\sigma_1 = \tau_x,\quad \sigma_2 = 0,\quad \sigma_3 = -\tau_x$$

$$\tau_{\max} = \frac{\sigma_1 - \sigma_3}{2} = \frac{\tau_x - (-\tau_x)}{2} = \tau_x$$

图 12-12 所示的应力状态称为纯剪切应力状态。对于纯剪切应力状态，不难得出结论：σ_1 所在主平面与水平方向成 −45°；σ_3 所在主平面与水平方向成 45°；横截面就是 $\tau_{\max}$ 所在平面（图 12-12）。此时，单元体中有两个主应力不为零。有两个主应力不为零的应力状态称为双向应力状态。三个主应力不为零的应力状态称为三向应力状态。

例 12-4 圆形截面杆受力如图 12-13（a）所示，已知直径 $d = 60\text{mm}$，$F = 40\text{kN}$，$m = 2\text{kN}\cdot\text{m}$，试求位于 1—1 截面边缘处 K 点的主应力和最大切应力。

解： F 作用下横截面上产生拉应力 σ_x，m 作用下横截面上产生切应力 τ_x，从 K 点截出的单元体上的应力情况如图 12-13（b）所示。

$$\sigma_x = \frac{F_N}{A} = \frac{F}{\frac{\pi d^2}{4}} = \frac{40\times10^3}{\frac{\pi}{4}\times0.06^2}\text{Pa} \approx 14.1\times10^6\text{Pa} = 14.1\text{MPa}$$

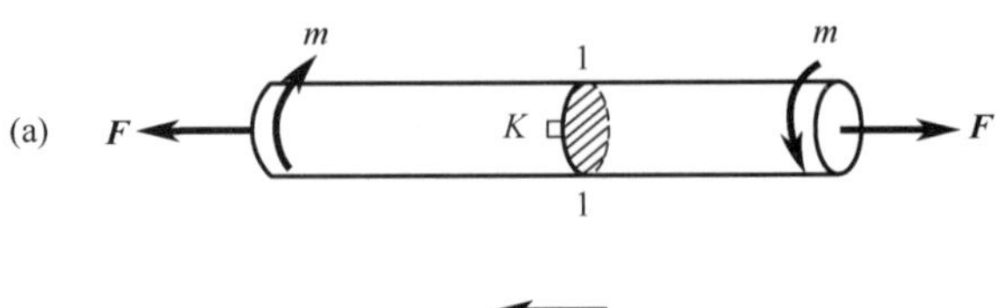

(b)

图 12-13

$$\tau_x=\frac{T}{W_{\mathrm{P}}}=\frac{m}{\frac{\pi d^3}{16}}=\frac{2\times10^3}{\frac{\pi}{16}\times0.06^3}\mathrm{Pa}\approx47.2\times10^6\mathrm{Pa}=47.2\mathrm{MPa}$$

K 点的两个主应力分别为

$$\begin{aligned}\sigma'_{主}&=\frac{\sigma_x}{2}+\sqrt{\left(\frac{\sigma_x}{2}\right)^2+\tau_x{}^2}\\&=\left[\frac{14.1}{2}+\sqrt{\left(\frac{14.1}{2}\right)^2+47.2^2}\right]\mathrm{MPa}\approx54.8\mathrm{MPa}\end{aligned}$$

$$\sigma''_{主}=\frac{\sigma_x}{2}-\sqrt{(\frac{\sigma_x}{2})^2+\tau_x{}^2}=-40.7\mathrm{MPa}$$

K 点处于平面应力状态，$\sigma'''_{主}=0$。将三个主应力按代数值排列，有

$$\sigma_1=54.8\mathrm{MPa}\text{，}\quad\sigma_2=0\text{，}\quad\sigma_3=-40.7\mathrm{MPa}$$

最大切应力

$$\tau_{\max}=\frac{\sigma_1-\sigma_3}{2}=\frac{54.8-(-40.7)}{2}\mathrm{MPa}=47.75\mathrm{MPa}$$

12.3.4 梁的主应力

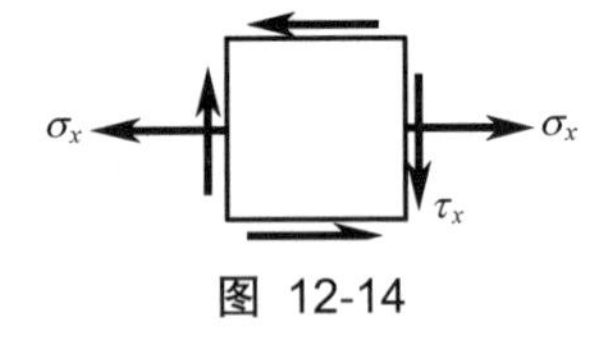

图 12-14

如前面图 12-3（a）所示的弯曲梁，横截面上同时存在正应力和切应力，从任一点截出的单元体如图 12-14 所示。单元体上 $\sigma_x\neq0$，$\tau_x\neq0$，而 $\sigma_y=0$。于是单元体任意斜截面上的应力公式变为

$$\sigma_\alpha=\frac{\sigma_x}{2}+\frac{\sigma_x}{2}\cos2\alpha-\tau_x\sin2\alpha$$

$$\tau_\alpha = \frac{\sigma_x}{2}\sin 2\alpha + \tau_x \cos 2\alpha$$

由式（12-11）得两个主应力为

$$\sigma'_{主} = \frac{\sigma_x}{2} + \sqrt{\left(\frac{\sigma_x}{2}\right)^2 + \tau_x^{\ 2}}$$

$$\sigma''_{主} = \frac{\sigma_x}{2} - \sqrt{\left(\frac{\sigma_x}{2}\right)^2 + \tau_x^{\ 2}}$$

可以看出，不论 σ_x 是正是负，总有 $\sigma'_{主} \geqslant 0$， $\sigma''_{主} \leqslant 0$。并考虑平面应力状态 $\sigma'''_{主} = 0$，于是梁的三个主应力总是

$$\sigma_1 = \frac{\sigma_x}{2} + \sqrt{\left(\frac{\sigma_x}{2}\right)^2 + \tau_x^{\ 2}}$$

$$\sigma_2 = 0$$

$$\sigma_3 = \frac{\sigma_x}{2} - \sqrt{\left(\frac{\sigma_x}{2}\right)^2 + \tau_x^{\ 2}}$$

最大切应力

$$\tau_{\max} = \frac{\sigma_1 - \sigma_3}{2} = \sqrt{\left(\frac{\sigma_x}{2}\right)^2 + \tau_x^{\ 2}}$$

上面各式中， σ_x 为梁横截面上的正应力，按 $\sigma_x = \dfrac{M}{I_z}y$ 计算； τ_x 为横截面上的切应力，按 $\tau_x = \dfrac{F_S S_z^*}{I_z b}$ 计算。

例 12-5 求图 12-15（a）所示梁内 K 点处的主应力和最大切应力。

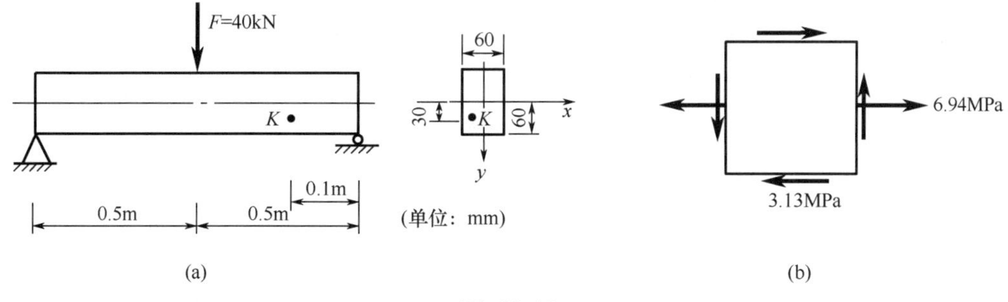

图 12-15

解：（1）计算 K 点横截面上的应力。K 点所在横截面上

$$F_S = -20\text{kN}, \quad M = 2\text{kN}\cdot\text{m}$$

K 点处应力

$$\sigma_x = \frac{M}{I_z}y = \frac{M}{\frac{bh^3}{12}}y = \left(\frac{12\times2\times10^3}{0.06\times0.12^3}\times0.03\right)\text{Pa} \approx 6.94\times10^6\,\text{Pa} = 6.94\text{MPa}$$

$$\tau_x = \frac{F_S S_z^*}{I_z b} = -\frac{12\times20\times10^3\times0.03\times0.06\times0.045}{0.06\times0.12^3\times0.06}\text{Pa} \approx -3.13\times10^6\,\text{Pa} = -3.13\text{MPa}$$

K 点处单元体如图 12-15（b）所示。

（2）计算 K 点处主应力。

$$\sigma_1 = \frac{\sigma_x}{2} + \sqrt{\left(\frac{\sigma_x}{2}\right)^2 + {\tau_x}^2} = \left[\frac{6.94}{2} + \sqrt{\left(\frac{6.94}{2}\right)^2 + (-3.13)^2}\right]\text{MPa} \approx 8.14\text{MPa}$$

$$\sigma_2 = 0$$

$$\sigma_3 = \frac{\sigma_x}{2} - \sqrt{\left(\frac{\sigma_x}{2}\right)^2 + {\tau_x}^2} = \left[\frac{6.94}{2} - \sqrt{\left(\frac{6.94}{2}\right)^2 + (-3.13)^2}\right]\text{MPa} \approx -1.2\text{MPa}$$

（3）最大切应力为

$$\tau_{\max} = \frac{\sigma_1 - \sigma_3}{2} = \frac{8.14-(-1.2)}{2}\text{MPa} = 4.67\text{MPa}$$

12.4 广义胡克定律

12.4.1 简单胡克定律

对于图 12-16（a）所示的简单应力状态，当正应力 σ_x 不超过材料的比例极限 σ_p 时，拉应力 σ_x 产生的 x 方向的线应变是拉应变 [图 12-16（a）中的虚线]，且有

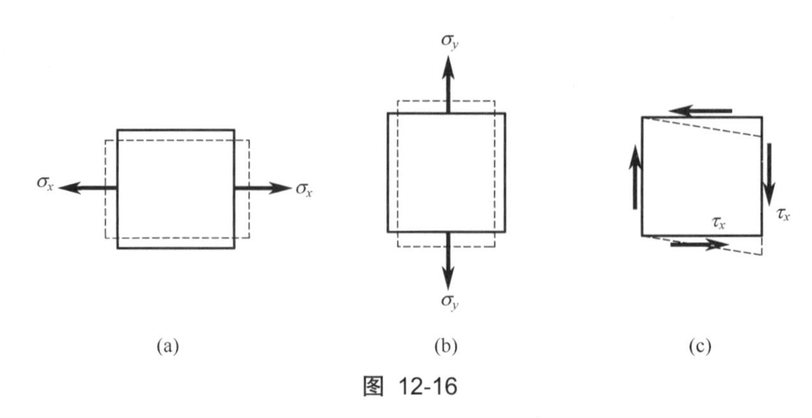

图 12-16

$$\varepsilon_x' = \frac{\sigma_x}{E}$$

σ_x产生的y方向的线应变为压应变，且有

$$\varepsilon_y' = -\mu\varepsilon_x' = -\frac{\mu}{E}\sigma_x$$

在σ_x的作用下，变形后的单元体仍为矩形，直角不改变，所以$\gamma_x' = 0$。

同理，对于图 12-16（b）所示的单元体，σ_y产生的x方向的线应变和σ_y产生的y方向的线应变分别为

$$\varepsilon_x'' = -\mu\varepsilon_y'' = -\frac{\mu}{E}\sigma_y$$

$$\varepsilon_y'' = \frac{\sigma_y}{E}$$

对于图 12-16（c）所示的纯剪切应力状态，切应力τ_x只引起切应变$\gamma_x = \tau_x / G$，而不引起x和y方向的线应变。

12.4.2 平面应力状态下的广义胡克定律

对于图 12-17 所示的平面应力状态，当在线弹性和小变形范围内求其应力产生的应变时，就可以根据叠加原理，把该单元体的受力情况分成图 12-16（a）、（b）、（c）所示三种受力情况，分别计算其应力产生的应变，并将所得结果对应代数相加，即

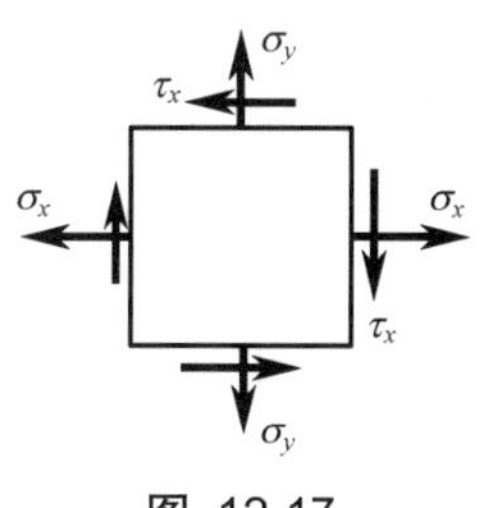

图 12-17

$$\varepsilon_x = \varepsilon_x' + \varepsilon_x'' = \frac{\sigma_x}{E} - \frac{\mu}{E}\sigma_y$$

$$\varepsilon_y = \varepsilon_y' + \varepsilon_y'' = -\frac{\mu}{E}\sigma_x + \frac{\sigma_y}{E}$$

$$\gamma_x = \frac{\tau_x}{G}$$

整理得到

$$\left.\begin{aligned} \varepsilon_x &= \frac{1}{E}(\sigma_x - \mu\sigma_y) \\ \varepsilon_y &= \frac{1}{E}(\sigma_y - \mu\sigma_x) \\ \gamma_x &= \frac{\tau_x}{G} \end{aligned}\right\} \qquad (12\text{-}17)$$

式（12-17）就是平面应力状态下的广义胡克定律，它描述了单元体在复杂应力状态下应力与应变的关系。

12.4.3 空间应力状态下的广义胡克定律

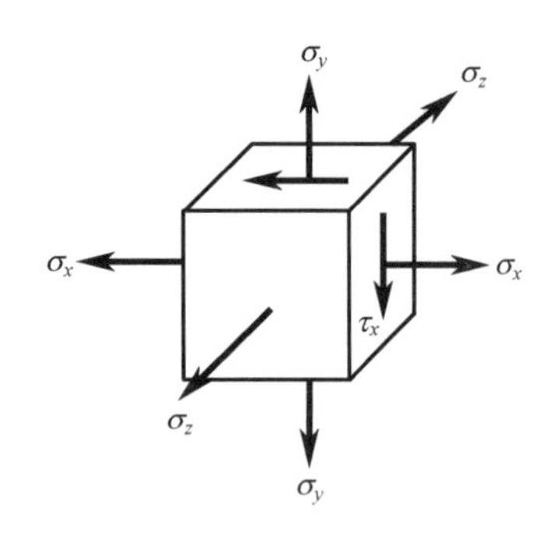

图 12-18

对于图 12-18 所示的空间单元体的受力情况，σ_z 相对 x 和 y 方向来说均属横向，所以 σ_z 产生的 x 和 y 方向的线应变分别为

$$\varepsilon_x''' = -\frac{\mu}{E}\sigma_z\text{，}\quad \varepsilon_y''' = -\frac{\mu}{E}\sigma_z$$

而 σ_z 产生的 z 方向的线应变为

$$\varepsilon_z = \frac{\sigma_z}{E}$$

利用叠加原理不难得到

$$\left.\begin{aligned}
\varepsilon_x &= \frac{1}{E}(\sigma_x - \mu\sigma_y - \mu\sigma_z) \\
\varepsilon_y &= \frac{1}{E}(\sigma_y - \mu\sigma_z - \mu\sigma_x) \\
\varepsilon_z &= \frac{1}{E}(\sigma_z - \mu\sigma_x - \mu\sigma_y) \\
\gamma_x &= \frac{\tau_x}{G}
\end{aligned}\right\} \tag{12-18}$$

式（12-18）就是空间应力状态下的广义胡克定律。显然，简单胡克定律和平面应力状态下的广义胡克定律都是空间应力状态下的广义胡克定律的特例。

12.4.4 主应力状态下的广义胡克定律

对于图 12-19 所示的主应力状态，有

$$\left.\begin{aligned}
\varepsilon_1 &= \frac{1}{E}[\sigma_1 - \mu(\sigma_2 + \sigma_3)] \\
\varepsilon_2 &= \frac{1}{E}[\sigma_2 - \mu(\sigma_1 + \sigma_3)] \\
\varepsilon_3 &= \frac{1}{E}[\sigma_3 - \mu(\sigma_1 + \sigma_2)]
\end{aligned}\right\} \tag{12-19}$$

式中，ε_1、ε_2、ε_3 分别是沿三个主应力方向的线应变，又称为主应变。

以上各式中的正应力和线应变均为代数值，其正负号规则与以前规定的相同，即拉应力为正，压应力为负；伸长线应变为正，缩短线应变为负。

需指明一点：以上所有式都只适用于各向同性材料。

例 12-6 某点的应力状态如图 12-20 所示。已知材料的弹性模量 E=2×10^{5}MPa，泊松比 μ=0.3，试求该点沿 x 方向的线应变 ε_x。

解：此题中，$\sigma_x=-50\text{MPa}$，$\sigma_y=30\text{MPa}$，$\tau_x=20\text{MPa}$，该点为平面应力状态，由广义胡克定律有

$$\varepsilon_x=\frac{1}{E}(\sigma_x-\mu\sigma_y)=\frac{1}{2\times10^5\times10^6}(-50-0.3\times30)\times10^6=-2.95\times10^{-4}$$

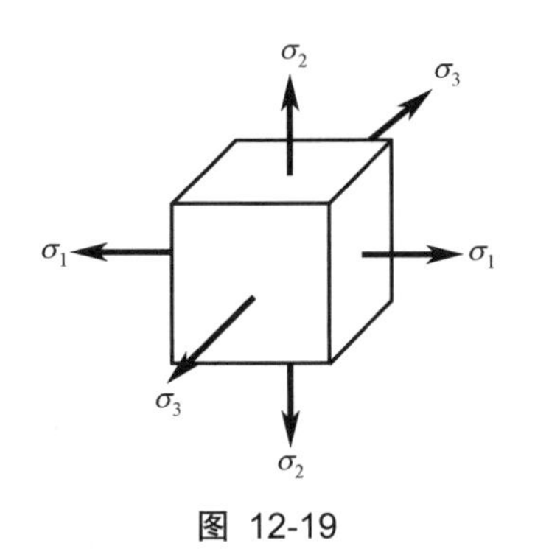

图 12-19

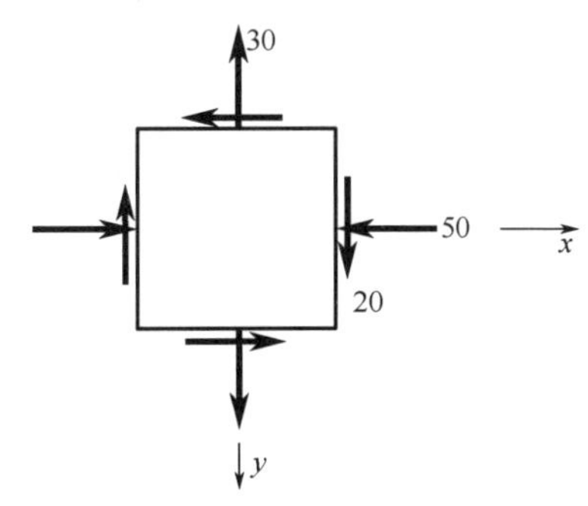

图 12-20（单位：MPa）

负号说明 x 方向的线应变是缩短线应变。

例 12-7 一厚度 $t=10\text{mm}$ 的钢板，在板平面 xy 面内的两个垂直方向都是均匀受拉。已知，钢板中一点处的 $\sigma_x=150\text{MPa}$，$\sigma_y=50\text{MPa}$，钢板的 $E=2\times10^5\text{MPa}$，$\mu=0.25$。试求钢板厚度 z 方向的减小值。

解：设钢板厚度的改变量为 Δt，则厚度 z 方向的线应变为 $\varepsilon_z=\dfrac{\Delta t}{t}$，又垂直于板面的 z 方向不受力，即 $\sigma_z=0$，由空间应力状态下的广义胡克定律，有

$$\frac{\Delta t}{t}=\varepsilon_z=\frac{\sigma_z}{E}-\frac{\mu}{E}(\sigma_x+\sigma_y)$$

$$\Delta t=-\frac{\mu}{E}(\sigma_x+\sigma_y)t=\left[-\frac{0.25}{2\times10^5\times10^6}\times(150+50)\times10^6\times10\times10^{-3}\right]\text{m}$$

$$=-2.5\times10^{-6}\text{m}=-2.5\times10^{-3}\text{mm}$$

所以，钢板的厚度减小了 $2.5\times10^{-3}\text{mm}$。

例 12-8 图 12-21 所示圆轴直径为 d，两端承受外力偶矩 m 作用。今测得圆轴表面点 K 与轴线成 45° 方向的线应变 ε_{-45°，试求外力偶矩 m 的值。材料弹性常数 E、μ 均为已知。

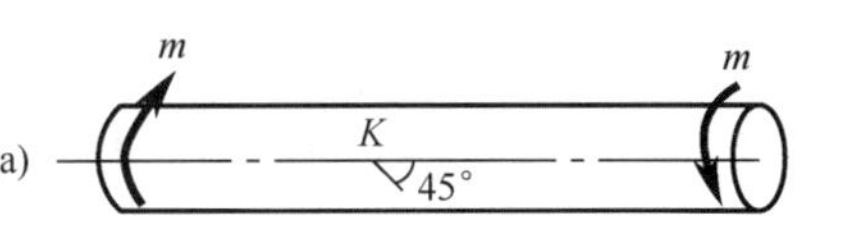

解：围绕点 K 取出单元体为纯切应力状态，如图 12-21（b）所示，且有

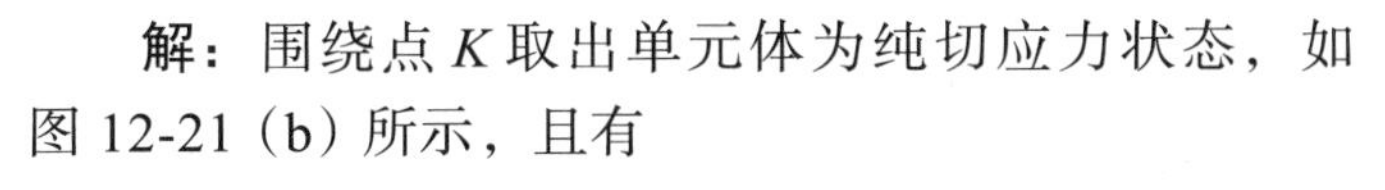

$$\sigma_x=0,\quad \sigma_y=0,\quad \tau_x=\frac{m}{W_P}=\frac{16m}{\pi d^3}$$

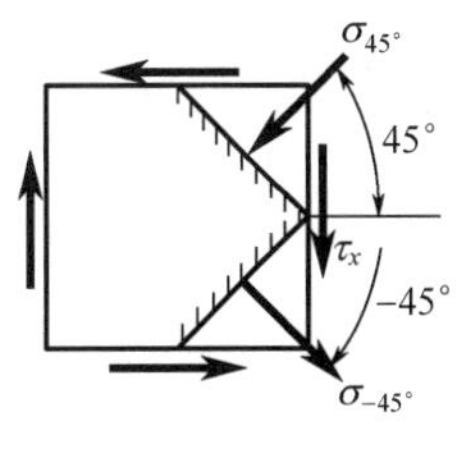

图 12-21

由斜截面上应力公式（12-5），求得

$$\sigma_{45^\circ} = -\tau_x \sin(2\times 45^\circ) = -\tau_x$$

$$\sigma_{-45^\circ} = -\tau_x \sin(-2\times 45^\circ) = \tau_x$$

代入广义胡克定律，有

$$\begin{aligned}\varepsilon_{-45^\circ} &= \frac{1}{E}(\sigma_{-45^\circ} - \mu\sigma_{45^\circ}) = \frac{1}{E}[\tau_x - \mu(-\tau_x)] \\ &= \frac{1+\mu}{E}\tau_x = \frac{1+\mu}{E}\frac{16m}{\pi d^3}\end{aligned}$$

从而得

$$m = \frac{\pi d^3 E\varepsilon_{-45^\circ}}{16(1+\mu)}$$

通过此例可以看出，单元体中某方向的线应变，不但与其自身方向的正应力有关，还与其垂直方向的正应力有关。从而，对于平面应力状态的单元体，欲求其 α 方向的线应变，可得公式

$$\varepsilon_\alpha = \frac{1}{E}(\sigma_\alpha - \mu\sigma_{\alpha\pm 90^\circ})$$

12.5 强度理论

12.5.1 强度理论的概念

实践和实验表明，材料的破坏形式可归纳为脆性断裂和塑性屈服两大类型。

脆性断裂是不出现显著塑性变形的破坏，例如铸铁试件在拉伸时沿横截面的断裂，没有明显的塑性变形，而且断裂发生在拉应力最大的截面上。

塑性屈服是指材料由于出现屈服现象或发生显著塑性变形而产生的破坏。构件在出现屈服或显著的塑性变形时，就丧失了正常的工作能力，所以从工程意义来说，屈服也是一种破坏标志。塑性材料试件在拉伸时，会出现屈服现象或显著的塑性变形。

脆性断裂破坏和塑性屈服破坏不仅与材料性质本身有关，而且还与应力状态、温度以及其他因素有关。例如，塑性材料的试件，在轴向拉伸时，出现屈服破坏；同一塑性材料，在三向拉应力状态时，就会出现脆断破坏。脆性材料，在三向压应力的状态下，会出现显著的塑性变形。例如大理石在三向压应力状态下，圆柱体会被压成鼓形。

在单向应力状态下，构件的强度条件为

$$\sigma_{max} \leqslant [\sigma]$$

其中

$$[\sigma]=\begin{cases}\dfrac{\sigma_s}{n_s} & 塑性材料\\ \dfrac{\sigma_b}{n_b} & 脆性材料\end{cases}$$

式中，σ_s 与 σ_b 由实验确定，n_s 和 n_b 为大于 1 的因数。这种强度条件是直接通过实验建立的。

对于危险点处于复杂应力状态下的构件，其三个主应力 σ_1、σ_2、σ_3 可有各式各样的比值。如果仿照单向拉伸（压缩）直接根据实验结果建立强度条件，就需将三个主应力按不同比值组合，一一进行实验，显然这是难以实现的。因此，为解决复杂应力状态下的强度问题，一些学者根据材料在各种情况下的破坏现象，运用判断、推理的方法，提出一些假说，说明材料的破坏是由某个因素引起的，而且无论是单向应力状态还是复杂应力状态，都是由某同一因素所致的。于是，可利用单向应力状态的实验结果，建立复杂应力状态下的强度条件。这些假说通常称为强度理论。

这里需要指出一点：各种强度理论虽然是建立在假说的基础上的，但都有一定的实验依据，同时，每种强度理论的正确性，也必须经过实践来验证。

下面介绍常用的四种强度理论。

12.5.2 适用于脆性断裂的第一、第二强度理论

1. 第一强度理论（最大拉应力理论）

第一强度理论认为，材料发生脆性断裂的主要因素是最大拉应力。不论何种应力状态，只要其最大拉应力 σ_1 达到该材料的极限应力 σ_u，材料就会发生断裂。而极限应力 σ_u 就是材料轴向拉伸实验的强度极限 σ_b，即

$$\sigma_u=\sigma_b$$

按此理论，材料发生断裂的条件为

$$\sigma_1=\sigma_u$$

将强度极限 σ_b 除以安全因数 n，得到许用应力 $[\sigma]$，于是，第一强度理论的强度条件为

$$\sigma_1\leqslant[\sigma] \tag{12-20}$$

2. 第二强度理论（最大拉应变理论）

第二强度理论认为，材料发生脆性断裂的主要因素是最大拉应变。不论何种应力状态，只要其最大拉应变 ε_1 达到该材料的极限拉应变 ε_u，材料就会发生断裂。而极限拉应变 ε_u，就是同类材料轴向拉伸实验的应力达到强度极限 σ_b 时，材料所产生的最大拉

应变，即

$$\varepsilon_u = \frac{\sigma_b}{E}$$

按此理论，材料发生断裂的条件为

$$\varepsilon_1 = \varepsilon_u = \frac{\sigma_b}{E}$$

由广义胡克定律可知，与 σ_1 对应的最大拉应变为

$$\varepsilon_1 = \frac{1}{E}[\sigma_1 - \mu(\sigma_2 + \sigma_3)] = \frac{\sigma_b}{E}$$

考虑安全因数后，第二强度理论的强度条件为

$$\sigma_1 - \mu(\sigma_2 + \sigma_3) \leqslant [\sigma] \quad (12\text{-}21)$$

第一、第二强度理论通常用于脆性材料的断裂。

12.5.3 适用于塑性屈服的第三、第四强度理论

1. 第三强度理论（最大切应力理论）

第三强度理论认为，材料发生屈服的主要因素是最大切应力。不论何种应力状态，只要其最大切应力 τ_{max} 达到该材料的极限切应力 τ_u，材料就会屈服。而极限切应力 τ_u 就是材料轴向拉伸实验的应力达到屈服极限 σ_s 时，材料产生的最大切应力，其值为

$$\tau_u = \frac{\sigma_s}{2}$$

于是，第三强度理论的屈服条件为

$$\tau_{max} = \tau_u = \frac{\sigma_s}{2}$$

复杂应力状态下的最大切应力

$$\tau_{max} = \frac{\sigma_1 - \sigma_3}{2}$$

屈服条件可改写为

$$\sigma_1 - \sigma_3 = \sigma_s$$

考虑安全因数后，强度条件则为

$$\sigma_1 - \sigma_3 \leqslant [\sigma] \quad (12\text{-}22)$$

2. 第四强度理论（最大形状改变比能理论）

第四强度理论认为，材料发生屈服的主要因素是形状改变比能。不论何种应力状

态，只要其形状改变比能达到极限形状改变比能值，材料就会屈服。按此理论可得第四强度理论的强度条件为

$$\sqrt{\frac{1}{2}[(\sigma_1-\sigma_2)^2+(\sigma_2-\sigma_3)^2+(\sigma_3-\sigma_1)^2]}\leqslant[\sigma] \tag{12-23}$$

有关形状改变比能的概念及计算，读者可参看相关参考书。

第三、第四强度理论通常用于塑性材料的屈服。

由以上所述可见，各强度理论在建立强度条件时，都是与轴向拉伸（单向应力状态）相对比的，而强度理论的强度条件从形式来看，又与轴向拉伸相类似，因此将各强度条件左边表达式称为相当应力，并用 σ_r 来表示。各强度条件中的相当应力分别为

$$\left.\begin{aligned}&\text{第一强度理论：}\sigma_{r1}=\sigma_1\\&\text{第二强度理论：}\sigma_{r2}=\sigma_1-\mu(\sigma_2+\sigma_3)\\&\text{第三强度理论：}\sigma_{r3}=\sigma_1-\sigma_3\\&\text{第四强度理论：}\sigma_{r4}=\sqrt{\frac{1}{2}[(\sigma_1-\sigma_2)^2+(\sigma_2-\sigma_3)^2+(\sigma_3-\sigma_1)^2]}\end{aligned}\right\}$$

另外，对于图 12-22 所示的应力状态，即 x 面和 y 面上只有一个面上有正应力 σ，另一个面上 $\sigma=0$，有

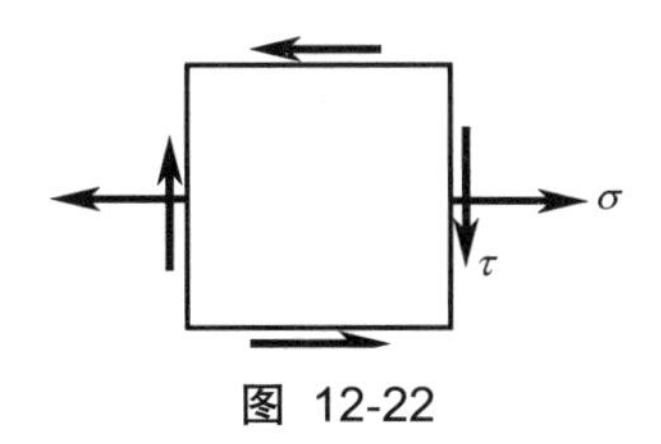

图 12-22

$$\sigma_1=\frac{\sigma}{2}+\frac{1}{2}\sqrt{\sigma^2+4\tau^2}$$

$$\sigma_2=0$$

$$\sigma_3=\frac{\sigma}{2}-\frac{1}{2}\sqrt{\sigma^2+4\tau^2}$$

代入第三、第四强度理论的强度条件可得

$$\sigma_{r3}=\sqrt{\sigma^2+4\tau^2}\leqslant[\sigma]$$

$$\sigma_{r4}=\sqrt{\sigma^2+3\tau^2}\leqslant[\sigma] \tag{12-24}$$

例 12-9 由 3 号钢制成的某一受力杆件，其危险点处的应力情况如图 12-23 所示，

已知$\sigma_x=60\text{MPa}$，$\sigma_y=-20\text{MPa}$，$\tau_x=30\text{MPa}$，材料的许用应力$[\sigma]=160\text{MPa}$。试分别用第三和第四强度理论校核该危险点处的强度。

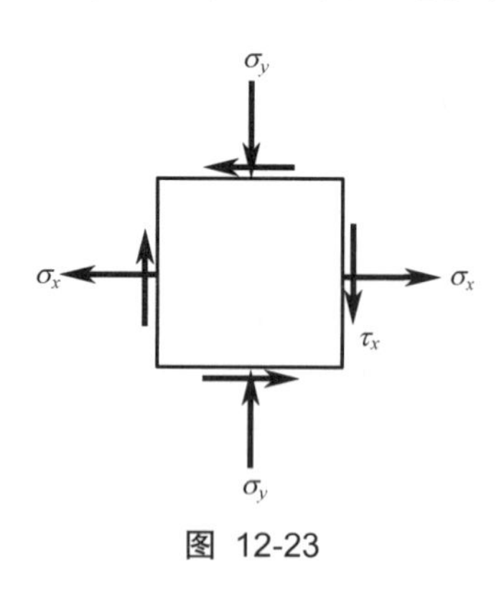

图 12-23

解：该点的主应力分别为

$$\left.\begin{matrix}\sigma'_{主}\\ \sigma''_{主}\end{matrix}\right\}=\frac{\sigma_x+\sigma_y}{2}\pm\sqrt{\left(\frac{\sigma_x-\sigma_y}{2}\right)^2+\tau_x^{\ 2}}$$

$$=\left[\frac{60+(-20)}{2}\pm\sqrt{\left(\frac{60-(-20)}{2}\right)^2+30^2}\right]\text{MPa}$$

$$=(20\pm50)\text{MPa}$$

$$\sigma'''_{主}=0$$

三个主应力按代数值排列，有

$$\sigma_1=70\text{MPa},\quad \sigma_2=0,\quad \sigma_3=-30\text{MPa}$$

（1）按第三强度理论校核。

$$\sigma_{r3}=\sigma_1-\sigma_3=[70-(-30)]\text{MPa}=100\text{MPa}<[\sigma]=160\text{MPa}$$

满足强度条件。

（2）按第四强度理论校核。

$$\sigma_{r4}=\sqrt{\frac{1}{2}[(\sigma_1-\sigma_2)^2+(\sigma_2-\sigma_3)^2+(\sigma_3-\sigma_1)^2]}$$

$$=\sqrt{\frac{1}{2}(70^2+30^2+100^2)}\text{MPa}\approx88.88\text{MPa}<[\sigma]=160\text{MPa}$$

满足强度条件。

从计算结果可知，第三强度理论比第四强度理论偏于安全。

例 12-10 由 3 号钢制成的某弯曲梁，其危险点处的应力情况如图 12-24 所示。已知$\sigma_x=120\text{MPa}$，$\tau_x=40\text{MPa}$，材料的许用应力$[\sigma]=160\text{MPa}$，试用第三强度理论校核该危险点处的强度。

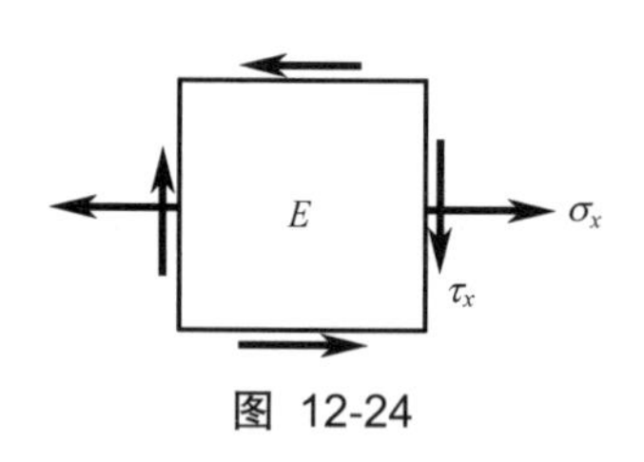

图 12-24

解：弯曲梁中的点，由于$\sigma_y=0$，而得主应力

$$\sigma_1=\frac{\sigma_x}{2}+\sqrt{\left(\frac{\sigma_x}{2}\right)^2+\tau_x^{\ 2}}$$

$$\sigma_2=0$$

$$\sigma_3=\frac{\sigma_x}{2}-\sqrt{\left(\frac{\sigma_x}{2}\right)^2+\tau_x^{\ 2}}$$

代入第三强度理论，得

$$\sigma_{r3}=\sigma_1-\sigma_3=\sqrt{\sigma_x{}^2+4\tau_x{}^2}=\sqrt{120^2+4\times40^2}\text{MPa}\approx144.2\text{MPa}<[\sigma]=160\text{MPa}$$

满足强度条件。

小　结

（1）本章主要研究应力状态的应力分析和强度理论。应力状态和强度理论的概念较抽象，公式也比较多。读者在学习本章内容时，要注重对有关概念、理论和方法的理解。

（2）一点的应力状态分析，就是研究通过该点的所有截面上的应力情况，包括正应力和切应力的变化规律及其极值。对单元体进行应力分析，首先应正确地从受力构件中截出单元体，并标明其上的应力情况。为了便于分析与计算，一般取单元体的左、右侧面位于杆件的横截面。

（3）平面应力状态下任意斜截面的应力计算公式为

$$\sigma_\alpha=\frac{\sigma_x+\sigma_y}{2}+\frac{\sigma_x-\sigma_y}{2}\cos2\alpha-\tau_x\sin2\alpha$$

$$\tau_\alpha=\frac{\sigma_x-\sigma_y}{2}\sin2\alpha+\tau_x\cos2\alpha$$

这里说的斜截面都是垂直于纸面的截面。公式中的 σ_x、σ_y、τ_x、α 均为代数量，应用时应注意正负号。

（4）切应力为零的平面称为主平面，主平面上的正应力称为主应力。主应力也是正应力的极值，包括极大值和极小值。

（5）对于一个空间单元体，总是存在三个主应力，按代数值排列依次为

$$\sigma_1\geqslant\sigma_2\geqslant\sigma_3$$

（6）平面应力状态是空间应力状态的特例，因为平面应力状态的所有应力都作用在同一平面内，所以，至少有一个主应力为零，而另两个主应力分别按式（12-11）计算，即

$$\left.\begin{aligned}\sigma'_{主}&=\frac{\sigma_x+\sigma_y}{2}+\sqrt{\left(\frac{\sigma_x-\sigma_y}{2}\right)^2+\tau_x^2}\\\sigma''_{主}&=\frac{\sigma_x+\sigma_y}{2}-\sqrt{\left(\frac{\sigma_x-\sigma_y}{2}\right)^2+\tau_x^2}\end{aligned}\right\}$$

最后，根据计算所得的结果，对三个主应力进行排列。

（7）单元体中的最大切应力计算公式为（12-16），即

$$\tau_{max}=\frac{\sigma_1-\sigma_3}{2}$$

（8）应力状态中只有一个主应力不为零的称为单向应力状态；有两个主应力不为零的称为双向应力状态；三个主应力都不为零的称为三向应力状态。双向和三向应力状态又称为复杂应力状态。

（9）广义胡克定律描述了复杂应力状态下应力与应变的关系。空间应力状态下，正应力与线应变的关系为

$$\left.\begin{aligned}\varepsilon_1&=\frac{1}{E}[\sigma_1-\mu(\sigma_2+\sigma_3)]\\ \varepsilon_2&=\frac{1}{E}[\sigma_2-\mu(\sigma_1+\sigma_3)]\\ \varepsilon_3&=\frac{1}{E}[\sigma_3-\mu(\sigma_1+\sigma_2)]\end{aligned}\right\}\quad 或\quad \left.\begin{aligned}\varepsilon_x&=\frac{1}{E}[\sigma_x-\mu(\sigma_y+\sigma_z)]\\ \varepsilon_y&=\frac{1}{E}[\sigma_y-\mu(\sigma_x+\sigma_z)]\\ \varepsilon_z&=\frac{1}{E}[\sigma_z-\mu(\sigma_x+\sigma_y)]\end{aligned}\right\}$$

式中 σ 与 ε 均为代数量，应用时应注意它们的正负号。

（10）强度理论用于建立复杂应力状态下的强度条件。

第一、第二强度理论用于脆性断裂破坏，其强度条件为

第一强度理论　$\sigma_1\leqslant[\sigma]$

第二强度理论　$\sigma_1-\mu(\sigma_2+\sigma_3)\leqslant[\sigma]$

第三、四强度理论用于塑性材料的屈服，其强度条件为

第三强度理论　$\sigma_1-\sigma_3\leqslant[\sigma]$

第四强度理论　$\sqrt{\frac{1}{2}[(\sigma_1-\sigma_2)^2+(\sigma_2-\sigma_3)^2+(\sigma_3-\sigma_1)^2]}\leqslant[\sigma]$

习　题

一、单项选择题

12-1　题 12-1 图所示单元体的最大切应力为（　　）。

A. 10MPa　　B. 20MPa

C. 15MPa　　D. 30MPa

12-2　题 12-2 图所示单元体的三个主应力分别为（　　）。

A. $\sigma_1=20\text{MPa}$，$\sigma_2=10\text{MPa}$，$\sigma_3=0$　　B. $\sigma_1=0$，$\sigma_2=-10\text{MPa}$，$\sigma_3=-20\text{MPa}$

C. $\sigma_1=30\text{MPa}$，$\sigma_2=0$，$\sigma_3=-20\text{MPa}$　　D. $\sigma_1=10\text{MPa}$，$\sigma_2=0$，$\sigma_3=-20\text{MPa}$

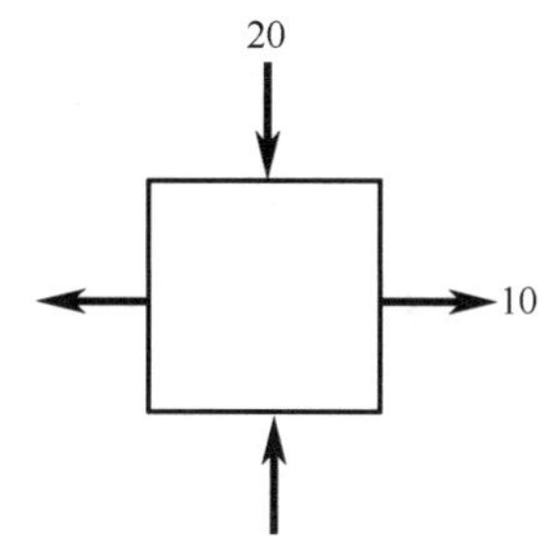

题 12-1 图 （单位：MPa）

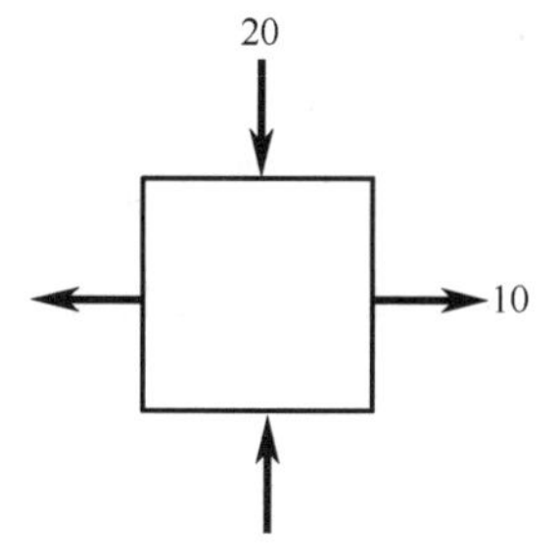

题 12-2 图 （单位：MPa）

12-3　下面关于切应力说法中正确的是（　　）。

A. 最大切应力所在截面上正应力一定为零

B. 主应力所在截面上切应力一定为零

C. 最大切应力所在截面上正应力一定最大

D. 主应力所在截面上切应力一定最大

12-4　平面应力状态的广义胡克定律的形式为（　　）。

A. $\varepsilon_x = \frac{1}{E}(\sigma_x + \mu\sigma_y)$　　B. $\varepsilon_x = \frac{1}{E}(\sigma_x - \mu\sigma_y)$

C. $\varepsilon_x = \frac{1}{E}(\sigma_x + \sigma_y)$　　D. $\varepsilon_x = \frac{1}{E}(\sigma_y - \mu\sigma_x)$

12-5　任意平面应力状态下的单元体的 x 方向的应变（　　）。

A. 只与 x 方向的应力有关　　B. 只与 y 方向的应力有关

C. 与 x 和 y 方向的应力都有关　　D. 与 x 和 y 方向的应力都无关

12-6　第三强度理论的相当应力 σ_{r3} 为（　　）。

A. $\sigma_1 - \sigma_3$　　B. $\sqrt{\sigma_x^2 + 3\tau_x^2}$　　C. σ_3　　D. $\frac{\sigma_1 - \sigma_3}{2}$

二、填空题

12-7　单元体中切应力为零的平面称为________平面。

12-8　在单元体中互相垂直的两个平面上的正应力之和是________量。

12-9　只有一个主应力不为零的应力状态称为________向应力状态。

12-10　胡克定律 $\varepsilon_x = \frac{1}{E}[\sigma_x - \mu(\sigma_y + \sigma_z)]$ 只适用于各向________材料。

12-11　材料的破坏主要有脆性断裂和塑性屈服两种形式，第一、第二强度理论适用于________。

12-12　材料的破坏主要有脆性断裂和塑性屈服两种形式，第三、第四强度理论适用于________。

三、计算题

12-13　试用单元体表示题 12-13 图所示各结构中点 A、B 的应力状态。

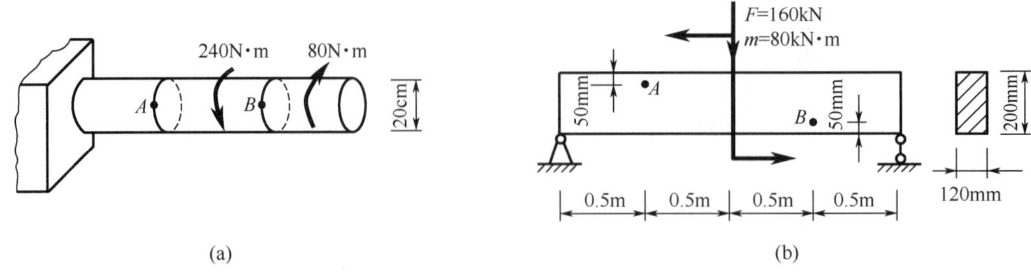

题 12-13 图

12-14　用解析法求题 12-14 图所示各单元体 a—a 截面上的应力。

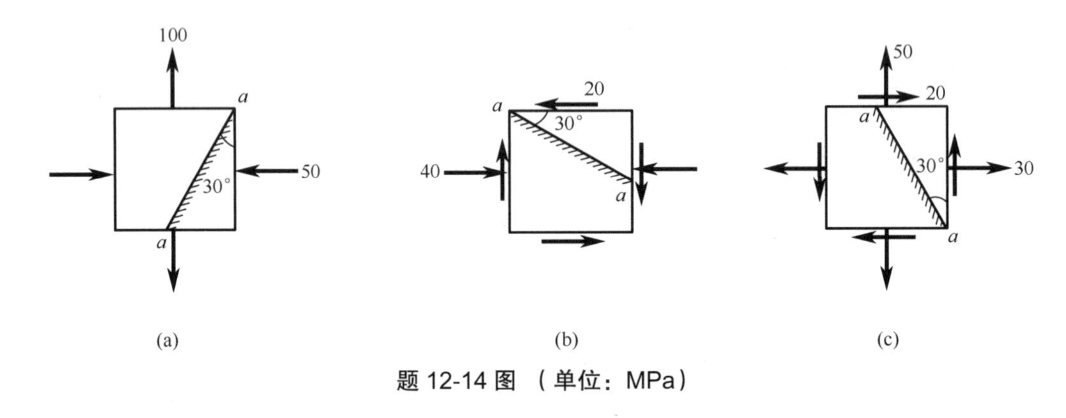

题 12-14 图　（单位：MPa）

12-15　对题 12-15 图所示各单元体，用解析法求三个主应力和最大切应力。

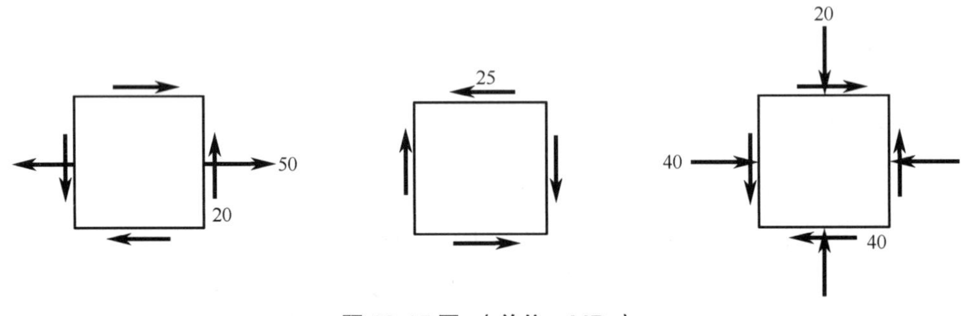

题 12-15 图　（单位：MPa）

12-16　某点的应力状态如题 12-16 图所示，τ、E、μ 均为已知。求该点沿 a—a 方向的线应变。

12-17　题 12-17 图所示单元体，$\sigma_x = \sigma_y = 40\text{MPa}$，且 a—a 面上无应力。试求该点处的主应力。

12-18　厚度为 6mm 的钢板在两个垂直方向受拉，$E = 2 \times 10^5\text{MPa}$，$\mu = 0.25$，拉应力分别为 150MPa 和 55MPa。求钢板厚度的减小值。

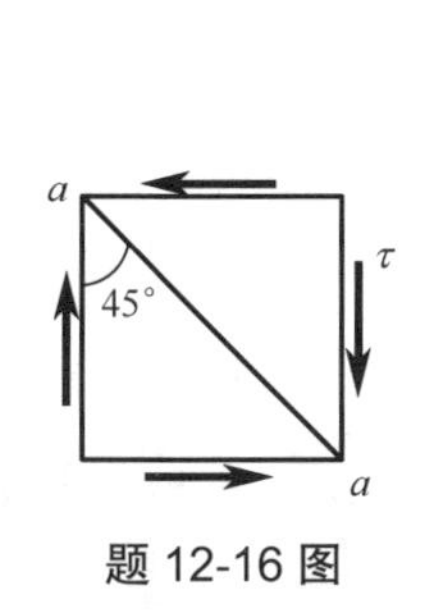

题 12-16 图

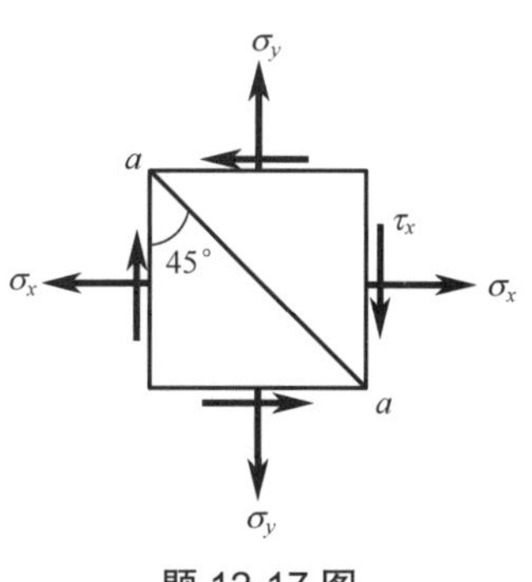

题 12-17 图

四、综合题

12-19　试求题 12-19 图所示杆件 A 点处的主应力。

12-20　题 12-20 图所示拉杆的轴向应变为 ε_x，试证明与轴向成 α 角的任意方向应变为 $\varepsilon_\alpha=\varepsilon_x(\cos^2\alpha-\mu\sin^2\alpha)$。

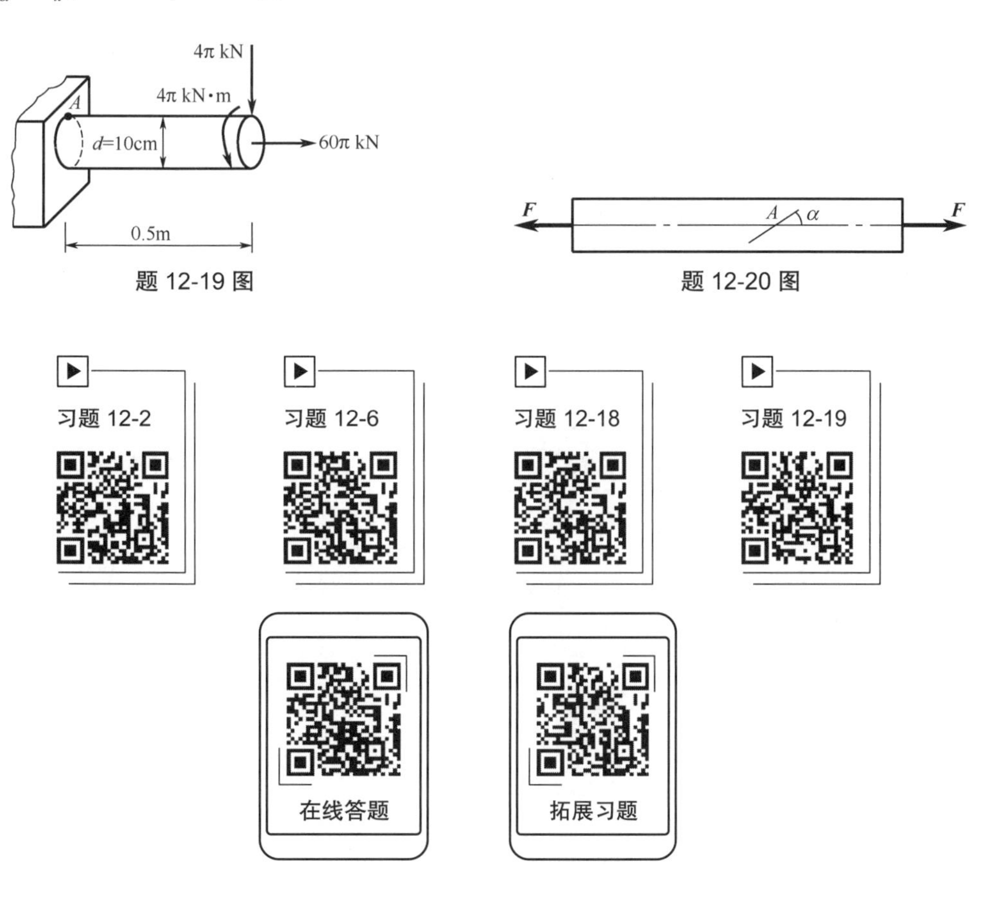

题 12-19 图

题 12-20 图

第13章 组合变形

知识结构图

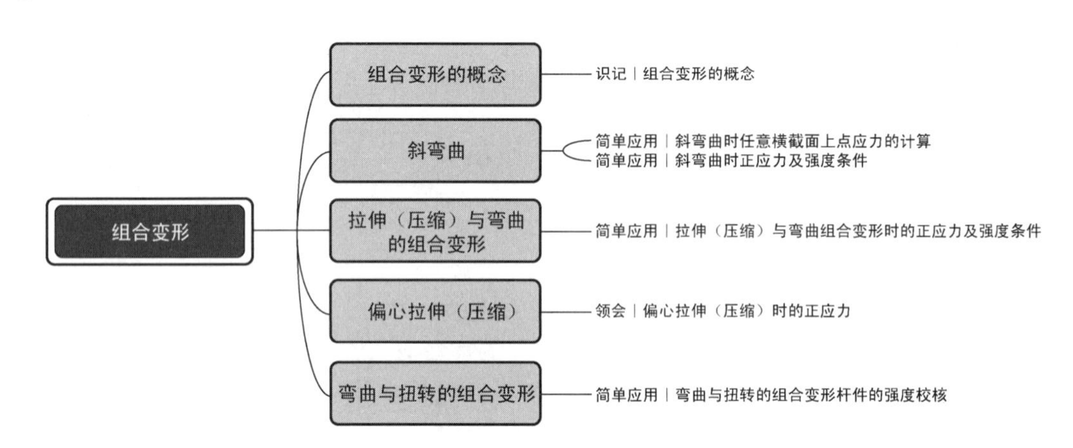

13.1 组合变形的概念

前面分别介绍了轴向拉伸与压缩、扭转、弯曲等基本变形。在实际工程中，杆件的受力是复杂的，一根杆件可同时发生两种或两种以上的基本变形，这种杆件的变形称为组合变形。如厂房中的单侧牛腿柱受偏心压力 $\boldsymbol{F}$ 将产生压缩与弯曲的组合变形（图 13-1）；又如屋架上的檩条（图 13-2），由于屋面传来的荷载 $\boldsymbol{F}$ 没有作用在檩条的纵向对称平面内，造成檩条发生沿两相互垂直平面内的双向弯曲，也称为斜弯曲。

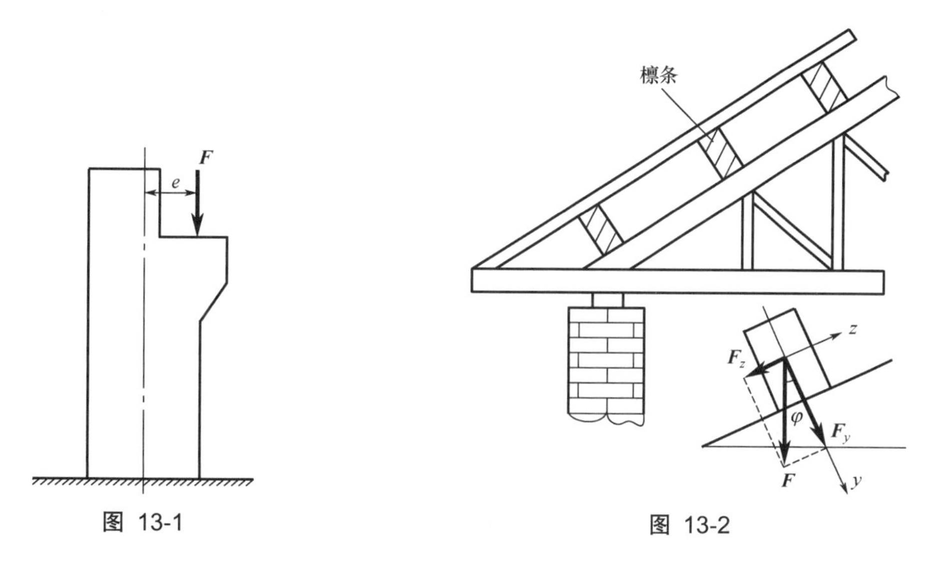

图 13-1　　图 13-2

在材料服从胡克定律且变形很小的情况下，可以利用叠加原理对组合变形构件进行计算。即先将外力分解或简化为与各基本变形对应的成分，分别计算各自的应力和变形，然后将所求得的同类应力和变形进行叠加，即得组合变形杆件的应力和变形。

本章主要研究杆件在组合变形时的应力和强度计算。

13.2 斜弯曲

13.2.1 平面弯曲简介

前面讨论过梁的平面弯曲，例如图 13-3（a）和图 13-3（b）所示的悬臂梁，分别在 $\boldsymbol{F}_y$ 和 $\boldsymbol{F}_z$ 的作用下，都发生平面弯曲。矩形截面有两条形心主轴，即对称轴 z 轴和 y 轴。当外力的作用线与截面的竖向对称轴 y 轴重合时［图 13-3（a）］，梁弯曲后，梁的挠曲线位于外力所在的纵向对称平面内而发生平面弯曲，此时，z 轴是中性轴，任一横截面上任一点 K 的正应力计算公式为

$$\sigma' = \frac{M_z}{I_z} y \tag{13-1}$$

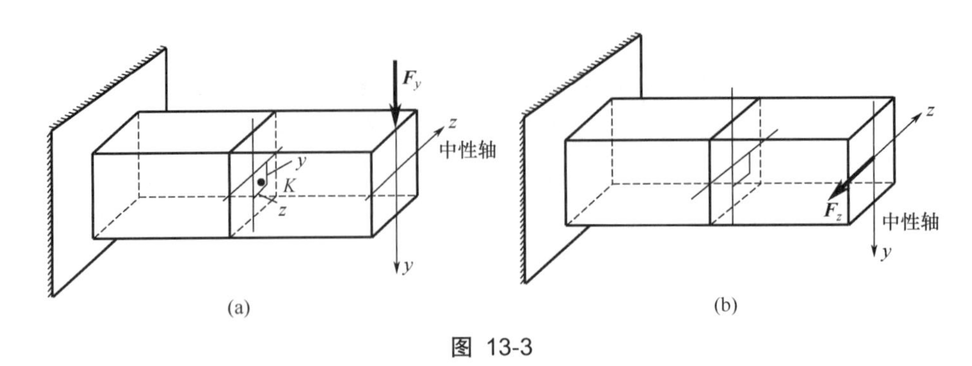

图 13-3

同理，当外力作用线与截面的水平对称轴重合时［图 13-3（b）］，梁弯曲后梁的挠曲线位于外力所在的水平对称平面内，也是平面弯曲。此时，y 轴是对称轴，任一横截面上任一点 K 的正应力计算公式为

$$\sigma'' = \frac{M_y}{I_y} z \tag{13-2}$$

式（13-1）与式（13-2）中，M_z 为绕 z 轴的弯矩，M_y 为绕 y 轴的弯矩；I_z 和 I_y 分别为截面对 z 轴和 y 轴的惯性矩。若矩形截面的宽度为 b，高度为 h，则有

$$I_z = \frac{bh^3}{12}, \quad I_y = \frac{b^3 h}{12}$$

y 和 z 分别为欲求应力的点 K 到中性轴 z 和中性轴 y 的距离。

有了对上述平面弯曲的正确理解和应用，对斜弯曲的讨论就容易多了。

13.2.2 斜弯曲计算

1. 正应力计算

在实际工程中，作用在梁上的横向力有时并不与梁的形心主轴重合。例如，图 13-2 所示的屋架上的檩条，外力 $\boldsymbol{F}$ 与形心主轴 y 轴成一角度 φ。在这种情况下，变形后梁的轴线将不再位于外力所在的平面内，这种变形称为斜弯曲。

现以矩形截面悬臂梁为例，用叠加法分析斜弯曲时应力和变形的情况。

图 13-4 所示矩形截面悬臂梁，自由端受横向力 $\boldsymbol{F}$ 作用，$\boldsymbol{F}$ 通过截面形心且与铅垂对称轴成一倾斜角 φ，y 轴、z 轴为形心主轴。

将力 $\boldsymbol{F}$ 沿 y 轴、z 轴分解，得

$$F_y = F\cos\varphi$$
$$F_z = F\sin\varphi$$

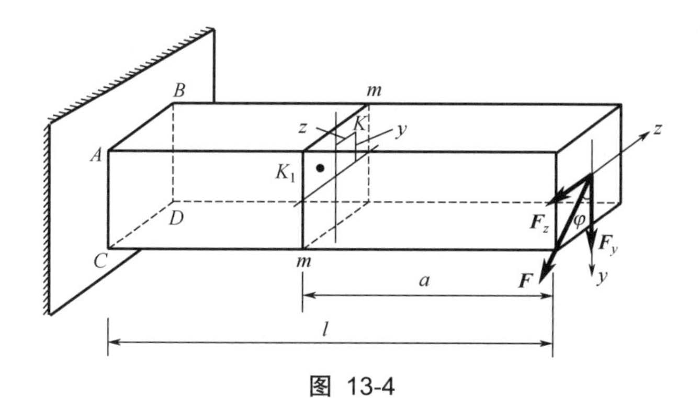

图 13-4

$\boldsymbol{F}_y$ 和 $\boldsymbol{F}_z$ 单独作用下，在梁任一截面 m—m 产生的弯矩分别为

$$M_z = F_y a = Fa\cos\varphi = M\cos\varphi$$
$$M_y = F_z a = Fa\sin\varphi = M\sin\varphi$$

式中 $M = Fa$ 为力 $\boldsymbol{F}$ 在 m—m 截面上产生的总弯矩。M_z、M_y 单独作用下，在 m—m 截面上任意点 K 处产生的正应力可分别由上面讨论平面弯曲时的式（13-1）和式（13-2）得到，即

$$\sigma' = \frac{M_z y}{I_z}, \quad \sigma'' = \frac{M_y z}{I_y}$$

由叠加原理可知，在力 $\boldsymbol{F}$ 作用下 K 点处的正应力为

$$\sigma = \sigma' + \sigma'' = \frac{M_z}{I_z}y + \frac{M_y}{I_y}z \tag{13-3}$$

或写成

$$\sigma = \sigma' + \sigma'' = M\left(\frac{\cos\varphi}{I_z}y + \frac{\sin\varphi}{I_y}z\right) \tag{13-4}$$

式（13-3）或式（13-4）就是梁斜弯曲时横截面上任一点的正应力计算公式。式中 I_z 和 I_y 分别为截面对 z 轴和 y 轴的惯性矩；y 和 z 分别为欲求应力的点到 z 轴和 y 轴的距离。

应力的正负号可根据梁的变形直观来判定。例如，图 13-4 中 m—m 截面上 K_1 点的应力，$\boldsymbol{F}_y$ 单独作用下梁 K_1 点位于受拉区，$\boldsymbol{F}_y$ 引起的正应力 σ' 为正值；$\boldsymbol{F}_z$ 单独作用下，K_1 点位于受压区，$\boldsymbol{F}_z$ 引起的正应力 σ'' 为负值。

2. 正应力强度条件

进行强度计算时，首先需要确定危险截面和危险点的位置。对于图 13-4 所示悬臂梁来说，固定端显然是危险截面。至于危险点，对有棱角的截面应是 M_z 和 M_y 引起的正应力都达到最大值的点，显然 B 和 C 就是这样的点，其中 B 有最大拉应力，C 有最大压

应力。故斜弯曲的强度条件为

$$\sigma_{\max} = M_{\max}\left(\frac{\cos\varphi}{I_z}y_{\max} + \frac{\sin\varphi}{I_y}z_{\max}\right) \leqslant [\sigma]$$

即

$$\sigma_{\max} = M_{\max}\left(\frac{\cos\varphi}{W_z} + \frac{\sin\varphi}{W_y}\right) \leqslant [\sigma] \tag{13-5}$$

也可写成

$$\sigma_{\max} = \frac{M_{z\max}}{W_z} + \frac{M_{y\max}}{W_y} \leqslant [\sigma] \tag{13-6}$$

式中

$$M_{z\max} = M_{\max}\cos\varphi,\quad M_{y\max} = M_{\max}\sin\varphi$$

梁斜弯曲时，横截面上的切应力一般都很小，所以，在斜弯曲的强度计算中，一般都不考虑切应力。

3. 斜弯曲时的变形

梁在斜弯曲时的变形也可用叠加原理来计算。仍以图 13-4 所示悬臂梁为例，求 $\boldsymbol{F}$ 作用下自由端的位移。自由端因 $\boldsymbol{F}_z$ 单独引起的挠度 f_z 是水平的，其值为

$$f_z = \frac{F_z l^3}{3EI_y} = \frac{F\sin\varphi l^3}{3EI_y}$$

自由端因 $\boldsymbol{F}_y$ 单独引起的挠度 f_y 是铅垂的，其值为

$$f_y = \frac{F_y l^3}{3EI_z} = \frac{F\cos\varphi l^3}{3EI_z}$$

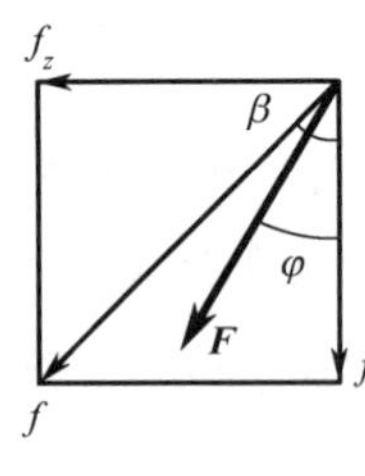

图 13-5

自由端因力 $\boldsymbol{F}$ 引起的总挠度 f 就是 f_z 和 f_y 的矢量和，如图 13-5 所示，其大小是

$$f = \sqrt{f_z^2 + f_y^2}$$

若总挠度 f 与 y 轴的夹角为 β，则

$$\tan\beta = \frac{f_z}{f_y} = \frac{I_z}{I_y}\tan\varphi$$

对上述结果进行如下讨论。

（1）当 $I_z \neq I_y$ 时，如矩形、工字形等截面，$\beta \neq \varphi$。说明梁变形后的轴线不再与外力 $\boldsymbol{F}$ 作用线在同一平面内，所以是斜弯曲。

（2）当 $I_z = I_y$ 时，如正方形、圆形等截面，$\beta = \varphi$。说明梁变形后的轴线仍与外力 $\boldsymbol{F}$ 作用线在同一平面内，所以是平面弯曲。

例 13-1 矩形截面悬臂梁受力如图 13-6 所示。已知 $E = 10\text{GPa}$，试求梁内最大正应力及其作用点的位置。

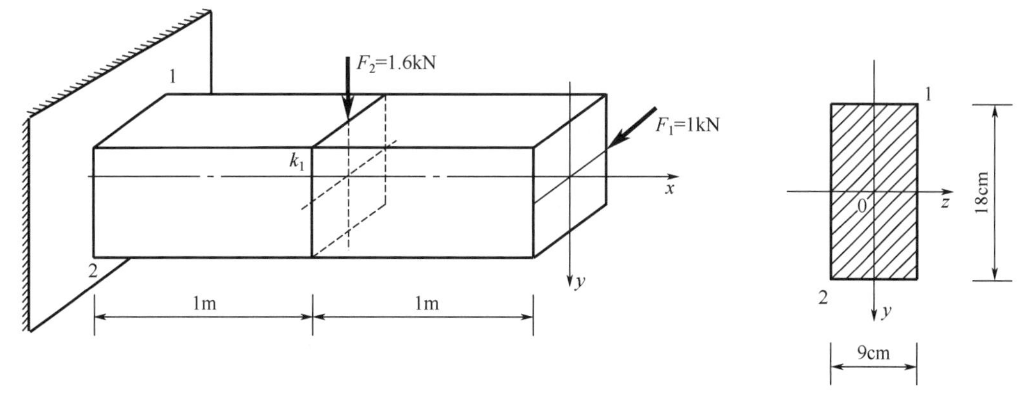

图 13-6

解：危险截面在固定端处，其内力为

$$M_z = 1 \times F_2 = 1.6\text{kN} \cdot \text{m}$$
$$M_y = 2 \times F_1 = 2\text{kN} \cdot \text{m}$$

最大正应力在固定端截面上的点 1 和点 2 处，其值为

$$\sigma_{\max} = \frac{M_z}{W_z} + \frac{M_y}{W_y} = \frac{6M_z}{bh^2} + \frac{6M_y}{b^2 h}$$
$$= \left[\frac{6 \times (1.6 \times 10^3)}{(9 \times 18^2) \times 10^{-6}} + \frac{6 \times (2 \times 10^3)}{(18 \times 9^2) \times 10^{-6}} \right] \text{Pa} \approx 11.52 \times 10^6 \text{Pa} = 11.52\text{MPa}$$

其中点 1 为拉应力，点 2 为压应力。

例 13-2 跨长为 $l = 4\text{m}$ 的简支梁，用 32a 号工字钢制成。作用在梁跨中点处的集中力 $F = 33\text{kN}$，力 $\boldsymbol{F}$ 的作用线与横截面竖向对称轴间的夹角 $\varphi = 15°$，而且通过截面的形心，如图 13-7(a) 所示。已知钢的许用应力 $[\sigma] = 170\text{MPa}$。试按正应力校核此梁的强度。

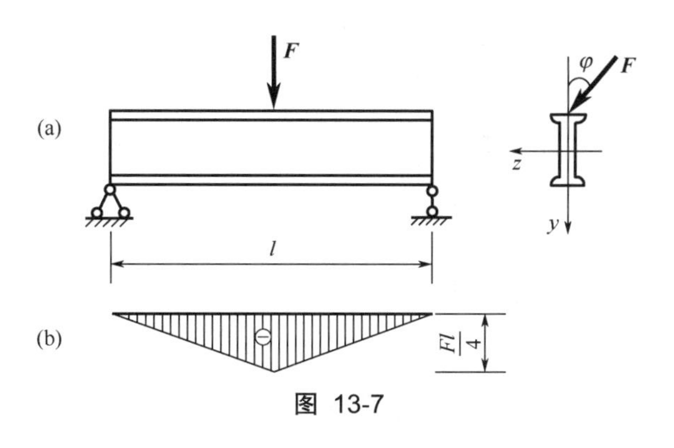

图 13-7

解：梁的弯矩图如图 13-7（b）所示，最大正应力发生在跨中截面的角点，将力 $\boldsymbol{F}$ 分解为 $\boldsymbol{F}_y$ 和 $\boldsymbol{F}_z$，它们引起的跨中截面上的弯矩分别为

$$M_{z\max}=\frac{1}{4}F_y l=\frac{1}{4}F\cos\varphi l=\left(\frac{1}{4}\times 33\times\cos 15°\times 4\right)\text{kN}\cdot\text{m}\approx 31.9\text{kN}\cdot\text{m}$$

$$M_{y\max}=\frac{1}{4}F_z l=\frac{1}{4}F\sin\varphi l=\left(\frac{1}{4}\times 33\times\sin 15°\times 4\right)\text{kN}\cdot\text{m}\approx 8.54\text{kN}\cdot\text{m}$$

从型钢表中查得 32a 号工字钢的抗弯截面模量 W_y 和 W_z 分别为

$$W_z=692\text{cm}^3=692\times 10^{-6}\text{m}^3\text{，}\quad W_y=70.8\text{cm}^3=70.8\times 10^{-6}\text{m}^3$$

由式（13-6），得危险点处的正应力为

$$\sigma_{\max}=\left(\frac{31.9\times 10^3}{692\times 10^{-6}}+\frac{8.54\times 10^3}{70.8\times 10^{-6}}\right)\text{Pa}\approx 167\times 10^6\text{Pa}=167\text{MPa}<170\text{MPa}$$

可见此梁的弯曲正应力满足强度条件的要求。

13.3 拉伸（压缩）与弯曲的组合变形

若直杆受横向力的同时，还有轴向力作用，即为拉伸（压缩）与弯曲的组合变形，简称为拉（压）弯组合。

现以承受均布横向力 q 和轴向拉力 $\boldsymbol{F}$ 的直杆为例，如图 13-8（a）所示，说明拉弯组合变形杆件的强度计算方法。

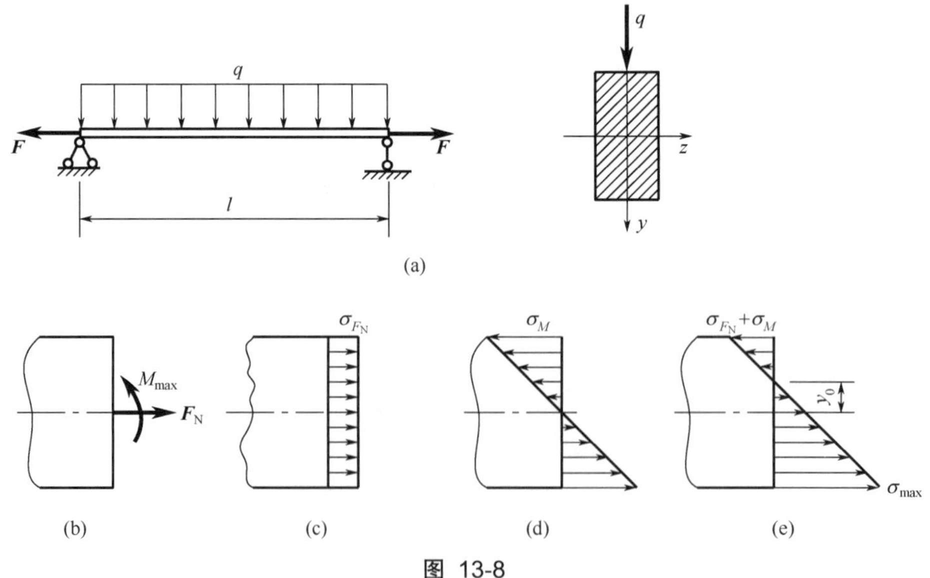

图 13-8

由图 13-8(a) 可知，在力 $\boldsymbol{F}$ 作用下，各横截面均有轴力 $F_{\mathrm{N}}=F$；横向力 q 使杆弯曲，跨中截面为危险截面，弯矩最大值为 $M_{\max}=\dfrac{1}{8}ql^2$，如图 13-8（b）所示。

在危险截面上，与轴力相应的正应力均匀分布，如图 13-8（c）所示，其值为

$$\sigma_{F_{\mathrm{N}}}=\frac{F_{\mathrm{N}}}{A}$$

与弯矩 $M_{\max}$ 相应的正应力沿截面高度 y 呈直线分布，如图 13-8（d）所示，其值为

$$\sigma_M=\frac{M_{\max}}{I_z}y$$

根据叠加原理，危险截面上任一点的正应力为

$$\sigma=\sigma_{F_{\mathrm{N}}}+\sigma_M=\frac{F_{\mathrm{N}}}{A}\pm\frac{M_{\max}}{I_z}y \tag{13-7}$$

可见，正应力沿截面高度也是直线分布，如图 13-8（e）所示，而最大正应力发生在横截面的下边缘处，强度条件为

$$\sigma_{\max}=\frac{F_{\mathrm{N}}}{A}+\frac{M_{\max}}{W_z}\leqslant[\sigma] \tag{13-8}$$

如果材料的许用拉应力和许用压应力不同，而且横截面内部分区域受拉，部分区域受压，则应按式（13-7）分别计算其最大拉应力与最大压应力并进行强度校核。

对于压缩与弯曲，式（13-8）中第一项应取负值。

例 13-3 矩形截面悬臂梁受力如图 13-9 所示，已知 $l=1.2\mathrm{m}$，$b=100\mathrm{mm}$，$h=150\mathrm{mm}$，$F_1=4\mathrm{kN}$，$F_2=2\mathrm{kN}$，试求梁横截面上的最大拉应力和最大压应力。

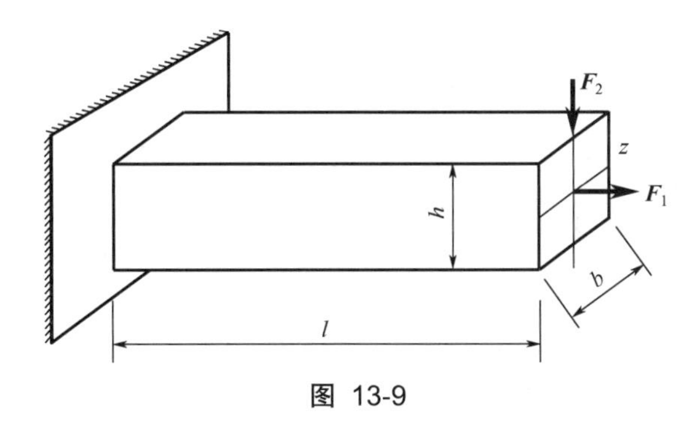

图 13-9

解：梁横截面上最大拉应力发生在固端截面上边缘处，其值为

$$\sigma_{\mathrm{t\,max}}=\frac{F_{\mathrm{N}}}{A}+\frac{M_{\max}}{W_z}=\frac{F_1}{bh}+\frac{F_2 l}{\frac{1}{6}bh^2}=\left(\frac{4\times10^3}{0.1\times0.15}+\frac{2\times10^3\times1.2}{\frac{1}{6}\times0.1\times0.15^2}\right)\mathrm{Pa}\approx6.67\times10^6\,\mathrm{Pa}=6.67\mathrm{MPa}$$

最大压应力发生在固端截面下边缘处，其值为

$$\sigma_{\mathrm{c\,max}}=\frac{F_1}{bh}-\frac{F_2 l}{\frac{1}{6}bh^2}\approx -6.13\times10^6\,\mathrm{Pa}=-6.13\mathrm{MPa}$$

13.4　偏心压缩（拉伸）

图 13-10（a）所示受压杆件，虽然压力 $\boldsymbol{F}$ 的作用线与杆轴线平行，但不通过截面形心，这类问题称为偏心压缩。若力 $\boldsymbol{F}$ 为拉力，则为偏心拉伸。该力作用点 B 到截面形心 C 的距离 e 称为偏心距。

为了分析杆件的受力，将偏心压力 $\boldsymbol{F}$ 平移到轴线上［图 13-10（b）］，得轴向压力 $\boldsymbol{F}$ 和力偶矩 $M_z=Fe$，此时，$\boldsymbol{F}$ 使杆件发生轴向压缩，M_z 使杆件绕 z 轴平面弯曲（y 轴、z 轴为形心主轴）。

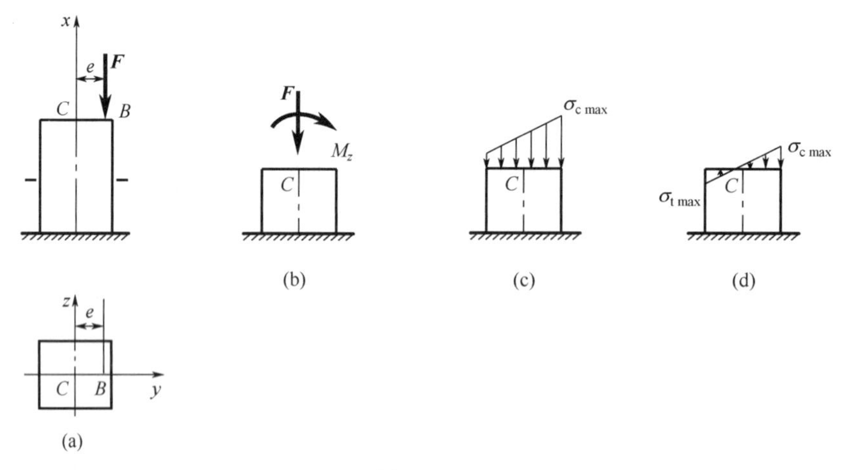

图 13-10

可见，当偏心压力 $\boldsymbol{F}$ 作用时，杆件为压、弯组合变形，横截面上任一点的正应力为

$$\sigma=\sigma_{F_{\mathrm{N}}}+\sigma_M=-\frac{F}{A}\pm\frac{Fe}{I_z}y \tag{13-9}$$

由上式可知，当偏心距 e 较小时，$M_z=Fe$ 也较小，而使 $\sigma_{M\max}<|\sigma_{F_{\mathrm{N}}}|$，横截面上各点均受压，如图 13-10（c）所示，这时，强度条件为

$$\sigma_{\mathrm{c\,max}}=\left|-\frac{F}{A}-\frac{Fe}{W_z}\right|\leqslant[\sigma_{\mathrm{c}}]$$

当偏心距 e 较大时，$M_z = Fe$ 也较大，而使 $\sigma_{M\max} > |\sigma_{F_N}|$，横截面部分区域受压，部分区域受拉，如图 13-10（d）所示，对于许用拉应力小于许用压应力的脆性材料来说，除校核杆件的压缩强度外，还应校核其拉伸强度，强度条件为

$$\sigma_{\mathrm{c}\max} = \left|-\frac{F}{A} - \frac{Fe}{W_z}\right| \leqslant [\sigma_{\mathrm{c}}]$$

$$\sigma_{\mathrm{t}\max} = -\frac{F}{A} + \frac{Fe}{W_z} \leqslant [\sigma_{\mathrm{t}}]$$

以上讨论，是偏心荷载的作用点位于杆件横截面某一条对称轴上的情况。作为更一般的情况是力的作用点不在横截面对称轴上，而在点 D 处，其坐标为 (e_y, e_z)，如图 13-11 所示，y 轴、z 轴为形心主轴。显然，将偏心荷载平移到形心后，横截面上将有三个内力分量，即轴力 $\boldsymbol{F}_{\mathrm{N}}$、弯矩 M_y 和 M_z，于是偏心压缩时横截面上任一点 K 处的正应力为

$$\sigma = -\frac{F}{A} \pm \frac{M_z y}{I_z} \pm \frac{M_y z}{I_y} \tag{13-10}$$

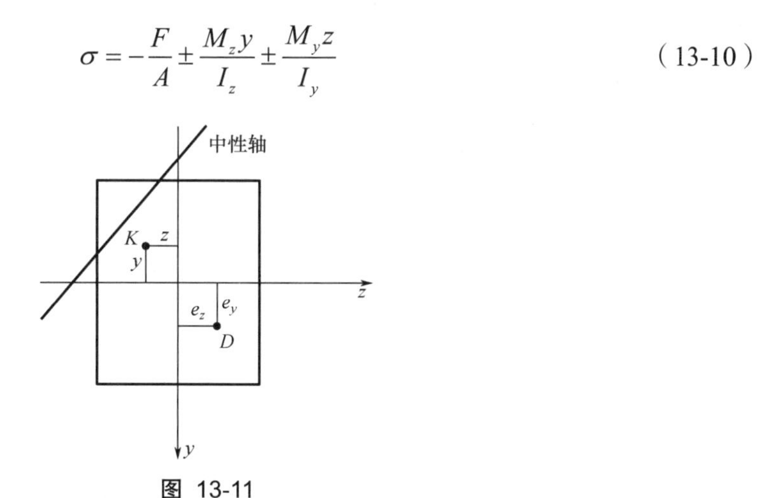

图 13-11

式中

$$M_y = Fe_z, \quad M_z = Fe_y$$

式（13-10）中第二项和第三项的正负可根据杆件的弯曲变形及点的位置来确定。

对矩形、工字形等有棱角的截面，最大拉应力和最大压应力总是出现在截面的棱角处，因此，求这类截面杆件的最大正应力时，可用式（13-10）直接算出，最大拉应力和最大压应力分别为

$$\left.\begin{aligned}\sigma_{\mathrm{t}\max} &= -\frac{F}{A} + \frac{M_{z\max}}{W_z} + \frac{M_{y\max}}{W_y}\\ \sigma_{\mathrm{c}\max} &= -\frac{F}{A} - \frac{M_{z\max}}{W_z} - \frac{M_{y\max}}{W_y}\end{aligned}\right\} \tag{13-11}$$

偏心拉伸时，式（13-11）中的第一项取正值。求出最大正应力后，可依强度条件

$$\sigma_{\max} \leqslant [\sigma]$$

进行强度计算。

例 13-4 受偏心拉力 $\boldsymbol{F}$ 作用的杆件如图 13-12 所示。试求该杆件中的最大拉应力 $\sigma_{\mathrm{t}\max}$ 和最大压应力 $\sigma_{\mathrm{c}\max}$，并指明各自发生的位置。

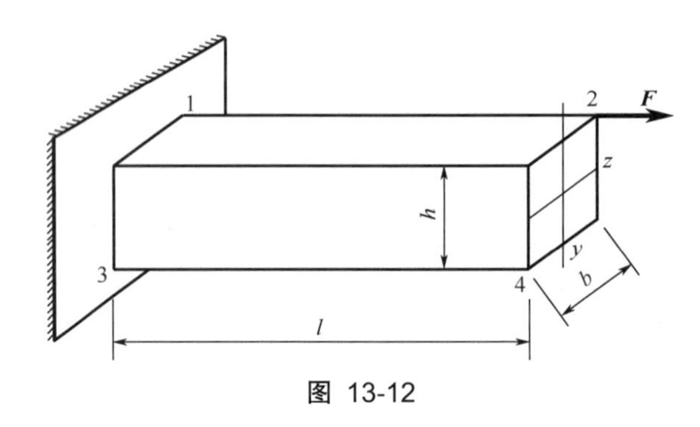

图 13-12

解：将偏心拉力 $\boldsymbol{F}$ 向截面的形心平移，得到轴向拉力 $\boldsymbol{F}$ 和两个附加力偶，附加力偶的矩值分别为

$$M_z = F\frac{h}{2},\quad M_y = F\frac{b}{2}$$

由式（13-11），偏心拉伸时第一项取正值，可得

$$\sigma_{\mathrm{t}\max} = \frac{F}{A} + \frac{M_z}{W_z} + \frac{M_y}{W_y} = \frac{F}{bh} + \frac{F\dfrac{h}{2}}{\dfrac{bh^2}{6}} + \frac{F\dfrac{b}{2}}{\dfrac{b^2h}{6}} = \frac{7F}{bh}$$

$$\sigma_{\mathrm{c}\max} = \frac{F}{A} - \frac{M_z}{W_z} - \frac{M_y}{W_y} = \frac{F}{bh} - \frac{F\dfrac{h}{2}}{\dfrac{bh^2}{6}} - \frac{F\dfrac{b}{2}}{\dfrac{b^2h}{6}} = -\frac{5F}{bh}$$

最大拉应力 $\sigma_{\mathrm{t}\max}$ 发生在杆件上边缘的 1—2 线上，最大压应力 $\sigma_{\mathrm{c}\max}$ 发生在杆件下边缘的 3—4 线上。

例 13-5 图 13-13（a）所示正方形截面短柱，承受轴向压力 $\boldsymbol{F}$ 的作用。若将短柱中间部分开一槽，如图 13-13（b）所示，开槽后的横截面面积为原横截面面积的一半。试确定开槽后柱内最大压应力是未开槽时的多少倍。

解：（1）未开槽时的压应力。

轴力 $F_{\mathrm{N}} = -F$，故柱内压应力为

$$\sigma = \frac{F_{\mathrm{N}}}{A_{1-1}} = -\frac{F}{(2a)^2} = -\frac{F}{4a^2}$$

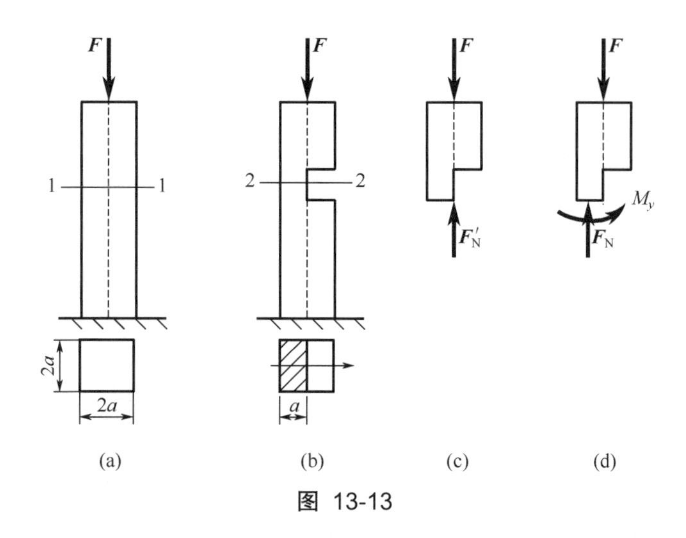

图 13-13

（2）开槽后最大压应力。

沿 2—2 截面截开［图 13-13(c)］，得 $F'_N=-F$，将 F'_N 移到 2—2 截面形心［图 13-13(d)］，得 $F_N=F'_N=-F$，$M_y=\dfrac{Fa}{2}$，该截面最大压应力发生在边缘上，其值为

$$\sigma_{c\max}=-\left(\frac{F}{A_{2-2}}+\frac{M_y}{W_y}\right)=-\left(\frac{F}{2a^2}+\frac{Fa}{2}\cdot\frac{6}{2a\cdot a^2}\right)=-\frac{2F}{a^2}$$

$$\frac{\sigma_{c\max}}{\sigma}=8$$

可见开槽后的最大压应力是未开槽处压应力的 8 倍。

13.5 弯曲与扭转的组合变形

工程中的传动轴大多处于弯曲与扭转的组合变形状态。下面以图 13-14（a）所示的圆形截面直角曲拐 *ABC* 为例，说明弯曲与扭转组合变形的强度计算方法。

13.5.1 内力与应力分析

将外力 $\boldsymbol{F}$ 向 *B* 截面形心简化，得一集中力 $\boldsymbol{F}$ 和一力偶矩 $m=Fa$［图 13-14（b）］。可见，杆 *AB* 将发生弯曲与扭转组合变形。

分别作杆 *AB* 的扭矩图和弯矩图［图 13-14（c）、（d）］，由内力图可见，固定端截面为危险截面，最大弯矩 $M_{\max}=Fl$，最大扭矩 $T_{\max}=Fa$。

危险截面上弯曲正应力和扭转切应力分布规律如图 13-14（e）所示。*a* 点和 *b* 点的正应力与切应力都是最大值，因此，均为危险点。对于许用拉、压应力相等的塑性材料制成的杆，这两点危险程度是相同的。为此，可取其中的任一点来研究。*a* 点的应力状态如图 13-14（f）所示。可见 *a* 点为复杂应力状态，其三个主应力为

$$\begin{matrix}\sigma_1\\ \sigma_3\end{matrix}=\frac{\sigma}{2}\pm\frac{1}{2}\sqrt{\sigma^2+4\tau^2}\text{，}\sigma_2=0$$

式中，$\sigma=\dfrac{M}{W_z}$，$\tau=\dfrac{T}{W_P}$。

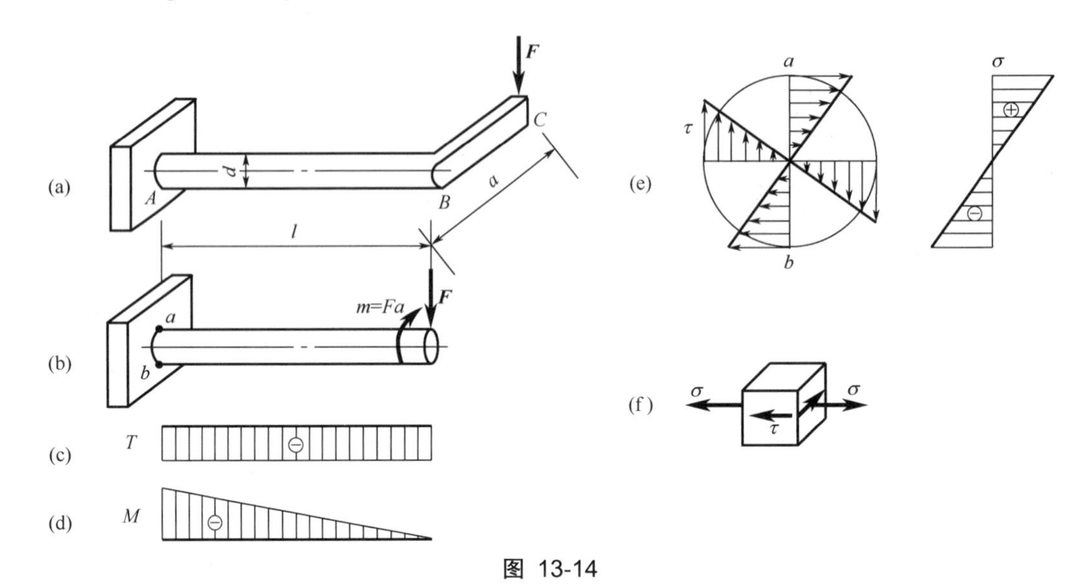

图 13-14

13.5.2 强度计算

对于受弯扭组合变形的杆件，一般都用塑性材料制成，通常采用第三和第四强度理论进行强度计算。将 σ_1、σ_2、σ_3 代入第三、第四强度理论，得强度条件分别为

$$\sigma_{r3}=\sqrt{\sigma^2+4\tau^2}\leqslant[\sigma] \tag{13-12}$$

$$\sigma_{r4}=\sqrt{\sigma^2+3\tau^2}\leqslant[\sigma] \tag{13-13}$$

式（13-12）和式（13-13）就是杆在弯扭组合变形时分别按第三和第四强度理论建立的强度条件。

对于圆形截面杆，有 $W_P=\dfrac{\pi d^3}{16}$ 和 $W_z=\dfrac{\pi d^3}{32}$，即 $W_P=2W_z$。将 $\sigma=\dfrac{M}{W_z}$、$\tau=\dfrac{T}{W_P}$ 及 $W_P=2W_z$ 代入式（13-12）和式（13-13），则得

$$\sqrt{\left(\frac{M}{W_z}\right)^2+4\left(\frac{T}{2W_z}\right)^2}\leqslant[\sigma]$$

$$\sqrt{\left(\frac{M}{W_z}\right)^2+3\left(\frac{T}{2W_z}\right)^2}\leqslant[\sigma]$$

即

$$\frac{1}{W_z}\sqrt{M^2+T^2}\leqslant[\sigma] \tag{13-14}$$

$$\frac{1}{W_z}\sqrt{M^2+0.75T^2}\leqslant[\sigma] \tag{13-15}$$

式（13-14）和式（13-15）只适用于圆形截面的弯扭组合变形杆件。

例 13-6 圆形截面钢杆受力如图 13-15（a）所示，已知 $F=6\text{kN}$，$m=5\text{kN}\cdot\text{m}$，$l=1\text{m}$，$d=80\text{mm}$，钢杆的许用应力 $[\sigma]=160\text{MPa}$。试用第三强度理论校核该杆的强度。

解：杆件在 $\boldsymbol{F}$ 和 m 作用下的扭矩图和弯矩图如图 13-15（a）所示，固端截面上 A 点为危险点，其应力情况如图 13-15（b）所示。

$$\sigma_x=\frac{M}{W_z}=\frac{Fl}{\pi d^3/32}=\frac{6\times10^3\times1}{\pi\times0.08^3/32}\text{Pa}\approx119.4\text{MPa}$$

$$\tau_x=\frac{M}{W_\text{P}}=\frac{m}{\pi d^3/16}=\frac{5\times10^3}{\pi\times0.08^3/16}\text{Pa}\approx49.7\text{MPa}$$

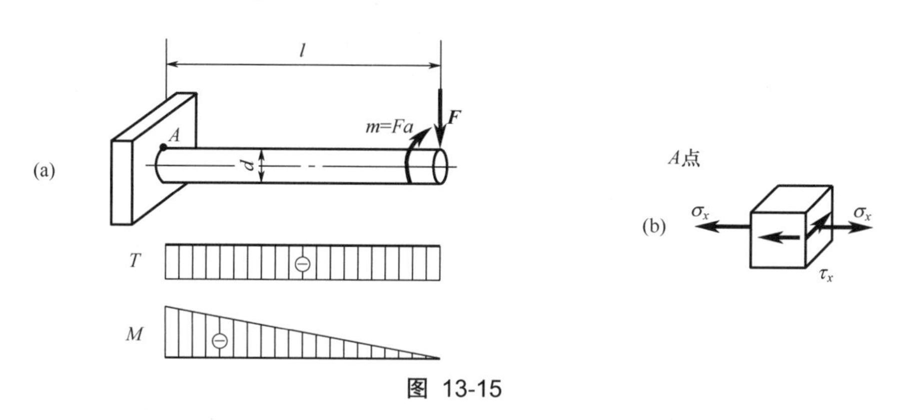

图 13-15

由第三强度理论强度条件式（13-12）

$$\sigma_{r3}=\sqrt{\sigma_x^2+4\tau_x^2}=\sqrt{119.4^2+4\times49.7^2}\text{MPa}\approx155.4\text{MPa}<[\sigma]$$

满足强度条件。

小　结

（1）组合变形构件的强度计算，是建立在拉伸（或压缩）、扭转和弯曲等基本变形的强度计算基础上的。因此，需对各种基本变形的受力特点、应力分布规律及其应力状态有深刻的理解，才能正确分析组合变形时的强度问题。

（2）处理组合变形的强度问题是应用叠加原理，其步骤为：

① 确定作用在构件上的所有外力，并进行分解或简化，分成几种基本变形的受力情况；

② 计算各基本变形的内力，作出内力图；

③ 确定危险截面与危险点，计算各基本变形在危险点上的应力，然后将它们进行代数叠加，再根据危险点的应力状态，列出强度条件。

（3）斜弯曲、拉（压）弯组合、偏心压缩（拉伸）时，杆件危险点的应力状态均为单向应力状态，建立强度条件时，只需求出危险点的最大正应力并与材料的许用应力相比较。

（4）弯扭组合变形时，杆件危险点的应力状态为双向应力状态，进行强度计算时，必须应用强度理论。

习　题

一、单项选择题

13-1　杆件在两端受轴向拉力 $\boldsymbol{F}$ 时杆中的正应力为 σ，若把轴向拉力 $\boldsymbol{F}$ 改为偏心拉力 $\boldsymbol{F}$，其他条件不变，则改变后杆的最大拉应力（　　）。

A. 小于 σ　　B. 大于 σ

C. 等于 σ　　D. 可能大于也可能小于 σ

13-2　为使偏心受压混凝土柱横截面上只出现压应力，应使偏心压力 $\boldsymbol{F}$（　　）。

A. 尽可能靠近横截面形心

B. 尽可能远离横截面形心

C. 靠近还是远离横截面形心由力 $\boldsymbol{F}$ 的大小确定

D. 靠近还是远离横截面形心由截面的形状确定

13-3　工程中常见的组合变形形式有（　　）。

A. 纯弯曲　　B. 斜弯曲

C. 轴向拉压　　D. 扭转

13-4　构件发生斜弯曲变形时，其中性轴一定（　　）。

A. 不通过截面形心　　B. 通过截面形心

C. 把截面分为只是受压区域　　D. 在截面外

13-5　构件发生偏心压缩变形时，其中性轴一定（　　）。

A. 不通过截面形心　　B. 通过截面形心

C. 把截面分为只是受压区域　　D. 在截面外

二、计算题

13-6　求题 13-6 图所示矩形截面木梁的最小尺寸，已知 $[\sigma]=8\text{MPa}$。

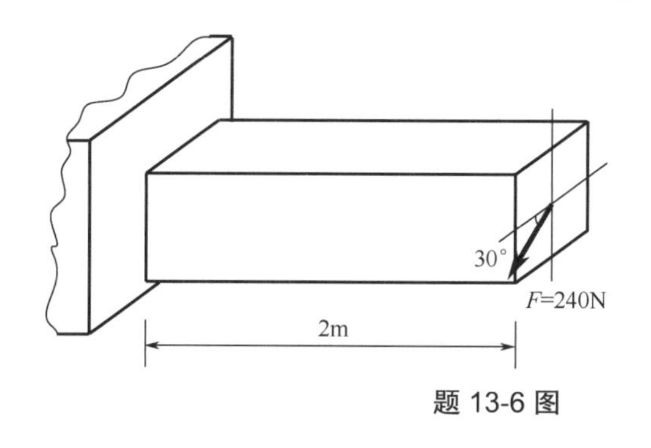

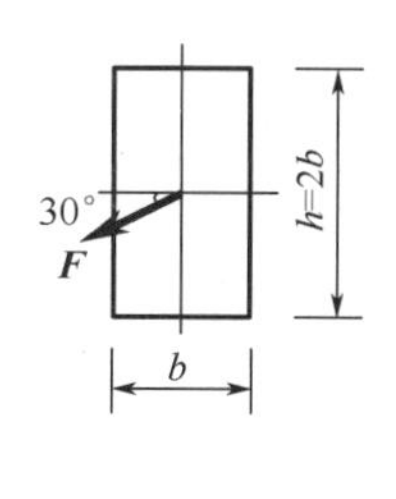

题 13-6 图

三、综合题

13-7 题 13-7 图所示水塔连同基础总重 $G=6000\text{kN}$，水平风载合力 $F=60\text{kN}$，土壤的 $[\sigma_c]=0.3\text{MPa}$。试校核地基强度。

13-8 题 13-8 图所示矩形截面柱上受压力 $\boldsymbol{F}_1$ 与 $\boldsymbol{F}_2$ 作用，$F_1=100\text{kN}$，$F_2=45\text{kN}$，$\boldsymbol{F}_2$ 与轴线有一个偏心距 $e_y=200\text{mm}$，$b=180\text{mm}$，$h=300\text{mm}$。试求 1—1 截面上的最大拉应力 $\sigma_{t\max}$。

13-9 题 13-9 图所示矩形截面轴向受压杆在中间某处挖一槽口，已知 $F=20\text{kN}$，$b=160\text{mm}$，$h=240\text{mm}$，槽口深 $h_1=60\text{mm}$。试求槽口处横截面 m—m 上的最大压应力。

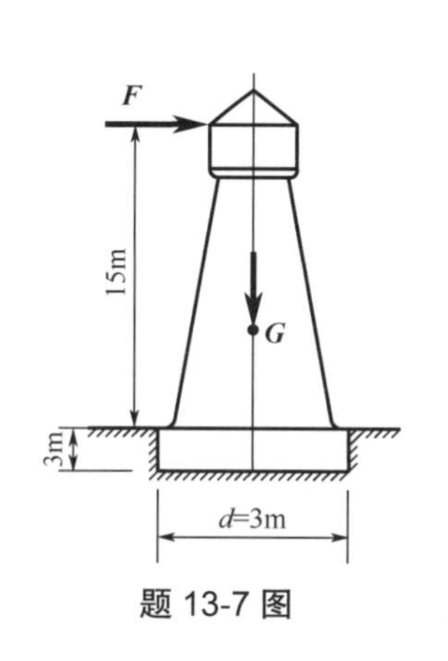

题 13-7 图

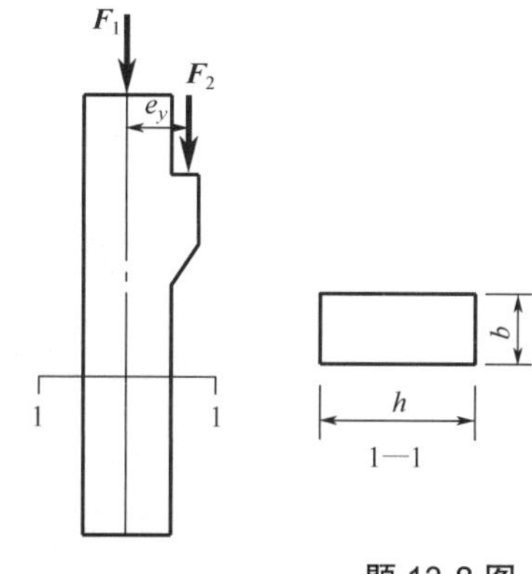

题 13-8 图

13-10 题 13-10 图所示的直角折杆位于水平面内，$\boldsymbol{F}$ 沿竖直方向作用在自由端，已知 $F=1.2\text{kN}$，材料的许用应力 $[\sigma]=160\text{MPa}$。试按第三强度理论选择杆的直径。

13-11 钢制圆形截面杆如题 13-11 图所示，已知 $F=120\text{kN}$，$m=3\text{kN}\cdot\text{m}$，$d=60\text{mm}$，材料的许用应力 $[\sigma]=160\text{MPa}$。试用第三强度理论校核该杆的强度。

13-12 圆形截面钢杆受力如题 13-12 图所示，已知 $F_1=2\text{kN}$，$F_2=10\text{kN}$（$\boldsymbol{F}_2$ 的作用线与杆的轴线重合），$m=1.2\text{kN}\cdot\text{m}$，$l=0.6\text{m}$，$d=5\text{cm}$，钢材的许用应力

$[\sigma]=160\text{MPa}$。试校核该杆的强度。

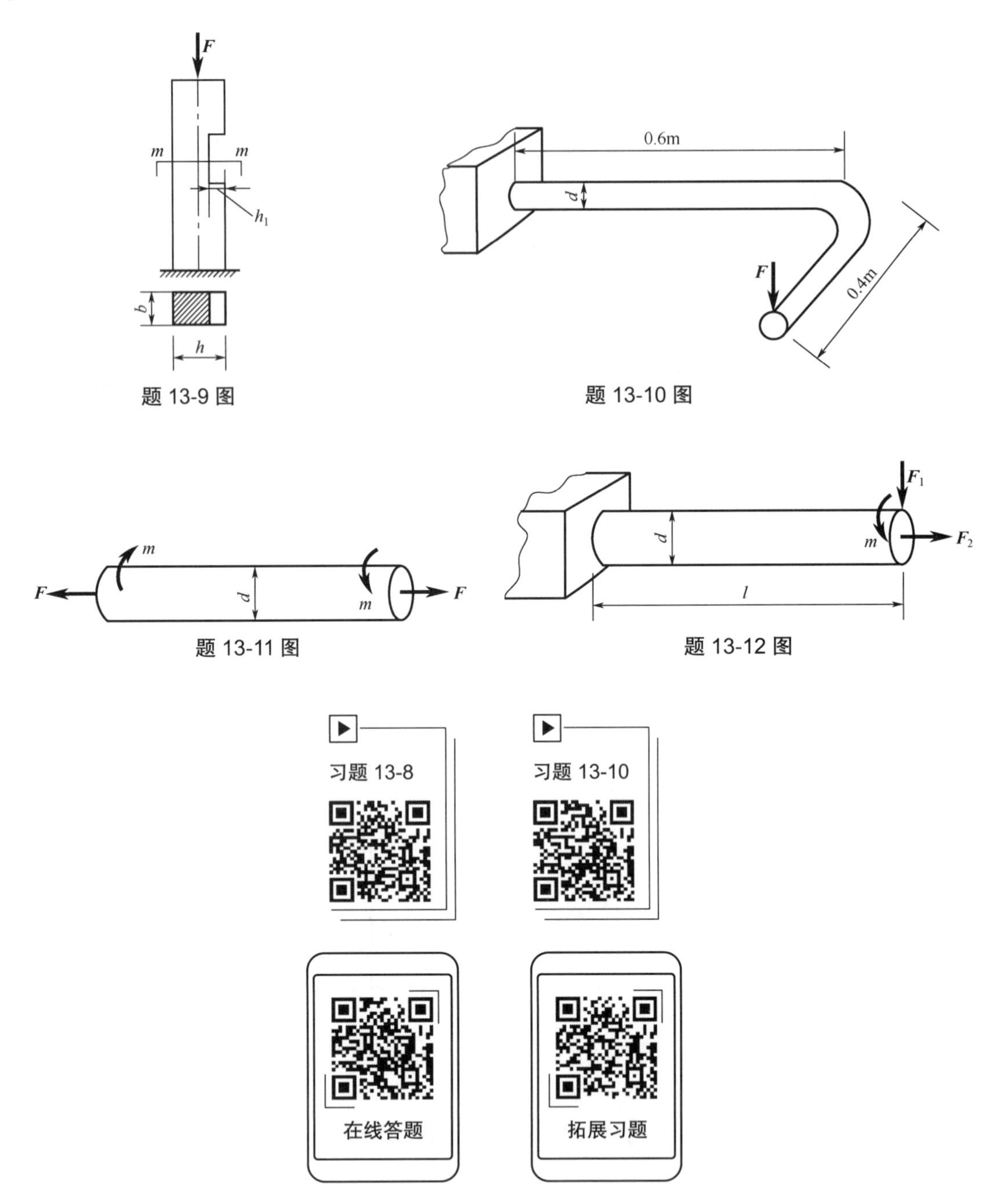

题 13-9 图

题 13-10 图

题 13-11 图

题 13-12 图

第 14 章 压杆稳定

知识结构图

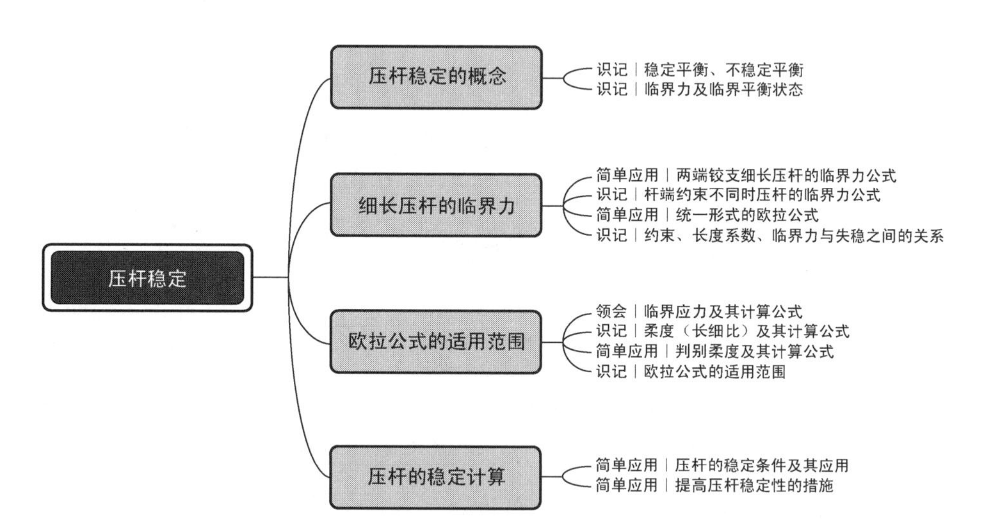

14.1 压杆稳定的概念

工程中设计受压杆件时，除考虑强度外，还必须考虑稳定问题。在工程中，当细长杆承受轴向压缩时，作用力远未达到强度破坏时的数值，就因为压杆不能维持在直线形状下的平衡而破坏。因此，对细长受压直杆必须研究其维持直线平衡的承载能力。

取一块截面尺寸为 20mm×5mm 、高为 10mm 的木块，若要用一个人的力气将它压坏，显然很困难，但如压一根截面尺寸相同，而长度为 1m 的长木条，如图 14-1 所示，则情况就大不一样了，用不大的力就会将其压弯；再用力，它就折断了。杆件的折断并非抗压强度不足，而是杆件弯曲了，即由于受压杆件丧失稳定所致。这种压杆不能维持原有直线形状下的平衡而发生突然变弯的现象，称为压杆失去稳定性，简称压杆失稳。

为了说明平衡状态的稳定性，取图 14-2（a）所示轴心受压直杆为例，在大小不等的压力 F 作用下，观察压杆直线平衡状态所表现的不同特性。为便于观察，对压杆施加不大的横向干扰力，将其推至微弯状态［图 14-2（a）中的虚线状态］。

（1）当压力 F 较小时（F 小于某一临界值 F_{cr}），将横向干扰力去掉后，压杆将恢复到原来的直线平衡状态，如图 14-2（b）所示，这时（$F < F_{cr}$）称压杆原来的直线平衡状态是稳定的。

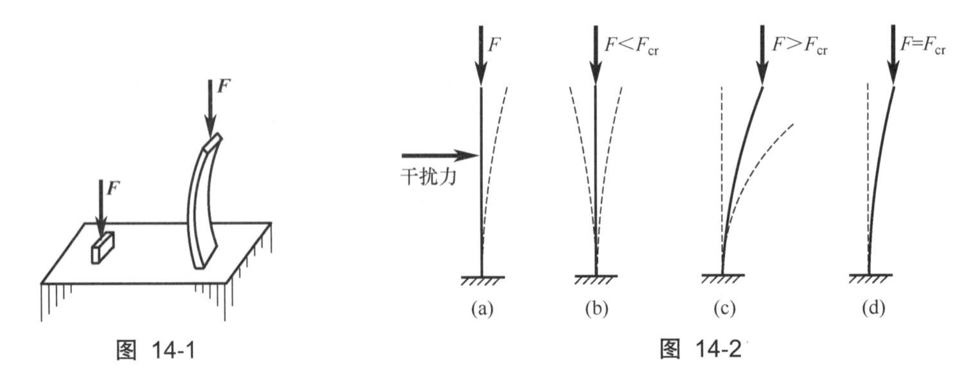

图 14-1　　图 14-2

（2）当压力 F 值超过某一临界值 F_{cr} 时，将横向干扰力去掉后，压杆不仅不能恢复到原来的直线平衡状态，而且还将继续弯曲，直到压杆失去承载能力，如图 14-2（c）所示，这时（$F > F_{cr}$）称压杆原来的直线平衡状态是不稳定的。

（3）当压力 F 值恰好等于某一临界值 F_{cr} 时，将横向干扰力去掉后，压杆就在被干扰成的微弯状态下处于新的平衡，即既不恢复原状，也不增加其弯曲的程度，如图 14-2（d）所示。这表明，压杆可以在偏离直线平衡位置的附近保持微弯状态的平衡，压杆这种状态的平衡称为随遇平衡。随遇平衡不是一种平衡形式，它只是介于稳定平衡和不稳定平衡之间的一种临界状态。当然，就压杆原有直线状态的平衡而言，随遇平衡也属于不稳定平衡。

显然，压杆失稳就是压杆直线状态的平衡由稳定平衡过渡到不稳定平衡。压杆处于稳定平衡和不稳定平衡之间的临界状态时，其对应的轴向压力称为临界力，用 F_{cr} 表示。临界力 F_{cr} 是判别压杆是否会失稳的重要指标。

14.2 两端铰支细长压杆的临界力

设细长压杆的轴向压力 F 达到临界力 F_{cr} 时，材料仍处于弹性阶段。

图 14-3（a）所示两端铰支细长压杆，在临界力 F_{cr} 作用下可在微弯状态维持平衡，其弹性曲线近似微分方程为

$$\frac{d^2y}{dx^2}=-\frac{M(x)}{EI} \tag{14-1}$$

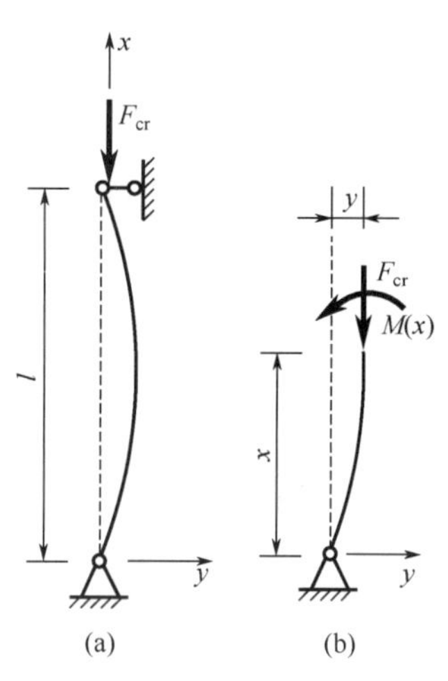

图 14-3

其中任一截面上的弯矩［图 14-3（b）］为

$$M(x)=F_{cr}y \tag{14-2}$$

将式（14-2）代入式（14-1），令

$$\frac{F_{cr}}{EI}=k^2 \tag{14-3}$$

得二阶常系数线性齐次微分方程

$$\frac{d^2y}{dx^2}+k^2y=0 \tag{14-4}$$

其通解为

$$y=C_1\sin kx+C_2\cos kx \tag{14-5}$$

式中，C_1、C_2 为待定常数，与杆的边界条件有关。此杆的边界条件为

$$x=0\text{，}\ y=0 \tag{14-6}$$

$$x=l\text{，}\ y=0 \tag{14-7}$$

将边界条件式（14-6）代入式（14-5）得

$$C_2=0$$

于是式（14-5）变为

$$y=C_1\sin kx \tag{14-8}$$

将边界条件式（14-7）代入式（14-8）得

$$C_1\sin kl=0$$

因 $C_1 \neq 0$（已知 $C_2 = 0$，如 C_1 再为零，杆则为直杆，与微弯的前提相矛盾），所以

$$\sin kl = 0$$

由此得

$$kl = n\pi \quad (n = 0，1，2，\cdots)$$

所以

$$k^2 = \frac{n^2\pi^2}{l^2}$$

将 k^2 的值代入式（14-3）得

$$F_{cr} = \frac{n^2\pi^2 EI}{l^2} \quad (n = 0，1，2，\cdots)$$

式中，若 $n = 0$，则 $F_{cr} = 0$，此与讨论的前提不符，这里 n 应取不为零的最小值，即取 $n = 1$，所以

$$F_{cr} = \frac{\pi^2 EI}{l^2} \tag{14-9}$$

式（14-9）是两端铰支细长压杆临界力的计算公式，称为欧拉公式。该式表明，临界力 F_{cr} 与杆抗弯刚度 EI 成正比，与杆长 l 的平方成反比。亦即，杆的抗弯刚度越大，压杆的临界力就越大，越不容易失稳。杆的长度越大，压杆的临界力就越小，杆越容易失稳。

一般情况下，对于两端铰支的细长压杆，在利用式（14-9）求临界力时，式中的 I 应取截面的最小形心惯性矩。这是因为压杆失稳时，杆将在其刚度 EI 最小的平面内发生失稳。

例 14-1 用钢材制成的两端铰支（球铰）的细长压杆如图 14-4 所示。已知钢材的

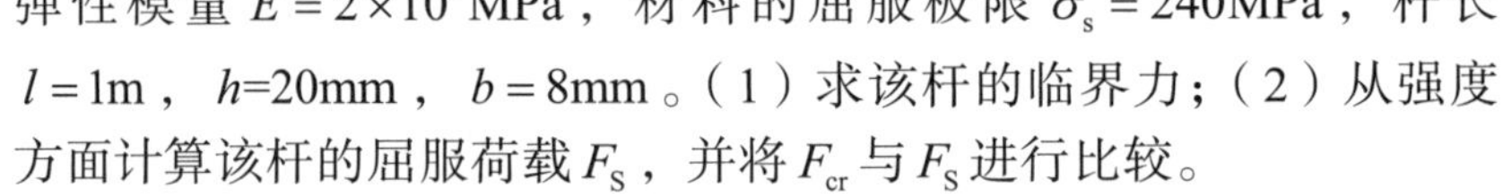

弹性模量 $E = 2\times10^5\text{MPa}$，材料的屈服极限 $\sigma_s = 240\text{MPa}$，杆长 $l = 1\text{m}$，h=20mm，$b = 8\text{mm}$。（1）求该杆的临界力；（2）从强度方面计算该杆的屈服荷载 F_S，并将 F_{cr} 与 F_S 进行比较。

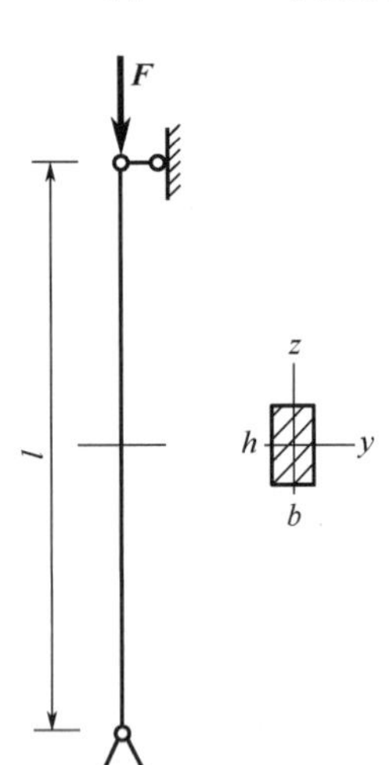

图 14-4

解：（1）计算临界力 F_{cr}。

因为两端铰支，压杆在刚度最小的平面内失稳，所以

$$I = I_{min} = I_z = \frac{b^3 h}{12}$$

由式（14-9），得临界力为

$$F_{cr} = \frac{\pi^2 EI_z}{l^2} = \frac{\pi^2 \times 2\times10^5 \times 10^6 \times 2\times 0.8^3 \times 10^{-8}}{1^2 \times 12}\text{N} \approx 1.68\times10^3\text{N=1.68kN}$$

（2）计算屈服荷载 F_S。

若认为压杆屈服前一直是直杆，则屈服极限 $\sigma_s = \dfrac{F_S}{A}$，而有

$$F_S = \sigma_s A = (240\times10^6\times2\times0.8\times10^{-4})\text{N} = 38.4\times10^3\text{N}=38.4\text{kN}$$

F_{cr} 与 F_S 的比值为

$$F_{cr} : F_S = 1.68 : 38.4 \approx 1 : 22.9$$

通过比值可以看到，对图 14-4 所示的细长压杆，当压力 F 达到 1.68 kN 时，就开始失稳。若继续加大 F 值，杆就会失稳破坏，而根本达不到屈服荷载 F_S 的 38.4kN 。所以，若忽视了稳定问题，将是十分危险的。

14.3 其他支承情况下细长压杆的临界力

不同支承对杆件的变形起不同的约束作用，即使是同一压杆，当两端的支承情况不同时，其临界力也不同。推导各种不同支承情况下压杆的临界力计算公式，其过程与推导两端铰支压杆的过程相同，这里不一一推导，只把结果列于表 14-1 中。

表 14-1 各种支承情况下细长压杆的临界力公式

支承情况	两端铰支	一端固定，另一端铰支	两端固定	一端固定，另一端自由
失稳时挠曲线形状	F_{cr} l	F_{cr} l $0.7l$ D	F_{cr} l $0.5l$ D	F_{cr} l l
临界力公式	$F_{cr} = \dfrac{\pi^2 EI}{l^2}$	$F_{cr} = \dfrac{\pi^2 EI}{(0.7l)^2}$	$F_{cr} = \dfrac{\pi^2 EI}{(0.5l)^2}$	$F_{cr} = \dfrac{\pi^2 EI}{(2l)^2}$
长度系数 μ	$\mu = 1$	$\mu = 0.7$	$\mu = 0.5$	$\mu = 2$

从表 14-1 中可以看出，各种细长压杆的临界力计算公式基本相似，只是分母 l 前的系数不同，因此，可以写成统一形式的欧拉公式

$$F_{cr}=\frac{\pi^2EI}{(\mu l)^2} \tag{14-10}$$

式（14-10）中，μ反映了杆端的支承对临界力的影响，称为长度系数；μl称为压杆的计算长度。压杆在不同支承情况下的长度系数μ见表14-1。

观察压杆失稳时的挠曲线形状还可以看到，两端铰支细长压杆失稳时的挠曲线是一个完整的半波正弦曲线，此时长度系数$\mu=1$；一端铰支、另一端固定的压杆在长度为$0.7l$上得到一个完整的半波正弦曲线（D点是拐点），因而$\mu=0.7$；两端固定的压杆在长度$0.5l$上得到一个完整的半波正弦曲线，因而$\mu=0.5$；一端固定、另一端自由的压杆的挠曲线为半个半波正弦曲线，其两倍相当于一个完整的半波正弦曲线，因而$\mu=2$。

14.4 临界应力及欧拉公式的适用范围

14.4.1 临界应力与柔度

将临界力除以压杆的横截面面积，所得的应力称为临界应力，用σ_{cr}表示，即

$$\sigma_{cr}=\frac{F_{cr}}{A}=\frac{\pi^2EI}{(\mu l)^2A} \tag{14-11}$$

令

$$i=\sqrt{\frac{I}{A}}\text{或}i^2=\frac{I}{A}$$

i称为惯性半径，i也是一个只与截面尺寸和形状有关的几何量。于是式（14-11）又可写为

$$\sigma_{cr}=\frac{\pi^2Ei^2}{(\mu l)^2}=\frac{\pi^2E}{\left(\frac{\mu l}{i}\right)^2} \tag{14-12}$$

令

$$\lambda=\frac{\mu l}{i} \tag{14-13}$$

则式（14-12）又可写为

$$\sigma_{cr}=\frac{\pi^2E}{\lambda^2} \tag{14-14}$$

式（14-14）是欧拉公式用临界应力σ_{cr}来表达的形式。

式（14-14）中的 λ 是一个无量纲的量，称为柔度或长细比。柔度越大，临界应力越小，压杆越容易失稳。压杆的柔度集中反映了杆长、约束情况、截面形状和尺寸等因素对临界应力的综合影响。由此可见，柔度在压杆的稳定计算中，是非常重要的参数。

14.4.2 欧拉公式的适用范围

在推导欧拉公式时，应用了挠曲线的近似微分方程，而这个方程是在材料服从胡克定律的前提条件下建立的。因此，欧拉公式的使用应限制在弹性范围之内，临界应力应小于或等于材料的比例极限，即

$$\sigma_{cr}=\frac{\pi^2 E}{\lambda^2}\leqslant\sigma_p$$

或

$$\lambda\geqslant\sqrt{\frac{\pi^2 E}{\sigma_p}}=\lambda_p \tag{14-15}$$

式中，$\lambda_p=\pi\sqrt{\dfrac{E}{\sigma_p}}$ 为对应于比例极限 σ_p 的柔度值，也称为判别柔度。当 $\lambda\geqslant\lambda_p$ 时，才能满足 $\sigma_{cr}\leqslant\sigma_p$，欧拉公式才适用，这种压杆称为大柔度杆或细长杆。

由式（14-15）可知，判别柔度 λ_p 仅取决于压杆材料的弹性模量 E 和比例极限 σ_p。如 Q235 钢，$E=2\times10^5\text{MPa}$，$\sigma_p=200\text{MPa}$，得

$$\lambda_p=\pi\sqrt{\frac{2\times10^5}{200}}\approx100$$

可见，对应用 Q235 钢制成的压杆，只有在 $\lambda\geqslant\lambda_p=100$ 时，才能应用欧拉公式。

14.4.3 超过比例极限时压杆的临界应力和临界力

对临界应力超过比例极限的压杆（$\lambda<\lambda_p$）可分为以下两类。

（1）短粗杆（或称小柔度杆）。

一般来说，短粗杆不会发生失稳，它的承压能力取决于材料的抗压强度，属强度问题。

（2）中柔度杆。

在工程中，这类杆是常见的。对于这类压杆大多采用以实验为基础的经验公式计算临界应力。我国根据实验采用下列抛物线临界应力经验公式

$$\sigma_{cr}=a-b\lambda^2 \tag{14-16}$$

临界力公式为

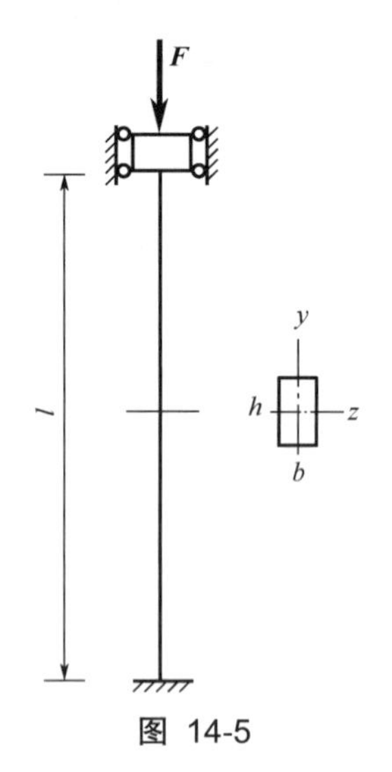

图 14-5

$$F_{cr}=\sigma_{cr}A=(a-b\lambda^2)A \tag{14-17}$$

式中　λ——压杆的长细比；

a，b——与材料有关的常数，其值随材料的不同而不同。

例 14-2　图 14-5 所示木压杆，其两端的支承情况为：下端固定（在平面、出平面均为固定）；上端在纸面（在平面）内视为固定，在垂直于纸面的平面（出平面）视为自由端。已知：$l=3\text{m}$，b=0.1m，h=0.15m，材料的弹性模量 $E=10\times10^3\text{MPa}$，木材的判别柔度 $\lambda_p=80$。试计算该压杆的临界力。

解： 由于杆的上端在两个平面（在平面与出平面）内的支承情况不同，所以压杆在两个平面内的长细比也不同，压杆将在 λ 值大的平面内失稳。两个平面内的 μ 值分别为 $\mu_y=0.5$，$\mu_z=2$，λ 值分别为

$$\lambda_y=\frac{\mu_y l}{i_y}=\frac{\mu_y l}{\sqrt{\dfrac{I_y}{A}}}=\frac{\mu_y l}{\sqrt{\dfrac{b^3h/12}{bh}}}=\frac{\mu_y l}{\dfrac{b}{2\sqrt{3}}}=\frac{0.5\times3}{\dfrac{0.1}{2\sqrt{3}}}\approx52$$

$$\lambda_z=\frac{\mu_z l}{i_z}=\frac{\mu_z l}{\sqrt{\dfrac{I_z}{A}}}=\frac{\mu_z l}{\sqrt{\dfrac{bh^3/12}{bh}}}=\frac{\mu_z l}{\dfrac{h}{2\sqrt{3}}}=\frac{2\times3}{\dfrac{0.15}{2\sqrt{3}}}\approx138.6$$

由于 $\lambda_z>\lambda_y$，故该杆将绕 z 轴出平面失稳。又由于 $\lambda_z=138.6>\lambda_p=80$，故可用欧拉公式计算临界力，其值为

$$F_{cr}=\frac{\pi^2EI_z}{(\mu_z l)^2}=\frac{\pi^2\times10\times10^3\times10^6\times\dfrac{0.1\times0.15^3}{12}}{(2\times3)^2}\text{N}\approx77.1\times10^3\text{N}=77.1\text{kN}$$

例 14-3　图 14-6 所示压杆是由 20a 号工字钢制成的，其下端固定，上端铰支。已知 $l=4\text{m}$，材料的弹性模量 $E=2\times10^5\text{MPa}$，判别柔度 $\lambda_p=100$。试求该杆的临界力。

解： 先求出该压杆的柔度 λ，并判别是否 $\lambda\geqslant\lambda_p$，从而决定是否可以用欧拉公式求临界力。

此题中，$\lambda=\dfrac{\mu l}{i}$，其中 $\mu=0.7$，对工字钢的惯性半径不需计算，可由型钢表直接查得。该题应绕惯性矩小的 y 轴计算，所以查表得 $i_y=2.12\times10^{-2}\text{m}$，$I_y=158\times10^{-8}\text{m}^4$。

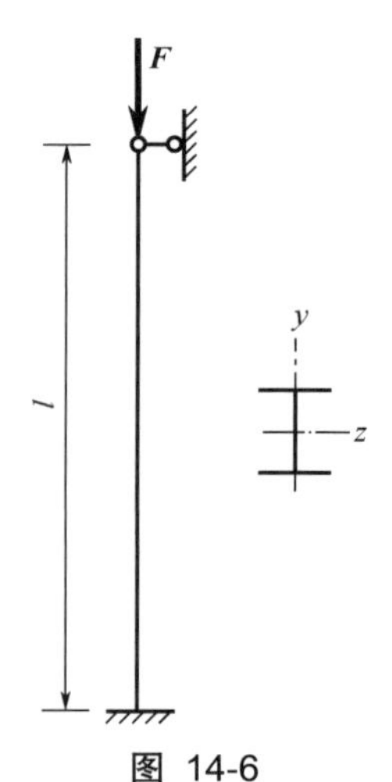

图 14-6

$$\lambda = \frac{\mu l}{i_y} = \frac{0.7 \times 4}{2.12 \times 10^{-2}} \approx 132 > \lambda_p = 100$$

欧拉公式适用，压杆的临界力为

$$F_{cr} = \frac{\pi^2 E I_y}{(\mu l)^2} = \frac{\pi^2 \times 2 \times 10^5 \times 10^6 \times 158 \times 10^{-8}}{(0.7 \times 4)^2} \text{N} = 397 \times 10^3 \text{N} = 397\text{kN}$$

14.5　压杆的稳定计算

对压杆进行稳定计算时，也要建立相应的稳定条件。下面介绍两种方法。

14.5.1 安全因数法

工程中，为了保证压杆的稳定，将临界力 F_{cr} 除以大于 1 的稳定安全因数 n_{st} 作为压杆允许承受的最大轴向压力。所以，为使轴向受压杆件不致失稳，必须满足下述条件

$$F \leqslant \frac{F_{cr}}{n_{st}} \tag{14-18}$$

式中，F 为压杆实际承受的工作压力。式（14-18）称为压杆的稳定条件。

例 14-4　图 14-7（a）和图 14-7（b）所示两根杆，受相同的轴向压力 $F = 1500\text{kN}$ 作用，材料均为 Q235 钢，E=200GPa。圆形截面杆，直径 d=16cm，杆长 5m，两端铰支；正方形截面杆，边长 a=15cm，杆长 9m，两端固定。若 $\lambda_p = 100$，稳定安全因数 $n_{st} = 2.5$。试分别校核两根压杆的稳定性。

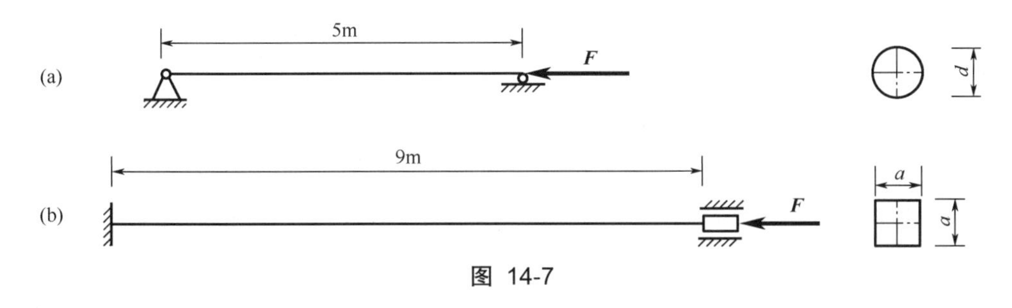

图 14-7

解：（1）图 14-7（a）所示杆稳定性校核。计算实际压杆的柔度 $\lambda = \frac{\mu l}{i}$，其中，$\mu = 1$，$l = 5\text{m}$。

$$i = \sqrt{\frac{I}{A}} = \sqrt{\frac{\frac{1}{64}\pi d^4}{\frac{1}{4}\pi d^2}} = \frac{d}{4} = \frac{0.16}{4}\text{m} = 0.04\text{m}$$

所以

$$\lambda=\frac{1\times 5}{0.04}=125>\lambda_{\mathrm{p}}=100$$

因 $\lambda>\lambda_{\mathrm{p}}$，故可用欧拉公式计算临界力。

$$F_{\mathrm{cr}}=\frac{\pi^2 EI}{(\mu l)^2}=\frac{\pi^2\times 200\times 10^9\times\dfrac{\pi}{64}\times 0.16^4}{(1\times 5)^2}\mathrm{N}\approx 2.54\times 10^6\,\mathrm{N}=2.54\times 10^3\,\mathrm{kN}$$

稳定性校核

$$\frac{F_{\mathrm{cr}}}{n_{\mathrm{st}}}=\frac{2.54\times 10^3}{2.5}\mathrm{kN}=1016\mathrm{kN}$$

$$F=1500\mathrm{kN}>\frac{F_{\mathrm{cr}}}{n_{\mathrm{st}}}=1016\mathrm{kN}$$

故此杆稳定性不够。

（2）图 14-7（b）所示杆稳定性校核。计算实际压杆的柔度 $\lambda=\dfrac{\mu l}{i}$，其中，$\mu=0.5$，$l=9\mathrm{m}$。

$$i=\sqrt{\frac{I}{A}}=\sqrt{\frac{\dfrac{a^4}{12}}{a^2}}=\frac{a}{2\sqrt{3}}=\frac{0.15}{2\sqrt{3}}\mathrm{m}\approx 0.0433\mathrm{m}$$

所以

$$\lambda=\frac{0.5\times 9}{0.0433}\approx 103.9>\lambda_{\mathrm{p}}=100$$

可用欧拉公式计算临界力

$$F_{\mathrm{cr}}=\frac{\pi^2 EI}{(\mu l)^2}=\frac{\pi^2\times 200\times 10^9\times\dfrac{1}{12}\times 0.15^4}{(0.5\times 9)^2}\mathrm{N}\approx 4.1\times 10^6\,\mathrm{N}=4.1\times 10^3\,\mathrm{kN}$$

校核稳定性

$$F=1500\mathrm{kN}<\frac{F_{\mathrm{cr}}}{n_{\mathrm{st}}}=\frac{4100}{2.5}\mathrm{N}=1640\mathrm{kN}$$

故此杆满足稳定性要求。

14.5.2 折减因数法

轴向受压杆，当横截面上的应力达到临界应力时，杆将失稳。为了保证压杆的稳定

性，将临界应力除以大于 1 的稳定安全因数 n_{st} 作为压杆可承受的最大压应力，即

$$\sigma=\frac{F}{A}\leqslant\frac{\sigma_{cr}}{n_{st}}=[\sigma]_{st} \tag{14-19}$$

式中 $[\sigma]_{st}$——稳定许用应力，$[\sigma]_{st}=\dfrac{\sigma_{cr}}{n_{st}}$，显然，同一材料的 $[\sigma]_{st}$ 也是随压杆的临界应力 σ_{cr} 而变的。

工程实际中，压杆设计常用的方法是将压杆的稳定许用应力 $[\sigma]_{st}$ 用材料的强度许用应力 $[\sigma]$ 乘以一个随压杆柔度 λ 变化的因数 φ 来表示，即

$$[\sigma]_{st}=\varphi[\sigma] \tag{14-20}$$

这样，就可以将压杆柔度 λ 对 σ_{cr} 和 n_{st} 的影响用一个因数 $\varphi=\varphi(\lambda)$ 来表示。λ 越大，φ 越小，且对于稳定问题，φ 总是小于 1（而强度问题 $\varphi=1$），所以 φ 称为折减因数。

将式（14-20）代入式（14-19），则有

$$\sigma=\frac{F}{A}\leqslant\varphi[\sigma] \tag{14-21}$$

式（14-21）即为按折减因数法列出的压杆的稳定条件。工程中，为了计算上的方便，根据不同材料，将 φ 与 λ 之间的关系列成表或给出 φ 与 λ 之间的曲线关系，当知道 λ 后，便可查得 φ 值。

与强度条件类似，利用稳定条件可解决压杆稳定计算中常见的三类典型问题，即校核稳定、选择（设计）截面和求许用荷载。

小　结

（1）稳定性是构件安全工作的三个要求之一。压杆的稳定性计算与构件的强度和刚度计算一样占有重要地位。

（2）压杆稳定的实质，是压杆直线平衡状态是否稳定的问题。压杆在轴向力作用下，若能始终保持原有直线平衡状态，原直线平衡状态就是稳定的，否则就是不稳定的。

（3）临界力是压杆从稳定平衡状态过渡到不稳定平衡状态的荷载临界值。确定临界力或临界应力的大小，是解决压杆稳定问题的关键。对细长杆，其值用欧拉公式计算，即 $F_{cr}=\dfrac{\pi^2 EI}{(\mu l)^2}$ 或 $\sigma_{cr}=\dfrac{\pi^2 E}{\lambda^2}$。

（4）欧拉公式是在 $\sigma\leqslant\sigma_p$ 的条件下导出的，该公式有其严格的适用范围，该适用范围以柔度的形式表示为

$$\lambda \geqslant \lambda_p = \pi\sqrt{\frac{E}{\sigma_p}}$$

在应用欧拉公式计算临界力或临界应力时，应首先算出杆的 λ 和 λ_p，满足 $\lambda \geqslant \lambda_p$ 时方可用此公式。对于处于弹塑性阶段的中小柔度杆，就需用经验公式进行计算。

（5）压杆的稳定校核常用的有安全因数法和折减因数法。

习　题

一、单项选择题

14-1　一端固定、另一端自由的压杆的长度系数为（　　）。

A. 0.5　　B. 0.7　　C. 1　　D. 2

14-2　一端固定、另一端自由的细长压杆，若把自由端改为固定端，其他条件不变，则改变后杆的临界力是原来的（　　）。

A. 2 倍　　B. 8 倍　　C. 16 倍　　D. 18 倍

14-3　下面关于压杆的说法中正确的是（　　）。

A. 杆端约束越强，长度系数越大，临界力越大

B. 杆端约束越强，长度系数越小，临界力越大

C. 杆端约束越弱，长度系数越大，临界力越大

D. 杆端约束越弱，长度系数越小，临界力越大

14-4　判别柔度 λ_p 的表达式为（　　）。

A. $\pi\sqrt{\frac{\sigma_p}{E}}$　　B. $\pi\sqrt{\frac{E}{\sigma_p}}$　　C. $\sqrt{\frac{\pi E}{\sigma_p}}$　　D. $\sqrt{\frac{\pi\sigma_p}{E}}$

14-5　下面提高压杆稳定性措施中正确的有（　　）。

A. 尽量增大压杆的长度　　B. 合理选择截面形状

C. 采用低强度钢　　D. 减弱约束的刚性

二、填空题

14-6　压杆处于稳定平衡和不稳定平衡之间的临界状态时，对应的压力称为________力。

14-7　去掉干扰力后物体能回到原平衡位置，则原平衡位置的平衡称为________平衡。

14-8　去掉干扰力后物体不能回到原平衡位置，则原平衡位置的平衡称为________平衡。

14-9　压杆稳定中欧拉临界力公式的适用范围是 λ________λ_p。

14-10　压杆的柔度 λ 越大，压杆越________失稳。

三、计算题

14-11　两端铰支压杆，长 $l=5\text{m}$，由 22a 号工字钢制成，$E=2\times10^5\text{MPa}$，比例极限 $\sigma_{\text{p}}=200\text{MPa}$。试求压杆的临界力。

14-12　截面为 100mm×150mm 的矩形木柱，$E=1\times10^4\text{MPa}$，长 l=4m，一端固定，另一端铰支，$\lambda=100$。试求此柱的临界力。

14-13　题 14-13 图所示正方形铰接桁架中各杆 E、I、A 均相等，且均为细长杆。试求达到临界状态时相应的力 F 等于多少。若力的方向改为向外，其值又应为多少？

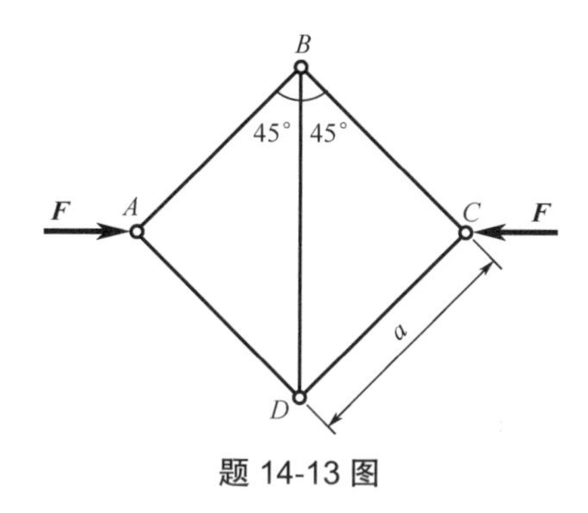

题 14-13 图

14-14　截面为 20mm×30mm 的矩形钢制压杆，一端固定，另一端铰支。$E=20\times10^5\text{MPa}$，$\lambda_{\text{p}}=100$。试求该压杆适用欧拉公式的最小长度。

14-15　题 14-15 图所示铰接杆系 ABC 由截面和材料相同的细长杆组成。若杆件在 ABC 平面内由失稳而引起破坏，试确定荷载为最大时的角 $\theta\left(0<\theta<\dfrac{\pi}{2}\right)$。

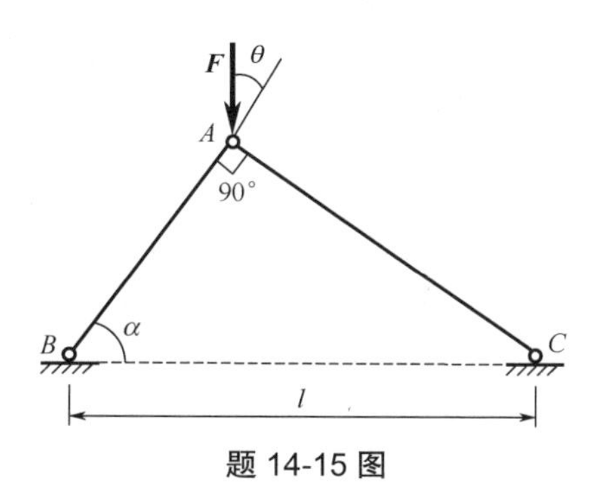

题 14-15 图

四、综合题

14-16　题 14-16 图所示矩形截面松木柱，其两端约束情况为：在纸面内失稳时，可视为两端固定，在垂直于纸面内失稳时，可视为上端自由下端固定，$E=1\times10^4\text{MPa}$，$\lambda_{\text{p}}=110$。试求该松木柱的临界力。

14-17　题 14-17 图所示构架中，两杆均为直径 $d=20\text{mm}$，$\sigma_{\text{p}}=200\text{MPa}$，

$\sigma_s = 240\text{MPa}$，强度安全因数$n = 2.0$，稳定安全因数$n_{st} = 2.5$。试验算构架能否安全工作。

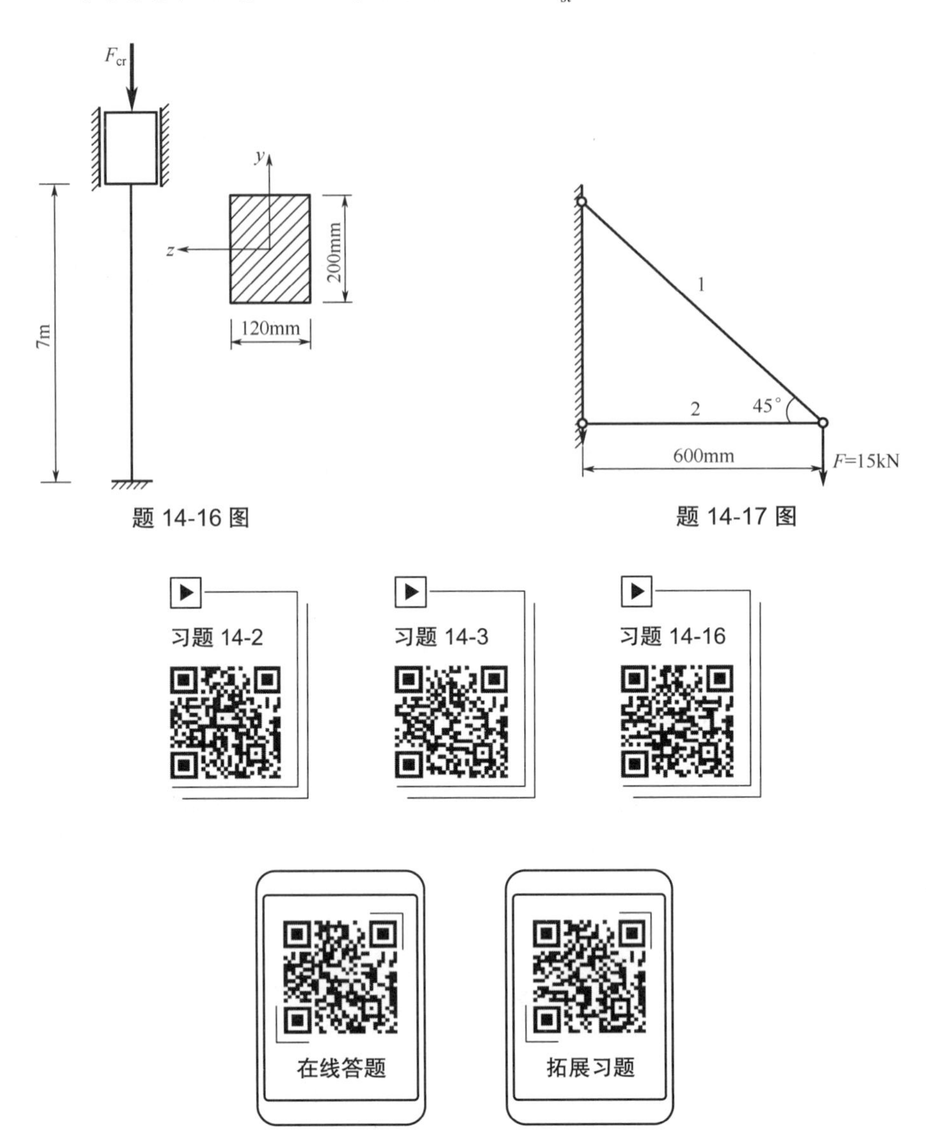

题 14-16 图

题 14-17 图

附录　型钢表

附表 1　热轧等边角钢

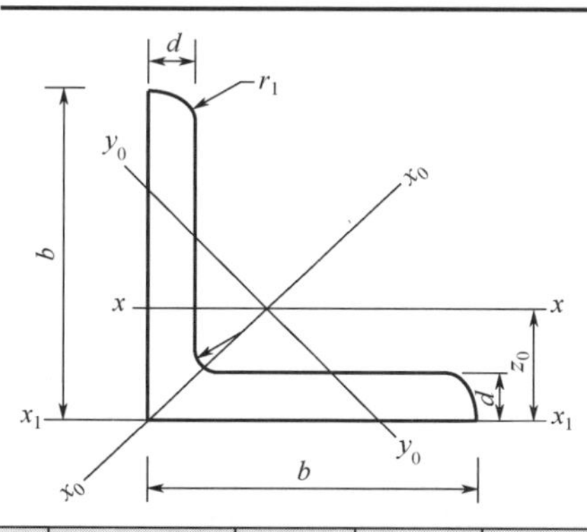

符号意义：b——边宽度；
d——边厚度；
r——内圆弧半径；
W——抗弯截面系数；
r_1——边端内圆弧半径；
z_0——重心距离；
I——惯性矩；
i——惯性半径

角钢型号	尺寸/mm			截面面积/cm^2	理论质量/$(kg\cdot m^{-1})$	外表面积/$(m^2\cdot m^{-1})$	参考数值											z_0/cm
							x—x			x_0—x_0			y_0—y_0			x_1—x_1		
	b	d	r				I_x/cm^4	i_x/cm	W_x/cm^3	I_{x0}/cm^4	i_{x0}/cm	W_{x0}/cm^3	I_{y0}/cm^4	i_{y0}/cm	W_{y0}/cm^3	I_{x1}/cm^4		
2	20	3	3.5	1.132	0.889	0.078	0.40	0.59	0.29	0.63	0.75	0.45	0.17	0.39	0.20	0.81		0.60
		4		1.459	1.145	0.077	0.50	0.58	0.36	0.78	0.73	0.55	0.22	0.38	0.24	1.09		0.64
2.5	25	3		1.432	1.124	0.098	0.82	0.76	0.46	1.29	0.95	0.73	0.34	0.49	0.33	1.57		0.73
		4		1.859	1.459	0.097	1.03	0.74	0.59	1.62	0.93	0.92	0.43	0.48	0.40	2.11		0.76
3	30	3	4.5	1.749	1.373	0.117	1.46	0.91	0.68	2.31	1.15	1.09	0.61	0.59	0.51	2.71		0.85
		4		2.276	1.786	0.117	1.84	0.90	0.87	2.92	1.13	1.37	0.77	0.58	0.62	3.63		0.89
3.6	36	3		2.109	1.656	0.141	2.58	1.11	0.99	4.09	1.39	1.61	1.07	0.71	0.76	4.68		1.00
		4		2.756	2.163	0.141	3.29	1.09	1.28	5.22	1.38	2.05	1.37	0.70	0.93	6.25		1.04
		5		3.382	2.654	0.141	3.95	1.08	1.56	6.24	1.36	2.45	1.65	0.70	1.09	7.84		1.07

续表

角钢型号	尺寸/mm			截面面积/cm²	理论质量/(kg·m⁻¹)	外表面积/(m²·m⁻¹)	参考数值										z_0/cm
							x—x			x_0—x_0			y_0—y_0			x_1—x_1	
	b	d	r				I_x/cm⁴	i_x/cm	W_x/cm³	I_{x0}/cm⁴	i_{x0}/cm	W_{x0}/cm³	I_{y0}/cm⁴	i_{y0}/cm	W_{y0}/cm³	I_{x1}/cm⁴	
4	40	3	5	2.359	1.852	0.157	3.58	1.23	1.23	5.69	1.55	2.01	1.49	0.79	0.96	6.41	1.09
		4		3.086	2.422	0.157	4.60	1.22	1.60	7.29	1.54	2.58	1.91	0.79	1.19	8.56	1.13
		5		3.791	2.976	0.156	5.53	1.21	1.96	8.76	1.52	3.10	2.30	0.78	1.39	10.74	1.17
4.5	45	3		2.659	2.088	0.177	5.17	1.40	1.58	8.20	1.76	2.58	2.14	0.89	1.24	9.12	1.22
		4		3.486	2.736	0.177	6.65	1.38	2.05	10.56	1.74	3.32	2.75	0.89	1.54	12.18	1.26
		5		4.292	3.369	0.176	8.04	1.37	2.51	12.74	1.72	4.00	3.33	0.88	1.81	15.25	1.30
		6		5.076	2.985	0.176	9.33	1.36	2.95	14.76	1.70	4.64	3.89	0.88	2.06	18.36	1.33
5	50	3	5.5	2.971	2.332	0.197	7.18	1.55	1.96	11.37	1.96	3.22	2.98	1.00	1.57	12.50	1.34
		4		3.897	3.059	0.197	9.26	1.54	2.56	14.70	1.94	4.16	3.82	0.99	1.96	16.69	1.38
		5		4.803	3.770	0.196	11.21	1.53	3.13	17.79	1.92	5.03	4.64	0.98	2.31	20.90	1.42
		6		5.688	4.456	0.196	13.05	1.52	3.68	20.68	1.91	5.85	5.42	0.98	2.63	25.14	1.46
5.6	56	3	6	3.343	2.624	0.221	10.19	1.75	2.48	16.14	2.20	4.08	4.24	1.13	2.02	17.56	1.48
		4		4.390	3.446	0.220	13.18	1.73	3.24	20.92	2.18	5.28	5.46	1.11	2.52	23.43	1.53
		5		5.415	4.251	0.220	16.02	1.72	3.97	25.42	2.17	6.42	6.61	1.10	2.98	29.33	1.57
		6		8.367	6.568	0.219	23.63	1.68	6.03	37.37	2.11	9.44	9.89	1.09	4.16	46.24	1.68
6.3	63	4	7	4.978	3.907	0.248	19.03	1.96	4.13	30.17	2.46	6.78	7.89	1.26	3.29	33.35	1.70
		5		6.143	4.822	0.248	23.17	1.94	5.08	36.77	2.45	8.25	9.57	1.25	3.90	41.73	1.74
		6		7.288	5.721	0.247	27.12	1.93	6.00	43.03	2.43	9.66	11.20	1.24	4.46	50.14	1.78
		8		9.515	7.469	0.247	34.46	1.90	7.75	54.56	2.40	12.25	14.33	1.23	5.47	67.11	1.85
		10		11.657	9.515	0.246	41.09	1.88	9.39	64.85	2.36	14.56	17.33	1.22	6.36	84.31	1.93
7	70	4	8	5.570	4.372	0.275	26.39	2.18	5.14	41.80	2.74	8.44	10.99	1.40	4.17	45.74	1.86
		5		6.875	5.397	0.275	32.21	2.16	6.32	51.08	2.73	10.32	13.34	1.39	4.95	57.21	1.91
		6		8.160	6.406	0.275	37.77	2.15	7.48	59.93	2.71	12.11	15.61	1.38	5.67	68.73	1.95
		7		9.424	7.398	0.275	43.09	2.14	8.59	68.35	2.69	13.81	17.82	1.38	6.34	80.29	1.99
		8		10.667	8.373	0.274	48.17	2.12	9.68	76.37	2.68	15.43	19.98	1.37	6.98	91.91	2.03
7.5	75	5	9	7.412	5.818	0.295	39.97	2.33	7.32	63.30	2.92	11.94	16.63	1.50	5.77	70.56	2.04
		6		8.797	6.905	0.294	46.95	2.31	8.64	74.38	2.90	14.02	19.51	1.49	6.67	84.55	2.07
		7		10.160	7.976	0.294	53.57	2.30	9.93	84.96	2.89	16.02	22.18	1.48	7.44	98.71	2.11
		8		11.503	9.030	0.294	59.96	2.28	11.20	95.07	2.88	17.93	24.86	1.47	8.19	112.97	2.15
		10		14.126	11.089	0.293	71.98	2.26	13.64	113.92	2.84	21.48	30.05	1.46	9.56	141.71	2.22
8	80	5	9	7.912	6.211	0.315	48.79	2.48	8.34	77.33	3.13	13.67	20.25	1.60	6.66	85.36	2.15
		6		9.397	7.376	0.314	57.35	2.47	9.87	90.98	3.11	16.08	23.72	1.59	7.65	102.50	2.19
		7		10.860	8.525	0.314	65.58	2.46	11.37	104.07	3.10	18.40	27.09	1.58	8.58	119.70	2.23
		8		12.303	9.658	0.314	73.49	2.44	12.83	116.60	3.08	20.61	30.39	1.57	9.46	136.97	2.27
		10		15.126	11.874	0.313	88.43	2.42	15.64	140.09	3.04	24.76	36.77	1.56	11.08	171.74	2.35

续表

角钢型号	尺寸/mm			截面面积/cm^2	理论质量/$(kg \cdot m^{-1})$	外表面积/$(m^2 \cdot m^{-1})$	参考数值										z_0/cm
							x—x			x_0—x_0			y_0—y_0			x_1—x_1	
	b	d	r				I_x/cm^4	i_x/cm	W_x/cm^3	I_{x0}/cm^4	i_{x0}/cm	W_{x0}/cm^3	I_{y0}/cm^4	i_{y0}/cm	W_{y0}/cm^3	I_{x1}/cm^4	
9	90	6	10	10.637	8.350	0.345	82.77	2.79	12.61	131.26	3.51	20.63	34.28	1.80	9.95	145.87	2.44
		7		12.301	9.656	0.345	94.83	2.78	14.54	150.47	3.50	23.64	39.18	1.78	11.19	170.30	2.48
		8		13.944	10.946	0.353	106.47	2.76	16.42	168.97	3.48	26.55	43.97	1.78	12.35	194.80	2.52
		10		17.167	13.475	0.353	128.58	2.74	20.07	203.90	3.45	32.04	53.26	1.76	14.52	244.07	2.59
		12		20.306	15.940	0.352	149.22	2.71	23.57	236.21	3.41	37.12	62.22	1.75	16.49	293.76	2.67
10	100	6	12	11.932	9.366	0.393	114.95	3.10	15.68	181.98	3.90	25.74	47.92	2.00	12.69	200.07	2.67
		7		13.796	10.830	0.393	131.86	3.09	18.10	208.97	3.89	29.55	54.74	1.99	14.26	233.54	2.71
		8		15.638	12.276	0.393	148.24	3.08	20.47	235.07	3.88	33.24	61.41	1.98	15.75	267.09	2.76
		10		19.261	15.120	0.392	179.51	3.05	25.06	284.68	3.84	40.26	74.35	1.96	18.54	334.48	2.84
		12		22.800	17.898	0.391	208.90	3.03	29.48	330.95	3.81	46.80	86.84	1.95	21.08	402.34	2.91
		14		26.256	20.611	0.391	236.53	3.00	33.73	374.06	3.77	52.90	99.00	1.94	23.44	470.75	2.99
		16		29.267	23.257	0.390	262.53	2.98	37.82	414.16	3.74	58.57	110.89	1.94	25.63	539.80	3.06
11	110	7	12	15.196	11.928	0.433	177.16	3.41	22.05	280.94	4.30	36.12	73.38	2.20	17.51	310.64	2.96
		8		17.238	13.532	0.433	199.46	3.40	24.95	316.49	4.28	40.69	82.42	2.19	19.39	355.20	3.01
		10		21.261	16.690	0.432	242.19	3.39	30.60	384.39	4.25	49.42	99.98	2.17	22.91	444.65	3.09
		12		25.200	19.782	0.431	282.55	3.35	36.05	448.17	4.22	57.62	116.93	2.15	26.15	534.60	3.16
		14		29.056	22.809	0.431	320.71	3.32	41.31	508.01	4.18	65.31	133.40	2.14	29.14	625.16	3.24
13	125	8	14	19.750	15.504	0.492	297.03	3.88	32.52	470.89	4.88	53.28	123.16	2.50	25.86	521.01	3.37
		10		24.373	19.133	0.491	361.67	3.85	39.97	573.89	4.85	64.93	149.46	2.48	30.62	651.93	3.45
		12		28.912	22.696	0.491	423.16	3.83	41.17	671.44	4.82	75.96	174.88	2.46	35.03	783.42	3.53
		14		33.367	26.193	0.490	481.65	3.80	54.16	763.73	4.78	86.41	199.57	2.45	39.13	915.61	3.61
14	140	10		27.373	21.488	0.551	514.65	4.34	50.58	817.27	5.46	82.56	212.04	2.78	39.20	915.11	3.82
		12		32.512	25.522	0.551	603.68	4.31	59.80	958.79	5.43	96.85	248.57	2.76	45.02	1099.28	3.90
		14		37.567	29.490	0.550	688.81	4.28	68.75	1093.56	5.40	110.47	284.06	2.75	50.45	1284.22	3.98
		16		42.539	33.393	0.549	770.24	4.26	77.46	1221.67	5.36	123.42	318.67	2.74	55.55	1470.07	4.06
16	160	10	16	31.502	24.729	0.630	779.53	4.98	66.70	1237.30	6.27	109.36	321.76	3.20	52.76	1365.33	4.31
		12		37.441	29.391	0.630	916.58	4.95	78.98	1455.68	6.24	128.67	377.49	3.18	60.74	1639.57	4.39
		14		43.296	33.987	0.629	1048.36	4.92	90.95	1665.02	6.20	147.17	431.70	3.16	68.24	1914.68	4.47
		16		49.067	38.518	0.629	1175.08	4.89	102.63	1865.57	6.17	164.89	484.59	3.14	75.31	2190.82	4.55
18	180	12	16	42.241	33.159	0.710	1321.35	5.59	100.82	2100.10	7.05	165.00	542.61	3.58	78.41	2332.80	4.89
		14		48.896	38.383	0.709	1514.48	5.56	116.25	2407.42	7.02	189.14	621.53	3.56	88.38	2723.48	4.97
		16		55.467	43.542	0.709	1700.99	5.54	131.13	2703.37	6.98	212.40	698.60	3.55	97.83	3115.29	5.05
		18		61.955	48.634	0.708	1875.12	5.50	145.64	2988.24	6.94	234.78	762.01	3.51	105.14	3502.43	5.13

续表

角钢型号	尺寸/mm			截面面积/cm²	理论质量/(kg·m⁻¹)	外表面积/(m²·m⁻¹)	参考数值										
							x—x			x_0—x_0			y_0—y_0			x_1—x_1	z_0/cm
	b	d	r				I_x/cm⁴	i_x/cm	W_x/cm³	I_{x0}/cm⁴	i_{x0}/cm	W_{x0}/cm³	I_{y0}/cm⁴	i_{y0}/cm	W_{y0}/cm³	I_{x1}/cm⁴	
20	200	14	18	54.642	42.498	0.788	2103.55	6.20	144.70	3343.26	7.82	236.40	863.83	3.98	111.82	3734.10	5.46
		16		62.013	48.680	0.788	2366.15	6.18	163.65	3760.89	7.79	265.93	971.41	3.96	123.96	4270.39	5.54
		18		69.301	54.401	0.787	2620.64	6.15	182.22	4164.54	7.75	294.48	1076.74	3.94	135.52	4808.13	5.62
		20		76.505	60.056	0.787	2867.30	6.12	200.42	4554.55	7.72	322.06	1180.04	3.93	146.55	5347.51	5.69
		24		90.661	71.168	0.785	3338.25	6.07	236.17	5429.97	7.64	374.41	1381.53	3.90	166.65	6457.16	5.87

注：截面图中的 $r_1=d/3$ 及表中 r 值，用于孔型设计，不作为交货条件。

附表 2　热轧不等边角钢

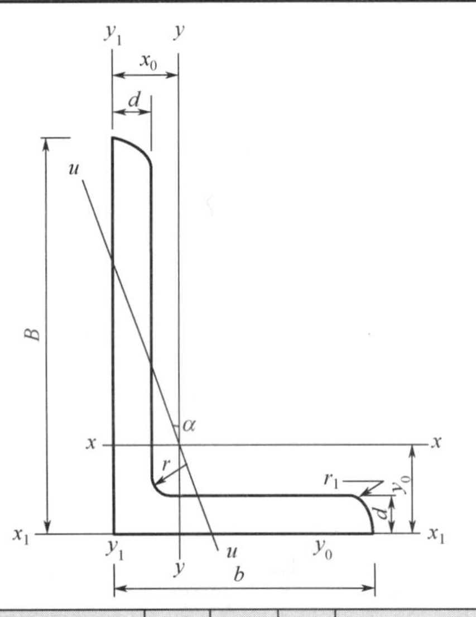

符号意义：B——长边长度；
d——边厚；
b——短边长度；
r——内圆弧半径；
r_1——边端内圆弧半径；
x_0——重心坐标；
y_0——重心坐标；
I——惯性矩；
i——惯性半径；
W——抗弯截面系数

角钢型号	尺寸/mm				截面面积/cm²	理论质量/(kg·m⁻¹)	外表面积/(m²·m⁻¹)	参考数值													
								x—x			y—y			x_1—x_1		y_1—y_1		u—u			
	B	b	d	r				I_x/cm⁴	i_x/cm	W_x/cm³	I_y/cm⁴	i_y/cm	W_y/cm³	I_{x1}/cm⁴	Y_0/cm	I_{y1}/cm⁴	x_0/cm	I_u/cm⁴	i_u/cm	W_u/cm³	tanα
2.5/1.6	25	16	3	3.5	1.162	0.912	0.080	0.70	0.78	0.43	0.22	0.44	0.19	1.56	0.86	0.43	0.42	0.14	0.34	0.16	0.392
			4		1.499	1.176	0.079	0.88	0.77	0.55	0.27	0.43	0.24	2.09	0.90	0.59	0.46	0.17	0.34	0.20	0.381
3.2/2	32	20	3		1.492	1.171	0.102	1.53	1.01	0.72	0.46	0.55	0.30	3.27	1.08	0.82	0.49	0.28	0.43	0.25	0.382
			4		1.939	1.220	0.101	1.93	1.00	0.93	0.57	0.54	0.39	4.37	1.12	1.12	0.53	0.35	0.42	0.32	0.374
4/2.5	40	25	3	4	1.890	1.484	0.127	3.08	1.28	1.15	0.93	0.70	0.49	5.39	1.32	1.59	0.59	0.56	0.54	0.40	0.385
			4		2.467	1.936	0.127	3.93	1.26	1.49	1.18	0.69	0.63	8.53	1.37	2.14	0.63	0.71	0.54	0.52	0.381

续表

角钢型号	尺寸/mm				截面面积/cm^2	理论质量/(kg·m^{-1})	外表面积/(m^2·m^{-1})	参考数值													
								$x—x$			$y—y$			$x_1—x_1$		$y_1—y_1$		$u—u$			
	B	b	d	r				I_x/cm^4	i_x/cm	W_x/cm^3	I_y/cm^4	i_y/cm	W_y/cm^3	I_{x1}/cm^4	Y_0/cm	I_{y1}/cm^4	x_0/cm	I_u/cm^4	i_u/cm	W_u/cm^3	tanα
4.5/2.8	45	28	3	5	2.149	1.687	0.143	4.45	1.44	1.47	1.34	0.79	0.62	9.10	1.47	2.23	0.64	0.80	0.61	0.51	0.383
			4		2.806	2.203	0.143	5.69	1.42	1.91	1.70	0.78	0.80	12.13	1.51	3.00	0.68	1.02	0.60	0.66	0.380
5/3.2	50	32	3	5.5	2.431	1.908	0.161	6.24	1.60	1.84	2.02	0.91	0.82	12.49	1.60	3.31	0.73	1.20	0.70	0.68	0.404
			4		3.177	2.494	0.160	8.02	1.59	2.39	2.58	0.90	1.06	16.65	1.65	4.45	0.77	1.53	0.69	0.87	0.402
5.6/3.6	56	36	3	6	2.743	2.153	0.181	8.88	1.80	2.32	2.92	1.03	1.05	17.54	1.78	4.70	0.80	1.73	0.79	0.87	0.408
			4		3.590	2.818	0.180	11.45	1.78	3.03	3.76	1.02	1.37	23.39	1.82	6.33	0.85	2.23	0.79	1.13	0.408
			5		4.415	3.466	0.180	13.86	1.77	3.71	4.49	1.01	1.65	29.25	1.87	7.94	0.88	2.67	0.79	1.36	0.404
6.3/4	63	40	4	7	4.058	3.185	0.202	16.49	2.02	3.87	5.23	1.14	1.70	33.30	2.04	8.63	0.92	3.12	0.88	1.40	0.398
			5		4.993	3.920	0.202	20.02	2.00	4.74	6.31	1.12	2.71	41.63	2.08	10.86	0.95	3.76	0.87	1.71	0.396
			6		5.908	4.638	0.201	23.36	1.96	5.59	7.29	1.11	2.43	49.98	2.12	13.12	0.99	4.34	0.86	1.99	0.393
			7		6.802	5.339	0.201	26.53	1.98	6.40	8.24	1.10	2.78	58.07	2.15	15.47	1.03	4.97	0.86	2.29	0.389
7/4.5	70	45	4	7.5	4.547	3.570	0.226	23.17	2.26	4.86	7.55	1.29	2.17	45.92	2.24	12.26	1.02	4.40	0.98	1.77	0.410
			5		5.609	4.403	0.225	27.95	2.23	5.92	9.13	1.28	2.65	57.10	2.28	15.39	1.06	5.40	0.98	2.19	0.407
			6		6.647	5.218	0.225	32.54	2.21	6.95	10.62	1.26	3.12	68.35	2.32	18.58	1.09	6.35	0.93	2.59	0.404
			7		7.657	6.011	0.225	37.22	2.20	8.03	12.01	1.25	3.57	79.99	2.36	21.84	1.13	7.16	0.97	2.94	0.402
(7.5/5)	75	50	5	8	6.125	4.080	0.245	34.86	2.39	6.83	12.61	1.44	3.30	70.00	2.40	21.04	1.17	7.41	1.10	2.74	0.435
			6		7.260	5.699	0.245	41.12	2.38	8.12	14.70	1.42	3.88	84.30	2.44	25.37	1.21	8.54	1.08	3.19	0.435
			8		9.467	7.431	0.244	52.39	2.35	10.52	18.53	1.40	4.99	112.50	2.52	34.23	1.29	10.87	1.07	4.10	0.429
			10		11.590	9.098	0.244	62.71	2.33	12.79	21.96	1.38	6.04	140.80	2.60	43.43	1.36	13.10	1.06	4.99	0.423
8/5	80	50	5	8	6.375	5.005	0.255	41.96	2.56	7.78	12.82	1.42	3.32	85.21	2.60	21.06	1.14	7.66	1.10	2.74	0.388
			6		7.560	5.935	0.255	49.49	2.56	9.25	14.95	1.41	3.91	102.53	2.65	25.41	1.18	8.85	1.08	3.20	0.387
			7		8.724	6.848	0.255	56.16	2.54	10.58	16.96	1.39	4.48	119.33	2.69	29.82	1.21	10.18	1.08	3.70	0.384
			8		9.867	7.745	0.254	62.83	2.52	11.92	18.85	1.38	5.03	136.41	2.73	34.32	1.25	11.38	1.07	4.16	0.381
9/5.6	90	56	5	9	7.212	5.661	0.287	60.45	2.90	9.92	18.32	1.59	4.21	121.32	2.91	29.53	1.25	10.98	1.23	3.49	0.385
			6		8.557	6.717	0.286	71.03	2.88	11.74	21.42	1.58	4.96	145.59	2.95	35.58	1.29	12.90	1.23	4.18	0.384
			7		9.880	7.756	0.286	81.01	2.86	13.49	24.36	1.57	5.70	169.66	3.00	41.71	1.33	14.67	1.22	4.72	0.382
			8		11.183	8.779	0.286	91.03	2.85	15.27	27.15	1.56	6.41	194.17	3.04	47.93	1.36	16.34	1.21	5.29	0.380
10/6.3	100	63	6	10	9.617	7.550	0.320	99.06	3.21	14.64	30.94	1.79	6.35	199.71	3.24	50.50	1.43	18.42	1.38	5.25	0.394
			7		11.111	8.722	0.320	113.45	3.20	16.88	35.26	1.78	7.29	233.00	3.28	59.14	1.47	21.00	1.38	6.02	0.394
			8		12.584	9.878	0.319	127.37	3.18	19.08	39.39	1.77	8.21	266.32	3.32	67.88	1.50	23.50	1.37	6.78	0.391
			9		15.467	12.142	0.319	153.81	3.15	23.32	47.12	1.74	9.98	333.06	3.40	85.73	1.58	28.33	1.35	8.24	0.387

续表

角钢型号	尺寸/mm				截面面积/cm^2	理论质量/($kg \cdot m^{-1}$)	外表面积/($m^2 \cdot m^{-1}$)	参考数值													
								$x—x$			$y—y$			$x_1—x_1$		$y_1—y_1$		$u—u$			
	B	b	d	r				I_x/cm^4	i_x/cm	W_x/cm^3	I_y/cm^4	i_y/cm	W_y/cm^3	I_{x1}/cm^4	Y_0/cm	I_{y1}/cm^4	x_0/cm	I_u/cm^4	i_u/cm	W_u/cm^3	$\tan\alpha$
10/8	100	80	6	10	10.637	8.350	0.354	107.04	3.17	15.19	61.24	2.40	10.16	199.83	2.95	102.68	1.97	31.65	1.72	8.37	0.627
			7		12.301	9.656	0.354	122.73	3.16	17.52	70.08	2.39	11.71	233.20	3.00	119.98	2.01	36.17	1.72	9.60	0.626
			8		13.944	10.946	0.353	137.92	3.14	19.81	78.58	2.37	13.21	266.61	3.04	137.37	2.05	40.58	1.71	10.80	0.625
			10		17.167	13.476	0.353	166.87	3.12	24.24	94.65	2.35	16.12	333.63	3.12	172.48	2.13	49.10	1.69	13.12	0.622
11/7	110	70	6	10	10.637	8.350	0.354	133.37	3.54	17.85	42.92	2.01	7.90	256.78	3.53	69.08	1.57	25.36	1.54	6.53	0.403
			7		12.301	9.656	0.354	153.00	3.53	20.60	49.01	2.00	9.09	310.07	3.57	80.82	1.61	28.95	1.53	7.50	0.402
			8		13.944	10.946	0.353	172.04	3.51	23.30	54.87	1.98	10.25	354.39	3.62	92.70	1.65	32.45	1.53	8.45	0.401
			10		17.167	13.467	0.353	208.39	3.48	28.54	65.88	1.96	12.48	443.13	3.70	116.83	1.72	39.20	1.51	10.29	0.397
12.5/8	125	80	7	11	14.096	11.066	0.403	227.98	4.02	26.86	74.42	2.30	12.01	454.99	4.01	120.32	1.80	43.81	1.76	9.92	0.408
			8		15.989	12.551	0.403	256.77	4.01	30.41	83.49	2.28	13.56	519.99	4.06	137.85	1.84	49.15	1.75	11.18	0.407
			10		19.712	15.474	0.402	312.04	3.98	37.33	100.67	2.26	16.56	650.09	4.14	173.40	1.92	59.45	1.74	13.64	0.404
			12		23.351	18.330	0.402	364.41	3.95	44.01	116.67	2.24	19.43	780.39	4.22	209.67	2.00	69.35	1.72	16.01	0.400
14/9	140	90	8	12	18.038	14.160	0.453	365.64	4.50	38.48	120.69	2.59	17.34	730.53	4.50	195.79	2.04	70.83	1.98	14.31	0.411
			10		22.261	17.475	0.452	445.50	4.47	47.31	146.03	2.56	21.22	913.20	4.58	245.92	2.21	85.82	1.96	17.48	0.409
			12		26.400	20.724	0.451	521.59	4.44	55.87	169.79	2.54	24.95	1096.79	4.66	296.89	2.19	100.21	1.95	20.54	0.406
			14		30.456	23.908	0.451	594.10	4.42	64.18	192.10	2.51	28.54	1279.26	4.74	348.82	2.27	114.13	1.94	23.52	0.403
16/10	160	100	10	13	25.315	19.872	0.512	668.69	5.14	62.13	205.03	2.85	26.56	1362.89	5.24	336.59	2.28	121.74	2.19	21.92	0.390
			12		30.054	23.592	0.511	784.91	5.11	73.49	239.09	2.82	31.28	1635.56	5.32	405.94	2.36	142.33	2.17	25.79	0.388
			14		34.709	27.247	0.510	896.30	5.08	84.56	271.20	2.80	35.83	1908.50	5.40	476.42	2.43	162.23	2.16	29.56	0.385
			16		39.281	30.835	0.510	1008.04	5.05	95.33	301.60	2.77	40.24	2181.79	5.48	548.22	2.51	182.57	2.16	33.44	0.382
18/11	180	110	10	14	28.373	22.273	0.571	956.25	5.80	78.96	278.11	3.13	32.49	1940.40	5.89	447.22	2.44	166.50	2.42	26.88	0.376
			12		33.712	26.464	0.571	1124.72	5.78	93.53	325.03	3.10	38.32	2328.35	5.98	538.94	2.52	194.87	2.40	31.66	0.374
			14		38.967	30.589	0.570	1286.91	5.75	107.8	369.55	3.08	43.97	2416.60	6.06	631.95	2.59	222.30	2.39	36.32	0.372
			16		44.139	34.649	0.569	1443.06	5.72	121.6	411.85	3.06	49.44	3105.15	6.14	726.46	2.67	248.84	2.38	40.87	0.369
20/12.5	200	125	12		37.912	29.761	0.641	1570.90	6.44	116.7	483.16	3.57	49.99	3193.85	6.54	787.74	2.83	285.79	2.74	41.23	0.392
			14		43.867	34.436	0.640	1800.97	6.41	134.7	550.83	3.54	57.44	3726.17	6.62	922.47	2.91	326.58	2.73	47.34	0.390
			16		49.739	39.045	0.639	2023.35	6.38	152.2	615.44	3.52	64.69	4258.86	6.70	1058.9	2.99	366.21	2.71	53.32	0.388
			18		55.526	43.588	0.639	2238.30	6.35	169.3	677.19	3.49	71.74	4792.00	6.78	1197.1	3.06	404.83	2.70	59.18	0.385

注：1. 括号内型号不推荐使用。

2. 截面图中的 $r_1=d/3$ 及表中 r 值，用于孔型设计，不作为交货条件。

附表 3　热轧槽钢

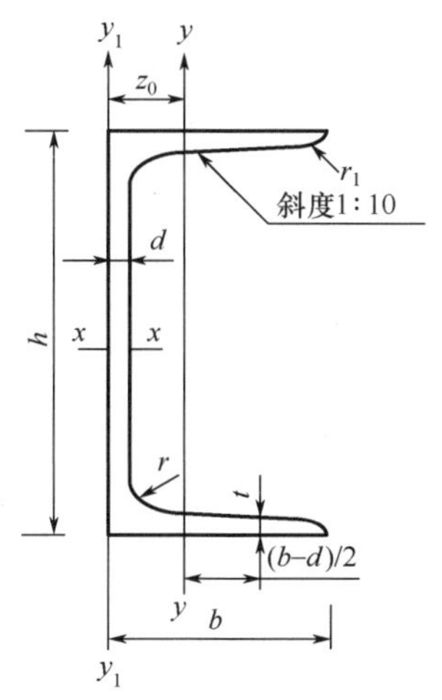

符号意义：h——高度；
b——腿宽度；
d——腰厚度；
t——平均腿厚度；
i——惯性半径；
r——内圆弧半径；
z_0——y—y 轴与 y_1—y_1 轴间距；
r_1——腿端圆弧半径；
I——惯性矩；
W——抗弯截面系数

槽钢型号	尺寸 /mm						截面面积 /cm²	理论质量 /(kg·m⁻¹)	参考数值							
									x—x			y—y			y_1—y_1	z_0 /cm
	h	b	d	t	r	r_1			W_x /cm³	I_x /cm⁴	i_x /cm	W_y /cm³	I_y /cm⁴	i_y /cm	I_{y1} /cm⁴	
5	50	37	4.5	7	7.0	3.5	6.928	5.438	10.4	26	1.9	3.55	8.3	1.10	20.9	1.35
6.3	63	40	4.8	7.5	7.5	3.8	8.451	6.634	16.1	50.8	2.5	4.5	11.9	1.19	28.4	1.36
8	80	43	5.0	8	8.0	4.0	10.248	8.045	25.3	101	3.2	5.79	16.6	1.27	37.4	1.43
10	100	48	5.3	8.5	8.5	4.2	12.748	10.007	39.7	198	4.0	7.8	25.6	1.41	54.9	1.52
12.6	126	53	5.5	9	9.0	4.5	15.692	12.318	62.1	391	5.0	10.2	38	1.57	77.1	1.59
14a	140	58	6.0	9.5	9.5	4.8	18.516	14.535	80.5	564	5.5	13	53.2	1.70	107	1.71
14b	140	60	8.0	9.5	9.5	4.8	21.316	16.733	87.1	609	5.4	14.1	61.1	1.69	121	1.67
16a	160	63	6.5	10	10.0	5.0	21.962	17.240	108	866	6.3	16.3	73.3	1.83	144	1.80
16	160	65	8.5	10	10.0	5.0	25.162	19.752	117	935	6.1	17.6	83.4	1.82	161	1.75
18a	180	68	7.0	10.5	10.5	5.2	25.699	20.174	141	1270	7.0	20	98.6	1.96	190	1.88
18	180	70	9.0	10.5	10.5	5.2	29.299	23.000	152	1370	6.8	21.5	111	1.95	210	1.84
20a	200	73	7.0	11	11.0	5.5	28.837	22.637	178	1780	7.9	24.2	128	2.11	244	2.01
20	200	75	9.0	11	11.0	5.5	32.837	25.777	191	1910	7.6	25.9	144	2.09	268	1.95
22a	220	77	7.0	11.5	11.5	5.8	31.846	24.999	218	2390	8.7	28.2	158	2.23	298	2.10
22	220	79	9.0	11.5	11.5	5.8	36.246	28.453	234	2570	8.4	30.1	176	2.21	326	2.03
25a	250	78	7.0	12	12.0	6.0	34.917	27.410	270	3370	9.8	30.6	176	2.24	322	2.07
25b	250	80	9.0	12	12.0	6.0	39.917	31.335	282	3530	9.4	32.7	196	2.22	353	1.98
25c	250	82	11.0	12	12.0	6.0	44.917	35.260	295	3690	9.1	35.9	218	2.21	384	1.92
28a	280	82	7.5	12.5	12.5	6.2	40.034	31.427	340	4760	10.9	35.7	218	2.33	388	2.10
28b	280	84	9.5	12.5	12.5	6.2	45.634	35.823	366	5130	10.6	37.9	242	2.30	428	2.02
28c	280	86	11.5	12.5	12.5	6.2	51.234	40.219	393	5500	10.4	40.3	268	2.29	463	1.95

续表

槽钢型号	尺寸/mm						截面面积/cm²	理论质量/(kg·m⁻¹)	参考数值							
									x—x			y—y			y_1—y_1	
	h	b	d	t	r	r_1			W_x/cm³	I_x/cm⁴	i_x/cm	W_y/cm³	I_y/cm⁴	i_y/cm	I_{y1}/cm⁴	z_0/cm
32a	320	88	8.0	14	14.0	7.0	48.513	38.083	475	7600	12.5	46.5	305	2.50	552	2.24
32b	320	90	10.0	14	14.0	7.0	54.913	43.107	509	8140	12.2	59.2	336	2.47	593	2.16
32c	320	92	12.0	14	14.0	7.0	61.313	48.131	543	8690	11.9	52.6	374	2.47	643	2.09
36a	360	96	9.0	16	16.0	8.0	60.910	47.814	660	11900	14.0	63.5	455	2.73	818	2.44
36b	360	98	11.0	16	16.0	8.0	68.110	53.466	703	12700	13.6	66.9	497	2.70	880	2.37
36c	360	100	13.0	16	16.0	8.0	75.310	59.118	746	13400	13.4	70	536	2.67	948	2.34
40a	400	100	10.5	18	18.0	9.0	75.068	58.928	879	17600	15.3	78.8	592	2.81	1070	2.49
40b	400	102	12.5	18	18.0	9.0	83.068	65.208	932	18600	15.0	82.5	640	2.78	1140	2.44
40c	400	104	14.5	18	18.0	9.0	91.068	71.488	986	19700	14.7	86.2	688	2.75	1220	2.42

附表 4　热轧工字钢

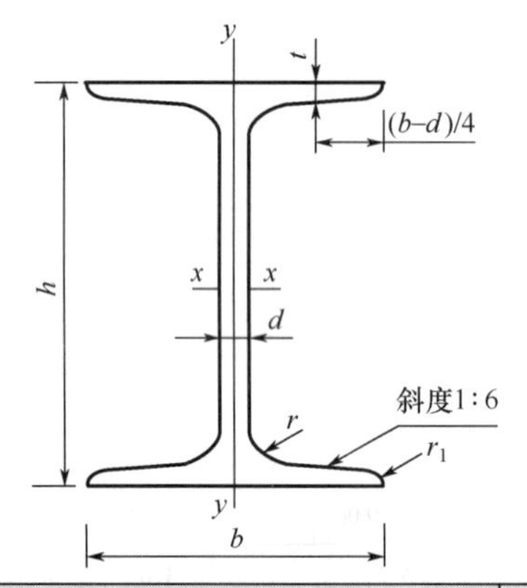

符号意义：h——高度；
b——腿宽度；
d——腰厚度；
t——平均腿厚度；
i——惯性半径；
r——内圆弧半径；
S——半截面的静力矩；
r_1——腿端圆弧半径；
I——惯性矩；
W——抗弯截面系数

工字钢型号	尺寸/mm						截面面积/cm²	理论质量/(kg·m⁻¹)	参考数值						
									x—x				y—y		
	h	b	d	t	r	r_1			I_x/cm⁴	W_x/cm³	i_x/cm	I_x/S_x/cm	I_y/cm⁴	W_y/cm³	i_y/cm
10	100	68	4.5	7.6	6.5	3.3	14.345	11.261	245	49	4.14	8.59	33	9.72	1.52
12.6	126	74	5.0	8.4	7.0	3.5	18.118	14.223	488	77.5	5.20	10.80	46.9	12.7	1.61
14	140	80	5.5	9.1	7.5	3.8	21.516	16.890	712	102	5.76	12.00	64.4	16.1	1.73
16	160	88	6.0	9.9	8.0	4.0	26.131	20.513	1130	141	6.58	13.80	93.1	21.2	1.89
18	180	94	6.5	10.7	8.5	4.3	30.756	24.143	1660	185	7.36	15.40	122	26	2.00
20a	200	100	7.0	11.4	9.0	4.5	35.578	27.929	2370	237	8.15	17.20	158	31.5	2.12

续表

工字钢型号	尺寸/mm						截面面积/cm^2	理论质量/(kg·m^{-1})	参考数值						
									x—x				y—y		
	h	b	d	t	r	r_1			I_x/cm^4	W_x/cm^3	i_x/cm	I_x/S_x/cm	I_y/cm^4	W_y/cm^3	i_y/cm
20b	200	102	9.0	11.4	9.0	4.5	39.578	31.069	2500	250	7.96	16.90	169	33.1	2.06
22a	220	110	7.5	12.3	9.5	4.8	42.128	33.070	3400	309	8.99	18.90	225	40.9	2.31
22b	220	112	9.5	12.3	9.5	4.8	46.528	36.524	3570	325	8.78	18.70	239	42.7	2.27
25a	250	116	8.0	13.0	10.0	5.0	48.541	38.105	5020	402	10.20	21.60	280	48.3	2.40
25b	250	118	10.0	13.0	10.0	5.0	53.541	42.030	5280	423	9.94	21.30	309	52.4	2.40
28a	280	122	8.5	13.7	10.5	5.3	55.404	43.492	7110	508	11.30	24.60	345	56.6	2.50
28b	280	124	10.5	13.7	10.5	5.3	61.004	47.888	7480	534	11.10	24.20	379	61.2	2.49
32a	320	130	9.5	15.0	11.5	5.8	67.156	52.717	11100	692	12.80	27.50	460	70.8	2.62
32b	320	132	11.5	15.0	11.5	5.8	73.556	57.741	11600	726	12.60	27.10	502	76	2.61
32c	320	124	13.5	15.0	11.5	5.8	79.956	62.765	12200	760	12.30	26.30	544	81.2	2.61
36a	360	136	10.0	15.8	12.0	6.0	76.480	60.037	15800	875	14.40	30.70	552	81.2	2.69
36b	360	138	12.0	15.8	12.0	6.0	83.680	65.689	16500	919	14.10	30.30	582	84.3	2.64
36c	360	140	14.0	15.8	12.0	6.0	90.880	71.341	17300	962	13.80	29.90	612	87.4	2.60
40a	400	142	10.5	16.5	12.5	6.3	86.112	67.598	21700	1090	15.90	34.10	660	93.2	2.77
40b	400	144	12.5	16.5	12.5	6.3	94.112	73.878	22800	1140	16.50	33.60	692	96.2	2.71
40c	400	146	14.5	16.5	12.5	6.3	102.112	80.158	23900	1190	15.20	33.20	727	99.6	2.65
45a	450	150	11.5	18.0	13.5	6.8	102.446	80.420	32200	1430	17.70	38.60	855	114	2.89
45b	450	152	13.5	18.0	13.5	6.8	111.446	87.485	33800	1500	17.40	38.00	894	118	2.84
45c	450	154	15.5	18.0	13.5	6.8	120.446	94.550	35300	1570	17.10	37.60	938	122	2.79
50a	500	158	12.0	20.0	14.0	7.0	119.304	93.654	46500	1860	19.70	42.80	1120	142	3.07
50b	500	160	14.0	20.0	14.0	7.0	129.304	101.504	48600	1940	19.40	42.40	1170	146	3.01
50c	500	162	16.0	20.0	14.0	7.0	139.304	109.354	50600	2080	19.00	41.80	1220	151	2.96
56a	560	166	12.5	21.0	14.5	7.3	135.435	106.316	65600	2340	22.00	47.70	1370	165	3.18
56b	560	168	14.5	21.0	14.5	7.3	146.635	115.108	68500	2450	21.60	47.20	1490	174	3.16
56c	560	170	16.5	21.0	14.5	7.3	157.835	123.900	71400	2550	21.30	46.70	1560	183	3.16
63a	630	176	13.0	22.0	15.0	7.5	154.658	121.407	93900	2980	24.50	54.20	1700	193	3.31
63b	630	178	15.0	22.0	15.0	7.5	167.258	131.298	98100	3160	24.20	53.50	1810	204	3.29
63c	630	180	17.0	22.0	15.0	7.5	179.858	141.189	102000	3300	23.80	52.90	1920	214	3.27

注：截面图和表中标注的圆弧半径 r 和 r_1 值，用于孔型设计，不作为交货条件。

参考文献

干光瑜，秦惠民，王秋生 . 建筑力学 : 第二分册　材料力学［M］. 6 版 . 北京 : 高等教育出版社，2023.

哈尔滨工业大学理论力学教研室 . 理论力学 : Ⅰ［M］. 9 版 . 北京 : 高等教育出版社，2023.

刘钊，王秋生 . 材料力学［M］. 2 版 . 哈尔滨 : 哈尔滨工业大学出版社，2014.

王铎，程靳 . 理论力学解题指导及习题集［M］. 3 版 . 北京 : 高等教育出版社，2005.

后　记

经全国高等教育自学考试指导委员会同意，由土木水利矿业环境类专业委员会负责高等教育自学考试《工程力学（土建）》教材的审定工作。

本教材由哈尔滨工业大学周广春教授和王秋生教授担任主编，刘昭教授与张瑀博士参编。哈尔滨工业大学张莉教授担任主审，北京交通大学蒋永莉副教授、祝瑛副教授，以及河海大学张子明教授参审，提出修改意见，谨向他们表示诚挚的谢意！

全国高等教育自学考试指导委员会土木水利矿业环境类专业委员会最后审定通过了本教材。

全国高等教育自学考试指导委员会
土木水利矿业环境类专业委员会
2023 年 5 月